佟毅，1963年出生，理学博士，教授级高级工程师，十二届全国人大代表，全国劳动模范，全国五一劳动奖章获得者，当选首批全国粮食行业领军人才，享受国务院政府特殊津贴专家，从事玉米深加工领域科研工作35年。

佟毅同志现任中粮集团有限公司总工程师兼中粮生物科技股份有限公司董事长，玉米深加工国家工程研究中心主任，中国淀粉工业协会会长，国家粮食安全政策专家咨询委员会委员，中国粮油学会副理事长。先后编著《淀粉水解产品及其应用》《生物基材料——聚乳酸》《淀粉糖绿色精益制造 —— 新产品、新技术、新应用》《玉米淀粉绿色精益制造 —— 新工艺、新设备、新理念》书籍4部，并连续多年担任《淀粉与淀粉糖》杂志主编，连续5年作为主编出版了《中国玉米市场和淀粉行业年度分析和预测报告》，在淀粉及其衍生物方面获得省部级科技进步特等奖1项、一等奖8项、二等奖2项，获授权专利55项，国内外学术刊物上发表论文82篇，主持新建了多条国内领先的玉米深加工生产线，推动了中国淀粉及其深加工行业从无到有、从小到大，使淀粉及其衍生物多种产品产量成为世界第一，改变了我国玉米深加工产业在全球的竞争格局。

味精绿色制造
新工艺、新装备

佟毅 编著

Green Production of Mono Sodium Glutamates
New Processes and New Equipments

化学工业出版社

·北京·

内 容 提 要

本书详细介绍了味精制造的新工艺，以及所采用的新装备。全书共分九个部分，包括了菌种选育、淀粉糖化、谷氨酸发酵、提取、精制、复合肥以及工艺装备及应用前沿的技术方法等，是一本实用性较强的工具书。

本书可供发酵工程等领域科技人员使用，也可供味精生产从业人员参考。

图书在版编目（CIP）数据

味精绿色制造新工艺、新装备/佟毅编著. —北京：
化学工业出版社，2020.3
ISBN 978-7-122-35912-4

Ⅰ.①味… Ⅱ.①佟… Ⅲ.①味精-生产-无污染
工艺-研究 Ⅳ.①TS264.2②X792

中国版本图书馆 CIP 数据核字（2020）第 053832 号

责任编辑：赵玉清 周 偶 装帧设计：王晓宇
责任校对：宋 夏

出版发行：化学工业出版社（北京市东城区青年湖南街 13 号 邮政编码 100011）
印 装：北京虎彩文化传播有限公司
710mm×1000mm 1/16 印张 24 彩插 1 字数 449 千字
2020 年 3 月北京第 1 版第 1 次印刷

购书咨询：010-64518888 售后服务：010-64518899
网 址：http://www.cip.com.cn
凡购买本书，如有缺损质量问题，本社销售中心负责调换。

定 价：158.00 元

《味精绿色制造——新工艺、新装备》是一本现代味精生产技术的工具书，本书是在我国正在大力推进绿色生物制造新技术改进传统工业生产过程的重要时期出版的，对传统味精产业的提质增效意义重大。

目前，味精工业是我国食品行业的重要组成部分，是玉米深加工中最重要的环节之一，在国民生活、经济和农业产业化发展方面发挥着举足轻重的作用。我国是世界第一大的味精生产和消费国，味精作为一种非常重要的呈味物质，在食品领域的应用非常广泛。味精是以淀粉为原料，经过微生物发酵技术进行大规模工业化生产，并经过一系列分离、提取、精制等工艺制得。

本书系统回顾和梳理了近年来我国味精行业取得的一系列重点技术突破，对新技术、新装备做了详细的阐述。本书作者来自企业研发与生产一线，长期致力于味精生产技术的创新与提升，在繁忙工作之余，仍不忘初心，潜心著述，辛勤工作，把长期实践所积累的珍贵经验与各种文献资料结合起来，经过分析与提炼后融汇于本书中，使全书的学术水平和实用性大为提高。

《味精绿色制造——新工艺、新装备》一书的出版必将极大提升我国味精工业的生产技术水平和创新能力，也希望帮助更多的一线生产企业、高校和研究机构致力于味精生产领域的技术创新和产品力提升，为推动我国味精工业的不断发展做出新的贡献。

中国工程院院士

　　味精化学名称为 L-谷氨酸钠，又称谷氨酸钠、麸酸钠、味素等。它是增强食品风味的增味剂，主要呈现鲜味，是一种高级调味品，既能改善烹调风味，又能促进食欲和帮助消化。20 世纪 80 年代，我国味精行业开始进入高速发展阶段，并成为味精生产大国。20 世纪 90 年代初，我国味精生产企业约 130 家，年产量仅 22.3 万吨。随着我国对产业结构的不断调整，历经 2007~2008 年的行业整合，味精生产企业 30%~40% 的产能退出市场。2009 年，国家进一步出台政策限制 10 万吨/年以下产能的味精生产企业发展，企业的总数继续减少。随着我国味精产量的不断增加，行业生产技术水平不断提升，技术水平进入世界领先行业。2019 年，我国味精的年产量达到 220 万吨。

　　2013 年，国务院正式公布《生物产业发展规划》（以下简称《规划》），生物制造被寄予厚望。《规划》重点提出，要提高产品经济性，推动生物制造产业规模化发展。《规划》明确提出要"提升味精等新型发酵产品的国际化发展水平"，味精作为生产规模最大的氨基酸品种产品，提升其生产效率和清洁生产水平具有重大的战略意义，对我国氨基酸工业的整体发展具有重要的引领作用。

　　作者从事味精行业十余年，亲眼见证、亲身参与了我国味精产业的发展和腾飞，在备感荣幸和骄傲之余，也深感有责任、有义务将自己这些年在味精领域工作和学习所获取的浅薄经验和知识诉诸文字，为我国味精行业发展尽绵薄之力，这也是本书的写作初衷。本书主要内容包含味精生产的原料处理、菌种、发酵工艺、提取工艺、精制工艺、副产品生产、关键生产装备、清洁生产和安全生产等关键技术。

　　在本书写作过程中，味精行业和发酵领域的多位专家给予了大力支持和帮助，为本书提供了大量宝贵的相关技术资料，并协助完成全书的审查工作。这里，谨向各位专家致以衷心的感谢！

　　本人期望这次以生产企业研发科技人员视角编著的尝试能取得预期的效果。由于时间关系和水平所限，书中难免有疏漏之处，敬请广大读者能及时提出宝贵意见，以便更正。

佟毅

2019 年 11 月

目录

第 ③ 章　谷氨酸的发酵生产

第 ④ 章 谷氨酸的提取

第 5 章　谷氨酸制造味精

第 6 章　副产品生产工艺及装备

第 7 章　味精生产关键设备

第 8 章　清洁生产

第 ⑨ 章　安全生产与食品安全

参考文献

第 ① 章

概述

1.1　味精的由来

1907 年，日本东京帝国大学的研究员池田菊苗发现了一种昆布（海带）汤蒸发后留下的棕色晶体，这些晶体尝起来有一种难以描述但很不错的味道。这种味道，池田在许多食物中都能找到踪迹，尤其是在海带中。池田教授将这种味道称为"鲜味"，这种晶体即谷氨酸。继而，池田教授为大规模生产谷氨酸晶体的方法申请了专利，将谷氨酸钠称为"味之素"。这种风靡整个日本的"味之素"，很快传入中国，改名叫"味精"。不久，味精风靡全世界，成为人们不可缺少的调味品。

1.2　味精行业国内外发展现状

味精是世界上销售量最大的一种调味用的氨基酸产品。全球味精产能格局如图 1-1 所示，味精的生产主要集中在亚洲，消费主要集中在中国、日本、东南亚、非洲等地，欧洲和南美洲的需求也逐年不断增长。中国味精行业规模化发展始于 20 世纪 80 年代，中国改革开放后经济发展迅速，由于国家产业政策的扶持和市场需求的扩大，行业产能不断扩大。20 世纪 90 年代后，中国成为世界第一大味精生产国，随着味精国际市场不断开拓，中国味精产量已位居世界第一位，总产量占到世界总产量的 70％以上。

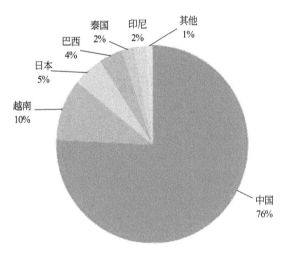

图 1-1　全球味精产能格局

1.2.1 国外味精行业发展概况

1959 年，美国食品与药品管理局（FDA）将味精列为"普遍认为完全（GRAS）"范畴。1987 年，联合国粮农组织和世界卫生组织（FAO/WHO）的食品添加剂专家组（JECFA）取消了味精摄入的所有数量限制，并将味精的每日允许摄入量（accept able daily intake，ADI）改为"无需指定"，这是 JECFA 对食品添加剂的最安全的评价。1995 年，美国实验生物学联合会在 FDA 的发起和资助下重新审订了味精的安全性，结论是味精在常规消费水平下对普通人是安全的。同时，该报告证明人造味精和天然谷氨酸盐在生理反应上没有区别。2003 年，FDA 发表了一项关于联邦注册计划的声明，否决了一项长期未能确定的提案，该提案强制食品标注游离谷氨酸盐的含量。

目前，全球味精总产量约在 330 万吨/年，总需求量约为 300 万吨，并以年均 2%～3%的速度递增。进入 21 世纪之后，味精产业的竞争加剧，许多小企业纷纷退出，使全球味精的生产和进出口更加集中。

亚洲味精的生产与销售居世界首位，据统计，亚洲味精产量约占世界味精总产量的 90%，美国、欧洲味精产量合计占世界总产量的 5%～6%，其他国家和地区占 4%～5%。国外主要的味精生产企业有日本味之素、韩国希杰和韩国大象公司。国际市场上，味精的消费主要集中在日本、东南亚、非洲等地。近年来，欧洲和南美洲等地的味精需求量也开始出现增长势头，味精行业的发展平稳向上。日本、韩国、东南亚、欧洲等国家和地区人均味精消费较高，例如日本的人均年消费味精 1030g。随着味精国际市场不断开拓，据国外食品专家估计，全球味精年需求量将以 4.1%速度增长，味精将与水解植物蛋白、酶提取物等一起构成调味品市场的中坚力量，味精在国际上还有较大的市场需求空间。

1.2.2 国内味精行业发展概况

中国味精生产始于 1923 年，至今已有近 100 年的历史。味精工业获得快速发展是在 20 世纪 80 年代初，随着微生物发酵生产技术的不断进步，极大促进了味精工业的飞速发展，使味精工业进入了快速发展阶段，成为中国微生物发酵行业中发展速度最快的产品。近年来，随着行业发展和竞争的加剧，中国味精生产企业向规模化、节能型和环保型发展，行业集中度进一步提高。

中国作为味精生产大国，产品多以国内销售为主，出口很少。然而，近几年随着味精国际市场的不断开拓以及味精安全宣传的力度不断加大，味精在国际市场的需求不断扩大。中国味精出口量情况如图 1-2 所示，2016 年，中国味精出口量达 34.7 万吨，在整体产量的占比超过 15%，同比增加了 30%。

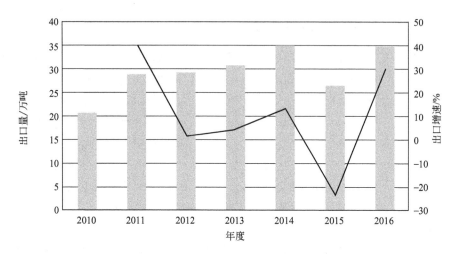

图1-2 我国味精出口量情况（数据来源：卓创资讯，广发证券发展研究中心）

▨ 出口量；—— 出口增速

近几年，中国的味精需求维持5％的年增速，食品工业的快速发展是拉动味精需求的主要因素。家庭消费也对鸡精提出了更多的诉求，鸡精消费的年均增速超过15％。由于鸡精的成分中含味精40％，鸡精消费对味精替代的同时，也增加了对味精的需求。

1.2.2.1 中国味精行业现状

味精是中国发酵工业的主要行业之一，近年来，中国味精行业发展迅速，行业规模不断扩大，产量一直保持着增长的态势。中国生产味精的主要原料是玉米和大米，由于以糖蜜为原料生产味精受到多个方面的限制，中国目前没有用糖蜜作为原料生产味精的企业有以下原因：①由于地域性的限制，难以形成以糖蜜为原料的大规模生产；②将糖蜜作为原料所产生的废水具有很高的色度、较高有机质含量、较高黏度，难以用常规的生化法解决，同时 COD 及氨氮含量与用玉米等原料生产相比要高出数倍，现有的技术处理难度较高。

（1）产地分布情况　味精产能的快速扩张加剧了市场竞争，也加快了市场整合，生产迅速向大企业集中。现阶段，中国味精工业的集约化程度已经达到很高水平，企业的数量已经从20世纪80年代的150余家减少到如今的不足40家。味精的生产可以分为三种类型：①全过程生产，从制糖发酵到精制成味精；②前段生产，仅发酵生产谷氨酸；③后段生产，购买谷氨酸精制成味精。另外，还有购买味精进行包装经销的企业等。其中，具有发酵能力的生产企业20余家，主要分布在山东、内蒙古、新疆、陕西、河南、宁夏、福建以及东北等地。还有一些企业因受到环保和资源等问题的困扰，因地制宜及时地调整了生产方式，从全过程生产转变为购买谷氨酸进行精制加工生产味精，产业结构进一步调整和优化。这些企业主要分布在江苏、浙江、广西、四川、广东及东北等地。

（2）产量情况 2015 年，中国味精总产量约为 236 万吨。味精生产能力在 10 万吨以上的企业约有 7 家，产量可占到总产量的 90％以上，6 家龙头企业产能水平情况如表 1-1 所示。

表 1-1 味精行业龙头企业产能水平（2015 年）

序号	企业名称	产能/万吨
1	阜丰集团	100
2	梅花集团	72
3	宁夏伊品生物科技股份有限公司	25
4	菱花集团有限公司	15
5	三九味精集团	14
6	中粮生化能源龙江有限公司	10
总计		236

随着生产技术手段的逐渐提高及国家产业政策的调整，中国味精企业生产规模也在不断扩大，产量持续增长。2010～2015 年，味精产量年增幅达到 1.38％（详见表 1-2）。

表 1-2 2010～2015 年全国味精产量及增长率

年份/年	产量/万吨	增长率/％
2010	216	—
2011	206	−4.6
2012	240	16.5
2013	230	−5
2014	225	−2.2
2015	236	4.9

（3）进出口情况 据中国海关统计，2015 年的味精出口总量 16.31 万吨，共计出口谷氨酸类产品 45 万余吨，较 2010 年出口量 21.8 万吨上涨 106.4％；2015 年，出口额 5.65 亿美元，较 2010 年出口额 3.1 亿美元上涨 82.3％。2010～2015 年，谷氨酸类产品出口量、出口额趋势图如图 1-3 所示。

据中国海关数据的统计，2015 年，我国进口味精 1101t、谷氨酸 3t、谷氨酸钠 394t、其他谷氨酸盐 68t，共计进口谷氨酸类产品 1566t，较 2010 年进口量 1908.8t 下降了 17.9％。2015 年，进口额 505.4 万美元，较 2010 年进口额

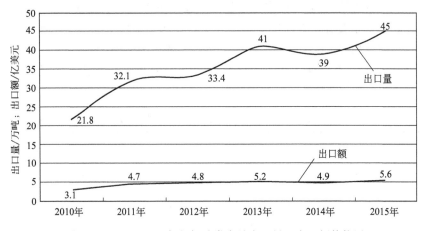

图 1-3　2010～2015 年谷氨酸类产品出口量、出口额趋势图

362.3 万美元上升了 39.5%。谷氨酸类产品进口量、进口额趋势（2010～2015年）如图 1-4 所示。

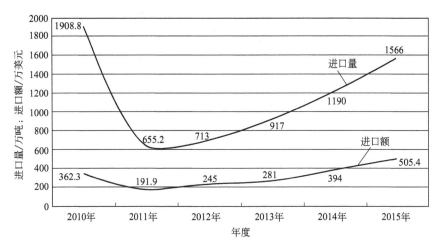

图 1-4　2010～2015 年谷氨酸类产品进口量、进口额趋势图

1.2.2.2　中国味精行业发展中存在的问题

（1）部分企业技术装备水平较低，需进一步淘汰落后产能　中国部分企业仍存在生产规模较小，技术、装备水平均相对落后，生产过程产污量大，污染物治理效果差，环保与节能减排意识不强，污染物不能稳定达标排放，主要表现在：①在工程设计未充分考虑节能降耗和污染治理问题，厂房、水、电、汽、热等系统设计不规范，增大了节能减排的难度；②污染治理设施老化，排水不能做到稳定达标；③企业基础计量设施和专业人员配备不完善，未实现三级计量，配备的

环保人员也缺乏应有的培训和管理能力，导致环保设施运行较差。

（2）技术水平参差不齐，与国际先进水平存在差距 "十一五"期间，味精行业集约化、技术水平及自动化程度不断提高，各项生产工艺参数及消耗指标都得到优化，污染物产生量与排放量也逐年降低。但与国际先进水平相比，中国发酵工业的生产、污水处理及废弃物综合利用技术仍存在一定差距，例如国内味精行业分离提取工艺还有相当一部分采用离子交换方法，产污强度高，分离程度较低，而国外则采用膜及色谱分离提取工艺，有效成分损失少，能耗较低。目前，中国上述技术中的部分核心技术来源于国外，成本相对很高，成为制约推广的主要因素。同时，菌种优化方面，中国味精菌种产酸率等与国外先进水平也有一定差距。此外国家也意识到味精研发的重要性，加大了对味精研发的资金投入。

（3）资源利用深度不够，产品附加值较低 中国味精企业在生产过程中资源综合利用深度不够，产业链较短，产品附加值较低，与目前一些发达国家 99% 的原料利用率相比，中国平均水平仅在 95% 左右，仍存在一定的差距。中国大部分味精生产企业都是以玉米为原料进行发酵生产的，目前原料中 30% 的非淀粉副产物全部被加工成饲料出售，但原辅材料深度加工还不够。

（4）味精行业生产企业环保工作重末端治理，忽略源头预防 味精行业高浓度有机废水污染严重，是行业突出的共性问题。近年来，在国家政策引导下，国内的味精各个生产企业先后投资建设治污工程，污染物排放虽能达到排放标准要求，但大部分采用的是末端治理技术，不仅投资大、治理费用高，严重束缚了行业自身健康发展，而且废水中有用物质得不到回收利用，造成资源的浪费，不符合国家节约资源、大力推进循环经济的要求。因此，味精行业仍然面临着节能减排和实施清洁生产的巨大挑战，抓好节能减排与清洁生产工作是推进味精行业在新形势下经济结构调整、转变增长方式的重要手段。

（5）宣传力度不足，错误舆论影响行业发展 近年来，随着调味品市场的不断扩大和发展，调味品的种类不断增加。为了抢占市场，增加企业的经济效益，虚假宣传、不实报道等营销手段层出不穷。企业在受到不实报道、虚假宣传的冲击下，并没有马上意识到严重性，且对于味精安全性、营养性的宣传显得有些迟缓，味精市场受到了越来越严重的冲击。目前，虽然已经开始对味精进行安全性及营养性的宣传，但比起对味精行业造成的影响仍然是杯水车薪。

1.2.2.3 味精行业发展趋势

（1）产业布局将得到进一步优化 中国的味精生产企业中现已涌现出中粮集团、阜丰集团、梅花集团、宁夏伊品生物科技有限公司等几家规模较大的龙头企业，代表着中国味精行业的主要产能。然而，现有许多味精老厂设备陈旧、管理落后，加之近年来我国浙、苏、闽、粤等沿海地区由于原材料和煤、水、电的价格上调，运费增加，污水处理非常困难，使全国味精产量有很大的滑坡，有些企业转产或停产，有些企业将发酵部分转移至西北、东北和内蒙古等地。

随着国家新政策的贯彻实施，环保治理、节能减排工作的落实，一些规模小、生产工艺落后、竞争力不强的味精企业将被陆续淘汰出局，味精生产企业数量逐步减少，企业向大型化、集约化、规模化发展。预计未来3～4年味精生产企业将继续向西北、东北和内蒙古迁移，行业集中度进一步提高。

（2）国内味精市场需求由城市向农村转移   随着中国人民生活水平的提高和膳食结构的改变，味精的需求量不断增大，人均消费水平逐年提高，华东、中南、东南、西南、华南地区人均年消费量已上升为800g左右。目前，味精的主要消费群体在城市，城市居民年消费量占到总产量的70%以上。农村市场的发展潜力巨大，随着农村人口收入的增加，农民生活水平逐步提高，膳食结构进一步改善，农村市场对味精的需求量会逐步增加。由于过去西北地区人们的饮食习惯，人均年消费水平不足100g，近年来，随着西部经济的不断发展，东西部经济、文化的交流，饮食结构日趋多样化，人均年消费也已增长到现在的人均300g左右，味精消费正由城市主导消费向农村转移，市场逐步扩大。

（3）味精行业污染防治由末端治理向全过程控制发展   味精行业污染排放标准越来越严格，仅仅以末端排放达标治理污染的方式已不再适应当前形势，也不能从根本上解决污染问题。因此，提高味精生产技术水平，改善管理，从源头减少污染，由末端治理走向全过程减排是污染防治的必然趋势。近年来，随着国家产业政策的引导，味精生产企业不断加大对清洁生产与污染物防治的投资，清洁生产技术与污染物治理技术得到较快发展，味精能耗、水耗大幅度降低，污染物产生与排放也大幅度减少。

（4）产业结构将得到进一步优化   中国味精行业发展体系与国外相比仍存在着较大的差距，在未来国家将更进一步约束资源消耗较高、环境污染较重的行业的发展进程，淘汰一批生产工艺落后、生产规模较小的生产企业。因此，味精生产企业将会逐渐改变观念，适应当今的发展形势，着眼于长远利益，加大技术及资金的投入，从生产源头开始进行绿色生产，提高资源的综合利用率，降低成本，提高效益。

（5）技术创新不断进步   随着我国味精工业的发展，对落后的味精提取工艺进行改进，以高效、节能、无污染、低料耗和便于自动化管理的新工艺取而代之已成为当务之急。目前，国内外有许多科研工作者都致力于味精提取工艺的研究，试图用其他的方法如等电浓缩法（即双结晶法）、色谱分离法、膜分离技术等替代传统的等电离交法，解决味精污染问题，此外也降低生产成本。虽上述提及的提取方式中还存在不足之处，但有些分离技术已显现出巨大的优越性和应用前景，现正进行深入研究，未来几年将实现关键技术产业化。

（6）开展节能减排以提高资源利用率 随着国家产业政策的调整与市场因素的不断影响，味精行业只有不断开展节能减排，发展循环经济，才能保持行业的健康稳定发展。味精行业在发展循环经济中将重点做到以下几点：①进一步提高原料利用率，力争粮食原料的全部组分得以充分回收利用，化害为利，减轻和消除污染；②采用高新技术，提高产品收率以及过程衍生物的分离利用；③大力推进水源、能源的节约和循环利用。

1.2.2.4 中国味精行业的行业整合

中国味精产能整体平稳。中国淀粉工业协会的统计数据显示，中国味精产能整体保持平稳，2010 年，全国味精产能为 294 万吨，随后行业产能经过小幅度的扩张和退出等波动后，如图 1-5 所示，2015 年产能为 296 万吨，与 2010 年基本持平。随着行业龙头阜丰集团内部技改新增产能的释放，以及伊品内蒙古产能的预计投放，预计行业总产能将突破 300 万吨。

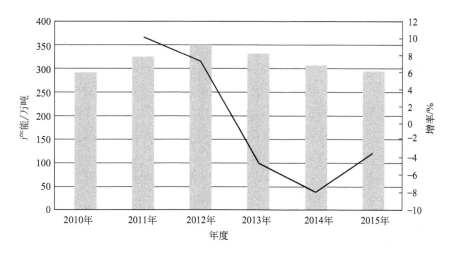

图 1-5 2010～2015 我国味精产能与产能增速

（数据来源：中国淀粉工业协会，广发证券发展研究中心）

▧ 产能（万吨）；——— 产能增速

（1）行业经历三轮整合，寡头格局开始呈现 味精行业属于技术壁垒不高，但资金投入较大的行业，在市场整合前，全国大概存在 200 来家味精生产企业，行业集中度低，且容易造成恶性价格竞争。味精行业同时属于高耗能、高污染行业。味精行业经过了三轮的行业整合，时间分别是 2003～2004 年、2007～2009 年和 2011～2013 年，从 200 多家企业缩减到 10 多家主要企业，淘汰落后产能，行业集中度提升。

第一轮整合：2003～2004年，味精价格上调难抵制造成本猛增。2004年，味精价格虽有上升但幅度很小，而生产味精的原辅料和能源，普遍价格上涨，另外高峰拉电、污染限产等因素都不利于发酵生产也影响到制造成本。文献资料显示，以纯度为99%的味精为例，制造成本增加了959元，而价格仅上调了508元，消化能力不强的企业必然亏损。成本大幅上升使得当年味精行业经济效益大面积大幅度下降，在行业集中度低、价格战盛行的背景下，不少综合实力比较低的中小型企业被迫关停，退出行业。

第二轮整合：2007～2009年，环保政策趋严，优势企业发动价格战，引领行业重组。味精行业高浓度有机废水污染严重，是行业突出的共性问题。发酵废母液或离交尾液是味精生产行业的主要污染源，其含有残糖、菌体蛋白、氨基酸、铵盐及硫酸盐等。在味精生产行业，流程越长，生产的废水就多，水质差异也较大。食品工业废水属于有机废水，毒性不大，但会引起水体富营养化，而味精行业是食品工业中废水的排放大户，也是中国发酵工业的最大污染源。

文献资料的数据显示，2007年国内味精行业每年所产生的高浓度有机废水总量为2850万吨，年COD产生总量为142万吨，每吨味精产品产生高浓度废水15～20t。2007年10月，国家发改委、国家环保总局发布关于淘汰四类落后产业的通知，味精赫然在列，按照国家政策产能在3万吨以下生产企业将逐步淘汰。2009年，出台了限制年产能10万吨以下企业发展的政策，关闭小型味精厂，味精企业30%～40%的产能退出市场。

第三轮整合：2011～2013年，环保压力再次增加，2011年环保部发布味精国家环境保护标准《味精工业废水治理工程技术规范》，味精企业的工业废水处理工程面临新的"紧箍咒"。

味精行业淘汰落后产能情况（2009～2013年）如表1-3所示，工信部网站的数据显示，2010年至2013年间，分别淘汰味精行业落后产能18.9万吨、9.38万吨、14.3万吨和28.5万吨。行业集中度进一步提升，味精生产企业被压缩至十多家，逐步形成阜丰集团、梅花生物、伊品生物寡头割据的局面，行业CR3为75%左右，行业集中度非常高，寡头格局越发明显。

（2）行业壁垒决定寡头格局将延续　味精的生产工艺流程图如图1-6所示，味精的综合生产流程复杂且时间较长，虽然技术壁垒不高，但是配套完整的生产流程设备具有较高的壁垒。在目前的行业格局下，若不配套完整的工艺流程和基础设施，不具备成本规模优势，将无法作为新进入者与原有寡头竞争。味精的行业壁垒主要分为以下几种：

表 1-3 2009～2013 年味精行业淘汰落后产能情况

时间	文件	目标	相关企业
2009 年	《轻工业调整和振兴规划》	目标淘汰味精 12 万吨，重点淘汰年产 3 万吨以下味精生产工艺及装置	
2010 年	《关于下达 2010 年 18 行业淘汰落后产能目标任务》	淘汰落后产能 18.9 万吨	临沂金华味精厂 2.4 万吨
			莲花味精加总 12.49 万吨
			扶沟县味精厂 3.6 万吨
			广东星湖生物科技 1 万吨
2011 年	《关于下达 2011 年工业行业淘汰落后产能目标任务的通知》	淘汰落后产能 8.38 万吨	鄄城菱花味精有限责任公司 3 万吨
			单县荣氏调味品有限公司 1.2 万吨
			河南莲花味精股份有限公司 2.49 万吨
			河南天安糖业有限公司 1.69 万吨
2012 年	《关于下达 2012 年 19 个工业行业淘汰落后产能目标任务的通知》	淘汰落后产能 14.3 万吨	河南莲花味精股份有限公司 3.2 万吨
			河南莲花面粉有限公司 5 万吨
			河南莲花酶工程有限公司 3.1 万吨
			九江大厨味精制造有限公司 3 万吨
2013 年	《关于下达 2013 年 19 个工业行业淘汰落后产能目标任务》	淘汰落后产能 28.5 万吨	山东阜丰发酵有限公司 10 万吨
			河南莲花味精股份有限公司 8 万吨
			宁夏万胜生物工程有限公司 4 万吨

注：数据来源于《味精工业废水治理工程技术规范》，味精行业协会，广发证券发展研究中心。

① 资金壁垒：以伊品生物公开转让说明书披露的数据为例，新建 10 万吨味精生产线且不配套需要的资金投入在 2 亿～2.5 亿元，若算上热电等配套设施，新建产能的资金投入巨大。并且如果新增产能的量级不够，无法在规模成本上形成优势。

② 环保壁垒 如前所述，味精属于高污染行业，环保配套设施以及环保审批构成了环保壁垒。

③ 原材料壁垒：味精的主要成本来源于玉米和煤炭，所以，抢占了玉米和煤炭价格洼地的企业，已经具备成本上的比较优势。新进入者想再去抢占相对低价的玉米等资源的难度将会加大。

所以，在行业壁垒面前，新增产能进入显得愈发困难，而原有寡头企业能够凭借自身积累的优势扩大在行业中的话语权。

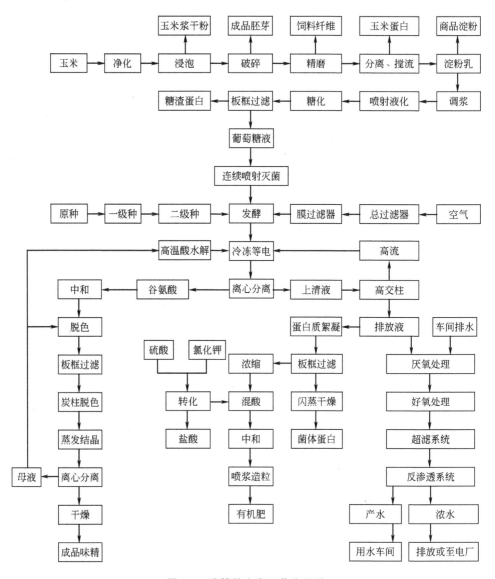

图 1-6 味精的生产工艺流程图

1.3 味精与人体健康

1993 年，中国发酵工业协会组织全国医学界、营养食品界、烹饪界等方面专家学者及全国名牌厂家参加味精食用营养与安全讨论会，以确定数据从不同角度一致肯定味精是一种富有营养且非常安全的传统鲜味剂。味精能被吸收，进入人体参与合成人体所需要的蛋白质，可刺激食欲，促进消化，但不宜多食，每人每日摄入量不超过 6g 为宜。过多食用会使血液中谷氨酸含量升高，影响人体对新陈代谢必需的二价钙、镁阳离子的利用，造成短时间的恶心、心跳加快、头痛等症状，婴幼儿宜少食。事实上，味精对人体健康具有诸多益处，主要分为以下几方面：

1.3.1 增加食欲

味精有强烈的肉类鲜味，溶液稀释至 3000 倍仍能感其鲜味，添加食物中使鲜味倍增，风味增强而增进食欲。

1.3.2 生理与药理作用

谷氨酸钠进入胃肠后很快被消化吸收成为人体组织中的蛋白质，参与正常的物质代谢，有特殊的生理与药理作用，并可用于临床，已被列入许多国家药典。

1.3.3 生成氨基酸

谷氨酸虽非人体必需的氨基酸，但可以通过代谢反应生成其他氨基酸，常见反应如下：

$$谷氨酸＋丙酮酸 \longrightarrow \alpha\text{-酮戊二酸＋丙氨酸}$$

1.3.4 维持和改善脑功能

谷氨酸参与人脑内蛋白质和糖的代谢，促进脑细胞氧化。由于脑组织只能氧化谷氨酸，而不能氧化其他氨基酸，故显其必要的功能。当葡萄糖供应不足时，谷氨酸可成为脑组织能源通过血脑屏障，因此可改善脑组织功能，其常用作神经患者中枢神经和大脑皮质的补剂，能改善神经有缺陷的儿童的智力；临床上常用于治疗神经疾患，增强记忆及安定情绪等。

1.3.5 降低血氨中毒

当肝脏有疾患，血中含氨量增高引起氮代谢紊乱时，谷氨酸与体内血氨结合成为无毒的谷氨酰胺而降低血氨，使肝昏迷症状减轻。反应如下：

$$谷氨酸＋氨 \longrightarrow 谷氨酰胺＋水$$

味精具有保肝功能的药理作用，可用作辅助治疗肝病、肝功能不全、肝受损及肝昏迷等。

1.4　味精的发展与展望

20 世纪 80 年代末，经过"味精大战"大洗牌之后，味精行业逐步结束了价格混乱、产品参差不齐的历史局面，在市场这只无形手的调节下，味精行业步入了有序、良性的竞争阶段，迎来了味精行业的销售黄金期。在 1992 年，中国味精销售成为世界第一。然而近几年，味精销售走上了"下坡路"，味精市场逐年萎缩，很多企业黯然退出了市场，以莲花、梅花为代表的行业大头的年销售额也逐渐下滑，如何突破现状实现持续发展是味精企业面临的主要问题。

1.4.1　味精工业发展现状及制约因素

目前，我国味精原料产地迁至中西部偏远地区，南方和沿海地带原料生产基本没有，据调查得知影响味精原料加工地转移的原因主要是原料、能源、劳动力等生产成本以及环境污染等因素。味精原料产地的远迁，使得味精原料运输成本增加，在迁移的过程中也有部分厂家由于各种因素不愿意搬迁而被迫关闭，味精原料生产厂家的减少也导致原材料的供不应求和价格上涨。此外市场、环境污染、经济形势变化、鸡精的崛起等外部因素以及企业内部产能、结构、技术落后等内部因素也制约着味精工业的发展。

（1）原料供应不便，生产成本上升　99％的味精主要成分是 L-谷氨酸钠一水化合物，以碳水化合物（淀粉、大米、糖蜜等糖质）为原料生产，味精生产流程分为淀粉的制备、淀粉水解糖的制备、谷氨酸发酵、谷氨酸的提取、谷氨酸制味精等流程。我国大部分味精生产企业都是以玉米作为主要生产原料，而玉米的产地主要分布在北方中部和东北部地区，由于原料分布的地域性特征，造成了味精生产企业也主要集中在北方地区。同时味精生产过程中原料的分解、提炼、发酵需要消耗大量的能源，以煤炭为燃料的能源也主要集中在中西部地区。此外由于生产味精原料会排放大量工业污染气和废水，东部地区人口密集，不适合传统工业布局，因此综合多方面因素考虑，味精产地只能选择在粮食、能源相对比较集中，人口稀少的中西部偏远地区。味精原料地的搬迁，迫使味精原料生产和味精成品加工的分离，大部分企业选择购进谷氨酸精制之后直接生产味精的方式进行生产。随着大米、玉米等粮食价格和煤炭能源价格的上涨，再加上长途交通运输成本的支出，味精原材料成本不断上升，此外劳动力成本上升，味精生产线成本也提高，从而导致味精利润空间的减少。

（2）鸡精的崛起抢占味精市场份额　近几年，鸡精的迅速发展，对味精市场造成很大程度的冲击，鸡精的崛起也说明了消费者观念的改变。随着生活水平的提高，人们也更加注重饮食的营养和风味的多样化。而鸡精就是抓住消费者这一特点，打着"比味精更鲜美的，是味精的更新换代产品，是一种复合型、营养的调味品"类似的口号吸引了消费者眼球，从而不断与味精争夺市场。

一些老牌味精依仗人们传统的消费观念和长期形成的稳固大市场，在终端市场开拓和促销方面力度不够，在产品包装和宣传上也是没有创新。相比之下，鸡精不仅在味精的基础上技术创新，更加注重品牌宣传和市场渠道的拓展，它以独特的产品和市场概念带来市场的革新。

（3）社会舆论影响味精消费市场　近几年由于网络、微信等新媒体的迅速发展，导致了味精消费市场逐年萎缩和消费者观念的改变以及关于味精吃多有害的言论的传播。经调查研究发现，目前有一部分家庭主要以年轻人为主的消费群体拒绝使用味精，这对味精未来持续发展极其不利。而之所以会有产生味精吃多有害的各种言论，这与味精的产品宣传不够到位有很大关系。当不利于味精的言论刚开始传播时，味精行业内未采取及时有效的措施应对和引导，导致消费者观念的逐步加深。

（4）缺乏创新，产品同质化竞争严重　味精生产有近百年的历史，然而生产工艺几乎没有改变，只是原料替代、菌种选择等方面的细微变化。味精工业相对来说是核心技术不高、门槛较低的传统工业，容易被复制和模仿。因此大部分味精厂家在生产装备、工艺流程、产品质量和功能用法方面都大同小异，质量的差别也仅体现在谷氨酸钠含量的高低上，从而也就导致了市场上产品同质化的竞争。市场上质量相差不大、功能用法相同、包装类似的各种厂家的味精产品造成消费者选择的盲目性。长期以来，一成不变的味精对消费者而言缺少了新鲜感。

1.4.2　味精工业实现持续发展的解决途径

如今面临严峻的销售形势，味精行业必须加快改革，以"食品安全"为核心，朝"技术创新、产品升级、绿色环保、节能减排"方向发展。而味精行业竞争要由价格战转向产品创新，包括产品功能、使用方法等。味精销售要更加注重产品的宣传效果和终端市场的开发。

（1）深挖味精价值，延伸相关产业　味精目前的用途只限于增鲜，可以通过技术研发在味精用途、使用方法上下工夫，不仅利于延伸味精产品价值，提高附加值，也有利于扭转不利于味精发展的社会舆论。

（2）依靠科技创新，推进产业升级　加快传统工业向低碳、绿色、环保、高效型现代企业转变已经成为工业发展不可阻挡的趋势。味精作为传统工业，尤其在目前发展形势严峻的环境下，通过行业结构调整和长远发展战略的实施，加快产业结构调整，促进工艺、设备、技术革新，推进能源结构调整，实现节能减排、绿色高效环保。

（3）转变思路，创新营销模式 调味品的营销最初主要依赖经销商和二级批发进行层层分销，直到连锁超市、卖场等终端的大量出现，才开始注重终端销售，但是销售渠道运作变得更加复杂，与其他食品行业相比过于粗放。味精行业并未很大程度上打开大众消费市场。大部分味精企业一直沿用这样的营销运作方式，因此很快被市场淘汰。梅花味精打破常规，创新营销，以餐饮市场为突破口，迅速切入终端网络市场，同时"深度分销"，将渠道扁平化，提高渠道商的利润率和确保终端运作精细化，积极协助经销商扩展餐饮客户和二级批发客户，形成强有力的营销模式。这种营销方式虽然在其他行业很常见，但对于味精行业来讲具有突破性和前瞻性。梅花味精销售成功的案例说明味精行业同其他任何一个行业一样必须不断与时俱进、创新发展，才能提高整体行业水平，通过改进工艺、转变方向、延伸产业、创新营销，在功能用途、包装品质、用法用料方面进行立意和宣传，不仅能扭转负面言论传播的局面还能迎来新一轮的销售热潮。

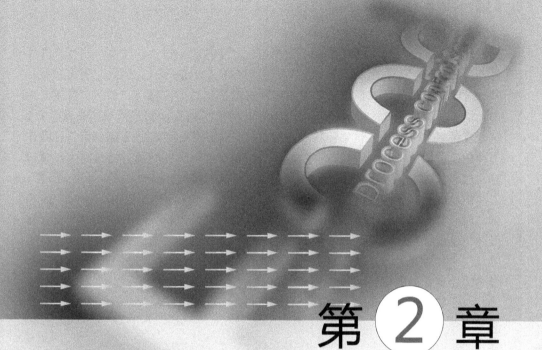

第 2 章

淀粉制糖生产工艺与装备

随着现代生物技术的不断创新与发展，利用基因工程及代谢流控制技术升级的菌种产酸水平不断提升，对培养基的组成和质量要求也越来越高。葡萄糖作为唯一的碳源提供者，其质量直接关系到现有生产工艺的实际生产水平。目前，我国大部分的味精生产企业均采用以玉米为原料生产的淀粉糖进行味精发酵生产。玉米通过湿法分离工艺得到淀粉后，通过酸或酶催化反应转化为葡萄糖的过程称为糖化工艺，生产出的糖化液经过滤得到的澄清液称为淀粉糖。淀粉糖中，葡萄糖占比超过 95%，其余还含有少量麦芽糖、二糖、低聚糖等。

淀粉糖是谷氨酸发酵的碳源提供者，占生产成本的 50% 左右。同时，淀粉糖的质量好坏与发酵水平的高低密切相关。因此，为了确保谷氨酸发酵产酸和糖酸转化率的稳定和提高，工业生产中对糖液质量控制的要求越来越严格。随着酶工程技术的快速进步和成熟发展，落后的酸法和酸酶法制糖工艺被淘汰，双酶法成为淀粉糖化的首选。

2.1 玉米介绍

2.1.1 玉米种植分布

玉米是禾本科玉蜀黍属一年生草本植物，原产于墨西哥或中美洲。学名玉蜀黍，俗称棒子、玉茭或苞米。1492 年，哥伦布在古巴发现玉米。1494 年，哥伦布在回程的时候将玉米带回西班牙，后来逐渐传至世界各地。全球两大著名玉米黄金带分别位于美国和中国。玉米是美国最主要的粮食作物，其中，美国玉米产量的 40% 又被出口到世界各地。中国玉米年产量居世界第二位，其次是巴西、欧盟、阿根廷（图 2-1）。在中国，南至北纬 18°的海南岛，北至北纬 53°的黑龙江省黑河区域，东起台湾和沿海省份，西到新疆及西藏高原，都有玉米种植区

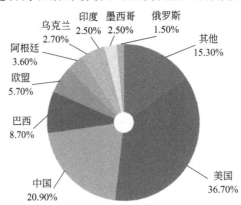

图 2-1 世界主要玉米产量国玉米产量占比（2015 年）

域。其中种植面积最大的区域主要集中在东北三省、山东、河南、河北及内蒙古地区（表 2-1）。随着近年国家调结构、去库存的政策实施，除稳步增长的饲料消费外，玉米深加工业得到飞速发展。

表 2-1 2016～2017 年中国玉米产量分布及加工量分布

地区	产量 /万吨	占总产量比例 /%	加工区域分布 （折玉米）/万吨	占总加工量 比例/%
黑龙江	3127	14	826	11
吉林	2833	13	1385	19
辽宁	1466	6	325	5
山东	2065	9	1777	24
河南、河北	3500	16	1354	18
内蒙古	2140	10	580	8
其他	6825	32	1102	15
合计	21955	100	7346	100

2.1.2 玉米分类及组分介绍

根据玉米种皮的颜色可以将玉米分为黄玉米、白玉米和混合玉米。黄玉米种皮为黄色，并包括种皮略带红色的玉米。白玉米种皮为白色，并包括种皮略带淡黄色或者粉红色的玉米。混合玉米为混入超过 5% 本类以外的玉米。

根据子粒性状可以将玉米分为硬粒型、马齿型、粉质型、甜质型、甜粉型、爆裂型、蜡质型、有稃型、半马齿型等。

硬粒型：又称燧石型，适应性强、耐瘠、早熟。果穗多呈锥形，子粒顶部呈圆形。由于胚乳外周是角质淀粉，所以子粒外表透明。外皮具有光泽且坚硬，多为黄色。食味品质优良，产量较低。

马齿型：植株高大、耐肥水、产量高、成熟较迟。果穗呈筒形，子粒长大扁平，子粒的两侧为角质淀粉，中央和顶部为粉质淀粉，成熟时顶部粉质淀粉失水干燥较快，子粒顶端凹陷呈马齿状，故而得名。凹陷的程度取决于淀粉含量。食味品质不如硬粒型。

粉质型：又名软粒型，果穗及子粒形状与硬粒型相似，但胚乳全由粉质淀粉组成，子粒乳白色，无光泽，是制造淀粉和酿造的优良原料。

甜质型：又称甜玉米，植株矮小，果穗小。胚乳中含有较多的糖分及水分，成熟时因水分蒸散而种子皱缩，多为角质胚乳，坚硬呈半透明状，多做蔬菜或制罐头。

甜粉型：子粒上部为甜质型角质胚乳，下部为粉质胚乳，世界上较为罕见。

爆裂型：又名玉米麦，每株结穗较多，但果穗与子粒都小，子粒圆形，顶端突出，淀粉类型几乎全为角质。遇热时淀粉内的水分形成蒸汽而爆裂。

蜡质型：又名糯质型。原产我国，果穗较小，子粒中胚乳几乎全由支链淀粉构成，不透明，无光泽如蜡状。支链淀粉遇碘液呈红色反应。食用时黏性较大，故又称黏玉米。

有稃型：子粒为较长的稃壳所包被，故名。稃壳顶端有时有芒。有较强的自花不孕性，雄花序发达，子粒坚硬，脱粒困难。

半马齿型：介于硬粒型与马齿型之间，子粒顶端凹陷深度比马齿型浅，角质胚乳较多。种皮较厚，产量较高。

玉米粒主要由皮层、胚乳、胚及根帽等部分组成（图 2-2）。

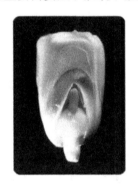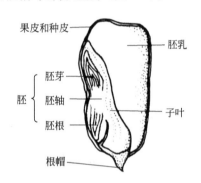

图 2-2　玉米粒结构简图

玉米皮层：玉米外表一层透明胶状物，以纤维、半纤维含量为主，其次含有部分淀粉、蛋白质、微量元素及灰分，皮层占玉米干重的 4.4%～6.2%。

胚乳：胚乳最外面是糊粉层，其余部分为粉质胚乳和角质胚乳。粉质胚乳含淀粉多，蛋白质少；而角质胚乳除含有淀粉外，还含有较多的蛋白质。一般胚乳占整个玉米粒干重的 80%～83%。

胚芽：胚芽位于玉米的基部，柔韧而有弹性，不易破碎，是玉米中脂肪最集中的部分，一般含油量达到 35%～40%（占胚芽干物），该部分占玉米干重的 10%～13%。

根帽：又称基胚、根冠，位于玉米的最底部，占整个玉米干重的 0.8%～1.1%，主要成分为蛋白质、脂肪、淀粉、糖、矿物质等。在种子的下端有一尖形的果柄，既可使种子附在穗轴上，又具有保护胚的作用，即为根帽。去掉果柄可见果皮上有块黑色组织，即种脐，这是玉米接近成熟时横在胚芽下面的封闭物，加工时作为渣皮去除。

玉米的各部分组成随玉米种类的不同而不同：淀粉 60%～75%，蛋白质

8％～14％，脂肪 3.1％～6.0％，水分 14％左右，纤维素、半纤维素 5％～6％，糖 1.5％～3.7％，灰分 1.3％左右。不同品种玉米的化学平均成分见表 2-2。

表 2-2　不同品种玉米的化学平均成分（干基）　　单位：％

品种	淀粉	蛋白质	脂肪	纤维素	聚戊糖	总糖	灰分
粉质型	73.0	8.53	5.25	1.71	4.25	3.25	1.35
马齿型	70.5	9.50	5.40	1.81	4.25	3.50	1.45
硬粒型	68.5	9.80	5.80	1.78	4.34	4.50	1.61

2.1.3　玉米质量等级

按照国家标准（GB 1353—2009）规定，各类玉米按照体积质量定等，分为 5 等，低于 5 等的为等外玉米。其质量标准见表 2-3。通用玉米质量指标范围见表 2-4。

表 2-3　玉米质量标准

等级	容重/(g/L)	不完善粒含量/%		杂质含量/%	水分含量/%	色泽、气味
		总量	其中：生霉粒			
1	≥720	≤4.0	≤2.0	≤1.0	≤14.0	正常
2	≥690	≤6.0				
3	≥660	≤8.0				
4	≥630	≤10.0				
5	≥600	≤15.0				
等外	＜600	—				

注："—"为不要求。

表 2-4　一般通用的玉米质量指标范围

项目	指标范围
水分	12％～16％
米粒杂质	≤3%
质粒杂质	≤0.5%
淀粉含量（干基）	≥70%
灰分（干基）	1.2％～1.6％
蛋白质（干基）	8％～11％
脂肪（干基）	4％～6％

2.1.4　影响玉米质量的因素

（1）水分的影响　玉米含水分在 14％以下即为安全储粮水分。如果超过

14%，虽然温度在 5～25℃，由于玉米粒内酶促反应增强，1kg 干重玉米放出 7.4g CO_2，干物损失 0.5%。此外，高水分玉米在运输和储存期间会出现发热、霉变现象。而且在浸渍时可溶物不易浸出，浸液浓度低，蛋白质分离效果差。

（2）干燥方式的影响　高温干燥（＞60℃）容易造成淀粉变性甚至部分糊化、蛋白质变性、不易浸渍、淀粉和油收率低、淀粉质量差等影响。室温自然干燥的玉米，淀粉收率高，质量好。

（3）玉米粒存放时间的影响　如果玉米长时间储存，在玉米粒酶解作用下淀粉转化为可溶性糖类，损失增加。如玉米含水 16%，在 15℃ 时可安全储存 2 个月；但水分 20% 时，储存期只有 8d。

（4）玉米发芽率的影响　发芽率高证明玉米在干燥和贮存过程状态良好，所以一般玉米发芽率要求在 80% 以上。

综合分析，玉米的品种、水分和外观是判断玉米质量的最重要指标。不同品种的玉米与收率有直接关系。水分是影响工厂经济指标的关键。根据外观，如色泽、颗粒是否均匀、是否虫蛀霉变、杂质和碎粒多少，同样可以判断出玉米质量好坏。总之，玉米质量是决定淀粉质量和收率的关键，而且多种因素会引起糖化发酵和谷氨酸提取生产的波动，有时会造成重大损失，对此须高度重视。

2.2　淀粉介绍

2.2.1　淀粉的物理性质

（1）颗粒　淀粉呈白色粉末状，在显微镜下观察是形状和大小各不相同的透明小颗粒，1kg 玉米淀粉大约有 17000 亿个颗粒。淀粉颗粒形状主要是圆形、椭圆形和多角形。不同来源的淀粉颗粒形状、大小和构造各不相同。玉米淀粉的颗粒多为圆形和多角形，少椭圆形。不同品种的淀粉颗粒大小不同，差别很大，同一种淀粉颗粒大小也不均匀，并且相差很多，一般以颗粒长轴的长度表示淀粉颗粒的大小。玉米淀粉最小颗粒约 2～5μm，最大颗粒约 30μm，平均为 10～15μm。玉米淀粉在偏光显微镜下观察，淀粉颗粒呈现黑色十字，十字交叉点在淀粉颗粒的中心。

（2）水分含量　淀粉中的羟基和水分子形成氢键，可以容纳大量的水，因此淀粉干燥状态下仍含有大量水分。由于羟基和水分子结合成氢键的结合程度不同，所以不同品种淀粉的水分含量有差别。例如玉米淀粉在一般情况下含 12% 左右水分。此外，淀粉的水分含量受周围空气湿度的影响。空气湿度大，淀粉吸收空气中的水汽，水分含量增高；空气湿度小，淀粉散失水分，水分含量降低。

　　（3）糊化　淀粉混于冷水中，经搅拌成乳状悬浮液，称为淀粉乳。因为淀粉不溶于冷水，同时它的密度大于水的密度，若停止搅拌，经过一段时间后，淀粉乳慢慢下沉产生沉淀。将淀粉乳加热到一定温度，淀粉乳中的淀粉颗粒开始膨胀，偏光十字消失。温度继续升高，淀粉颗粒继续膨胀至原体积的几倍或几十倍。由于颗粒的膨胀，晶体结构消失，体积胀大，互相接触，变成黏稠状液体。此时停止搅拌，淀粉也不会沉淀，这种现象称为"糊化"。生成的黏稠液体称为淀粉糊，发生糊化时的温度称为糊化温度。例如玉米淀粉乳的糊化温度为 $64\sim72℃$，开始糊化的温度为 $64℃$，完成糊化的温度为 $72℃$。淀粉颗粒大小的不同，其糊化的难易也不同。较大的淀粉颗粒容易糊化，较小的颗粒糊化困难，不能糊化的颗粒称为糊精。

2.2.2　淀粉的化学结构

　　淀粉是由 α-D-六环葡萄糖单体组成，通过 α-1,4 键连接的多糖，由直链淀粉和支链淀粉两种分子结构混合组成，分子式 $[C_6H_{10}O_5]_n$。

　　（1）直链淀粉　直链淀粉是指葡萄糖单体均以 α-1,4 键连接成直链状的线性淀粉分子。直链淀粉分子大小差别很大，聚合的葡萄糖单位数目在 $100\sim6000$ 万之间，一般为 $300\sim800$ 万个。同一品种淀粉中的直链淀粉在分子大小方面也有很大差别，不同品种之间的差别更大。直链淀粉溶液如果遇碘立即呈现蓝色反应，生产中即利用这一特性来鉴别淀粉的存在与否。但是若加热淀粉至 $70℃$ 这种蓝色反应消失，冷却后又重现蓝色。因此可知这种反应并非化学反应，而是一种物理现象。直链淀粉分子以每 6 个葡萄糖单位形成一圈呈螺旋形状，碘分子被吸于线圈中央。吸附碘分子的显色反应与直链淀粉分子大小有关。直链淀粉分子聚合的葡萄糖单位个数在 $30\sim35$ 以上的才能呈现蓝色，聚合度 $8\sim12$ 的遇碘变红色，聚合度 $4\sim6$ 的遇碘不变色，生产中常用淀粉遇碘变色的反应判断 DE 值，称为碘反应或碘试。液化后测试方法为：取保温一定时间的液化液适量，降温 $50℃$ 以下，加 $0.02mol/L$ 碘液 $1\sim2$ 滴，观察所呈现的颜色判断液化液的 DE 值。直链淀粉的凝沉性较强，凝沉能使淀粉溶液变浑，出现白色沉淀，黏性下降，这是一个从溶解或水合状态向不可溶状态转化的过程。在这一过程中，淀粉回复到本来状态，但是却不能恢复其原有特性及晶状结构，因此称为回生（老化）温度。淀粉的最佳回生温度是 $4℃$，到 $50℃$ 时回生停止。其中直链淀粉易于回生，支链淀粉不回生。回生的淀粉不溶于水，难于被淀粉酶所分解，遇碘也不变蓝色，给液化带来困难。回生速度和产生回生的程度受直链淀粉分子大小、pH 值、温度和盐类等因素的影响。大分子、浓度低、pH 值低、温度低时均易产生回生现象，在生产中应加以注意。特别是在酶法制造淀粉糖过程中，若出现淀粉乳液化困难、糖液过滤困难等情况，皆主要由回生现象而引起。

（2）支链淀粉　支链淀粉具有立体结构，是树枝状的庞大球形物。聚合的葡萄糖单位在1000～300万之间，一般在6000个以上，所以支链淀粉是天然高分子化合物中最大的一种。支链淀粉与直链淀粉分子不同之处在于除了直链结构部分中葡萄糖单位是以 α-1,4 键连接外，尚存有多个以 α-1,6 键连接的支链。支链淀粉的分子比直链淀粉分子大得多，因为一般支链淀粉的支侧链在50个以上，每条分支链大约平均由23～27个葡萄糖单位组成。支链淀粉各个支链尾端不具有还原性，仅在主链的一端有还原性，即仅有一个还原尾端基，还原性十分薄弱。支链淀粉与直链淀粉除化学结构上不同外，在特性方面也存在很多差别。如支链淀粉易溶于水，生成稳定的溶液，具有很高的黏度。淀粉糊的黏度主要来自支链淀粉。一般地说，支链淀粉无凝沉（老化）性，遇到碘分子后视吸收碘的多少而呈蓝紫色乃至紫红色，而且吸附碘量大大低于直链淀粉。在植物淀粉中，一般含支链淀粉80％左右，而在黏性大的糯米淀粉中，几乎全部是支链淀粉。直链淀粉与支链淀粉相比，其不同之处列于表2-5。

表 2-5　直链淀粉与支链淀粉的区别

名称	连接方式	葡萄糖单元
直链淀粉	α-1,4 键	100～6000 万
支链淀粉	α-1,4 键，α-1,6 键	1000～300 万

2.2.3　工业淀粉的化学组成

采用分离的方法将原料中的非淀粉如纤维素、蛋白质、油脂、无机灰分、水溶杂质等分离出去得到工业淀粉。但由于分离工艺的不完善，工业淀粉中还存在一定量的杂质。一般的工业淀粉主要组分见表2-6。

表 2-6　工业淀粉主要组分

组分	含量
水分	11％～14％
蛋白质	＜0.4％
可溶蛋白	≤0.02％～0.026％
脂肪	≤0.5％
灰分	≤0.2％～0.4％
pH 值	4.5～5.5

除了表2-6中列出的主要组分，工业淀粉中还含有其他组分，但在生产中可

不用考虑。影响糖化液的质量主要是淀粉中的杂质。例如在酸法制糖中，淀粉中的蛋白质会和酸发生反应，降低催化效率，增加糖化时间。甚至会被水解成氨基酸，与还原糖发生"美拉德"反应，生成黑色素，使产品色泽加深，增加精制困难。在酶法制糖时，如果酶中含有微量的蛋白酶，淀粉中的蛋白质会被水解成氨基酸增加糖化颜色。脂肪为疏水性物质，其黏性很大，能阻止过滤物料的通过。此外脂肪加热不会凝固，还会提高糊化温度，在碱性条件下加热会发生皂化反应。同时不溶性淀粉颗粒是直链淀粉与脂肪酸生成的络合物，因而脂肪的危害相当明显。

2.3 玉米淀粉生产工艺

玉米淀粉的制备分干法制备和湿法制备。所谓干法制备是指靠磨碎、筛分、风选的方法，分离出胚芽和纤维后而得到低脂肪的玉米粉。湿法制备是指将玉米温水浸泡，粗磨、细磨，分离胚芽、纤维素和蛋白质后得到高纯度的淀粉，即一浸二磨三分离。为获得高纯度的玉米淀粉，一般都采用封闭式湿法制备。封闭式流程只在最后的淀粉洗涤时用新水，其他用水工序都用工艺水。因此新水用量少，干物质损失少，污染大为减轻，但技术要求高，一次性投入大。现代化的淀粉厂均采用湿法封闭式流程，湿法开放式（玉米浸泡和全部洗涤水都用新水，耗水量多，干物质损失大，排污量多）已基本淘汰。湿法玉米淀粉制备工艺流程如图 2-3 所示。

2.3.1 玉米储存与净化

玉米的储存一般采取立筒仓或平仓。储存玉米应备有相应的输送设备，装设测温仪表，同时注意通风，避免发热、发霉、虫害、爆炸等问题。在加工之前，常采用吸尘（风力）振动筛、比重除石器、除尘器等去除玉米粒中混有的砂石、木片、尘土等杂物，采用电磁分离机去除铁片。然后将玉米采用水力或机械输送到浸泡系统，同时除去灰分。水力输送的速度为 $0.9 \sim 1.2 \mathrm{m/s}$，玉米和输送水的比例为 $1:(2.5 \sim 3.0)$，水温 $35 \sim 40 ℃$。经过脱水筛，脱除的水再作输送水用，湿玉米进入浸泡罐。

2.3.2 玉米浸泡

玉米浸泡一般采用半连续流程在亚硫酸水溶液中逆流进行，其中浸泡罐 $8 \sim 12$ 个。浸泡过程中玉米在罐内静置，用泵将浸泡液在罐内一边自循环一边向前一级罐内输送，始终保持新的亚硫酸溶液与浸泡时间最长（即将结束浸泡）的玉

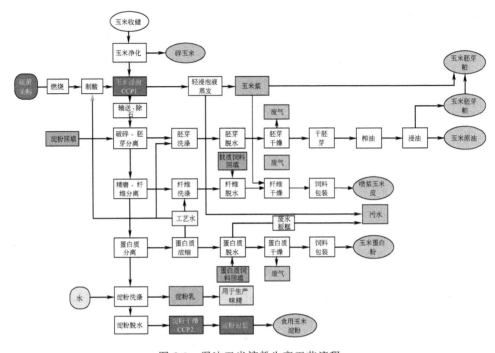

图 2-3　湿法玉米淀粉生产工艺流程

米接触，而新入罐的玉米与即将排出的浸泡液接触，从而保持最佳的浸泡效果。玉米浸泡时亚硫酸浓度为 0.2%～0.25%，浸泡温度 48～50℃，浸泡时间 40～50h。

　　浸泡的目的：①使子粒变软，子粒含水分 45% 左右；②使可溶性物质浸出，主要是矿物质、蛋白质和糖等；③破坏蛋白质的网络结构，使淀粉和蛋白质分离；④防止杂菌污染，阻止腐败生物生长；⑤漂白作用，可抑制氧化酶反应，避免淀粉变色。亚硫酸不仅影响淀粉的抽提率，而且影响蛋白质的抽提效果。实验室条件下不同浓度的亚硫酸对淀粉抽提率及蛋白质抽提效果的影响分别见表 2-7 和表 2-8。

表 2-7　亚硫酸浓度对淀粉抽提效果的比较

亚硫酸 SO_2 含量/%	浸渍时间/h	淀粉抽提率（干基）/%
0.1	24	82
0.2	24	83
0.3	24	88
0.4	24	89

表 2-8　亚硫酸浓度对蛋白质抽提效果的比较

亚硫酸 SO_2 含量/%	抽提总蛋白质含量(干基)/%
0.04	11.47
0.10	11.52
0.15	16.27
0.18	16.10
0.25	13.60
0.40	11.40
0.80	10.70

浸泡过程要严格控制亚硫酸浓度，过高过低都不利于玉米浸泡。亚硫酸浓度过低时，乳酸菌繁殖加快，浸渍液酸度太高，部分淀粉直接变为可溶性糖类，部分大分子长链断开，造成淀粉回收率低。此外，天然蛋白质大量降解成溶解状态，使浸渍水形成饱和溶液，大大降低可溶物的扩散速度。一部分已降解的蛋白质进一步分解成氨基酸，渗入淀粉粒中，增加了湿磨法分离和洗涤工序的困难。而且淀粉吸附含氮物后在深加工时，也会造成种种困难，如水解制葡萄糖和糖浆时，这些杂质转化为有色物质，影响最终产品的质量。亚硫酸浓度过高时，乳酸菌受抑制，因为少量乳酸菌（1.0%～1.2%）的存在，可软化子粒，与浸泡液中的 Ca^{2+}、Mg^{2+} 生成络合物，呈溶解状态，可减少蒸发锅中的积垢。

2.3.3　破碎与胚芽分离

浸泡后的玉米经齿轮磨破碎后，用泵送至一次旋液分离器，底流物经曲筛滤去装料，筛上物进入二道齿轮磨。经二次破碎的浆料泵入二次旋液分离器，分离出的浆料经二次曲筛得到粗淀粉乳与一次曲筛分离出的淀粉乳混合。两次旋液分离器分离的胚芽料液进入胚芽分离器分离出胚芽，得到的稀浆料进入细磨工序。进入一次和二次旋液分离器的淀粉悬乳液浓度为 7%～9%，分离器压力为 0.45～0.55MPa，胚芽分离过程的物料温度不低于 35℃。

2.3.4　细磨

二次旋流分离出的筛上物进入冲击磨（针磨）进行细磨，最大限度地使与纤维素联结的淀粉分离出来，细磨后的浆料进入纤维素槽洗涤。

2.3.5　纤维分离

细磨后的浆料与洗涤纤维素水依次泵入六级压力曲筛进行逆流洗涤，纤维素从最后一级曲筛筛面排出，第一级曲筛筛下物为粗淀粉乳进入淀粉分离工序。细磨后的浆料浓度为 5%～7%，磨后的浆，压力曲筛进料压力为 0.25～0.30MPa，洗涤用水温度 45℃，可溶物不超过 1.5%，纤维素洗涤用水量 210～230L/100kg 干玉米。

2.3.6   淀粉与蛋白质分离

粗淀粉乳经除砂器、回转过滤器，进入分离麸质和淀粉的主离心机，第一级旋流分离器顶流的澄清液作为主离心机的洗涤水。顶流分出麸质水，浓度为 1%～2%，送浓缩分离机。底流为淀粉乳，浓度为 19%～20%浓缩分，送十二级旋流分离器进行逆流洗涤。洗涤用新鲜水，水温为 40℃。经十二级旋流分离器洗涤后的淀粉含水 60%，蛋白质含量低于 0.35%。

2.3.7   淀粉的脱水干燥

洗涤后的淀粉乳可以用来直接制备淀粉糖，也可经自动刮刀离心机等进行脱水，得到含水 34%～38%的湿淀粉，再用气流干燥机干燥后得到成品淀粉。

2.4   副产品生产及应用

2.4.1   胚芽、胚芽饼、玉米油

经一级胚芽旋流器顶部出来的胚芽，再经三级曲筛洗涤后进入螺旋挤压机脱水，然后用流化床或管束干燥机干燥得到干胚芽。干胚芽含水≤5%，含油≥48%，含淀粉≤10%，可用来榨油。玉米油含丰富的亚油酸，具有很好的保健功能，是国际食品协会推广的优质保健食品。榨油后得到的胚芽饼含有丰富的蛋白质，是一种很好的蛋白质饲料。胚芽的化学组成见表 2-9，胚芽饼的化学组成见表 2-10。

表 2-9   胚芽的化学组成（干基）　　　　　　　　单位：%

项目	含量	项目	含量
脂肪	46～55	蛋白质	12～19
淀粉	8～12	灰分	0.7～1.2
纤维	15～18	其他	2～3

胚芽饼营养丰富，除上述成分外，还含有 3.2%谷氨酸，1.8%亮氨酸，1.2%缬氨酸，1.1%苏氨酸、甘氨酸，1.4%丙氨酸、天冬氨酸，1.3%精氨酸、

表 2-10　胚芽饼的化学组成　　　　　　　　单位：%

项目	含量	项目	含量
水分	7	可溶性碳水化合物	5～10
蛋白质	24～30	戊糖	10～16
脂肪	7～12	灰分	1.5～2.5
淀粉	16～23	其他	2～4
纤维	15～25		

注：蛋白质＝氮的含量×6.25。浸出法制油的胚芽饼脂肪含量为1%～2%，水分项为湿基，其余为干基。

脯氨酸，1.0%丝氨酸。此外还含有维生素，如胆碱 1400mg/kg、烟酸 42mg/kg、维生素 B_6 6mg/kg、维生素 B_2 3.8mg/kg、泛酸 4.4mg/kg、硫胺素 6.2mg/kg、生物素 0.22mg/kg，以及微量矿物质，K 34%、P 0.5%、S 0.32%、Mg 0.16%。

玉米胚芽直接压榨或浸取提出的玉米油，只经过了简单的过滤而未经进一步加工处理，称为粗玉米油（玉米原油），经过精制后即为精制玉米油。玉米原油及精制玉米油质量标准见 GB 19111—2003。

2.4.2　玉米浆

玉米浸泡水外观是浅黄色液体，无异味，无明显的沉淀物，含干物质7%～9%，pH 3.9～4.0，酸度11%以上，镜检乳酸杆菌菌体粗壮，是制取玉米浆的原料，经真空浓缩后得到玉米浆。玉米浆是极富营养的物质，其化学组成详见表 2-11～表 2-14。一般玉米浆的质量，含干物质≥40%，蛋白质≥40%，酸度9%～14%，亚硫酸≤0.3%，浓度22～24°Bé。玉米浆可以作为谷氨酸发酵的重要营养剂，直接销售给其他发酵企业作原料。也可以进一步用来提取植酸钙，制造药用肌醇。或者作为饲料工业中的配料。浓玉米浆的获得主要是采用3～4效蒸发器进行浓缩。在生产过程中，要特别注意蒸发过程易结垢、难以清洗的特点，见图 2-4。

表 2-11　典型的玉米浆化学组成　　　　　　　单位：%

项目	含量	项目	含量
水分	50	植酸	7.5
蛋白质(以氮计)	7.5	灰分(总)	18
(肽和氨基酸)	(35.0)	其中:钾	4.5
(氨和氮化物)	(7.5)	镁	2.0
乳酸	26	磷	3.3
碳水化合物(糖)	2.5		

注：蛋白质＝氮的含量×6.25。磷含量中约75%是植酸。水分一项为湿基，其余为干基。

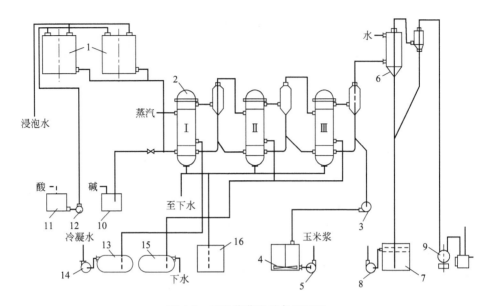

图 2-4　玉米浆蒸发设备流程图

1—浸泡水贮罐；2—三效蒸发器；3—浓玉米浆出料泵；4—浓玉米浆罐；5—浓玉米浆泵；
6—气压冷凝器；7—气压冷凝水槽；8—气压冷凝水排水泵；9—真空泵；10—碱罐；
11—酸罐；12—抽酸泵；13—蒸汽冷凝水罐；14—蒸汽冷凝水泵；
15—蒸汽冷凝水罐；16—废酸碱水回收罐

表 2-12　不同品种的玉米浆化学组成（干基）　　　　　单位：%

项目	白玉米浆	黄玉米浆	项目	白玉米浆	黄玉米浆
蛋白质	43.00	41.90	重金属	0.0082	0.0084
氨基酸	3.90	4.02	总磷	3.75	3.62
乳酸	12.51	12.09	溶磷	1.25	1.52
还原糖	2.32	1.90	SO_2	0.23	0.20
总灰分	19.35	21.20	酸度	10.00	10.90
铁	0.064	0.050			

注：玉米品种分别为河北省唐山市白马牙玉米和黄马牙玉米。

表 2-13　玉米浆中所含氨基酸占总蛋白质的百分率　　　　　单位：%

氨基酸类别	典型玉米浆	实际玉米浆	氨基酸类别	典型玉米浆	实际玉米浆
丙氨酸	7.2	3.5	赖氨酸	3.2	
精氨酸	4.4	3	蛋氨酸	2.0	1.0
天冬氨酸	5.6		苯丙氨酸	3.2	2.0
胱氨酸	3.2	1.0	脯氨酸	8.0	5
谷氨酸	14.0	8	丝氨酸	4.0	
甘氨酸	4.4		苏氨酸	3.6	3.5
组氨酸	2.8		酪氨酸	2.0	
异亮氨酸	2.8	3.5	缬氨酸	4.8	3.5
亮氨酸	8.0	6			

表 2-14　玉米浆中各种维生素含量　　　　　单位：mg/kg

维生素类	含量	维生素类	含量
胆碱	3509.93	维生素 B_2	5.96
烟酸	83.88	硫胺素	2.87
泛酸	15.01	维生素 H	0.33
维生素 B_6	8.83	肌醇	6026.49

此外，玉米浆中的矿物质有 K 2.4%、P 1.8%、Mg 0.7%、S 0.6%。

2.4.3　蛋白粉

淀粉分离出来的麸质水经过滤器进入浓缩离心机，浓缩后得到含固形物约15%的麸质水，经转鼓式真空吸滤机或板框压滤机脱水，得到含水分 50%左右的湿蛋白，经管束式干燥机干燥得玉米蛋白粉。玉米蛋白粉一般含蛋白质≥60%、水分≤10%、脂肪≤3%，是饲料蛋白质原料，也可以用来制备价值更高的玉米肮和玉米黄色素。

玉米蛋白粉通常称为玉米麸质粉（com gluten meal），是玉米淀粉生产中一种重要副产品。玉米中的蛋白质有四种：球蛋白（globulin）约占总蛋白质25%，主要存于玉米浸渍液中；醇溶蛋白（zein）约占 48%，主要存于麸质水中，是蛋白粉的重要成分；碱溶性谷蛋白（glutelin）占 25%，主要存在胚乳中；不溶性蛋白占 2%，分布于麸质、油饼和纤维渣中。玉米蛋白粉的化学组成见表 2-15。

表 2-15　玉米蛋白粉的化学组成　　　　　单位：%

项目	含量	项目	含量
水分	10	纤维	2
蛋白质	60～65	碳水化合物	100～300mg/kg
脂肪	7	灰分	1
淀粉	15～20		

注：蛋白质＝氮的含量×6.25。表中数据均为质量分数，除水分外均为干基。

在蛋白粉中含有丰富的氨基酸，含谷氨酸 13.8%、亮氨酸 10%、脯氨酸5.5%、丙氨酸 5.2%、苯丙氨酸 3.8%、天冬氨酸 3.6%、丝氨酸 3.1%、酪氨酸 2.9%、缬氨酸 2.7%、异亮氨酸 2.3%、苏氨酸 2.0%、蛋氨酸 1.9%。

此外，蛋白粉中含维生素 A 66～144mg/kg、胡萝卜素 44～66mg/kg、胆碱2207mg/kg、肌醇 1898mg/kg、烟酸 82mg/kg。含矿物质 K 0.45%、P 0.7%、Mg 0.15%、S 0.83%。

2.4.4 纤维（玉米皮）

分离出的纤维渣经螺旋挤压机挤压后，经管束干燥机干燥得玉米纤维，再混入玉米浆或蛋白粉制成麸质饲料，或进一步除去 SO_2 和精制后做成食用纤维，可在食品中添加。玉米麸质饲料（com gluten feed）的化学组成见表2-16。

表 2-16   玉米麸质饲料的化学组成   单位：%

项目	含量	项目	含量
水分	10～12	纤维	34～36
蛋白质	24	戊糖	18
脂肪	2	灰分	8
淀粉	4		

注：蛋白质＝氮的含量×6.25。水分为湿基，其余为干基。

在麸质饲料中谷氨酸占 3.4%，脯氨酸 1.7%，丙氨酸 1.5%，天冬氨酸1.2%，亮氨酸 1.9%，精氨酸、甘氨酸、丝氨酸及缬氨酸各 1.0%。含维生素如胆碱 2428mg/kg，烟酸 75mg/kg，泛酸 17mg/kg，维生素 B_6 15mg/kg，肌醇408mg/kg，生物素 0.22mg/kg，硫胺素 2mg/kg。含矿物质，如 K 1.3%，P0.9%，Mg 0.4%。

玉米麸质饲料的通用标准为按干基计蛋白质≥21%、脂肪≥1%、纤维≤10%，一般水分在 12% 以下。

2.5 玉米淀粉生产的主要设备

湿法生产玉米淀粉的主要设备如表 2-17 所示。

表 2-17   湿法生产玉米淀粉的主要设备

工序	主要设备
玉米浸泡	浸渍罐
玉米破碎	凸齿磨
胚芽分离	旋流分离器
胚芽洗涤	曲筛
细磨	针磨（冲击磨）
纤维分离	压力曲筛或锥形离心筛、振动平筛
淀粉与蛋白质分离	碟片分离机
淀粉洗涤	12级旋流分离器
麸质浓缩	碟片分离机

续表

工序	主要设备
麸质回收	转鼓式真空吸滤机或板框压滤机、沉降离心机
淀粉脱水	卧式刮刀离心机
淀粉干燥	一级负压气流干燥机或下压一级气流干燥机
湿纤维胚芽干燥	管束干燥机
麸质干燥	气流干燥机或管束干燥机

2.6　玉米淀粉生产工艺技术指标

2.6.1　玉米淀粉生产的主副产品产量及物料平衡

（1）计算依据

① 年产 10 万吨味精需商品淀粉 15 万吨，以年产商品淀粉（含水 14％）15 万吨为基准进行计算。

② 玉米质量含淀粉≥70％，碎玉米及杂质≤3％，蛋白质 8％～11％，脂肪 4％～6％，含水 14％。

（2）主副产品产量

① 年产商品淀粉（含水 14％）：15 万吨。

② 年产副产品

蛋白粉（含蛋白质 60％，含水 10％）	14300t
麸质饲料（含蛋白质 21％，含水 12％）	37150t

麸质饲料由玉米浆 10000t＋玉米纤维 20000t＋胚芽油 7150t 组成。

粗玉米油　　　　　　　　　　　　　　　　　　　　　　　6241t

③ 原料

年耗用原料玉米（含水 14％）	233610t
年耗用净化玉米（含水 14％）	226785t
年耗用折干玉米	195035t

（3）物料衡算　以含水 14％的净化玉米 116.3 折干基量 100 为基准进行衡算，见图 2-5。

2.6.2　淀粉及副产品收率一般指标

产品收率指标见表 2-18。

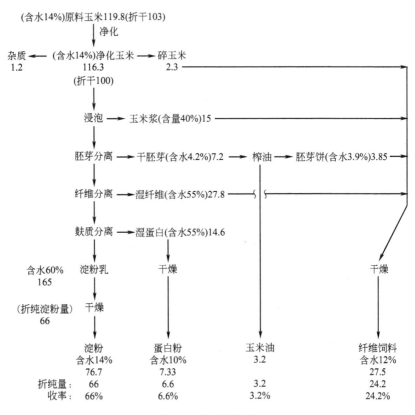

图 2-5　物料衡算图

表 2-18　产品收率指标　　　　　　　　　　单位：%

产品名称	先进指标	一般指标	产品名称	先进指标	一般指标
淀粉	69	65～66	蛋白粉	6	7
玉米浆	6	4	纤维	11	12.5
胚芽	7	6.5～6.9	总干物	99	95

2.6.3　生产及辅助用水

生产用水比例见表 2-19。

由此可以看出，如全部用新水每生产 1t 淀粉需用水 10t 以上，较先进水平也要 5t，耗水量很大。年产万吨淀粉，用水十几万吨，排放污水也有近十万吨，环保压力很大。现在淀粉加工厂都采用工艺水循环利用的办法，来降低生产过程中的用水量，减少污水排放量，一种水环流的工艺应运而生。

表 2-19 生产用水比例（先进工艺）

用途	比例
输送水：玉米	3：1
亚硫酸水：玉米	(1.20～1.25)：1
胚芽洗涤水：玉米	1.2：1
纤维洗涤水：玉米	1.9：1
淀粉洗涤水（软水）：淀粉（干物）	2.5：1

水环流，就是在玉米淀粉加工的过程中尽量使用工艺水，中间工序不使用新鲜水，充分利用过程水，只在淀粉洗涤最后一个工序使用新鲜水，洗涤水循环利用。完全闭环水环流工艺充分考虑了辅助用水（工艺水）的综合利用，全过程基本无废水排放，每吨淀粉的生产用水可降至 2.5t 以下。目前行业大型企业淀粉耗水为 2～4t。

2.6.4 粮耗、能耗指标

粮耗、能耗指标见表 2-20。

表 2-20 每生产 1t 商品淀粉（含水 14%）所需要的粮耗及能耗

原料玉米/t	净化玉米/t	电力/kW	蒸汽/t
1.56	1.51	160～200	1～1.5

2.6.5 亚硫酸消耗

亚硫酸消耗见表 2-21。

表 2-21 玉米淀粉制备过程中每 100kg 玉米需要亚硫酸的量

亚硫酸用量/kg	折算硫黄用量/kg	生产过程中硫黄实际用量/kg
7.16	3.58	3～4

在玉米淀粉的制备过程中，亚硫酸是最主要的辅料。浸泡岗位其用量占总用量的 65%，国内企业实际生产过程中 70%～80% 用于浸泡。玉米淀粉制备其他岗位亚硫酸用量较少。

2.7 淀粉制糖原理

淀粉是由葡萄糖单元通过 α-1,4-糖苷键和 α-1,6-糖苷键连接而成的多糖，

α-1,4-糖苷键和 α-1,6-糖苷键在酸或酶的作用下会断裂，水解形成葡萄糖单元。同时，受酸和热的作用，一部分葡萄糖又发生复合反应和分解反应。在淀粉制糖的过程中，这三种反应同时进行，水解反应是主要的，复合反应和分解反应影响葡萄糖的产率和纯度。糖化过程中，这三种化学反应的关系见图 2-6。

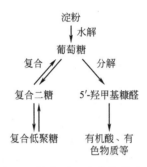

图 2-6　糖化过程中的化学反应

淀粉在酸或酶的作用下，其颗粒结构被破坏，α-1,4-糖苷键和 α-1,6-糖苷键被切断，分子质量逐渐变小，经中间产物蓝糊精、红糊精、无色糊精、低聚糖、麦芽糖，最后生成葡萄糖。淀粉在酸或酶作为催化剂的作用下，发生的主要反应如下：

$$(C_6H_{10}O_5)_n \xrightarrow{H_2O} (C_6H_{10}O_5)_x \xrightarrow{H_2O} C_{12}H_{22}O_{11} \xrightarrow{H_2O} C_6H_{12}O_6$$

淀粉　　　　　　各种糊精　　　　麦芽糖　　　　葡萄糖

从反应式可以计算出，淀粉水解产生葡萄糖的理论得率：$(180/162)\times 100\% = 111\%$。

理论上 100 份淀粉水解可得 111 份葡萄糖，即化学增重系数 1.11。实际生产达不到这样的水平，粉糖转化率是描述制糖效率的一个指标。

粉糖转化率 = (水解糖液体积×葡萄糖含量)/(投入淀粉数量×
淀粉含量×1.11)×100%

工业上用 DE 值（也称葡萄糖值）表示淀粉的水解程度或糖化程度。糖化液中还原性糖全部当作葡萄糖计算，占干物质的百分比称为 DE 值。糖液中葡萄糖含量占干物质的百分率称为 DX 值。一般情况下，DX 值比 DE 值略低 1.5%～2.5%，因为在糖液中除了大量的葡萄糖外，还有少量还原性的低聚糖存在，随着糖化程度的增高，二者的差别减少。DX 值是能真正反映糖化质量的一个指标。

$$DE\,值 = \frac{还原糖(\%)}{干物质(\%)} \times 100\%$$

$$DX\,值 = \frac{葡萄糖(\%)}{干物质(\%)} \times 100\%$$

决定淀粉水解速度和糖液质量的主要因素有以下几点。

2.7.1　催化剂的种类

淀粉水解是在催化剂的作用下进行的，因此催化剂是最主要的影响因素。催化剂不仅影响淀粉的水解速度，同时影响淀粉糖质量。不同的催化剂，其催化效率有很大的差异。酶催化反应条件温和，糖液质量好，葡萄糖得率高。酸催化反应条件剧烈，副产物多。不同来源的酶或不同品种的酸，其催化效率也有较大的差异，如高温淀粉酶比中温淀粉酶效率高，盐酸的水解速度比草酸快。根据淀粉糖化所用的催化剂的不同，将淀粉糖化方法分为酸解法、酶酸法和双酶法。

2.7.2　催化剂的用量

淀粉的水解速度与催化剂的用量密切相关。盐酸用量大，淀粉乳中氢离子浓度高，淀粉水解速度快。但随着盐酸用量的增加，糖化反应的副产物也随之增加。而酶的用量增加，淀粉水解的速度增加，糖化过程缩短，副产物的增加并不明显，这是酶专一性的特征。

2.7.3　水解的温度与压力

淀粉的酸解是在一定的温度与压力下进行的。温度和压力升高，淀粉的水解速度迅速加快，同时副反应也迅速加快。因为酶催化反应是在一定的温度范围内进行，所以酶法水解受温度影响大，受压力影响小。酶活随温度增加呈现先增加后减小的趋势，催化效率呈同样趋势。

2.7.4　淀粉乳的浓度

淀粉乳的浓度越低，水解越容易进行，水解液中葡萄糖纯度越高，糖液的色泽也就越浅。反之淀粉乳浓度高，水解液的葡萄糖浓度也高，反而会促进葡萄糖的复合、分解反应。

2.7.5　蛋白质等杂质的影响

淀粉原料中含有少量的蛋白质、脂肪、纤维、磷酸盐以及 Ca^{2+}、Mg^{2+}、K^+ 等杂质，对糖液质量和催化剂的作用有很大影响。

① 蛋白质、磷酸盐的缓冲作用很大，能降低 H^+ 的有效浓度。

② 蛋白质、脂肪通过水解生成氨基酸、甘油和脂肪酸等非糖物质。氨基酸

与葡萄糖能生成氨基葡萄糖，进一步可转化为类黑素。

③ 大部分未被水解的蛋白质在制糖过程中如不加以除净，容易产生泡沫，对发酵过程的控制非常不利，不利于大规模生产应用。淀粉质量的好坏对糖化乃至发酵有很大的影响，选用蛋白质含量低、杂质少、不发霉、不发热的淀粉作生产原料是极其重要的。

2.8 双酶法制糖用酶

在介绍酶法制糖工艺之前，为更好地理解这套工艺，掌握关于酶的基本知识，比如酶的来源、性质、作用以及酶活影响因素等，是非常重要的。

2.8.1 酶的种类

酶是一种由活细胞产生的生物催化剂，具有促进化学反应发生的作用。其中对能作用于淀粉的酶，统称为淀粉酶。淀粉应用的酶主要有 α-淀粉酶、β-淀粉酶和葡萄糖淀粉酶。这三种酶都属于水解酶，能水解分子中的葡萄糖苷键。淀粉酶不仅能水解淀粉分子，也能水解淀粉的水解产物糊精、低聚糖等，最终生成麦芽糖和葡萄糖。

2.8.2 酶的特性

酶是细胞原生质合成的一类具有高度催化活性的特殊蛋白质，也称生物催化剂。酶普遍存在于动物、植物、微生物中。通过采取适当的物理方法，将酶从生物组织或细胞以及发酵液中提取出来，加工成具有一定纯度标准的生物制品，即酶制剂。酶这类生物催化剂，除了具有一般化学催化剂的特性外，还有以下独特优点：

(1) 催化效率高　由于酶催化所需的活化能极低，在某些环境中，其催化效率远远大于化学催化剂，它的催化速度可以比化学催化剂高 1000 万～10 万亿倍。例如：1g α-淀粉酶结晶可以在 65℃条件下，用短短 15min 将 2t 淀粉转化为糊精。

(2) 专一性强　酶对作用底物有严格的专一性，因此可以从复杂的原料中加工某一成分，以制取所需的产品。或者从某种物质中去除不需要的杂质而不影响其他成分。例如啤酒中的蛋白质可用蛋白酶去除，橘汁中的苦味成分（柚苷）可用柚苷酶分解而不影响风味。

(3) 作用条件温和　酶可以在常温常压和温和的酸碱度下，高效地进行催化反应，有利于简化设备、改善劳动条件和降低生产成本。例如用酸作催化剂催化淀粉水解成葡萄糖，需要在 0.25～0.3MPa 的蒸汽压力和 135～145℃的高温下才能进行。而 α-淀粉酶在 pH 6.0～6.5 条件下，85～93℃便可把淀粉水解成糊精；再用糖化酶在 pH 4.5～5.0、55～65℃下便可把糊精水解生成葡萄糖。所以，酶法生产不需耐酸耐压设备及高温高压的反应条件。

2.8.3　影响酶催化因素

酶的化学本质是蛋白质，同其他蛋白质一样，主要由氨基酸组成。同时酶具有两性电解质的性质和一、二、三、四级结构，会受到物理因素（加热、紫外线照射等）及化学因素（酸、碱、有机溶剂等）的作用而变性或沉淀，造成失活。酶的分子量很大，其水溶液具有亲水胶体的性质，不能透析。在体外，酶能被其他蛋白酶水解而失活。

酶蛋白和其他蛋白质不同之处在于它具有活性中心。所谓活性中心是指酶蛋白上与催化有关系的一个特定区域，其中包括催化过程中关键的催化基团以及与底物结合有关的结合基团。破坏酶的活性中心或破坏酶蛋白的结构，都会导致酶的失活。

认识酶的化学本质，认识酶蛋白的共性和个性，对于正确合理使用酶制剂、防止酶失活、提高酶催化反应的效率有重要的意义。下面简要介绍影响酶催化的几个因素。

（1）温度　温度对于酶促反应速度的影响有两个方面。一方面随着温度升高，反应速度加快，一般每增高 10℃，酶反应速度增加 1～2 倍。另一方面随温度升高，酶逐步变性直至失活。

（2）pH 值　酶是两性化合物，其上分布着许多羟基和氨基等酸性和碱性基团。在一定 pH 值下，酶的反应速度可达到最大值，这一 pH 值通常称为该酶作用的最适 pH 值，高于或低于这一 pH 值，酶促反应的速度都会降低。

（3）激活剂和抑制剂　凡能增加酶促反应速度的物质都称为激活剂。例如，Ca^{2+} 是 α-淀粉酶的激活剂。凡能与酶的活性部位结合，引起酶促反应速度下降的物质都称为抑制剂。酶最重要的性质是它的催化能力，通常称为活力。因为活力消失后酶的化学组成不发生变化，所以无法通过酶的化学组成变化测定活力变化。常用"活力单位"表示酶制剂中含酶量，即用单位时间内底物的减少或产物的增加量来表示。

（4）蛋白水解酶　蛋白水解酶通过开裂酶蛋白上的肽链使酶蛋白解体，造成严重失活。由于许多微生物能产生蛋白水解酶，所以酶制剂在贮藏和使用过程中要尽量避免被微生物污染。有些微生物产酶的同时产蛋白水解酶，这就要求在使用时最好去除蛋白水解酶。比较简单而常用的方法有添加抑制剂和选择性热失活等。变性的蛋白质比完整的天然蛋白质更易被蛋白水解酶水解。因此尽量避免酶变性也是减少活性丧失的一个重要方面。

2.9 双酶法制糖工艺

2.9.1 双酶法制糖工艺流程

葡萄糖浆（商业上称为液体葡萄糖）是由淀粉（主要是玉米、大米、小麦和木薯淀粉）水解，即通过打断淀粉链中连接葡萄糖单元的键而得到的。水解的方法和程度影响最终碳水化合物的组成。水解的程度通常以葡萄糖值（DE）决定，以干基质量计算纯葡萄糖的百分数来表示水解的能力。

双酶法制糖工艺可根据升温方式的不同分为升温液化法、喷射液化法。喷射液化法又依所用加热设备的不同分为一次喷射液化法和二次喷射液化法。一次喷射液化法由于能耗低、设备少、糖液质量好而获得广泛应用。

一次喷射双酶法制糖工艺流程如图 2-7 所示。

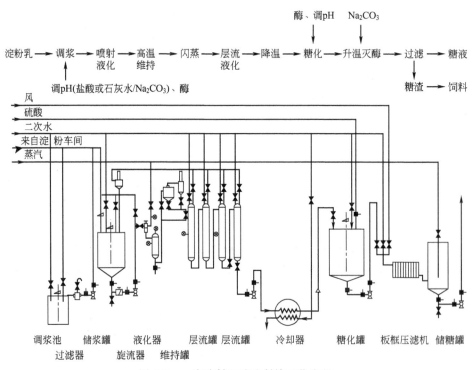

图 2-7 一次喷射双酶法制糖工艺流程

2.9.2　双酶法制糖工艺控制要点

由于耐高温 α-淀粉酶、高转化率复合糖化酶以及连续喷射液化器、二次闪蒸等在双酶法制糖工艺中的应用，使得液化更彻底完全，过滤速度加快，液化设备减少，节约能源而且糖质好、得率高，对发酵和提取有利。一次喷射双酶法制糖在谷氨酸发酵中已得到广泛应用。

2.9.2.1　调浆配料

由于大部分发酵厂家均实现粉电一体化操作，所以淀粉乳由淀粉车间 12 级旋流器底流泵出直接泵入制糖淀粉乳调浆罐，浓度大约 20%～23% 流泵出。根据生产实际需要，将淀粉乳在淀粉乳调节罐调节至 15%～20%。由于耐高温淀粉酶对钙离子浓度要求不高，50mg/L 即可，所以不再另行添加，并泵入稀碱液以调节 pH 至 5.8～6.0。泵入淀粉乳喷射罐，用蠕动容积泵自动加入适量耐高温 α-淀粉酶（20000 标准活力/mL），每吨淀粉 0.3～0.4kg，搅拌均匀泵入喷射器。

2.9.2.2　糊化

糊化的主要目的是打破淀粉分子的结晶结构，初步凝聚蛋白质，为液化提供均匀一致的料液。将调好的淀粉乳，用泵送入水热器，利用水热器加热至 108～110℃（玉米淀粉在 100～160℃ 高温蒸煮下，才能真正溶解），然后进入反应器，维持大约 1～3min，压力 0.08～0.10MPa，通过压力送入一级闪蒸罐，达到汽液分离，迅速降温至 98～99℃ 以下。通过高温维持，混合均匀，淀粉颗粒充分润胀，初步水解淀粉，降低料液的黏度，达到理想的糊化效果。同时通过减压打开淀粉分子的网状结构，温度降至酶的最佳温度反应区间，以利于酶的进一步作用。

2.9.2.3　液化

料液经闪蒸后温度降至 98～99℃，进入层流罐保温液化 100～120min。经碘试检测合格后进入柱下罐，连续泵入硫酸以调节 pH 至 4.2～4.4，达到灭酶的目的，并由二次闪蒸泵泵入二次闪蒸罐进行快速闪蒸降温至 60～62℃，闪蒸后液化液和适量糖化酶共同泵入糖化罐。液化的目的是进一步降低料液的黏度，提高 DE 值，进一步絮凝蛋白质达到液化均匀，为糖化提供理想的作用底物。

淀粉经液化后，黏度下降，流动性增加，分子量较小，便于糖化酶的作用。糖化酶水解糊精及低聚糖等分子时，需要与底物分子结合才能发生水解作用，这样就要求底物分子有一定的大小范围。液化程度低，底物分子大，水解速度慢，糖化液的过滤性差，葡萄糖的得率低，DE 值也低；液化程度高，底物分子小，不利于与糖化酶生成络合结构，糖化液的最终 DE 值亦偏低。

液化终点的判定指标：①碘试合格（棕红色）；②外观较好（蛋白质分层、黏度低、料液发亮、透光好）；③pH 为 6.0；④DE 值在 15%。生产上一般以碘试颜色棕红色作为液化终点的标志。

根据谷氨酸发酵的生产经验，在正常的液化条件下，控制淀粉水解程度在 DE 值 13%～15% 为好，此时可保持较多量的糊精、低聚糖和较少量的葡萄糖。液化温度较低时，液化程度可偏高些；液化温度较高时，液化程度可低些，这样经糖化后得到的糖化液 DE 值较高。

2.9.2.4　糖化

液化液加 H_2SO_4 调 pH 至 4.2～4.4，糖化温度（60±1）℃，加入糖化酶进行糖化。高效糖化酶的加量按 0.4～0.6kg/t 干基物计（以 10 万单位/mL 为例），糖化时间 36～40h，糖化结束用无水乙醇滴定检查无白色为终点。糖化后不需要再单独灭酶处理，直接进入下道过滤工序。

使用味精复合糖化酶，由于该产品含有普鲁兰酶，且不含葡萄糖转苷酶，可以提高 0.5% 的纯葡萄糖，有效抑制葡萄糖的复合反应，在糖化结束时无需杀酶操作，既简化操作又节约蒸汽能耗。

糖化不彻底，葡萄糖收率低。糖化过度，葡萄糖的复合反应又使葡萄糖的纯度下降，异麦芽糖和潘糖（非发酵用糖）升高，影响发酵水平、提取收率与质量。因此糖化终点的判定十分重要。

传统的糖化终点判定方法有无水乙醇检查和碘液检查两种，新发展的判定方法有 HPLC 糖谱分析、DE 值法和 T（透光率）法。

淀粉和糊精不溶于无水乙醇，麦芽糖微溶于无水乙醇而生成白色或微量白色沉淀。淀粉及水解产物糊精与碘形成络合物，呈现颜色反应，无色糊精、麦芽糖、葡萄糖与碘无颜色反应，糖化液与碘试剂有颜色反应，说明糖化不彻底。虽然无水乙醇检查与碘液检查都很简单，但是无水乙醇检查结果更精确，使用更普遍。

HPLC 糖谱分析不仅可用来分析糖液的质量，也可用来确定糖化是否彻底。根据糖化反应的机理，以二糖值达到最低时为糖化终点。根据糖谱分析的结果可以判定糖化的程度，据此调整糖化酶的加量与糖化时间，优化糖化条件，得到符合要求的糖液。该法设备投资大、操作复杂，需培训专门人员。

DE 值法即阿贝折射仪测干物质，斐林试剂法测还原糖。当 DE 值达到 98% 时糖化结束。无水乙醇检查如辅以 DE 值法共同确定糖化终点，可以得到相当准确的糖化终点判断。

　　T 值是指溶液的透光率。T 法是在无水乙醇检查法基础上发展起来的，是对糖液进行糊精定量检测的方法，它克服了无水乙醇检查法的主观因素，更加精确。将用滤纸过滤后的糖液滴入酒精，使用混合液用仪器测定 T 值。当 T 值符合标准，说明糖化完全。糖化完全的 T 值标准应大于 70%。

2.9.2.5　过滤

　　灭酶后的糖化液通过动力输送直接上板框压滤机过滤，滤去蛋白质、糖渣。糖液透光率达到 90% 以上（用 721 型分光光度计测），糖液打入贮糖罐（保温不低于 60℃）供发酵用。过滤压力先低后高，最高不超过 0.25MPa。

　　板框压滤机过滤，简称为压滤，是制糖的最后一道工序，主要是除去糖液中的固形物。压滤机选用全自动机械箱式的为好。

　　压滤操作的注意事项如下：

　　① 拆装板框要认真负责，选用滤布要符合要求，滤布铺设要平整无漏点。

　　② 过滤开始后一定要打回流，确保糖液质量。

　　③ 压滤结束后用 70℃ 以上的热水冲洗板框。为防止糖液污染不得引入生水。

2.9.3　双酶法制糖的质量要求

2.9.3.1　糖液的质量要求

　　糖液的质量要求见表 2-22。

表 2-22　糖液的质量要求

项目	要求	项目	要求
色泽	无色透明	DE	97% 以上
透光率	≥90%	DX	95% 以上
糊精透光率	≥70%（糖：乙醇=1:7）	pH	4.8～5.2
还原糖含量	27g/100mL（低糖）	蛋白质含量	0.5% 以下
	38g/100mL 以上（高糖）	粉糖转化率	98% 以上

2.9.3.2　糖液质量的化验方法

　　糖液质量的化验方法见表 2-23。

2.9.3.3　糖谱分析

　　使用 HPLC 对糖化液的质量进行分析，分析结果，即糖谱，能告诉我们糖液中各种糖组分在总糖的比例及在糖化过程中出现了哪些杂糖。糖谱分析是最精确最先进的分析方法。通过对糖谱的分析，可发现糖化过程工艺参数和部分液化

表 2-23   糖液质量的化验方法

项目	方法	项目	方法
淀粉含量	波美计,测淀粉乳的波美度查表即可或碘量法测定	糊精反应	碘试剂反应或无水乙醇反应
还原糖含量	斐林试剂滴定法	糖液酸值	酸碱滴定法
pH	pH 计	干物质	阿贝折射仪
透光率	721 型分光光度计(420μm)	糖谱分析	高效液相色谱
蛋白质含量	甲醛法		

工艺参数控制是否合理,并据此完善糖化工艺条件,调整淀粉酶种类与加量,控制糖化终点,得到最好的糖化液,满足对糖液质量的要求。

(1)液相色谱系统

设备:氯气脱气系统、等梯度泵、示差折射检测器、自动进样器、柱温箱、糖柱、计算机工作站、流动相处理系统。

试剂:MilliQ(密理博公司)超纯水、离子交换树脂 [Analytical Grade Mixed BedResin,AG501-X8(D) Resin,20-50mesh]。

(2)分析方法   见表 2-24。

表 2-24   液相色谱分析法

糖化液样品干物质浓度:5%	进样量:10μL	停止时间:30min
流速:0.7mL/min	柱温:85℃	示差折射检测器温度:35℃
流动相:经脱气和 0.45μm 孔径过滤器过滤的 MilliQ 超纯水		
糖柱:AminexHPX-87C(Bio-rad Company)		
稀释后样品的离交处理:混合适量的树脂和经稀释的样品,在 28r/min 时旋转离子交换 20min		

(3)糖谱数据   具体数据见图 2-8 和表 2-25。

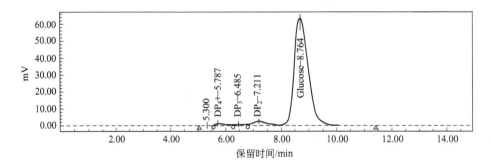

图 2-8   糖谱分析数据

表 2-25　糖谱分析数据

序号	峰名	保留时间/min	峰面积	峰面积百分比/%	峰高
1	DP_5	5.300	1956	0.09	122
2	DP_{4+}	5.787	21393	0.97	1036
3	DP_3	6.485	6915	0.31	306
4	DP_2	7.211	57999	2.64	2040
5	葡萄糖	8.764	2110427	95.99	63547
6	果糖	11.124			

DX 较低，可能由于以下原因：①较高的糖化初始 DS；②过长的糖化时间，引起葡萄糖复合反应的发生；③过高的糖化耐热稳定性，从而迅速达到最高葡萄糖值，然后引起葡萄糖复合反应发生；④糖化酶加量少；⑤糖化酶加量大，糖化进程短，复合反应发生早；⑥葡萄糖转苷酶的存在，使葡萄糖复合转化为异麦芽糖；⑦糖化 pH 高引起部分葡萄糖在碱性条件下转化为甘露糖、果糖等。

DP_2 较高，可能由于以下原因：①过长的糖化时间，引起葡萄糖复合反应，生成糖；②过高的糖化酶热稳定性，从而迅速达到最高葡萄糖值，然后引起葡萄糖复合反应发生；③糖化附加量少，糖化不彻底或糖化时间短；④糖化酶加量大，糖化进程短，复合反应发生早；⑤葡萄糖转苷酶的存在，使葡萄糖复合转化为异麦芽糖；⑥其中的麦芽酮糖高是由于液化 pH 高，最终形成较多的麦芽酮糖。

DP_3 较高，可能由于以下原因：①较高的糖化初始 DS；②过高的糖化初始 DE 值（即液化终了 DE 值），其中 DP_3 是糖化酶很难分解的。

当 DP_{4+} 较高时，往往意味着较高的糖化初始 DS。

若 DP_3 和 DP_{4+} 都过高，而 DP_2 正常，且 DX 较低，这说明糖化时间过短。

2.9.3.4　糖液质量与谷氨酸生产的关系

葡萄糖是谷氨酸发酵的主要原料，淀粉糖化液的质量好坏直接决定谷氨酸生产水平的高低。一方面它是谷氨酸产生菌的基础代谢物质，糖液质量不好会直接影响谷氨酸产生菌的生长速度。达到一定的发酵时间达不到所要求的 OD 值，会造成发酵周期延长，发酵产酸低。糖液中除葡萄糖外还有一定的二糖、三糖和四糖以上的多元糖、糊精，还有少量的麦芽酮糖、氨基葡萄糖、蛋白质，这些物质都是谷氨酸产生菌不可利用的。有些物质对谷氨酸生产是有害的。如麦芽酮糖、氨基葡萄糖、糊精和蛋白质会使发酵过程泡沫增加，轻者增加消泡剂的用量，造成发酵成本上升，重者造成逃液，增加污染的可能。流加糖液的浓度低，发酵初体积降低，流加糖体积大，会造成发酵中后期 OD 值低，影响谷氨酸生产水平。

糖液质量不仅影响谷氨酸的发酵水平，而且与谷氨酸的提取收率、谷氨酸质量及味精质量息息相关。糖液中的杂质谷氨酸产生菌不能利用，在发酵液中积聚。如果糖液质量差，发酵液中的杂质多，多元糖、糊精、蛋白质会影响谷氨酸的析出，形成较多的 β 晶体，大大影响谷氨酸的收率。大分子的蛋白质等会与谷氨酸一起析出，收得的谷氨酸黏度大、杂质多，给味精的精制带来困难。

糖液质量差还会增加废液处理的困难。谷氨酸产生菌不能利用的杂质多，废液中的 BOD、COD 高，废液处理成本增加，企业效益下降。

随着我国制糖技术的提高，从酸解法到酶酸法再到双酶法以及一些新技术、新设备的采用，制糖技术逐步完善，糖液质量逐步提高，谷氨酸发酵水平由 5g/dL 上升到 12g/dL 以上，提取收率也已经达到 95% 以上，这也充分说明了糖液质量与谷氨酸生产的关系。不同的制糖工艺与谷氨酸生产水平之间对应关系见表 2-26。

表 2-26 不同的制糖工艺的产酸水平

工艺	糖液透光率 (420nm)/%	DE 值 /%	DX 值 /%	产酸水平 /(g/dL)	转化率/%	提取收率 /%
酸解法	80±	90±	88±	7±	48±	70
酶酸法	85±	93±	91±	8±	50±	77
升温液化双酶法	90±	96±	93±	9±	55±	90
二次喷射双酶法	95±	97±	95±	10±	58±	92
一次喷射双酶法	97±	98±	96±	12±	60±	96

注：±表示波动范围。

2.9.3.5 提高糖液质量和收率的控制要点

① 选用优质淀粉，杂质含量低，不变质，不含老化淀粉。

② 根据发酵用糖的要求，正确控制淀粉乳浓度。配料用糖，淀粉乳浓度 15°Bé 发酵用，流加糖，淀粉乳浓度 20°Bé 以上（或采用四效浓缩以提高含量）。

③ 采用优质耐高温淀粉酶（如诺维信的利可来耐高温淀粉酶），正确控制加量和工艺条件，包括 pH 和温度。pH 和温度的任何微小波动都会造成酶活力较大地降低，对制糖带来重大影响。

④ 准确判断淀粉液化、糖化终点是关键。

⑤ 糖化结束后快速进入下道工序，为后部提供最新鲜的糖液，减少复合反应发生。

⑥ 料液在调整 pH 时加酸加碱要缓慢进行，调整前先开搅拌，避免局部过酸过碱造成淀粉、葡萄糖发生复合分解反应而影响糖液质量。如能实现流加稀酸碱在线调整 pH 最好。

⑦ 根据生产需要安排糖液生产，减少糖液的存放时间。低浓度糖液如要存放，保持 60℃ 以上，以免染菌变质，影响使用效果。

⑧ 淀粉制糖（包括淀粉乳储存输送）设备、管道定期清洗消毒，防止淀粉乳、糖液污染。

⑨ 淀粉酶按要求存放，避免酶失活，影响制糖效率和糖液质量。当外包装损坏或发现酶质有变化时，要做酶活力测定，以免给生产造成重大损失。

⑩ 液化前料液配料调浆，要现用现配，防止配好料液放置时间过长，pH 变化而使酶活力降低。还要特别注意淀粉老化现象的发生。

第 3 章

谷氨酸的发酵生产

3.1　谷氨酸发酵生产现状

谷氨酸是一种用途非常广泛的氨基酸，可用于食品、医学、化妆品等行业。谷氨酸的工业化生产，始于 1910 年味之素公司用水解法生产谷氨酸。1956 年，日本协和发酵公司分离得到谷氨酸棒杆菌，使发酵法生产谷氨酸成为可能。由于发酵法生产谷氨酸具有生产能力大、成本低、设备利用率高等特点，使谷氨酸工业得到突飞猛进的发展。1958 年，我国开始研究微生物发酵方法生产谷氨酸。1965 年，微生物发酵产谷氨酸在上海天厨味精厂投产。经过几十年的发展，在行业诸多工程人员的努力下，从谷氨酸菌种选育、新原料使用、新工艺推广及自动化控制水平的提高等方面不断研究，使我国谷氨酸发酵生产能力达到国际领先水平。尤其是温度敏感型菌株发酵工艺的推广，使我国的谷氨酸发酵水平实现了质的飞越，平均产酸达到 180g/L 以上，转化率达到 70% 以上，大幅度降低了生产成本，并且缓解了环境污染。

3.1.1　谷氨酸菌种选育的研究

3.1.1.1　菌种的重要性

菌种是发酵生产成败的内因，是生产控制的基础。只有具备高活力和高产性能的菌株才能确保在发酵生产中获得高的产酸率和糖转化率。然而，谷氨酸生产菌株具有较强的自然变异能力，结果往往导致菌种的衰老退化，菌株活力减退，产酸水平下降，发酵周期延长。并且，不同的菌种在不同的生产工艺中的产酸率相差很大。因此，需要不断地选育出生长、产酸性能优异的菌株，为谷氨酸的发酵生产奠定良好基础。

3.1.1.2　谷氨酸菌种选育的研究现状

谷氨酸菌种的选育方法分为传统选育方法和应用基因工程选育方法两大类。目前，我国主要采用的还是传统选育方法，在应用基因工程选育菌种方面仍处于起步阶段。传统的选育方法有自然选育、诱变育种和杂交育种等方法，其中应用最多的是诱变育种。

目前，我国高校、科研机构和生产厂家共同合作，在谷氨酸菌种选育方面取得了较大的成果，利用诱变技术和杂交技术相结合的方法成功选育的温度敏感型菌株，实现了由生物素亚适量发酵调控的发酵方式到生物素过量发酵调控的发酵方式的成功转变，极大地提高了发酵生产水平，现已被国内大多数生产厂家所采用。

3.1.2　谷氨酸发酵生产工艺的研究

进入 21 世纪后，国内谷氨酸发酵生产水平取得了较大进步，达到国际先进水平。这是由于在生产中应用了包括双酶法制糖工艺代替酸解法制糖工艺，液态氨代替尿素作为氮源，低糖流加工艺代替一次投糖或高糖发酵工艺，纯生物素和部分生物素代替糖蜜和玉米浆，生物素亚适量工艺转为温敏发酵工艺等各种先进的生产工艺。

3.1.3　双酶法制糖工艺的研究

与传统的制糖工艺相比，双酶法制糖工艺在葡萄糖收得率上有了明显的提高，DE 值由 90％提高到 98％以上，并且杂质少、糖液纯度高、色泽变浅，对发酵生产十分有利。

二次连续喷射工艺是双酶法制糖工艺中最为先进的工艺。该工艺是将淀粉颗粒两次喷射，两次膨化。颗粒在内外压力差的作用下充分膨胀。外膜破裂，增大酶和底物作用的空间，应用带搅拌层流罐液化及分段液化，很大程度上提高了糖液的质量。相对于一次连续喷射双酶法制糖工艺来说，二次连续喷射双酶法制糖工艺无论是糖转化率还是纯度上，都有很大的提高。DE 值由原来的 97％提高到98％以上。

3.1.4　低糖流加工艺的研究

低糖流加工艺通过降低发酵的初糖浓度促进菌体生长和代谢产物的分泌，同时提高氧的传递速度和溶氧水平。相较于传统的一次高糖发酵工艺来说，低糖流加工艺大大提高了谷氨酸发酵的产酸水平和糖酸转化率。

对低糖流加工艺的研究主要集中在初糖浓度、流加糖浓度、流加量、流加方式、流加时间等几个方面。其研究实践表明，在低糖流加中初糖浓度低（5％～8％）比初糖浓度高（11％～12％）好，流加糖浓度高（50％）比流加糖浓度低（30％）好，初定容体积占放罐体积 50％～60％比占 70％～75％好，连续流加补料比分批流加补料好，第一次流加糖最好在残糖浓度 6％以下并且最好在中前期的时候流加。在流加过程中尤其要注意流加糖的质量与浓缩前保持基本一致。

3.1.5　纯生物素替代工艺的研究

纯生物素代替（或部分替代）玉米浆、糖蜜是当前谷氨酸发酵行业中的一项新工艺、新技术。其优点在于不增加设备、用量少、便于自动化控制、发酵液色泽浅、利于后道工序提取结晶，还有防止污染、稳定生产的作用。

3.1.6　液氨工艺的研究

与流加尿素作为氮源相比，液氨工艺设备简单、操作方便，发酵过程中 pH 值控制稳定，设备利用率高，节约原料、能源。通过使用液氨作为氮源后，谷氨酸的发酵过程 pH 值控制稳定、波动小、pH 值易于调节。目前，液氨添加均采用连续流加，根据 pH 的变化，进行自动控制。

3.1.7　温敏型发酵工艺的推广

传统的生物素亚适量发酵生产工艺的谷氨酸浓度为 $100\sim120g/L$，转化率 $58\%\sim60\%$；温敏型发酵工艺推广应用后，谷氨酸浓度超过 $180g/L$，转化率 $68\%\sim70\%$，提高了设备利用率和发酵强度，结合浓缩连续等电工艺，大幅度降低生产成本，提高了产品质量，也相应地大幅度减轻了环保压力。

3.2　谷氨酸发酵生产的自动控制

由于谷氨酸发酵模型参数的分散性、非线性、时变性、相关性、滞后性以及不可避免的人为干扰，同时缺乏连续而有效的测定培养液中主要生化参数的传感器和先进的计算机控制方案，使若干关于底物消耗、菌体生长、产物生成的数学模型付诸实施的可能性较难。因此，谷氨酸发酵生产的自动控制水平相对较低，原料能源消耗大，设备利用率低，产品收率不稳定，尤其是发酵过程的总体自动化技术落后。

3.2.1　谷氨酸发酵过程的动力学模型

发酵动力学主要是研究发酵过程中诸如菌体浓度、底物浓度、产物浓度等状态变量随时间的变化规律及其控制变量之间的关系。因此，谷氨酸发酵动力学模型是实现谷氨酸发酵过程优化控制的前提条件。通过各种发酵参数建立发酵过程的动力学模型以便算出最佳操作曲线，为计算机控制打下基础。

目前，谷氨酸发酵动力学模型主要有 3 种：①建立在人类经验和知识基础之上的模糊逻辑定性模型；②非构造式动力学模型；③人工神经网络模型。由于这3 种模型各有优缺点，在谷氨酸发酵控制中 3 种模型进行混合应用是谷氨酸发酵工程控制系统发展的趋势。

3.2.2　应用于谷氨酸发酵生产的生物传感器的研究

必须及时得到发酵过程的生物信息，才能按最佳生产曲线进行及时调控，实现谷氨酸发酵过程的优化控制。所以实现谷氨酸发酵过程的优化控制首先要解决生化状态变量的在线检测问题。而发展生化传感器是实现状态检测的方法之一。但是，目前对一些如基质浓度、产物浓度等关键生化状态变量的检测还不能达到工业生产的实用水平。因此，生化传感器一直是谷氨酸发酵过程优化控制的"颈瓶"。现在用于谷氨酸生产的生物传感器主要有：SBA-30 型乳酸分析仪、SBA-50 型单电极生物传感仪、SBA-40 型谷氨酸-葡萄糖双功能分析仪、SBA-60型四电极生物传感分析系统。其中，SBA-60 型四电极生物传感分析系统的研制为发酵罐和生化反应器在线控制提供了生化成分连续检测的仪器，但是要实现发酵的全面计算机控制还需要深入研究和研制配套的相关设备，包括引流采样器、自动稀释系统、罐外采样 pH 系统、光密度自动检测系统。

3.2.3　谷氨酸发酵生产的计算机控制系统

为了实现谷氨酸优化控制，除了要有最佳的操作曲线和高度灵敏的传感器之外，还必须要有相应的计算机控制系统。目前，我国谷氨酸发酵过程的控制系统主要对通风量或溶解氧、pH 值、温度、罐压等控制参数进行自动控制，发酵尾气的氧气浓度、二氧化碳浓度、流量等在线检测并没有系统开展研究。

在生产过程中，现阶段主要通过空气分配器的小孔将空气打入发酵罐底部，鼓泡而上，再经充分搅拌，实现发酵液溶解氧的控制。因此，生物供氧不能单停留在按发酵阶段调整通风量的设定值上，可以采用溶解氧在线分析器、排出的二氧化碳和氧浓度分析器所组成的多变量的先进控制系统。计算机根据发酵液中实际氧的含量及菌体生长代谢情况调节通风量控制系统的设定值和搅拌电机转速，对改善溶氧浓度起着良好的作用。

虽然，谷氨酸发酵生产水平取得了很大进步，但在谷氨酸生产中仍然存在自动化控制水平低、能耗偏高、环境污染等问题。目前，对谷氨酸行业的研究方向主要集中在提高自动化生产程度，改进生产工艺、节能降耗，处理三废、解决环境污染等方面。

3.3　谷氨酸发酵机制

谷氨酸发酵是典型的代谢控制发酵，谷氨酸的积累建立在对微生物正常代谢的抑制上。打破微生物的正常代谢，实现人为控制发酵是高效发酵生产的关键。

3.3.1　谷氨酸的生物合成途径

谷氨酸的生物合成包括糖酵解作用（EMP 途径）、戊糖磷酸途径（HMP）、三羧酸循环（TCA 循环）、乙醛酸循环和丙酮酸羧化支路（CO_2 固定反应）等。

3.3.1.1 生成谷氨酸的主要酶反应

在谷氨酸发酵中，生成谷氨酸的主要酶反应有以下三种。

（1）谷氨酸脱氢酶（GHD）所催化的还原氨基化反应。

α-酮酸和氨作用生成 α-亚氨基酸，α-亚氨基酸被还原成 α-氨基酸，这一反应称为还原氨基化反应。

$$
\begin{array}{c}
\text{COOH} \\
|\\
\text{C=O} \\
|\\
\text{CH}_2 \\
|\\
\text{CH}_2 \\
|\\
\text{COOH} \\
\alpha\text{-酮戊二酸}
\end{array}
+ \text{NADPH} + \text{H}^+ + \text{NH}_4^+ \xrightarrow{\text{谷氨酸脱氢酶}}
\begin{array}{c}
\text{COOH} \\
|\\
\text{CHNH}_2 \\
|\\
\text{CH}_2 \\
|\\
\text{CH}_2 \\
|\\
\text{COOH} \\
\text{谷氨酸}
\end{array}
+ \text{H}_2\text{O} + \text{NADP}^+
$$

（2）转氨酶（AT）催化的转氨反应。

转氨基反应是由 α-酮酸转变成氨基酸的重要反应，由转氨酶（或氨基移换酶）催化，使一种氨基酸的氨基转移给 α-酮酸，形成新的氨基酸。转氨酶既催化氨基酸脱氨基又催化 α-酮酸氨基化。

$$
\begin{array}{c}
\text{COOH} \\
|\\
\text{C=O} \\
|\\
\text{CH}_2 \\
|\\
\text{CH}_2 \\
|\\
\text{COOH} \\
\alpha\text{-酮戊二酸}
\end{array}
+
\begin{array}{c}
\text{COOH} \\
|\\
\text{CHNH}_2 \\
|\\
\text{R} \\
\text{氨基酸}
\end{array}
\xrightleftharpoons{\text{转氨酶}}
\begin{array}{c}
\text{COOH} \\
|\\
\text{CHNH}_2 \\
|\\
\text{CH}_2 \\
|\\
\text{CH}_2 \\
|\\
\text{COOH} \\
\text{谷氨酸}
\end{array}
+
\begin{array}{c}
\text{COOH} \\
|\\
\text{C=O} \\
|\\
\text{R} \\
\alpha\text{-酮酸}
\end{array}
$$

利用已存在的其他氨基酸，经过转氨酶的作用，将其他氨基酸与 α-酮戊二酸反应生成 L-谷氨酸。

（3）谷氨酸合成酶（GS）催化的反应。

$$
\begin{array}{c}
\text{COOH} \\
|\\
\text{C=O} \\
|\\
\text{CH}_2 \\
|\\
\text{CH}_2 \\
|\\
\text{COOH} \\
\alpha\text{-酮戊二酸}
\end{array}
+ \text{NADPH} + \text{H}^+ +
\begin{array}{c}
\text{COOH} \\
|\\
\text{CHNH}_2 \\
|\\
\text{CH}_2 \\
|\\
\text{CH}_2 \\
|\\
\text{CONH}_2 \\
\text{谷氨酰胺}
\end{array}
\xrightarrow{\text{谷氨酸合成酶}} 2
\begin{array}{c}
\text{COOH} \\
|\\
\text{CHNH}_2 \\
|\\
\text{CH}_2 \\
|\\
\text{CH}_2 \\
|\\
\text{COOH} \\
\text{谷氨酸}
\end{array}
+ \text{NADP}^+
$$

以上三个反应中，由于在谷氨酸生产菌中谷氨酸脱氢酶的活力很强，因此还原氨基化是主导性反应。

3.3.1.2 谷氨酸生物合成的理想途径

由葡萄糖生物合成谷氨酸的理想途径见图 3-1。由葡萄糖生物合成谷氨酸的总反应方程式为：

$$C_6H_{12}O_6 + NH_3 + 1.5O_2 \longrightarrow C_5H_9O_4N + CO_2 + 3H_2O$$

由于 1mol 葡萄糖可以生成 1mol 谷氨酸，因此理论糖酸转化率为 81.7%。

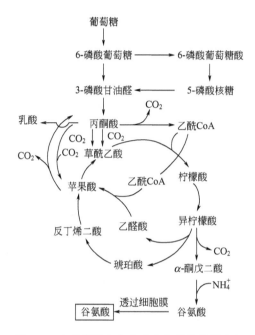

图 3-1　由葡萄糖生物合成谷氨酸的代谢途径

3.3.1.3　谷氨酸发酵的代谢途径

（1）谷氨酸发酵的代谢途径　谷氨酸合成主要途径是 α-酮戊二酸的还原性氨基化，通过谷氨酸脱氢酶完成。α-酮戊二酸是谷氨酸合成的直接前体，它来源于三羧酸循环，是三羧酸循环的一个中间代谢产物。

① 葡萄糖首先经 EMP 和 HMP 两个途径生成丙酮酸，其中以 EMP 途径为主。生物素充足时 HMP 所占比例是 38%。控制生物素亚适量，发酵产酸期，EMP 所占的比例更大，HMP 所占比例约为 26%。

② 生成的丙酮酸，一部分在丙酮酸脱氢酶系的作用下氧化脱羧生成乙酰 CoA，另一部分经 CO_2 固定反应生成草酰乙酸或苹果酸，催化 CO_2 固定反应的酶有丙酮酸羧化酶、苹果酸酶和磷酸烯醇式丙酮酸羧化酶。CO_2 固定反应如下：

$$
\begin{array}{c}
CH_2 \\
| \\
C-O \sim P + CO_2 + GDP(\text{或 IDP}) \\
| \\
COOH
\end{array}
\underset{\text{磷酸烯醇式丙酮酸羧化酶}}{\rightleftharpoons}
\begin{array}{c}
O \\
\| \\
C-COOH + GTF(\text{或 ITP}) \\
| \\
CH_2COOH
\end{array}
$$

磷酸烯醇式丙酮酸　　　　　　　　　　　　　　　　草酰乙酸

$$CH_3COCOOH + CO_2 + ATP \xrightarrow{\text{丙酮酸羧化酶}} \underset{CH_2COOH}{\overset{\overset{\displaystyle O}{\overset{\|}{C}}-COOH}{|}} + ADP + Pi$$

丙酮酸　　　　　　　　　　　　　　草酰乙酸

$$CO_2 + CH_3COCOOH + NAD(P)H + H^+ \underset{\text{苹果酸酶}}{\rightleftharpoons} \underset{CH_2COOH}{\overset{\overset{\displaystyle OH}{|}}{CHCOOH}} + NAD(P)^+$$

丙酮酸　　　　　　　　　　　　　　苹果酸

③ 草酰乙酸与乙酰 CoA 在柠檬酸合成酶催化作用下，缩合成柠檬酸，进入三羧酸循环，柠檬酸在顺乌头酸酶的作用下生成异柠檬酸。异柠檬酸在异柠檬酸脱氢酶的作用下生成 α-酮戊二酸，α-酮戊二酸是谷氨酸合成的直接前体。

④ α-酮戊二酸在谷氨酸脱氢酶作用下经还原氨基化反应生成谷氨酸。

（2）控制谷氨酸合成的重要措施　由以上的葡萄糖生物合成谷氨酸的代谢途径可知，有三个重要环节可控制谷氨酸的大量生成，也就是谷氨酸生产菌所必须具备的主要生化特点。

① α-酮戊二酸氧化能力微弱，即 α-酮戊二酸脱氢酶活力微弱。谷氨酸产生菌糖代谢的一个重要特征就是 α-酮戊二酸氧化能力微弱。丧失 α-酮戊二酸脱氢酶的重要性已经用要求生物素和不分泌谷氨酸的大肠杆菌得以证明。甚至发现不要求生物素的一株丧失 α-酮戊二酸脱氢酶的突变株能分泌 2.3g/L 谷氨酸，而其亲株却什么也不分泌。谷氨酸产生菌的 α-酮戊二酸氧化力微弱，尤其在生物素缺乏条件下，三羧酸循环到达 α-酮戊二酸时，即受到阻挡。把糖代谢流阻止在 α-酮戊二酸的点上，对导向谷氨酸形成具有重要意义。在铵离子存在下，α-酮戊二酸因谷氨酸脱氢酶的催化作用，经还原氨基化反应生成谷氨酸。

② 谷氨酸产生菌的谷氨酸脱氢酶活力都很强。这种酶以 $NADP^+$ 为专一性辅酶，谷氨酸发酵的氨同化过程，是通过连接 $NADP^+$ 的 L-谷氨酸脱氢酶催化完成的。由柠檬酸至 α-酮戊二酸的氧化途径，谷氨酸产生菌有两种 $NADP^+$ 专性脱氢酶，即异柠檬酸脱氢酶和 L-谷氨酸脱氢酶。曾发现在丧失异柠檬酸脱氢酶的谷氨酸缺陷突变株中，虽然有 L-谷氨酸脱氢酶，但是不生成谷氨酸，而是积累丙酮酸或二甲基丙酸。所以，在谷氨酸的生物合成中必须有谷氨酸脱氢酶和异柠檬酸脱氢酶的共轭反应。在铵离子存在下，两者非常密切地偶联起来，形成强固的氧化还原共轭体系，不与 $NADPH + H^+$ 的末端氧化系相连接，使 α-酮戊二酸还原氨基化生成谷氨酸。谷氨酸产生菌需要氧化型 $NADP^+$，以供异柠檬酸氧化用。生成的还原型 $NADPH + H^+$ 又因 α-酮戊二酸的还原氨基化而再生为 $NADP^+$。由于谷氨酸产生菌的谷氨酸脱氢酶比其他微生物强大得多，所以由三羧酸循环所得的柠檬酸的氧化中间物得以以谷氨酸的形式积累起来。

③ 细胞膜通透性高有利于谷氨酸分泌，可以降低细胞内产物的浓度，消除谷氨酸转化成其他代谢物的可能。同时，降低了对谷氨酸脱氢酶的抑制，使谷氨酸的生成途径畅通。生物素亚适量可造成细胞膜对产物的高通透性，生物素改变细胞膜通透性的机制与影响细胞膜磷脂的含量及成分有关，还可通过添加表面活性剂、高级饱和脂肪酸或青霉素等控制细胞膜对谷氨酸的通透性。通过选育温度敏感突变株、油酸缺陷型或甘油缺陷型等突变株也可控制细胞膜对谷氨酸的通透性。

(3) 乙醛酸循环的作用　由于三羧酸循环的缺陷（α-酮戊二酸脱氢酶活力微弱，即 α-酮戊二酸氧化能力微弱），在谷氨酸发酵的菌体生长期，菌体需要异柠檬酸裂解酶催化反应通过乙醛酸循环途径获得能量和产生生物合成反应所需的中间产物。乙醛酸循环中关键酶是异柠檬酸裂解酶和苹果酸合成酶，它们催化的反应如下：

乙醛酸循环中生成的四碳二羧酸，如琥珀酸、苹果酸仍可返回三羧酸循环。因此乙醛酸循环途径可看作三羧酸循环的支路和中间产物的补给途径。谷氨酸产生菌通过图 3-1 中所示的乙醛酸循环途径进行代谢，提供四碳二羧酸及菌体合成所需的中间产物等。但是在菌体生长期之后进入谷氨酸生成期，为了大量生成、积累谷氨酸，最好没有异柠檬酸裂解酶催化反应，封闭乙醛酸循环。这就说明在谷氨酸发酵中，菌体生长期的最适条件和谷氨酸生成积累期的最适条件是不一样的。在菌体生长之后，理想的发酵应按图 3-1 由葡萄糖生物合成谷氨酸的理想途径进行，即四碳二羧酸是 100% 通过 CO_2 固定反应供给，理论糖酸转化率为 81.7%。

倘若 CO_2 固定反应完全不起作用，丙酮酸在丙酮酸脱氢酶的催化作用下，脱氢脱羧全部氧化成乙酰 CoA，通过乙醛酸循环供给四碳二羧酸，则反应如下：

$$3C_6H_{12}O_6 \longrightarrow 6\,丙酮酸 \longrightarrow 6\,乙酸 + 6CO_2$$

$$6\,乙酸 + 2NH_3 + 3O_2 \longrightarrow 2C_5H_9O_4N + 2CO_2 + 6H_2O$$

由于 3mol 葡萄糖可以生成 2mol 谷氨酸，因此理论糖酸转化率仅为 54.4%。实际谷氨酸发酵时，因发酵控制不足，加之形成菌体、微量副产物和生物合成消耗的能量等，消耗了一部分糖，所以实际糖酸转化率处于 54.4% 和 81.7% 的中间值。因此当以葡萄糖为碳源时，CO_2 固定反应与乙醛酸循环的比率，对谷氨酸产率有影响，乙醛酸循环活性越高，谷氨酸生成收率越低。所以在糖质原料发酵生产谷氨酸时，应尽量控制通过 CO_2 固定反应供给四碳二羧酸。

3.3.2　谷氨酸生物合成的代谢调节机制

谷氨酸产生菌大多为生物素缺陷型，通过控制生物素亚适量，引起代谢失调积累谷氨酸。现在普遍使用温度敏感型菌株，通过温度变化改变细胞膜结构，控制菌体由生长型向产酸型转变。谷氨酸产生菌应 α-酮戊二酸脱氢酶活力微弱，谷氨酸脱氢酶活力很强，同时 $NADPH + H^+$ 再氧化能力弱，这样就使 α-酮戊二酸到琥珀酸的过程受阻。在有过量铵离子存在时，α-酮戊二酸经氧化还原共轭的氨基化反应生成谷氨酸。生成的谷氨酸不形成蛋白质，而被菌体分泌到发酵液中。由于谷氨酸产生菌不利用菌体外的谷氨酸，故谷氨酸成为最终产物。

3.3.2.1　优先合成与反馈调节

黄色短杆菌的谷氨酸代谢调节机制如图 3-2 所示，以它为例说明以葡萄糖为原料生物合成谷氨酸主要存在的代谢调节方式。

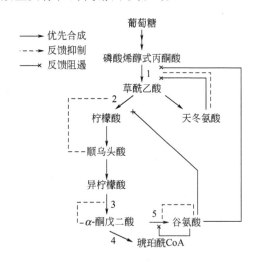

图 3-2　黄色短杆菌中谷氨酸的代谢调节机制

1—磷酸烯醇式丙酮酸羧化酶；2—柠檬酸合成酶；3—异柠檬酸脱氢酶；

4—α-酮戊二酸脱氢酶；5—谷氨酸脱氢酶

（1）优先合成　所谓优先合成，就是对于一个分支合成途径来讲，由于催化某一分支反应的酶活力远远大于催化另一分支反应的酶活力，结果先合成酶活力大的那一分支的终产物，达到一定浓度时，就会抑制该酶，使代谢转向合成另一分支的终产物。α-酮戊二酸合成后由于 α-酮戊二酸脱氢酶活力微弱，谷氨酸脱氢酶的活力很强，故优先合成谷氨酸。

（2）磷酸烯醇式丙酮酸羧化酶的调节　磷酸烯醇式丙酮酸羧化酶是催化 CO_2 固定反应的关键酶，受天冬氨酸的反馈抑制，受谷氨酸和天冬氨酸的反馈阻遏。

（3）柠檬酸合成酶的调节　柠檬酸合成酶是三羧酸循环的关键酶，除受能荷调节外，还受谷氨酸的反馈阻遏和乌头酸的反馈抑制。

（4）异柠檬酸脱氢酶的调节　异柠檬酸脱氢酶催化的异柠檬酸脱氢脱羧，生成 α-酮戊二酸的反应和谷氨酸脱氢酶催化的 α-酮戊二酸还原氨基化生成谷氨酸的反应，是一对氧化还原共轭反应体系，细胞内 α-酮戊二酸的量与异柠檬酸的量需维持平衡，当 α-酮戊二酸过量时对异柠檬酸脱氢酶发生反馈抑制作用，停止合成 α-酮戊二酸。

（5）α-酮戊二酸脱氢酶的调节　在谷氨酸产生菌中，α-酮戊二酸脱氢酶活力微弱。

（6）谷氨酸脱氢酶的调节　谷氨酸对谷氨酸脱氢酶存在着反馈抑制和反馈阻遏。由此可知，在菌体的正常代谢中，谷氨酸比天冬氨酸优先合成，谷氨酸合成过量时，谷氨酸抑制谷氨酸脱氢酶的活力和阻遏柠檬酸合成酶催化柠檬酸的合成，使代谢转向天冬氨酸的合成。天冬氨酸合成过量后，天冬氨酸反馈抑制和反馈阻遏磷酸烯醇式丙酮酸羧化酶的活力，停止草酰乙酸的合成。所以，在正常情况下，谷氨酸并不积累。

3.3.2.2　糖代谢的调节

谷氨酸的合成除上述调节外，还与糖代谢和氮代谢的调节有关。

（1）能荷调节　糖代谢的调节主要受能荷的控制，也就是受细胞内能量水平的控制。糖代谢最重要的生理功能是以 ATP 的形式供给能量。在葡萄糖氧化过程中，中间产物积累或减少时，会引起能荷的变化，造成代谢终产物 ATP 的过剩或减少，这些中间产物和腺嘌呤核苷酸（ATP、ADP、AMP）通过抑制或激活糖代谢各阶段关键酶活力来调节能量的生成。

细胞所处的能量状态用 ATP、ADP 和 AMP 之间的关系来表示，称为能荷（energycharge）。能荷计算公式为：

$$能荷 = \frac{[ATP] + \frac{1}{2}[ADP]}{[ATP] + [ADP] + [AMP]}$$

从上式可以看出，能荷是细胞所处能量状态的一个指标。当细胞内的 ATP 全部转化为 AMP 时，能荷值为 0；当 AMP 全部转化为 ATP 时，能荷值为 1。可见能荷值在 $0 \sim 1$ 变动。已知大多数细胞的能荷处于 $0.80 \sim 0.95$，处于一种动态平衡。

如图 3-3 所示,当生物体内生物合成或其他需能反应加强时,细胞内 ATP 分解生成 ADP 或 AMP。ATP 减少,ADP 或 AMP 增加,能荷降低,激活某些催化糖类分解的酶或解除 ATP 对这些酶的抑制(如糖原磷酸化酶、磷酸果糖激酶、柠檬酸合成酶、异柠檬酸脱氢酶等),并抑制糖原合成的酶(如糖原合成酶、果糖-1,6-二磷酸酯酶等),从而加速糖酵解、TCA 循环产生能量,通过氧化磷酸化作用生成 ATP。当能荷高时,即细胞内能量水平高时,AMP、ADP 都转变成 ATP。ATP 增加,抑制糖原降解、糖酵解和 TCA 循环的关键酶,如糖原磷酸化酶、磷酸果糖激酶、柠檬酸合成酶、异柠檬酸脱氢酶;激活糖类合成的酶,如糖原合成酶和果糖-1,6-二磷酸酯酶,从而抑制糖的分解,加速糖原的合成。

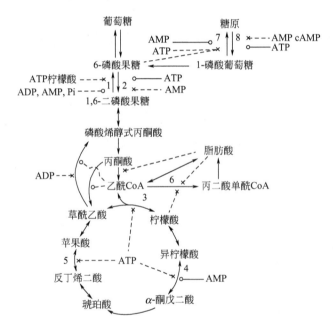

图 3-3　能量生成代谢系的调节

○激活反应物质;×抑制反应物质

1—磷酸果糖激酶;2—果糖-1,6-二磷酸酯酶;3—柠檬酸合成酶;4—异柠檬酸脱氢酶;
5—反丁烯二酸酶;6—乙酰 CoA 羧化酶;7—糖原磷酸化酶;8—糖原合成酶

(2) 生物素对糖代谢的调节

1) 生物素对糖代谢速率的影响　生物素对糖代谢速率的影响,主要是影响糖降解速率,而不是影响 EMP 与 HMP 途径的比率。以前有人认为,菌体生长期以 EMP 途径为主,发酵产酸期以 HMP 途径为主,现在看来这种观点是错误的。日本的研究报道指出,生物素充足时 HMP 途径所占的比例是 38%,而生物素亚适量时则为 26％，确认了生物素对由糖开始到丙酮酸为止的糖降解途径的比率并没有显著的影响。

在生物素充足条件下，丙酮酸以后的氧化活性虽然也有提高，但由于糖降解速率显著提高，打破了糖降解速率与丙酮酸氧化速率之间的平衡，丙酮酸趋于生成乳酸的反应，因而会引起乳酸的溢出。

2）生物素对 CO_2 固定反应的影响

① 由磷酸烯醇式丙酮酸羧化酶催化的反应。

$$
\begin{array}{c}
CH_2 \\
\parallel \\
C{-}O{\sim}P + CO_2 + GDP（或 IDP） \\
\mid \\
COOH
\end{array}
\rightleftharpoons
\begin{array}{c}
O \\
\parallel \\
C{-}COOH + GTP（或 ITP） \\
\mid \\
CH_2COOH
\end{array}
$$

磷酸烯醇式丙酮酸　　　　　　　　　　草酰乙酸

② 由丙酮酸羧化酶催化的反应。

$$
CH_3COCOOH + CO_2 + ATP \longrightarrow
\begin{array}{c}
O \\
\parallel \\
C{-}COOH + ADP + Pi \\
\mid \\
CH_2COOH
\end{array}
$$

丙酮酸　　　　　　　　　草酰乙酸

③ 先由苹果酸酶所催化，进行还原羧化作用，生成苹果酸，然后再生成草酰乙酸。

$$
CO_2 + CH_3COCOOH + NAD(P)H_2 \rightleftharpoons
\begin{array}{c}
OH \\
\mid \\
CHCOOH + NAD(P) \\
\mid \\
CH_2COOH
\end{array}
$$

苹果酸

↓ 苹果酸脱氢酶

$$
\begin{array}{c}
O{=}C{-}COOH + NAD(P)H_2 \\
\mid \\
CH_2COOH
\end{array}
$$

草酰乙酸

生物素是丙酮酸羧化酶的辅酶，参与 CO_2 固定反应。由图 3-4 所示的葡萄糖生物合成谷氨酸的理想途径可知，如果四碳二羧酸全部由 CO_2 固定反应提供则谷氨酸对糖的理论转化率为 81.7％。如果四碳二羧酸全部由乙醛酸循环提供，则理论转化率为 54.4％。所以，强化 CO_2 固定反应能提高菌种的产酸率及转化率。研究表明，生物素是丙酮酸羧化酶的辅酶，参与 CO_2 固定反应。据有关资料报道，当生物素过量（$100\mu g/L$ 以上）时，CO_2 固定反应可提高 30％。由于在采用温度敏感型菌株强制发酵过程中不存在生物素亚适量问题，生物素可以过量，从而可以强化体内 CO_2 固定反应，提高谷氨酸对糖的转化率，达到高产酸、高转化率的目的。

3）生物素对乙醛酸循环的影响　　乙醛酸循环中关键的酶是异柠檬酸裂解酶

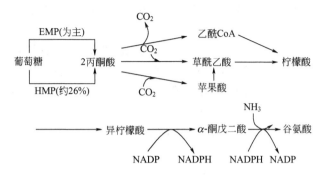

图 3-4   由葡萄糖生物合成谷氨酸的理想途径

和苹果酸合成酶。

① 异柠檬酸裂解酶催化的反应。

$$
\begin{array}{l}
\text{COOH} \\
| \\
\text{HC —OH} \\
\cdots\cdots | \\
\text{CH — COOH} \rightarrow \text{COOH} \qquad \text{CH}_2\text{— COOH} \\
| \qquad\qquad\qquad \text{CHO} \quad + \quad | \\
\text{CH}_2 \qquad\qquad\qquad\qquad\qquad \text{CH}_2 \\
| \qquad\qquad\qquad\qquad\qquad\qquad | \\
\text{COOH} \qquad\qquad\qquad\qquad\qquad \text{COOH}
\end{array}
$$

异柠檬酸　　　　乙醛酸　　　琥珀酸

② 苹果酸合成酶催化的反应。

$$
\begin{array}{l}
\qquad\qquad\qquad \text{CH}_3 \qquad\quad \text{COOH} \\
\text{COOH} \qquad | \qquad\qquad | \\
| \qquad + \quad \text{CO} \rightarrow \text{CHOH} \\
\text{CHO} \qquad\qquad | \qquad\qquad | \\
\qquad\qquad\qquad \text{SCoA} \qquad\quad \text{CH}_2 \\
\qquad\qquad\qquad\qquad\qquad\qquad | \\
\qquad\qquad\qquad\qquad\qquad\qquad \text{COOH}
\end{array}
$$

乙醛酸　　　乙酰 CoA　　苹果酸

　　乙醛酸循环的关键酶异柠檬酸裂解酶受葡萄糖、琥珀酸阻遏，为醋酸所诱导。以葡萄糖为原料发酵生产谷氨酸时，通过控制生物素亚适量，几乎看不到异柠檬酸裂解酶的活力。原因是丙酮酸氧化能力下降，醋酸的生成速度慢，所以为醋酸所诱导形成的异柠檬酸裂解酶就很少。再者，由于该酶受琥珀酸阻遏，在生物素亚适量条件下，因琥珀酸氧化能力降低而积累的琥珀酸就会反馈抑制该酶的活力，并阻遏该酶的生成。乙醛酸循环基本上是封闭的，代谢流向异柠檬酸→α-酮戊二酸生成谷氨酸的方向高效率地移动。

3.3.2.3　氮代谢的调节

　　控制谷氨酸发酵的关键之一是降低菌种蛋白质合成能力，使合成的谷氨酸不被转化成其他氨基酸，也不参与蛋白质的合成。在生物素亚适量时，几乎没有异柠檬酸裂解酶，琥珀酸氧化力弱，苹果酸和草酰乙酸脱羧反应停滞，同时又由于完全氧化降低使 ATP 形成量减少，导致蛋白质合成活动停滞，在铵离子适量存在下，谷氨酸生成并积累。在生物素充足条件下异柠檬酸裂解酶增强，琥珀酸氧化力增强，丙酮酸氧化力加强，乙醛酸循环的比例增加，草酰乙酸、苹果酸脱羧反应增强，蛋白质合成增强，谷氨酸减少，合成的谷氨酸通过转氨作用生成其他氨基酸量增加（见图 3-5）。

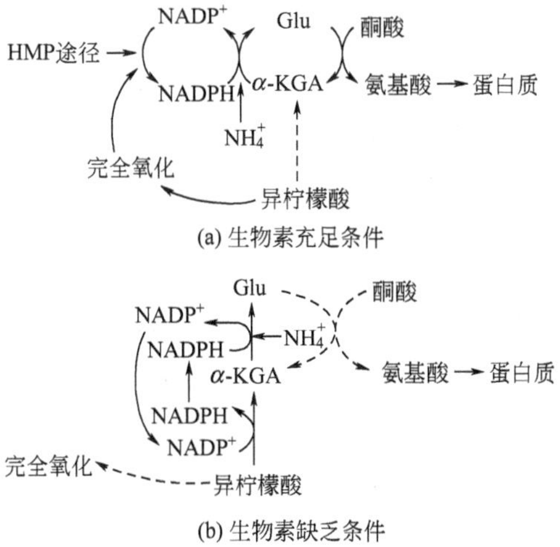

(a) 生物素充足条件

(b) 生物素缺乏条件

图 3-5　在生物素充足与缺乏条件下异柠檬酸代谢的假定途径

3.3.2.4　其他调节

除了上述调节机制外，发现在以醋酸或石蜡为碳源时，铜离子对谷氨酸的生物合成具有调节作用。

在以醋酸为碳源，利用一种短杆菌 D248 进行谷氨酸发酵时，添加低浓度的 Cu^{2+}，可以促进谷氨酸的积累。该效应只有在以醋酸为碳源时才出现。科研人员认为 Cu^{2+} 不是通过影响膜透性和相关酶类，而是通过影响呼吸链起到促进作用。在醋酸代谢中，ATP 的供给完全依赖于氧化磷酸。Cu^{2+} 不足导致氧化磷酸化低下，造成能量供应不足，使谷氨酸收率降低。

另一方面，以石蜡为碳源，利用石蜡节杆菌 KY4303 菌株发酵时发现，在青霉素存在下培养时 Cu^{2+} 促进海藻糖和谷氨酸的生物合成。Cu^{2+} 对于石蜡氧化最初阶段有关的海藻糖脂的生物合成具有重要作用。因此，青霉素所抑制的该糖脂的生物合成，可以由于少量 Cu^{2+} 的存在而促进，结果谷氨酸收率提高。

3.3.2.5　在谷氨酸发酵过程中控制细胞膜的渗透性

谷氨酸发酵的关键在于发酵培养期间谷氨酸产生菌细胞膜结构与功能上的特异性变化，使细胞膜转变成有利于谷氨酸向膜外渗透的模式，即完成谷氨酸非积累型细胞向谷氨酸积累型细胞的转变。这样，由于终产物谷氨酸不断地排出于细胞外，使细胞内的谷氨酸不能积累到引起反馈调节的浓度，谷氨酸就会在细胞内继续不断地被优先合成，又不断地透过细胞膜，分泌于发酵培养基中，从而得以大量积累。

细胞膜通透性的控制方法大致可以分为两种类型：一类是通过控制磷脂的合成来控制细胞膜通透性。细胞膜磷脂含量降低，有利于提高细胞膜通透性；细胞膜磷脂含量高，不利于细胞膜通透性。另一类是通过控制细胞壁的合成间接控制细胞膜通透性。当细胞壁合成不完全时，没有完整细胞壁保护的膜容易造成机械损伤，经不起内部渗透压的压力，膜受到破坏而提高通透性。接下来从化学控制方法和物理控制方法两个方面进行介绍。

（1）化学控制方法　即通过控制发酵培养基中的化学成分控制磷脂的合成，从而控制细胞膜的生物合成，导致形成磷脂合成不足的不完全的细胞膜，使谷氨酸产生菌处于异常的生理状态，以解除细胞对谷氨酸向胞外漏出的渗透障碍。

1）控制磷脂的合成，形成磷脂合成不足的不完全细胞膜。

① 生物素缺陷型：使用生物素缺陷型菌株，通过限制发酵培养基中生物素的浓度控制脂肪酸生物合成，从而控制磷脂的合成。

a. 作用机制：生物素作为催化脂肪酸生物合成最初反应的关键酶乙酰 CoA 羧化酶的辅酶，参与了脂肪酸的合成，进而影响磷脂的合成。如表 3-1 所示，当磷脂合成减少到正常量的一半左右时，细胞变形，谷氨酸向膜外漏出，积累于发酵液中。乙酰 CoA 羧化酶催化的反应如下：

$$CH_3CO\sim SCoA + CO_2 + ATP \xrightarrow[\text{生物素 } Mg^{2+}]{\text{乙酰 CoA 羧化酶}} HOOCCH_2CO\sim SCoA + ADP + Pi$$

乙酰 CoA　　　　　　　　　　　　　　　　　丙二酰 CoA

表 3-1　在各种培养条件下细胞膜磷脂组成与谷氨酸积累的关系

碳源	发酵控制	谷氨酸产量 /(mg/mL)		脂含量/(mg/g 干菌体)				饱和脂肪酸与不饱和脂肪酸的比例	磷脂含量 /(mg/g 干菌体)
		12h	最终	C_{16}	$C_{16}{=}$	C_{18}	$C_{18}{=}$		
葡萄糖	生物素 2.5μg/L	16.3	66.3	5.01	0.45	0.26	4.76	1.10	13.1
	生物素 20μg/L	3.9	5.2	7.11	1.03	0.31	11.20	0.66	22.2
糖蜜	对照	3.8	5.2	7.37	1.21	0.45	8.79	0.85	24.5
	POEFE 0.015g/L	20.5	73.7	5.85	0.75	1.06	4.61	1.37	14.6
	青霉素 5U/mL	23.6	69.2	6.55	微	微	8.11	0.89	23.3

注：使用菌株为嗜氨小杆菌。

POEFE 为非离子表面活性剂聚乙二醇酯中，C_{16}酯和 C_{18}酯。

C_{16} 和 C_{18} 为饱和脂肪酸，$C_{16}{=}$和 $C_{18}{=}$为不饱和脂肪酸。

b. 控制的关键：为了形成有利于谷氨酸向外渗透的磷脂合成不足的细胞膜，必须控制生物素亚适量（5~10μg/L）。发酵初期（0~8h），菌体正常生长，菌体形态为单个、成对、八字形、棒状、椭圆、短杆形；当生物素耗尽后，在菌的再次倍增期间，开始出现异常形态的细胞，菌体伸长、膨大乃至不规则形，边缘有褶皱、稍模糊，电镜观察似疱疹样，完成谷氨酸非积累型细胞向谷氨酸积累型细胞的转变，形成磷脂合成不足的不完全的细胞膜。后期常出现类似花生状的有横膈膜的多节细胞；菌体形状基本清楚，此时尽管没有细胞溶解，但压榨细胞的体积却减少了，谷氨酸高产。倘若生物素过剩，就会只长菌而不产酸或产酸低。

② 添加表面活性剂如吐温-60 或饱和脂肪酸（C_{16}~C_{18}）：使用生物素过量的原料（如糖蜜等）发酵生产谷氨酸时，通过添加表面活性剂或是高级饱和脂肪酸及其亲水聚醇酯类，同样能清除渗透障碍物，大量积累谷氨酸。

a. 作用机制：表面活性剂、高级饱和脂肪酸的作用，并不在于它的表面效果，而是在不饱和脂肪酸的合成过程中，作为生物素的拮抗物具有抑制脂肪酸的合成作用。通过拮抗脂肪酸的生物合成，导致磷脂合成不足，结果形成磷脂不足的细胞膜，提高了细胞膜对谷氨酸的渗透性。

b. 控制的关键：必须控制好添加表面活性剂、饱和脂肪酸的时间与浓度。在这些药剂存在下，再次进行菌的分裂增殖，形成处于异常生理状态的产酸型细胞，即完成谷氨酸非积累型细胞向谷氨酸积累型细胞的转变。例如，以糖蜜为原料，采用高生物素、添加吐温-60 工艺，一般于发酵对数生长期的早期（4~6h），添加 0.2%吐温-60，之后 OD 值与菌体重约净增一倍。剩余生长太多，意味着谷氨酸产生菌细胞不能完成有效的生理学变化。剩余生长不足，意味着谷氨酸产生菌没有机会完成这种转变。

③ 油酸缺陷型：使用油酸缺陷型菌株进行谷氨酸发酵，通过限制发酵培养基中油酸的浓度而控制磷脂的合成。

a. 作用机制：由于油酸缺陷突变株阻断了油酸的后期合成，丧失了自身合成油酸的能力，即丧失脂肪酸生物合成能力，必须由外界供给油酸才能生长。故油酸含量的多少，直接影响到磷脂合成量的多少和细胞膜的渗透性。通过控制油酸亚适量，使磷脂合成量减少到正常量的 1/2 左右时，细胞变形，谷氨酸分泌于细胞外。

b. 控制的关键：对油酸缺陷突变株的谷氨酸产生菌来说，最重要的因素是细胞内的油酸含量，必须控制油酸亚适量，而细胞内生物素、棕榈酸等饱和脂肪酸的含量多少却影响甚微。若油酸过量时，则只长菌不产酸或产酸少。只有在油酸亚适量的条件下，当油酸耗尽后，谷氨酸菌经再度倍增，发生细胞膜结构与功能上的特异性变化，除去谷氨酸向膜外漏出的渗透障碍物，谷氨酸才能高产。

④ 甘油缺陷型：使用甘油缺陷型菌株进行谷氨酸发酵，通过限制发酵培养

基中甘油的浓度而控制磷脂的合成。

a. 作用机制：甘油缺陷突变株的遗传阻碍是丧失 α-磷酸甘油脱氢酶，所以自身不能合成 α-磷酸甘油和磷脂，必须由外界供给甘油才能生长。在甘油限量供应下，由于控制了细胞膜中与渗透性有直接关系的磷脂含量，从而使谷氨酸得以积累（图 3-6）。

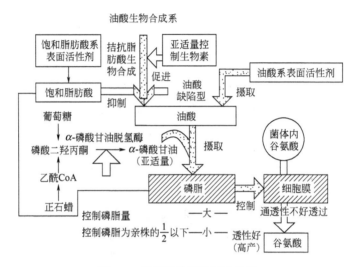

图 3-6　谷氨酸发酵控制关系图

b. 控制的关键：使用甘油缺陷型菌株，为了高产谷氨酸，必须控制添加亚适量的甘油或甘油衍生物（添加 0.02%）。对于甘油缺陷型菌株，其细胞内的磷脂可以由添加甘油的数量来调节。添加甘油过少，菌株生长不好，数量不够，周期长，产酸低；甘油过量，磷脂合成正常，只长菌不产酸或产酸低。只有控制甘油亚适量时，发酵初期菌体正常生长，当甘油耗尽以后，通过再度增殖，细菌变形，细胞磷脂含量降为亲株的 50% 以下（见表 3-2），压榨细胞的体积减小，从而破坏了细胞膜对谷氨酸的渗透障碍，使谷氨酸向膜外渗透。由于谷氨酸向胞外

表 3-2　硫胺素、生物素或油酸对磷脂和谷氨酸的影响

菌株	添加量/(mg/L)	磷脂量/(mg/g 干细胞)	谷氨酸量(mg/mL)
NO. 314	不加	35.2	1.0
GL-21	不加	15.6	32.2
GL-21	硫胺素 0.5	16.9	30.5
GL-21	生物素 0.1	16.0	32.0
GL-21	油酸 500	16.4	31.5

注：GL-21，亚适量供给甘油（200μg/mL）。

漏出,致使胞内谷氨酸浓度降低,就解除了谷氨酸对自身合成的反馈调节,细胞内继续优先合成谷氨酸,不断地合成,又不断地分泌于发酵液中,使谷氨酸得以大量积累。

2)阻碍谷氨酸菌细胞壁的合成,形成不完全的细胞壁,进而导致形成不完全的细胞膜。例如,在发酵对数生长期的早期,添加青霉素或头孢霉素 C 等抗生素。

① 作用机制:添加青霉素抑制谷氨酸生产菌细胞壁的后期合成。主要是抑制糖肽转肽酶,影响细胞壁糖肽的生物合成(图 3-7)。因为青霉素的结构和革兰氏阳性的谷氨酸菌所特有的糖肽的 D-Ala-D-Ala 末端结构类似,因而它取代合成糖肽的底物和酶的活性中心结合,使五肽末端丙氨酸不能被转肽酶移去。甘氨酸桥一头无法与它前面一个丙氨酸相接,因此交联不能形成,网状结构连接不起来,糖肽合成就不能完成,形成不完全的细胞壁。由于青霉素抑制细胞壁的生物合成,使细胞膜处于无保护状态,又由于膜内外的渗透压差,进而导致细胞膜的物理损伤,增大了谷氨酸向胞外漏出的渗透性。

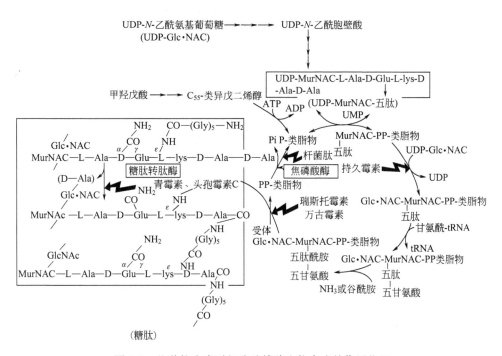

图 3-7　几种抗生素对细胞壁糖肽生物合成的作用位置

② 影响产酸的关键:在生长的什么阶段添加青霉素是影响产酸的关键。必须要在增殖过程的适当时期添加,保证添加后再进行一定的增殖。一般应考虑在

接种后，开始进入对数生长期的早期（3～6h）添加，添加青霉素的时间与浓度，因菌种、接种量、培养基的组成及发酵条件而异。发酵过程中还要根据菌体形态、产酸、OD值、耗糖等变化情况，确定是否补加、补加的时间与浓度。加入青霉素后，进而在菌体再度倍增期间，使新增殖的细胞没有充足的细胞壁合成，菌体形态急剧变化，多呈现伸张、膨润的菌型，完成谷氨酸非积累型细胞向谷氨酸积累型细胞的转变，此转移期间是非常重要的。

（2）物理控制方法　温度敏感突变株是通过诱变得到的在低温下生长、在高温下不生长繁殖的突变株。利用温度敏感突变株进行谷氨酸发酵时，由于仅控制温度就能实现谷氨酸生产，所以又把这种新工艺称为物理控制方法。

① 作用机制：温度敏感突变株的突变位置是发生在决定与谷氨酸分泌有密切关系的细胞膜的结构基因上（编码某些酶肽键结构的顺反子）。由于突变导致DNA分子碱基的转换或颠换，这个时候菌种表达的酶在高温时失活，导致细胞膜某些结构的改变。所以在发酵过程中，当控制培养温度为最适生长温度时，菌体正常生长；当温度提高到一定程度时，菌体便停止生长而大量产酸。另外，对磷脂成分、温度敏感度和表面活性剂依赖及独立的因果关系进行量化，获得了磷脂成分的部分强烈改变，比如过量表达了编码酰基CoA连接酶的 $fadD15$ 基因，结果将磷脂酰肌糖的含量从12.6%提高到30.2%。除了 acp 基因（酰基载体蛋白）的过量表达，所有的工程菌均呈现出了较高的温度敏感性，cls 基因（双磷脂酰合成酶）灭活菌株呈现出最强的敏感性。磷脂合成的基因改造导致了L-谷氨酸分泌发生了巨大变化。比如，$plsC$ 基因的过量表达将使表面活性剂诱导的谷氨酸积累从92mmol/L增加至108mmol/L，而 acp 基因的过量表达将使其积累降低至24mmol/L。如果发酵温度被提高，即使在没有表面活性剂添加的情况下某些基因的过量表达也会使大量的L-谷氨酸向胞外分泌。另据TAKASHI HIRASAWA报道，谷氨酸棒杆菌 $ItsA$ 基因突变将导致其对溶菌酶敏感、温度敏感生长进而影响L-谷氨酸的产生。谷氨酸棒杆菌KY9714突变株作为溶菌酶敏感突变株被最先分离出，其不能在37℃下生长。互补实验和DNA序列分析表明一个1920bp的 $ItsA$ 单基因突变将导致溶菌酶敏感和温度敏感。通过提高突变株的生长温度将促使L-谷氨酸的大量产生。结果证明在谷氨酸棒杆菌中 $ItsA$ 基因编码一种新的谷氨酰胺依赖型氨基转移酶，而这种转移酶参与细胞壁组织的形成机制进而参与L-谷氨酸的分泌。

② 影响产酸的关键：利用温度敏感型菌株进行谷氨酸发酵时，在生长的哪个时间阶段转换温度是影响产酸的关键。必须控制好温度的转换时间，并且要在温度转换之后有适度的剩余生长，完成从谷氨酸非积累型向谷氨酸积累型细胞的转变。

3.4 淀粉糖原料发酵工艺

3.4.1 工艺流程

以淀粉水解糖为原料、利用发酵法生产谷氨酸,目前国内大多采用温敏发酵工艺,少数企业采用生物素亚适量工艺。这里主要介绍温敏发酵工艺。谷氨酸发酵的基本要素,是采用优良的菌株和控制合适的环境条件。谷氨酸温度敏感型生产菌所以能够在体内合成谷氨酸并排出于体外,关键是菌体的代谢异常化,即长菌型细胞在发酵温度变化的条件下,转变成伸长、膨大的产酸型细胞。这种代谢异常化的菌种对环境条件是敏感的。条件控制适当,则高产谷氨酸,只有极少量的副产物。条件控制不合适,代谢途径发生变化,少产或几乎不产谷氨酸,得到的则是大量菌体,或者由谷氨酸发酵转换为积累乳酸、琥珀酸、α-酮戊二酸、缬氨酸、丙氨酸、谷氨酰胺、乙酰谷氨酰胺等非目的产物。由此可见,谷氨酸发酵是一个复杂的生化过程,它是建立在容易变动的代谢平衡上的,经常受到环境条件的影响。菌种的性能越高,使其表达接近它应有的生产潜力所必需的条件就越难满足,对环境条件的波动更为敏感。为了获得高酸、高转化率、高效益的谷氨酸发酵生产水平,除了选择优良的谷氨酸生产菌外,还必须按所用菌株的特性,选择适宜的发酵工艺,控制最佳的发酵工艺条件。

谷氨酸发酵工艺流程包括培养基灭菌、二级和三级种子培养以及发酵控制。发酵过程中需要流加液氨、高浓度糖液以及通入无菌风。工艺流程见图 3-8。

3.4.2 发酵无菌风的制备

3.4.2.1 空气净化方法

谷氨酸发酵需要大量无菌压缩空气。为净化空气、保证纯种培养,必须除去或杀灭空气中的微生物以及灰尘、沙土等。所以制备大量无菌空气是味精发酵生产的重要技术之一。

(1) 空气中的微生物　空气中微生物的含量和种类,随地区、季节和空气中灰尘粒子多少以及人们的活动情况而变化。空气中的微生物以细菌和细菌芽孢较多,也有酵母、霉菌和病毒。空气中杂菌量一般为 $10^3 \sim 10^4$ 个/m^3。

空气中的微生物是依附在尘埃或雾滴上的,所以通过测定大气尘埃滤除效率可以间接反映对细菌的过滤效率。空气中的尘埃数与细菌数的关系如图 3-9 和式(3-1) 所示。

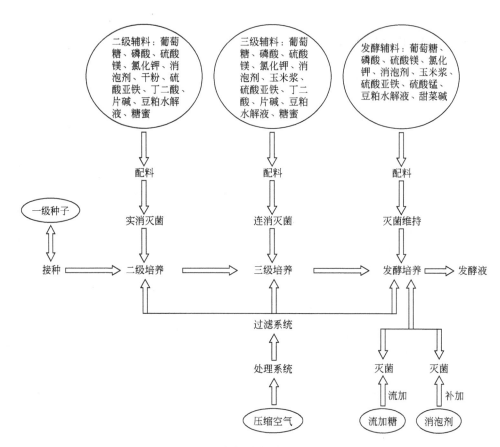

图 3-8　谷氨酸发酵工艺流程

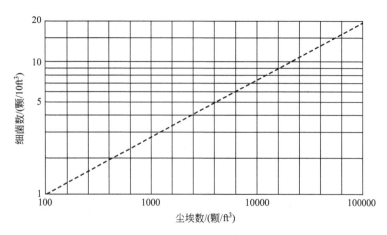

图 3-9　大气中尘埃浓度与细菌数（1ft＝0.3048m）

$$y = 0.0003x - 2.6 \qquad (3-1)$$

式中　y——细菌个数，个 $/\mathrm{m}^3$；

　　　x——油雾法测定尘埃颗粒数。

（2）发酵对无菌空气的要求　空气除菌不净是发酵液染菌的主要原因之一，尤其是对于好氧发酵。空气通过净化除菌达到无菌状态，可以确保在发酵过程中不会对发酵液产生污染。

对于不同的发酵，由于菌种生长的活力、繁殖速度、培养基的成分、pH 的高低、发酵产物等不同，对杂菌的抑制能力也不同，从而对空气的无菌要求也有所不同。例如，酵母的生长能力强、繁殖快，一般对无菌要求不太高，但是谷氨酸和赖氨酸发酵对无菌要求十分严格。一般要采用多级空气过滤器，以保证在发酵过程中不出现杂菌污染。在工程设计上，一般要求 1000 次使用周期中只允许有一个菌通过，即过滤后空气的无菌程度为 $N = 10^{-3}$ 个。

（3）空气除菌方法

① 加热灭菌　将空气加热到一定温度后保温一定时间，达到将微生物杀死的目的。据报道，在 218℃ 下保持 24s，或在 300℃ 下保持 3s，*Bacillus globigii* 孢子存活力低于 10^{-6}。美国某发酵工厂采用提高进口空气的温度至 220℃，保持 15s，以达到灭菌目的。国内水冷式空压机出口空气的温度为 120~140℃，风冷式空压机出口空气的温度为 140~160℃，也有一定的杀菌作用。

② 介质过滤除菌　介质过滤除菌是目前国内外发酵工业上普遍使用的空气除菌方法。它是使空气通过经高温灭菌的介质过滤层，将空气中的微生物等颗粒阻截在介质层中，而达到除菌目的。常用的过滤介质有棉花、活性炭、玻璃纤维、膜桶等。

③ 静电除尘　在强电场作用下，空气中的微生物、尘埃被电离后分别向正负电极移动并被吸附，达到空气净化的目的，此法效果达 99.9%。缺点是静电除尘难以除去空气中水、油，而且该方法需用使用高压电，提高了设备要求和操作要求的难度。

3.4.2.2　空气的过滤除菌效率

（1）介质过滤机理　介质过滤清除微生物和粒径较小的尘埃须借下列物理现象：①截留；②沉降；③惯性碰撞；④凝聚现象；⑤静电吸附。

任何介质过滤系统中，直接截留和静电吸附不会因外界的影响而改变，只有当要滤除的尘埃和过滤介质不同时才有变化。

微粒直径 $1\mu\mathrm{m}$ 以下，甚至小于 $0.05\mu\mathrm{m}$，例如噬菌体，几乎无惯性碰撞现象。直径大于 $1\mu\mathrm{m}$ 的细菌滤除效率，当气流速度较低时，沉降和凝聚占优势。速增至一定值，惯性碰撞起主要作用，除菌效率增加。这种关系如图 3-10 所示。

（2）介质过滤效率　过滤效率是指被捕集的尘埃颗粒数与空气中原有颗粒数

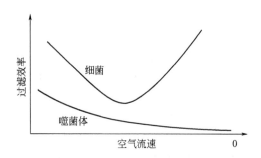

图 3-10　空气流速与介质过滤除菌效率关系

之比，即：

$$\eta = \frac{N_1 - N_2}{N_1} = 1 - \frac{N_2}{N_1} = 1 - P \tag{3-2}$$

式中　N_1——过滤前空气中的尘埃颗粒数；

　　　　N_2——过滤后空气中的尘埃颗粒数；

　　　　η——过滤效率；

　　　　P——穿透率（过滤后空气中剩留的颗粒数与原有颗粒数之比）。

例如，空气中原有尘埃粒子数 50000 个/500mL，经过过滤后的空气中的尘埃粒子数为 0.5 个/500mL，其过滤效率应为：

$$\eta = \frac{50000 - 0.5}{50000} = 99.999\%$$

如果经过过滤后空气中尘埃数为 5.0 个/500mL，则其过滤效率应为：

$$\eta = \frac{50000 - 5}{50000} = 99.99\%$$

空气过滤时，出口的颗粒数随介质厚度增加而减少。取滤床厚度中一段微小厚度 $\mathrm{d}\delta$，此长度内空气中颗粒减少数 $-\mathrm{d}N$ 可以表示为：

$$-\mathrm{d}N = KN\mathrm{d}\delta \tag{3-3}$$

式中　N——空气中的尘埃颗粒数；

　　　　δ——介质厚度，cm；

　　　　K——常数，cm^{-1}。

将式(3-3)移项积分，得：

$$\delta = \frac{1}{K} \ln \frac{N_1}{N_2} \tag{3-4}$$

式(3-4)称对数穿透定律，常数 K 值与气流速度、纤维直径、介质填充密度以及空气中颗粒的大小等有关。

对数穿透定律说明介质过滤不能期望得到 100% 的过滤效率，经过过滤的空气不是绝对无菌的。实际上只能延长空气中带菌微粒在过滤器中滞留的时间，气流速度达到一定值时，或过滤介质使用周期过长，滞留的带菌微粒仍有可能穿透。所以介质过滤器必须定期进行灭菌。

棉花、玻璃棉等过滤介质，在过滤器内过滤介质填充厚度和密度相同的条件下，不同空气流量的过滤效率也不同。

试验结果表明，空气流量小于 42L/min 时，维尼纶的过滤效率高于棉花。当空气流量大于 48L/min 时，棉花的过滤效率高于维尼纶。

不同纤维直径，不同填充密度和厚度，气流线速度为 0.4m/s，玻璃纤维的过滤效率见表 3-3。

表 3-3 玻璃纤维的过滤效率

纤维直径/μm	填充密度/(kg/m³)	填充厚度/cm	过滤效率/%
200	72	5.08	22
18.5	224	5.08	97
18.5	224	10.16	99.3
18.5	224	15.24	99.7

注：试验曾为 *Chr. prodigiosum* 气雾，空气线速度为 0.4m/s。

表 3-3 的结果表明，玻璃纤维作为过滤介质，其过滤效率因纤维直径减小、填充密度和滤层厚度加大而提高。

（3）影响介质过滤效率的因素

① 介质填充密度与过滤效率　用 1.3d 北京维尼纶纤维，在同一填充厚度（1125mm）下，改变填充密度，在不同流速下，测定过滤效率，结果以填充密度（ρ）200kg/m³ 左右效果较好。

通过对棉花介质进行试验，增加填充密度，可以提高过滤效率。

比较实用的几种介质的密度（$\rho_{虚}$ 和 $\rho_{实}$）和填充率（α）见表 3-4。

表 3-4 各种介质的密度和填充率

填充介质	适用的空气流速/(m/s)	虚密度$\rho_{虚}$/(kg/m³)	实密度$\rho_{实}$/(kg/m³)	填充率α[①]/%
棉花(纤维 ϕ16~20μm)	0.1~0.3	150~200	1520	10~12
玻璃纤维(纤维 ϕ3~20μm)	1~2	130~280	2600	5~11
1.3d 北京维尼纶	0.15~0.6	200~210		15
人造棉	0.5~0.6	200		15
颗粒活性炭(ϕ3mm×10mm×15mm)	0.2~1.5	300~550	1140	36~48
超细玻璃纤维纸(ϕ1~1.5μm)	2~3	384		

① 填充率 α，过滤介质在滤层中占有的体积分数。

② 介质填充厚度与过滤效率　过滤器内径 50mm，介质填充密度不变（$\rho_{虚}$＝180～185kg/mL），增加过滤介质厚度，可以提高过滤效率。表 3-5 和表 3-6 是棉花和维尼纶作为过滤介质，不同填充厚度的过滤效率。过滤介质厚度除了通过实验确定，还可以通过式（3-5）计算。

$$\delta = \frac{1}{K} \ln \frac{N_0}{N_s} \tag{3-5}$$

式中　δ——介质层厚度；

N_0、N_s——分别为进口与出口尘埃粒子数（杂菌数），N_0 以 $60 \times 10^4 vt$ 个计算，

　　　　　N_s 以 10^{-3} 个计算；

　　v——空气流量，m^3/min；

　　t——持续使用时间，h；

　　K——除菌常数，m^{-1}。

表 3-5　不同棉花填充层厚度对过滤效率的影响

填充层厚度	流量/(L/min)									
	6	12	18	24	30	36	42	48	54	60
	残存粒子数①									
195mm(70g)	0.5	0.7	0.5	4.6	8.4	18	48	401	1345	15867
122.5mm(46.7g)	0.5	1.0	10.67	22.8	32.5	53	75	87.5	111.75	145
85.5mm(31.1g)	23	180.2	1106.2	1864.2	4053.2	3307.4	7744.3	8394.5	13055	11528

① 10.3μm 粒子数，个/500mL 样品。

表 3-6　不同维尼纶填充层厚度对过滤效率的影响

填充层厚度	流量/(L/min)									
	6	12	18	24	30	36	42	48	54	60
	残存粒子数①									
195mm(70g)	0.5	0.7	0.5	4.6	8.4	18	48	401	1345	15867
122.5mm(46.7g)	0.5	1.0	10.67	22.8	32.5	53	75	87.5	111.75	145
85.5mm(31.1g)	23	180.2	1106.2	1864.2	4053.2	3307.4	7744.3	8394.5	13055	11528

① 0.3μm 粒子数，个/500mL 样品。

若通过总过滤器的空气流量为 $300m^3/min$，持续使用时间为 2400h（100d），则：

$$\frac{N_0}{N_s} = 60 \times 10^4 \times 300 \times \frac{2400}{10^3} = 4.32 \times 10^{14}$$

一般设计过滤器时，可以 $\frac{N_0}{N_s} = 10^{15}$

K 值与介质性质、填充密度、杂菌种类及空气流速有关，一般通过实验求得。

用 1.3d 北京维尼纶纤维，填充密度 200kg/m³，即填充系数 15%，在不同空气流速下测出除菌常数 K（见表 3-7）。

表 3-7　除菌常数

空气流速/(m/s)	0.054	0.064	0.1	0.23	0.32	0.85
K/m^{-1}	33	25	20	16.7	100	200

对于直径为 16μm 的棉花纤维，当填充系数 $\alpha = 8\%$ 时，测得各种空气流速 v_s 时的 K 值，见表 3-8。

表 3-8　棉花的纤维 K 值

空气流速/(m/s)	0.05	0.10	0.50	1.0	2.0	3.0
K/m^{-1}	19.3	13.5	10	19.5	132	255
滤层厚度/m	0.814	1.16	1.57	0.805	0.119	0.052

使用 φ16μm 的棉花作过滤介质，空气流速取 0.1m/s，滤层厚度超过 1.2m，即认为是可靠的。

对于直径为 19μm 的玻璃纤维，填充系数 $\alpha = 3.3\%$，空气流速 $v_s = 5\text{cm/s}$ 时，所需过滤介质厚度可用下式计算：

$$\delta = 10.9 \lg \frac{N_1}{N_2} \tag{3-6}$$

式中　N_1、N_2——过滤器进出口尘埃粒个数。

如进风 $N_1 = 10^5$ 个，净化后 $N_2 = 10^{-3}$ 个，则 $\delta = 87.2\text{cm}$。

③ 空气流速与过滤效率　在较低空气流速范围内，过滤效率随气流速度增加而降低。但气流速度增至临界值时，其效率又随着气流速度增加而提高。JU 型滤纸在空气流速为 0.01m/s 左右时，过滤效果较高；空气流速达到 0.1m/s，过滤效率最低，仅为 99.9% 当空气流速上升至 0.2m/s，其效率接近 99.999% 超过 2m/s 后，效率再度降低。

空气流速与过滤效率的关系也有如图 3-11 的报道。空气线速度在 0.15m/s 以下，过滤效率较高。降低空气线速度，空气通过过滤器的压力降降低，可以减

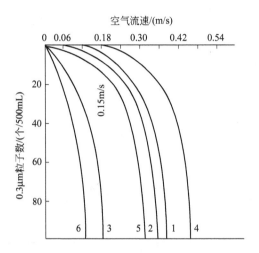

图 3-11　空气流速与过滤效率的关系
1—棉花；2—腈纶；3—涤纶；4—维尼纶；5—玻璃棉；6—无纺布

少对压缩空气的压力要求，节省动力。

④ 静电压　干燥空气对非导体物质（如各种纤维）相对运动、摩擦时会产生诱导电荷，悬浮在空气中的带电微粒受异性电荷的吸引而被捕集。干燥空气的流速越大，产生静电作用越大。若空气湿度越大，引力消失，微粒与纤维的碰撞概率便下降。吸湿性大的容易传递电荷，故静电作用小。

从图 3-12 可以看出，几种介质的静电压随空气流速的增加而增加，静电大小的次序为：涤纶＞腈纶＞维尼纶＞人造棉＞棉花。

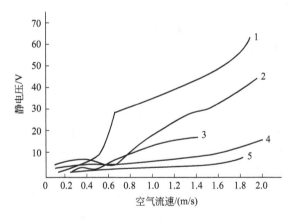

图 3-12　空气相对湿度为 78% 时，各种介质在不同流速下的静电压
1—涤纶；2—腈纶；3—维尼纶；4—人造棉；5—棉花

⑤ 过滤阻力和压力降　空气通过过滤介质时产生压力降，直接影响操作费

用和通气发酵效率，不同空气线速度通过各种过滤介质产生的压力降见表 3-9。

表 3-9　不同空气线速度通过各种过滤介质产生的压力降

材料(质量/厚度)	空气流速/(m/s)									
	0.06	0.12	0.18	0.24	0.30	0.36	0.42	0.48	0.54	0.60
	压力降/(kgf/cm²)									
棉花(70g/195mm)	0.05	0.12	0.19	0.26	0.33	0.42	0.51	0.60	0.75	0.85
棉花(58g/195mm)	0.04	0.11	0.18	0.22	0.27	0.33	0.40	0.48	0.54	0.62
棉花(45.8g/195mm)	0.02	0.08	0.11	0.17	0.21	0.26	0.32	0.39	0.47	0.55
棉花(31.1g/85.5mm)	0.07	0.11	0.17	0.22	0.28	0.35	0.42	0.53	0.64	0.77
涤纶(70g/195mm)	0.02	0.04	0.05	0.09	0.11	0.13	0.16	0.18	0.19	0.22
腈纶(70g/195mm)	0.02	0.07	0.10	0.11	0.15	0.18	0.20	0.23	0.27	0.30
维尼纶(70g/195mm)	0.08	0.12	0.20	0.28	0.34	0.43	0.52	0.63	0.77	0.92
JU 滤纸三层	0.05	0.08	0.15	0.22	0.30	0.40	0.51	0.65	0.92	1.05
红光滤纸三层	0.05	0.08	0.13	0.20	0.28	0.38	0.49	0.62	0.79	1.05
MGP₄蒙乃尔板	0.14	0.18	0.20	0.25						

注：$1kgf/cm^2 = 9.8 \times 10^4 Pa$。

空气通过过滤层的压力降也可按下式计算：

$$\frac{\Delta p}{L} = C\frac{2\rho v^2 \alpha^m}{\pi g d_f} \tag{3-7}$$

式中　Δp——过滤层的压力降，kgf/cm^2；

　　　L——滤层厚度，m；

　　　ρ——空气密度，kg/m^3；

　　　v——空气的实际流速 $[v = v_s/(1-\alpha)]$，m/s；

　　　v_s——过滤器空截面的空气流速，m/s；

　　　α——滤层的填充系数；

　　　m——指数（见图 3-13）；

　　　C——阻力系数（见图 3-13 纵坐标）；

　　　g——重力加速度，$g = 9.81m/s^2$；

　　　d_f——纤维直径，μm。

为了达到较高的过滤除菌效率，又不使压力降（Δp）过大，对常用的厚层过滤器，按不同介质，选取不同的空气流速（v_s）和相适应的滤层厚度（δ）是必要的。根据计算和实际生产经验推荐表 3-10 数据供参考。

3.4.2.3　生物洁净度

限制过滤后的空气中的含尘浓度和尘埃颗粒大小，是保证发酵不受污染的先

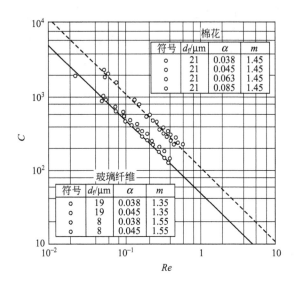

图 3-13　滤层的阻力系数

表 3-10　过滤介质、空气流速和滤层厚度的选取

过滤介质	$v_s/(\text{m/s})$	δ/m	$\rho_{虚}/(\text{kg/m}^3)$	$\Delta p/\text{MPa}$
棉花	$0.05\sim0.15$	1.2	200	<0.04
棉花—颗粒活性炭—棉花	$0.05\sim0.30$	1.4	400(颗粒炭)	<0.03
玻璃纤维	$0.05\sim0.50$	0.9	180	<0.02
维尼纶	$0.15\sim0.60$	0.8	200	<0.02
人造棉	$0.5\sim0.6$	0.8	200	<0.02

决条件。日本等国均参考美国联邦标准 209A 净度级别。我国也参考该标准制定"环境控制区分类表"，见表 3-11。

表 3-11　环境控制区分类表

分区	洁净度级别	尘粒最大允许数/(个/m³)		微生物最大允许数/(个/m³)	
		$>0.5\mu\text{m}$	$>5\mu\text{m}$	浮游菌	沉降菌
洁净区	100 级	3500	0	5	1
	10000 级	350000	2000	100	3
控制区	100000 级	3500000	20000	500	10
	300000 级	10500000	60000		15

　　从生物洁净度的规定中可以看出，谷氨酸发酵需要的环境洁净度应该达到100 级。无菌室、菌种培养室、保藏室属于洁净区；发酵车间、采风塔属于控制

区；其他为一般生产区。

1988 年 6 月，美国公布了新的联邦标准 209D，再次重申联邦标准 209C 中指出的：没有建立悬浮粒子洁净度分级和有生命悬浮粒子量之间的确定关系，关于有生命粒子的监测和控制应另作特殊要求。其分级需要有专门标准。

一般把洁净室分为工业洁净室和生物洁净室。过去公布的联邦标准 209D 中又提出了洁净工作区的问题。由于近年来生物洁净设施在医疗卫生、制药工业、食品工业、实验鉴定、微生物试验以及遗传工程等研究中广泛应用，其品种也发展了许多，有的是室，有的是罩，有的是柜，有的是隧道或管道。为了比较好地概括，统称为生物洁净空间。由于生物洁净空间是为了保证生物洁净设施不受空气中有生命粒子的危害，或防止有害的生命粒子逸出特定空间、污染环境、伤害人体，保证制造的生物洁净设施能符合保证人的特定要求，必须建立一定的生物洁净度的检验标准，而且要求应更严格。

用于测定大气中微生物含量的仪器和方法共有 6 类 30 余种，选择的标准是要能正确反映大气中微生物含量的实际状况。最适于作生物洁净空间大气微生物含量测定的仪器为固体惯性撞击式采样器（以下简称固体撞击式采样器），这是国际上应用最广泛的大气微生物监测仪。我国研制的 JWL 型系列空气微生物监测仪也属于这种类型。经过几年来各方面现场应用，具有如下特点：①对大气中存在的不同大小的含菌粒子的采集和检出效率较高，其捕获率为 99.7%，比英国 Casella 高 12%，比美国 NBS 高 50%，和美国的 Andersen 具有相同水平。②适用范围广，可作细菌、真菌的检测，也可作病毒和噬菌体检测。③体积较小，质量较轻，便于携带。机上有采样时间自控机构，从 0.5～15.0min 分 8 挡，适于不同程度含菌量的大气中进行采样。备有红宝石转子的气体流量计和现场采样头灭菌器，保证采样结果的准确和防止交叉污染。④能耐高压蒸汽灭菌、耐冲击力强、透明度高和密封性好的塑料平皿，供采样和微生物培养，便于携带以及培养基和标本的保存，尤宜于现场采样。⑤现已有不同型号的 JWL 系列监测仪产品，适于不同级别单位推广使用。

一般测点安排应能正确反映空气过滤器的效能、洁净空间中微生物粒子的平均含量和保护对象所在位置的微生物粒子的含量。以水平层流洁净室为例，在静止态时，应在室的四角及中心，离地 100cm 处，设 5 个测点，以反映室内大气微生物含量。在运行态时，在离高效过滤器内面 50～100cm（视房间大小）处及室内的中点与气流垂直的平面上，从上至下，从左至右，各均布 9 个测点。垂直流洁净室，在运行态时，应在送风口 15cm 平面的四角及中心各设一测点，在离地板 80～100cm 的水平面的四角及中心也各设一测点，在重点保护处，根据需要设相应测点。在工作态时，送风口处可不测，另在回风口处设测点，其余同上。在静止态时，仅在地板上 80～100cm 处平面四角及中心各设一测点。各种洁净设施均应于室外的进风口处设一测点，以反映进风的原始微生物含量。在进行生物洁净度测定之前，均应先用光电粒子计数器，对安装的高效过滤器进行检漏测试。

采样次数及最小总采气量每个测点应重复采样 3 次，求其平均值。总采气量不得少于 340L。

3.4.2.4　空气净化除菌系统

（1）传统的空气净化除菌系统　包括冷却、分离、加热、过滤除菌，如图 3-14。分离空气中含有的水分，降低湿度，提高过滤除菌的效率，使空气得到净化。

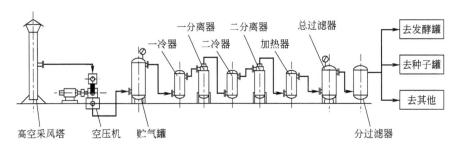

图 3-14　传统的空气净化除菌系统

（2）新型空气净化（膜滤）工程系统　以电脑式滤清器代替高空采风塔，以组合式冷机代替分散式冷却分离器，总过滤器用玻璃纤维，分过滤器用聚四氟乙烯等折叠式膜过滤器，此为高效过滤器，除菌效果非常好。

近年来由企业、科研设计和有关设备制造单位的通力合作，使空气净化工艺不断改进提高，形成一套新型净化工艺，逐步替代传统的净化工艺，在发酵生产上取得明显的成效。新型空气净化工艺流程见图 3-15。

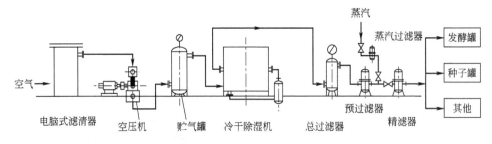

图 3-15　新型空气净化（膜滤）工艺流程简图

根据以上流程，空气净化过程可分为 5 个步骤，见表 3-12。

表 3-12　空气净化过程

净化设备	净化内容	备注
电脑式滤清器	去除 5μm 以上尘埃	在空压机前
冷干机	除湿除油	在空压机后
总过滤器(玻璃纤维)	去除 0.5μm 以上的尘埃及细菌	在空压机后
预过滤器(膜)	去除 0.1～0.3μm 的细菌	在空压机后
精过滤器(膜)	去除 0.01μm 的细菌病毒(噬菌体)	在空压机后

3.4.2.5　无菌风制备控制要点

（1）无菌风质量标准　空气温度 58～62℃，空气湿度≤30%。

总风过滤器后空气清洁度：采用"滤纸吹风法"检测，要求检测后的滤纸表面无明显尘埃附着，标准如图 3-16 所示。

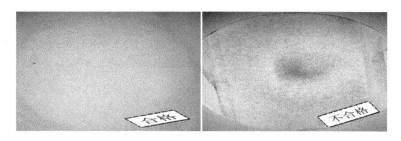

图 3-16　无菌检测示意图

拦截效果检测（滤纸吹方法）流程：

① 取风点为总滤后、预滤前（如预过滤器下部球阀处），平铺定性滤纸吹风 24h。

② 吹风时球阀开度大于 1/2（球阀下部最好安装 4 分丝头，便于吹风方向集中），滤纸距离球阀垂直距离在 5cm 以内，风吹到滤纸上要有明显的冲击力。

③ 滤纸下面需有支撑物，周围环境需干净不得扬尘（环境中灰尘会干扰检测效果），为避免滤纸被吹偏，须用胶带粘贴固定。

④ 滤纸吹风过后，如吹风部位变黄色、淡红色甚至黑色，说明发酵风中含有颗粒物，总滤拦截失效，需拆检过滤器；如无明显变色，说明总滤拦截正常。

⑤ 检测频率 1 次/周；每次更换完粗滤芯及吸油毡（玻璃棉）后需做滤纸吹风验证装填效果。

（2）总过滤器的拆检　根据检测结果来确定拆检周期，一般不超过 3 个月。

（3）滤筒的拆检

① 拆下滤筒，观察滤筒表面应无明显尘埃、无明显变色、无磕碰痕迹，滤筒表层无掉渣现象。滤筒密封端向上放置，用纸箱板半遮盖，观察透进光一致，无穿透现象。否则需更换。

② 检查密封口及压板无变形、密封垫完好。

③ 滤筒更换周期≤3 个月。

（4）玻璃棉、吸油毡的检查

① 观察丝网有无错位、局部尤其靠近罐壁处有无走边。观察玻璃棉有无穿孔或走边（无玻璃棉的为吸油毡）。按序逐层取出玻璃棉、吸油毡。查看玻璃棉变色情况。无明显变色的上层玻璃棉放置在干净无水处待用。变色较重的玻璃棉及吸油毡废弃。

② 吸油毡更换周期≤3 个月；玻璃棉更换周期≤4 个月。

（5）预过滤器、精过滤器的拆检、灭菌及维护

① 预过滤器、精过滤器拆检，滤芯表面无明显颗粒附着物、无潮湿、无变形、无穿孔、无掉渣现象，否则更换滤芯。"O"型圈有弹性且无破损，外壳垫圈有弹性、无损伤。检查过程不得磕碰滤芯。过滤器示意图见图 3-17。

图 3-17　过滤器示意图

② 安装滤芯动作要轻拿轻放。用干净抹布或浸入酒精擦拭滤壳，安装滤芯时一手轻握滤芯上部（不能加力），一手紧握滤芯下部竖直下压到位，缓慢旋转使滤芯入槽固定（安装前"O"型圈涂抹少许硅油，既润滑利于安装，又能保证密封效果）。固定孔板定位后与精滤芯间要留有 2～3mm 间隙，防滤芯升温后因热胀受压导致滤芯损伤失效。

③ 预/精过滤器滤芯更换周期见表 3-13。

（6）过滤器的维护

① 禁止碰撞过滤器，避免或减轻过滤器的震动。

表 3-13　预/精过滤器滤芯更换周期

预/精过滤器滤芯更换周期(≤)/个月											
二级			三级			发酵罐			补料系统		
国产	多美尼克	普尔	国产	多美尼克	普尔	国产	多美尼克	普尔	国产	多美尼克	普尔
3	6	6	3	6	6	4	8	8	4	10	10

② 空气用量较小或不用时段适量开启过滤器后排气旋塞，保持一定的空气流量及一定的空气温度，避免"死风"及低温。

③ 调整风阀开度要缓慢，瞬时流量变化小，减小风压波动。

3.4.3　培养基组成

3.4.3.1　发酵培养基的组成

与种子培养基不同，发酵培养基不仅是供给菌体生长繁殖所需要的营养和能源，还是构成谷氨酸的碳架来源。要积累大量谷氨酸，就需要足够量的碳源和氮源。对于菌体繁殖所必需的因子——生物素却要控制其用量（亚适量发酵工艺控制生物素在亚适量水平，一般为 5μg/L 左右；温敏发酵工艺控制生物素在大过量水平，一般为 100μg/L 以上）。与其他发酵工业一样，谷氨酸发酵培养基包括碳源、氮源、无机盐、生长因子和水等。发酵工业原料主要是指发酵培养基中比较大宗的成分。这些原料的选择既要考虑到菌体生长繁殖的营养要求，更重要的是要考虑到有利于大量积累谷氨酸，还要注意到原料来源丰富、价格便宜、发酵周期短、对产物提取有无影响等。

（1）碳源　碳源是供给菌体生命活动所需的能量和构成菌体细胞以及合成谷氨酸的基础。谷氨酸产生菌是异养微生物，只能从有机化合物中取得碳素的营养，并以分解氧化有机物产生的能量供给细胞中合成反应所需要的能量。通常用作碳源的物质主要是糖类、脂肪、某些有机酸、某些醇类和烃类。由于各种微生物所具有的酶系不同，所能利用的碳源往往是不同的。目前所发现的谷氨酸产生菌均不能利用淀粉，只能利用葡萄糖、果糖、蔗糖和麦芽糖等，有些菌种能够利用醋酸、乙醇、正烷烃等作碳源。这里主要介绍以淀粉水解糖作为碳源的发酵。

培养基中糖浓度对谷氨酸发酵有较大影响。在一定范围内，谷氨酸产量随糖浓度增加而增加。但是当糖浓度过高时，渗透压增大，对菌体生长和发酵均不利。当工艺条件配合不当时，谷氨酸对糖的转化率降低。同时培养基浓度大，氧溶解的阻力大，影响供氧效率。目前国内温敏发酵采取低浓度糖的流加糖发酵工艺，谷氨酸发酵初糖浓度为 50～60g/L，与一次高糖发酵工艺和中糖流加糖工艺比，糖菌体生长快，发酵周期短，产酸稳定。

淀粉水解糖质量对谷氨酸发酵的影响很大。如果淀粉水解不完全，有糊精存在，不仅造成浪费，还会使发酵过程产生很多泡沫，影响发酵的正常进行。若淀粉水解过分，葡萄糖发生复合反应生成龙胆二糖、异麦芽糖等非发酵性糖，同时葡萄糖发生分解反应，生成 $5'$-羟甲基糠醛，并进一步分解生成有机酸等物质。这些物质的生成不仅造成浪费，而且这些物质对菌体生长和谷氨酸形成均有抑制作用。另外，淀粉原料不同，制造加工工艺不同，糖化工艺条件不同，使水解糖液中生物素含量不同，影响谷氨酸培养基中生物素含量的控制。

（2）氮源　氮源是合成菌体蛋白质、核酸等含氮物质和合成谷氨酸氨基的来源。同时，在发酵过程中一部分氨用于调节发酵液 pH，形成谷氨酸铵盐。因此，谷氨酸发酵需要的氮源比一般的发酵工业高。一般发酵工业碳氮比为 $100:(0.2\sim2.0)$，谷氨酸发酵的碳氮比为 $100:(15\sim30)$，当碳氮比在 $100:11$ 以上时才开始累积谷氨酸。在谷氨酸发酵中，用于合成菌体的氮仅占总耗用氮的 $3\%\sim8\%$，而 $30\%\sim80\%$ 用于合成谷氨酸。在实际生产中，采用液氨作氮源时，由于一部分氨用于调节 pH，一些分解而逸出，实际用量更大。

碳氮比对谷氨酸发酵影响很大。在发酵的不同阶段，控制碳氮比可以将发酵以生长为主阶段向产酸阶段转化。在长菌阶段，如 NH_4^+ 过量，会抑制菌体生长；在产酸阶段，如 NH_4^+ 不足，α-酮戊二酸不能还原并氨基化，α-酮戊二酸积累，谷氨酸生成量少。

有机氮主要有蛋白质、胨、氨基酸等。谷氨酸发酵的有机氮源常用玉米浆（玉米浆干粉）、豆粕水解液和糖蜜等。有机氮丰富有利于长菌，谷氨酸发酵对有机氮的需要量不多。

（3）无机盐　无机盐是微生物生命活动所不可缺少的物质，其主要功能是构成菌体成分、作为酶的组成部分、作为酶的激活剂或抑制剂、调节培养基的渗透压、调节 pH 和氧化还原电位等。一般微生物所需要的无机盐为硫酸盐、磷酸盐、氯化物和含钾、钠、镁、铁的化合物，还需要一些微量元素，如铜、锰、锌、钴、钼、碘、溴等。微生物对无机盐的需要量很少，但无机盐含量对菌体生长和代谢产物的生成影响很大。

① 磷酸盐　磷是某些蛋白质和核酸的组成成分。腺二磷（ADP）、腺三磷（ATP）是重要的能量传递者，参与一系列的代谢反应。磷酸盐在培养基中还具有缓冲作用。微生物对磷的需要量一般为 $0.005\sim0.010\text{mol/L}$。另外，玉米浆、糖蜜、淀粉水解糖等原料中含有少量的磷。磷酸含磷为 31.6%，当培养基中配用 $0.5\sim0.7\text{g/L}$ 时，磷浓度为 $0.005\sim0.007\text{mol/L}$。磷量对谷氨酸发酵影响很大。磷浓度过高时，菌体的代谢转向合成缬氨酸；但磷含量过低，菌体生长

不好。

② 硫酸镁 镁是某些细菌叶绿素的组成成分,除此之外并不参与任何细胞结构物质的组成。但它的离子状态是许多重要的酶,如己糖磷酸化酶、异柠檬酸脱氢酶、羧化酶等的激活剂。如果镁离子含量太少,就影响基质的氧化。一般革兰氏阳性菌对 Mg^{2+} 的最低要求量是 25mg/L,革兰氏阴性菌为 $4\sim5mg/L$。$MgSO_4 \cdot 7H_2O$ 中含 Mg^{2+} 9.87%,发酵培养基配用 $0.25\sim1.00g/L$ 时,Mg^{2+} 浓度为 $25\sim90mg/L$。

硫存在于细胞的蛋白质中,是含硫氨基酸的组成成分,构成一些酶的活性基。培养基中的硫已在硫酸镁中供给,不必另加。

③ 钾盐 钾不参与细胞结构物质的组成,它是许多酶的激活剂。谷氨酸发酵产物生成所需要的钾盐比菌体生长需要量高。菌体生长需钾量约为 0.1g/L(以 K_2SO_4 计,以下同),谷氨酸生成需钾量为 $0.2\sim1.0g/L$。钾对谷氨酸发酵有影响,钾盐少长菌体,钾盐足够产谷氨酸。

④ 甜菜碱 甜菜碱是一种碱性物质,别名甜菜素、三甲胺乙内酯、甘氨酸三甲胺内盐。甜菜碱是具有生物活性形态的维生素,对于蛋白质的形成、DNA修复、酶的活性是非常重要的,有很好的渗透压调节作用。

⑤ 丁二酸 别名琥珀酸、亚乙基二羧酸、1,2-乙烷二甲酸、乙二甲酸。丁二酸在 2mg/mL 浓度时对金黄色葡萄球菌、卡他球菌以及伤寒杆菌、铜绿假单胞菌、变形杆菌、痢疾杆菌有抑制作用。

⑥ 微量元素 微生物需要量十分微量但又不可完全没有的元素称为微量元素。例如锰是某些酶的激活剂,如谷氨酸生物合成途径中,草酰琥珀酸脱羧生成 α-酮戊二酸是在 Mn^{2+} 存在下完成的。一般培养基配用 $MnSO_4 \cdot H_2O$ 2mg/L。铁是细胞色素氧化酶、过氧化氢酶的成分,又是一些酶的激活剂。

一般作为碳氮源的农副产物天然原料中,本身就含有某些微量元素,不必另加。而某些金属离子,特别是汞和铜离子,具有明显的毒性,抑制菌体生长和影响谷氨酸的合成,因此必须避免有害离子加入培养基中。

(4) 生长因子 从广义来说,凡是微生物生长不可缺少的微量的有机物质,如氨基酸、嘌呤、嘧啶、维生素等均称为生长因子。生长因子不是所有微生物都必需的,它只对于那些自身不能合成这些成分的微生物才是必不可少的营养物。

目前以糖质原料为碳源的谷氨酸产生菌均为生物素缺陷型,以生物素为生长因子。有些菌株以硫胺素为生长因子,有些油酸缺陷型突变株以油酸为生长因子。

1) 生物素 生物素是 B 族维生素的一种,又称维生素 H 或辅酶 R,结构式为:

$$
\begin{array}{c}
\text{O} \\
\| \\
\text{C} \\
\diagup \quad \diagdown \\
\text{HN} \qquad \text{NH} \\
| \qquad\quad | \\
\text{H}_2\text{C} \qquad \text{CH}_2 \\
| \qquad\qquad | \\
\text{H}_2\text{C} \qquad \text{CH(CH}_2)_4\text{COOH} \\
\diagdown \quad \diagup \\
\text{S}
\end{array}
$$

生物素是一种弱一元羧酸（电离常数 $K_a=6.3\times10^{-6}$），在 25℃时，在水中的溶解度为 22mg/100mL 水，在酒精中为 80mg/100mL 酒精，它的钠盐溶解度很大。生物素在酸性或中性水溶液中对热较稳定。

生物素存在于动植物组织中，多与蛋白质以结合状态存在，用酸水解可以分开。生产上可作为生物素来源的原料及其生物素含量见表 3-14。此外，生物素在米糠中含量为 $270\mu g/kg$，酵母中含量为 $600\sim1800\mu g/kg$，豆饼水解液中含量为 $120\mu g/kg$。

表 3-14　某些有机氮源的主要成分

成分	玉米浆	麸皮	甘蔗糖蜜	甜菜糖蜜
干物质/%	>45		81	70
水分/%		13		
蛋白质/%	>40	16.4	4.4	5.5
脂肪/%		3.58		
淀粉/%		9.03		
还原糖/%	8			
转化糖/%			50	51
灰分/%	<24		10	11.5
生物素/($\mu g/kg$)	180	200	1200	53
维生素 B$_1$/($\mu g/kg$)	2500	1200	8300	1300

生物素作为酶的组成成分，参与机体的三大营养物质——糖、脂肪和蛋白质的代谢，是动物机体不可缺乏的重要营养物质之一。在谷氨酸"亚适量"发酵中，生物素的作用主要影响谷氨酸产生菌细胞膜的谷氨酸通透性，同时也影响菌体的代谢途径。生物素浓度对菌体生长和谷氨酸积累都有影响，大量合成谷氨酸所需要的生物素浓度比菌体生长的需要量低，即为菌体生长需要的"亚适量"，一般为 $5\mu g/L$ 左右。在谷氨酸温敏发酵中生物素可以大过量（$100\mu g/L$ 以上），从而可以强化体内二氧化碳固定反应，提高谷氨酸对糖的转化率，达到高产酸、高转化率的目的。最适生物素浓度随菌种、碳源种类和浓度以及供氧条件不同

而异。

2）维生素 B_1 维生素 B_1 是由嘧啶环和噻唑环结合而成的一种 B 族维生素，又称硫胺素或抗神经炎素。它的盐酸盐分子式为 $C_{12}H_{17}ClN_4OS \cdot HCl$。维生素 B_1 为无色结晶体，溶于水，在酸性溶液中很稳定，在碱性溶液中不稳定，易被氧化和受热破坏。维生素 B_1 主要存在于种子的外皮和胚芽中，如米糠和麸皮中含量很丰富，在酵母菌中含量也极丰富，在瘦肉、白菜和芹菜中含量也较丰富。

维生素 B_1 对某些谷氨酸菌种的发酵有促进作用。

3）提供生长因子的农副产品原料

① 玉米浆   玉米浆是一种用亚硫酸浸泡玉米而得的浸泡水浓缩物，含有丰富的氨基酸、核酸、维生素、无机盐等。玉米浆的成分因玉米原料来源及处理方法不同而变动，每批原料变动时均需进行小型试验，以确定用量。玉米浆用量还应根据淀粉原料、糖浓度及发酵条件不同而异。

② 豆粕水解液   豆粕的主要成分为：蛋白质 40%～48%，赖氨酸 2.5%～3.0%，色氨酸 0.6%～0.7%，蛋氨酸 0.5%～0.7%。

投料比例：豆粕：硫酸：水＝1：0.4：2.07（单位：豆粕为 t，硫酸和水为 m^3）。

水解条件：乳化，90～95℃之间，乳化周期为 6h。水解，温度 112～115℃之间，周期为 24h。

指标控制：26.7～27.0°Bé，透光 30.0～39.0，确保氨基氮稳定在 1.7～1.9。

③ 糖蜜   甘蔗糖蜜含较高生物素，可代替玉米浆，但氨基酸等有机氮含量较低。甘蔗糖蜜中的生物素含量也会因产地、处理方法、新旧程度、贮存期长短、腐坏与否而异，故每批原料变动时均需小试以确定用量。

3.4.3.2   温敏发酵工艺种子培养基、发酵培养基配比

（1）二级种子培养基（6m³）   水解糖 4%～5%，磷酸 18～20kg，氯化钾 1～1.5kg，硫酸镁 2.5～3.0kg，玉米浆干粉 10～15kg，豆粕提取物 40kg，丁二酸 8～10kg，豆粕水解液 20L，硫酸亚铁 45g，硫酸锰 45g，泡敌 1kg。

（2）三级种子培养基（65m³）   水解糖 7%～8%，磷酸 80～90kg，氯化钾 300～350kg，硫酸镁 140～150kg，玉米浆 400～500L，丁二酸 150～170kg，豆粕水解液 1300～1500L，甜菜碱 40～50kg，硫酸亚铁 700g，硫酸锰 700g，泡敌 15～20kg。

（3）发酵培养基（780m³）   水解糖 5%～6%，磷酸 260～300kg，氯化钾 3000～3500kg，硫酸镁 1400～1600kg，玉米浆 10000～15000L，糖蜜 500～1000L，豆粕水解液 1300～1500L，甜菜碱 140～150kg，硫酸亚铁 2200～2500g，

硫酸锰 2200～2500g，泡敌 15～20kg。

3.5 培养基灭菌

灭菌与消毒不同，消毒概念来自卫生工作，是指用物理或化学方法杀死病原微生物（只能杀死营养细胞而不能杀死细菌芽孢）。灭菌是指用物理或化学方法杀死或除去所有的微生物（包括繁殖体和芽孢）。消毒未必能达到灭菌要求，而灭菌则可达到消毒的目的。

3.5.1 灭菌的意义

谷氨酸发酵过程与其他发酵过程一样，必须进行纯种培养，也就是只允许生产菌存在和生长繁殖，不允许其他微生物共存。特别是在种子移植过程、扩大培养过程以及发酵前期，如果一旦进入少量杂菌，就会在短期内与生产菌争夺养料，严重影响生产菌正常生长和发酵作用，以致造成发酵异常。所以整个发酵过程必须强调无菌操作，牢固确立无菌观念。除了设备应严格按规定要求，保证没有死角，没有构成染菌可能的因素外，必须对培养基和生产环境进行严格的灭菌和消毒，防止杂菌和噬菌体污染，达到无菌要求。

3.5.2 灭菌的方法

灭菌的方法很多，有火焰灭菌、干热灭菌、湿热灭菌（蒸汽灭菌）、射线灭菌、化学药剂灭菌以及介质过滤除菌等。具体选用时，应根据灭菌的对象和要求而定。各种灭菌方法特点及适用范围见表 3-15。

（1）连续灭菌　对液体培养基灭菌采用连续灭菌工艺，有以下优点：

1）培养基受热时间短，营养破坏少。

2）质量均匀。

3）生产中蒸汽负荷均衡。

4）适用于自动化控制。

连消设备主要采用汽液混合器。

（2）微波灭菌　微波灭菌作为一种新兴的灭菌方法，其灭菌机理在国内外已得到广泛研究。研究结果普遍认为，微波对微生物的致死效应有两个方面的因素，即热效应和非热效应。热效应是物料吸收微波能，温度升高，达到灭菌效果；而非热效应是在微波场的作用下，物料并未达到热力杀菌的温度要求，却能起到灭菌效果，而且灭菌时间远少于热力杀菌时间。其主要原因在于微波场实际是一个交变的电磁场，在此场内，生物体内的极性分子将产生强烈的旋转效应。

表 3-15　各种灭菌方法特点及适用范围

灭菌方法	内容及条件	特点	适用范围
火焰灭菌方法	利用火焰直接把微生物杀死	方法简单,灭菌彻底迅速,但适用范围有限	适用于接种针、玻璃棒、试管口、三角瓶口、接种管口等接种时的灭菌
干热灭菌方法	常指在电热干燥箱内利用热空气进行灭菌,一般 160℃,1～2h	灭菌后物料可保持干燥状态。方法简单,但灭菌效果不如湿热灭菌法有效	适用于金属或玻璃器皿的灭菌
湿热灭菌方法	利用加压的蒸汽,将物料的温度升高而进行的灭菌方法,一般 120℃,30min	蒸汽来源容易,潜热大,穿透力强,灭菌效果好,操作费用低,具有经济和快速的特点	广泛用于生产设备及培养基的灭菌
射线灭菌方法	是指紫外线、高速电子流的阴极射线、X 射线等穿透微生物细胞而将其杀死。常用射线为紫外线,波长 250～270nm,30W 紫外线照射 20～30min	使用方便,但穿透力较差,适用范围有限	一般只用于无菌室、无菌箱、摇瓶间和器皿表面的消毒
化学试剂消毒法	化学药剂通过氧化作用或损伤细胞等达到消毒作用。不同化学药剂使用方法不同	使用方法较广,可以通过浸泡、擦拭、喷洒、气蒸、熏蒸等达到消毒的目的,可用于无法用加热方法进行灭菌的物品	常用于环境空气的消毒以及皮肤、器皿、墙壁、桌面的消毒
介质过滤除菌法	利用过滤介质将微生物菌体细胞自流体中滤除的方法	不改变物性达到灭菌目的,设备要求高,操作复杂	常用于生产中空气的净化除菌,少数用于制备容易被破坏的培养基

这种强烈的旋转使微生物的营养细胞失去活力或破坏微生物内的酶系统,造成微生物的死亡。微波灭菌的工艺流程如图 3-18 所示。

物料罐中的料液由泵输送到微波腔内的灭菌器中。物料流量由泵和阀门调节控制。为了节约微波能,提高灭菌效率,流程中设置一换热器,以利冷热液料进行热量交换,提高进料温度,同时降低已灭菌的物料温度。对于热敏性物料,则不需提高进料温度,相反应控制物料温度的上升。可采用快速加热快速冷却法,使用冷水使物料温度快速下降。整个工艺的核心部分是处于环境微波场中的灭菌器。物料是在灭菌器中吸收微波能,达到灭菌目的的。灭菌器分为管式和混合反应器式两种,其中管式又有直管、U 形管、螺旋管等。对于不含有固体颗粒的物料则选用直管式或混合反应器式灭菌器。灭菌器的结构及其与微波腔的连接方式,应根据具体情况另行设计。管道在进出微波腔的地方应设置微波屏蔽结构,

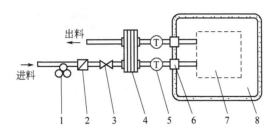

图 3-18 微波灭菌的工艺流程示意图

1—泵；2—滤渣器；3—阀门；4—换热器；5—测温仪；

6—屏蔽结构；7—灭菌器；8—微波腔

防止微波泄漏。

3.5.3 消毒剂及使用方法

消毒剂是灭菌中最常用的药品，理想的化学消毒剂应具备如下条件：①杀菌谱广，有效使用浓度低；②作用速度快，有效作用期长；③易溶于水，无色、无味、无臭、无残留；④性质稳定，不易受温度、有机物、酸碱及其他理化因素影响；⑤毒性低，对人畜无害，不破坏和污染环境；⑥不易燃烧爆炸，便于贮存、运输。消毒剂按其成分可分为如下种类：

（1）酚类 酚类消毒剂是一种表面活性物质。在适当浓度下，对大多数不产生芽孢的繁殖型细菌和真菌均有杀灭作用，但对芽孢和病毒作用不强；抗菌活性不易受环境中有机物和细菌数目的影响，故可用于排泄物等消毒；化学性质稳定，因而贮存或遇热等不会改变药效，有效浓度维持时间长。实际应用中多为两种或两种以上有协同作用的化合物，以扩大其抗菌作用范围。

苯酚类代表性商品菌毒敌，是由苯酚 $41\%\sim49\%$、醋酸 $22\%\sim26\%$，再加十烷基苯磺酸等配成的水溶性复合酚制剂，为深红褐色黏稠液体，有特殊臭味。

甲酚类代表性商品制剂来苏尔，每升中含甲酚 500mL、植物油 173g、氢氧化钠 4g 和水适量，为黄棕色至红棕色的黏稠液体，带甲酚的臭气即甲酚皂溶液。

（2）醛类 该类灭菌剂特点：化学活性很强，常温常压下很易挥发；通过烷基化反应，使菌体蛋白变性，酶和核酸等功能发生改变，从而呈现强大的杀菌作用；消毒温度在 20℃以上，相对湿度在 75% 以上，作用时间不少于 10h；穿透力差，不易透入物品深部发挥作用；具滞留性，易在物体表面形成一层具有腐蚀作用薄膜，刺激性气味不易散失；气体有强致癌作用，尤其是肺癌。

醛类代表商品福尔马林，不少于 36% 的甲醛溶液，往往含有 10% 左右的甲醇以防止聚合，低温久贮，易生成聚甲醛而发生浑浊。使用特点：1 倍剂量熏蒸消毒，即每立方米 15mL 甲醛液加 20mL 水，加 14g 高锰酸钾一起反应熏蒸。

固体甲醛即聚甲醛，本身无消毒作用，加热（低于 $100℃$）产生大量甲醛气体而起消毒作用，用量为每立方米 $3\sim5g$。

（3）碱类　碱类灭菌剂特点：对病毒和细菌杀灭作用较强，高浓度溶液可杀灭芽孢；遇有机物可使碱类消毒药的杀菌力稍有降低；对组织有腐蚀性，能损坏织物及铝制品，只能用于空舍时地面消毒，作用 $6\sim12h$ 后，用水冲洗干净，使用时注意人员防护。碱类灭菌剂主要有火碱和生石灰。

（4）酸类　酸类分无机酸和有机酸两大类，无机酸有硫酸、盐酸等，具有强烈的刺激和腐蚀作用。

（5）卤化物类　二氧化氯（ClO_2）是近几年在发酵生产应用较好的一种杀菌剂。ClO_2 在水中产生新生态氧，有很强的氧化杀菌能力。

$$ClO_2 + H_2O \longrightarrow 3[O] + 2H^+ + Cl^-$$

二氧化氯杀菌效果好，作用快，本身毒性低，消毒不产生气味和有毒物质。它是微毒性广谱杀菌消毒剂，半致死量 LD_{50} 为 $8600mg/kg$。灭菌效果见表 3-16。

表 3-16　ClO_2 灭菌效果

菌类	ClO_2 浓度	作用时间	效果（灭菌率）
细菌(如大肠杆菌)	$100mg/kg$	30min	99.99%
细菌芽孢(如枯草杆菌)	$500mg/kg$	15min	99.9%
真菌(如须发癣菌)	$500mg/kg$	5min	99.999%
病毒(如 F_1 噬菌体)	$0.15mg/kg$	10min	100%

该类灭菌剂有：漂白粉、漂白精、金星消毒液、"533"消毒剂、"84"消毒液、氯代异氰尿酸等。这类消毒剂能溶解于水产生次氯酸，并分解放出具有强氧化作用的新生态氧起杀菌作用。作用机理是由于氧化作用和抑制细菌的某些含巯基酶使细菌的生长繁殖发生障碍。因此，这类消毒剂杀菌力强，能杀灭细菌繁殖体、芽孢、藻类，并且有脱色能力，无毒性。不足之处是作为表面消毒剂穿透力较差，同时有腐蚀和漂白作用。

优氯净（二氯异氢尿酸钠）使用特点：固体稳定性好，易溶于水，但水溶液稳定性较差，现用现配；可采用喷洒、浸泡和擦拭方法消毒。$0.5\%\sim1.0\%$ 溶液可杀灭细菌和病毒，$5\%\sim10\%$ 水溶液可杀灭芽孢，消毒效果好。

（6）过氧化物类　特点：杀菌力强，使用方便，易分解，性质不稳定，易受有机物干扰，有强烈刺激性，易造成皮肤烧伤，腐蚀性也很强。

过氧乙酸（20% 过氧乙酸溶液）高于 45% 浓度经剧烈碰撞或加热可爆炸。密闭避光，在 $3\sim4℃$ 下保存。

（7）表面活性剂类　表面活性剂主要通过改变界面的能量分布，改变细胞膜通透性，影响细菌新陈代谢，还可使蛋白质变性，灭活菌体内多种酶系统，从而具有抗菌活性，故可用作消毒剂。代表商品百毒杀，无色或微黄色黏稠性液体，振荡时产生泡沫。

（8）含碘化合物　含碘化合物主要有碘酊、碘伏。碘有强大的杀菌作用，也能杀灭真菌、病毒和阿米巴原虫。作用机理是氧化细菌原浆蛋白的活性基团，并与蛋白质的氨基结合而使其变性。在无有机物的干扰下，0.005％的碘液在 1min 内能杀死大部分细菌，杀死芽孢约需 15min。主要缺点是受有机物干扰很大。

（9）其他灭菌剂

1）乙醇：最常用的消毒防腐药，它能使蛋白质变性，因而有杀菌作用。75％乙醇杀菌效力最强，对芽孢无效，对病毒消灭作用很差，主要用作皮肤及器械消毒。

2）环氧乙烷：是一种化学杀菌气体。环氧乙烷对细菌、芽孢、真菌、立克次氏体和病毒等各种微生物都有杀灭作用，属广谱高效杀菌剂。主要用于使用其他灭菌技术容易损坏的物品的消毒，如电子器械、仪器、橡胶制品等。但环氧乙烷是易燃易爆气体，有中等毒性，对人体有毒，接触皮肤会起水泡，可用水冲洗避免起水泡。消毒后残留量较大，需置通风处 1h 后才能使用。

3）过氧乙酸、过氧化氢等：主要作用机理是氧化细菌体内活性基团，使菌体酶蛋白中巯基—SH 氧化为—S—S—基，从而失去酶的活力。其中过氧乙酸为一种杀菌谱广的高效灭菌剂，可用于除金属物品以外的物品消毒，杀灭繁殖体型微生物只需用 5％溶液浸泡 10min，用 1％溶液浸泡 10min 可杀死芽孢、真菌孢子和肠道病毒，对肉毒杆菌毒素亦有较强的破坏作用。不足之处是性质不稳定，遇有机物或金属杂质迅速分解，使用中的有效浓度只可保持 24h，对金属、橡胶有较强的腐蚀性。常用消毒剂的使用方法见表 3-17。

表 3-17　常用消毒剂的使用方法

消毒剂	用途	常用浓度范围	备注
高锰酸钾	皮肤消毒	0.10％～0.25％	
漂白粉	发酵厂房环境消毒	2％～5％	环境消毒可直接用粉体
乙醇	皮肤及器物消毒	70％～75％	器物消毒浸泡 30min
石炭酸	浸泡衣服，擦拭房间桌面，喷雾消毒皮肤、桌面	1％～5％	
来苏尔	器械消毒	3％～5％	是用肥皂乳化的甲酚
甲醛（福尔马林）	空气消毒	1％～2％（10～15mL/m³空间）	加热熏蒸 4h
新洁尔灭	皮肤、器械、环境消毒	0.10％～0.25％	浸泡 30min
二氧化氯	环境、设备	0.05％～0.50％	

3.5.4 培养基灭菌原理及其影响因素

（1）灭菌原理 每一种微生物的存在都有一定的温度范围，温度超过最高限度时细胞中原生质胶体和酶的基本成分——蛋白质就发生不可逆的凝固变性，使微生物在很短的时间内死亡。而且随蛋白质水分含量的增加，其凝固的温度显著降低（见表 3-18），这是培养基灭菌的主要根据。

表 3-18 卵蛋白质水分含量和凝固温度的关系

卵蛋白质水分含量/%	凝固温度/℃	卵蛋白质水分含量/%	凝固温度/℃
50	56	5	149
25	76	0	165
15	96		

（2）微生物热阻 微生物对热的抵抗力比一般生物要强，不同种微生物对热的抵抗力也各不相同。表 3-19 是几种微生物对湿热的相对抵抗力。细菌芽孢比大肠杆菌的抵抗力约大 3000000 倍。微生物对热的抵抗力称为热阻。营养细胞热阻小，在一般情况下，60℃经过几分钟即可杀灭。细菌芽孢的热阻大，能在 120℃耐受 20min，至更长时间。彻底灭菌应以杀死所有细菌芽孢为衡量标准。

表 3-19 微生物对湿热的相对抵抗力

微生物名称	相对抵抗力	微生物名称	相对抵抗力
大肠杆菌	1	霉菌芽孢	2～10
细菌芽孢	300000	病毒和噬菌体	1～5

（3）对数残留定律 灭菌过程中，在一定温度下残留微生物的数量随时间增加而以对数速率减少（表 3-20），减少速率 $-\mathrm{d}N/\mathrm{d}t$ 与任何瞬间残留的微生物数 N 成正比。

表 3-20 100℃时不同时间微生物存活率

时间/min	存活数/(个/mL)	时间/min	存活数/(个/mL)
0	9×10^7	15	1×10^6
5	1.2×10^7	20	2×10^5
7	8×10^6	25	2×10^4
9	5×10^6	30	0
11	3×10^6		

即：
$$-\frac{\mathrm{d}N}{\mathrm{d}t}=kN \tag{3-8}$$

式中　N——微生物残留数，个；

　　　t——时间，s；

　　　k——速度常数，s^{-1}；

$-\mathrm{d}N/\mathrm{d}t$——灭菌时微生物的瞬间变化，即死亡速率，个/s。

　　将式(3-8)移项积分，设 $t=0$ 时，$N=N_0$，

得：
$$\int_{N_0}^{N}\frac{\mathrm{d}N}{\mathrm{d}t}=-k\int_{0}^{t}\mathrm{d}t$$

$$\ln\frac{N_0}{N}=kt$$

$$N=N_0\mathrm{e}^{-kt}$$

$$t=\frac{2.303}{k}\lg\frac{N_0}{N_t} \tag{3-9}$$

式中　N_0——开始灭菌时原有微生物数，个；

　　　N_t——时间 t 时残留微生物数，个。

　　从式(3-9)可知，如果达到彻底灭菌，$N_t=0$，则 $t=\infty$，式(3-9)无意义，事实上不可能。一般采用 $N_t=0.001$，即 1000 次灭菌中有 1 次失败。以微生物残留数和灭菌时间的实验数据在半对数坐标中标绘，得到微生物残留曲线为一直线，称为对数残留定律，如图 3-19 所示。

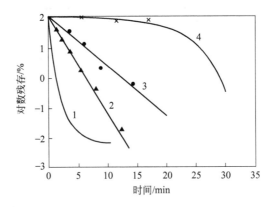

图 3-19　某些微生物的残留曲线

1—子囊青霉（81℃）；2—腐化嫌气菌（115℃）；

3—大肠杆菌（51.7℃）；4—菌核青霉（90℃）

　　(4)　速度常数 k　速度常数 k 值可由曲线的斜率求得，随菌株和灭菌温度而异（如图 3-19、图 3-20 所示）。温度对灭菌速度常数的影响遵循化学反应中的一

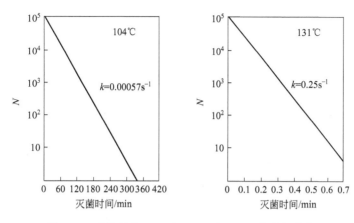

图 3-20 嗜热杆菌 1518 在 104℃和 131℃的残留曲线

级动力学反应，可用阿仑尼乌斯方程（Arrhenius equation）表示：

$$\frac{\mathrm{d}\ln k}{\mathrm{d}T} = \frac{E}{RT^2}$$

将上式积分即得：

$$k = A\,\mathrm{e}^{-\frac{E}{RT}} \tag{3-10}$$

式中　A——比例常数，因菌而异；

　　　E——活化能，J/mol；

　　　R——气体常数，$1.987 \times 4.18\mathrm{J}/(\mathrm{K \cdot mol})$；

　　　T——热力学温度，K。

E 值一般为 $2.0 \times 10^5 \sim 4.0 \times 10^5$J/mol。

各种 E 与 k 值见表 3-21。

表 3-21　菌细胞、芽孢死亡或蛋白质变性时的活化能 E 和速度常数 k

菌细胞、芽孢、蛋白质	$T/℃$	k/min^{-1}	$E/(\mathrm{J/mol})$
纳豆杆菌芽孢	95~100	0.39	323173
根状菌芽孢	95~100	0.49	294296
巨大杆菌芽孢	95~100	0.886	209142
血红蛋白	60.5~68.0	6.3×10^{-3}	321442
胰蛋白酶	50~60	1.68×10^{-3}	170544
胰脂肪酶	40~50	6.78×10^{-3}	192280
硬脂嗜热杆菌 FS1518 芽孢	104	34.2×10^{-3}	282986
硬脂嗜热杆菌 FS1518 芽孢	131.4	15	282986
硬脂嗜热杆菌 FS1518 芽孢	121	0.77	282986

菌细胞、芽孢、蛋白质	$T/℃$	k/min^{-1}	$E/(\text{J/mol})$
产气梭状杆菌 NCA3679 芽孢	104	62.4×10^{-3}	302632
产气梭状杆菌 NCA3679 芽孢	127	11.6	302632
产气梭状杆菌 NCA3679 芽孢	121	1.8	302632
肉毒梭状杆菌芽孢	104	0.42	343178
枯草杆菌 FS5230 芽孢	121	3.67	—
产孢梭状杆菌芽孢	121	1.77	—
枯草杆菌	110	27	309320

在相同温度下，k 值越大，灭菌时间越短。121℃时枯草杆菌 FS5230 的 k 值为 $0.043\sim0.063\text{s}^{-1}$，梭状芽孢杆菌 PA-3697 为 0.03s^{-1}，嗜热杆菌 1518 为 0.013s^{-1}。

提高灭菌温度，k 值增大，灭菌时间显著减少，如表 3-22 为嗜热杆菌 1518 不同灭菌温度下的 k 值及所需灭菌时间（假定 $N_0=90000$ 个，$N_t=0.001$ 个）。

表 3-22　嗜热杆菌 1518 灭菌温度与 k 值、灭菌时间关系

灭菌温度/℃	104	121	131
k 值/s^{-1}	0.00057	0.013	0.25
灭菌时间/min	232	10	0.53

枯草芽孢杆菌 FS5230 的芽孢在较高温度下的 k 值，也可按下式计算：

$$k=7.94\times10^{38}\text{e}^{-\frac{68700}{1.98T}}$$

或

$$k=\text{e}^{89.6-34690/T} \tag{3-11}$$

按照式(3-11) 计算，其 k 值为：120℃，3.78min^{-1}；130℃，30.78min^{-1}；140℃，270min^{-1}。完全杀死细菌芽孢的温度和时间见表 3-23。

表 3-23　完全灭菌所需要的温度和时间

温度/℃	100	110	115	121	125	130
时间	20h	2.5h	51min	15min	6.4min	2.4min

（5）培养基灭菌温度的选择　培养基灭菌过程中，除了微生物的死亡外，还伴随着培养基成分的破坏。在蒸汽加压加热情况下，糖、氨基酸及维生素等都易遭到破坏，在生产中必须选择既能达到灭菌目的，又要减少营养成分破坏的条件。培养基中营养成分的破坏也符合对数残留定律和一级反应定律。营养物的破坏速率及速度常数如下：

$$\frac{\mathrm{d}c}{\mathrm{d}t} = -k'c$$

$$k' = A'\mathrm{e}^{-\frac{E'}{RT}} \tag{3-12}$$

式中 k'——营养物破坏的速度常数，s^{-1}；

c——营养物的浓度，mol/L；

t——时间，s；

A'——比例常数；

E'——活化能，J/mol；

R——气体常数，1.987×4.18J/(K·mol)；

T——热力学温度，K。

灭菌时，当温度从 T_1 升至 T_2 时，灭菌的速度常数 k 和培养基成分破坏的速度常数 k' 的变化规律：

$$\ln\frac{k_2}{k_1} = \frac{E}{R}\left(\frac{1}{T_1} - \frac{1}{T_2}\right) \tag{3-13}$$

$$\ln\frac{k'_2}{k'_1} = \frac{E'}{R}\left(\frac{1}{T_1} - \frac{1}{T_2}\right) \tag{3-14}$$

将式(3-13) 和式(3-14) 相除得：

$$\ln\frac{k_2/k_1}{k'_2/k'_1} = \frac{E}{E'}k_2/k_1 \tag{3-15}$$

灭菌时细菌芽孢的活化能 E 大于培养基成分破坏的 E'($4.0 \times 10^4 \sim 1.6 \times 10^5$ J/mol)，见表 3-24。因此，$\ln k_2/k_1$ 大于 $\ln k'_2/k'_1$，即随温度上升，灭菌速度常数增加倍数大于培养基成分破坏的速度常数的增加倍数。即灭菌温度升高，微生物杀灭增加的速率远远大于培养基成分破坏速率，如图 3-21 所示。

表 3-24　B 族维生素和细菌芽孢的活化能

名称	维生素 B_6	维生素 B_{12}	维生素 B_1	嗜热杆菌 1518	腐化嫌气菌	肉毒梭菌
活化能/(J/mol)	70224	96140	108680	280060	300960	343178

提高灭菌温度可以显著缩短灭菌时间，并可减少培养基营养成分的破坏程度（见表 3-25），这是工业生产常常采用高温短时间连续灭菌的主要依据。

表 3-25　不同温度的灭菌时间及培养基营养破坏情况

温度/℃	灭菌时间/min	营养成分维生素 B_1 破坏/%
100	400	99.3
110	30	67
115	15	50

温度/℃	灭菌时间/min	营养成分维生素 B₁ 破坏/%
120	4	27
130	0.5	8
140	0.08	2
150	0.01	<1

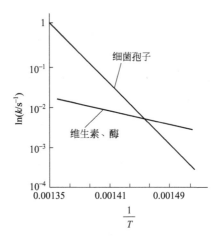

图 3-21　温度对细菌孢子、维生素及酶失活速度的影响

（6）影响培养基灭菌的因素　培养基灭菌是否彻底，影响因素很多，除了灭菌温度高低、时间长短外，还有以下因素。

1）培养基的 pH　培养基的 pH 愈低，灭菌时间愈短，pH<6 时，离子极易渗入微生物细胞，改变生理反应，促使其迅速死亡。pH 6.0～8.0 时，其最不易死亡。pH 与灭菌时间的关系见表 3-26。

表 3-26　pH 和灭菌时间的关系

温度/℃	孢子数/(个/mL)	灭菌时间/min				
		pH 6.1	pH 5.3	pH 5.0	pH 4.7	pH 4.5
120	10000	8	7	5	3	3
115	10000	25	25	12	13	13
110	10000	70	65	35	30	24
100	10000	340	720	180	150	15

2）培养基成分　油脂、蛋白质、糖类都是传热的不良介质，当这些有机物浓度较大时，会在细胞的周围形成一层保护膜，使灭菌困难。因此浓度较高的培

养基相对地需要较高的温度和稍长时间灭菌。

3）培养基中的颗粒物质 培养基中含有的颗粒小，灭菌容易；颗粒大，灭菌困难。一般有小于1mm的颗粒对培养基灭菌影响不大。但在培养基混有较大颗粒，特别是凝结成团的胶体物时，会影响灭菌效果，最好过滤除去。

4）泡沫 培养基内的泡沫对灭菌不利，因为泡沫中的空气形成隔热层，影响热量传递，使热量难以渗透进去，不易杀灭泡沫中的微生物，所以对于容易产生泡沫的培养基，在灭菌前应适当加入少量消泡剂。

5）菌量及菌类 培养基中菌的数量影响灭菌效果。菌量增加，耐热性提高，这是因为微生物在增殖过程中所产生的各种菌体外的排泄物有较多的蛋白质类物质而显示出保护作用的缘故。各种微生物对热的抵抗力不同，细菌的营养体、酵母、霉菌的菌体对热较敏感，放线菌、酵母、霉菌孢子比营养细胞抗热性强；细菌的芽孢抗热性更强，培养基中含芽孢数越高，则所需的灭菌时间越长。

3.5.5 二、三级种子培养基，发酵培养基和流加糖培养基灭菌流程

二级种子培养基采取罐内实消的方式；三级种子培养基、发酵培养基、流加糖采取连续灭菌的方式。工艺流程简图见图3-22。

3.5.6 灭菌操作的技术要点

（1）无菌室的灭菌

1）接种前，先把接种的瓶、皿、吸管等用75％酒精擦拭表面，去掉第一层油纸后一次带入无菌室，打开紫外线灯消毒20～30min。

2）操作前必须先洗手，换上无菌衣帽和鞋子，戴上口罩，用75％酒精擦一遍操作台和双手，然后才能操作。

3）当换上无菌衣帽进入无菌室后，不得擅自离室。操作时不得随便讲话，行动要做到轻手轻脚。

4）接种要充分利用火焰灭菌，尽可能保持在火焰口操作，动作要迅速，时间不宜过长。

5）进入无菌室前后，需打开紫外线灯消毒20～30min，或者每天上班后开一次，接种操作后开一次。

6）采用0.25％新洁尔灭溶液（原液浓度是5％）和5％苯酚溶液轮换使用，揩擦无菌室地面和墙壁，再用灭菌溶液喷射，两者以揩擦为主。

7）室内空气无菌检查，每周一次。方法可采取在接种操作的同时，打开平板10min，经37℃无菌培养24h，观察菌落多少（要求每次不超过菌落2个）。

8）每周进行一次以擦、抹为主的大扫除，无菌衣帽每周洗一次，经消毒后

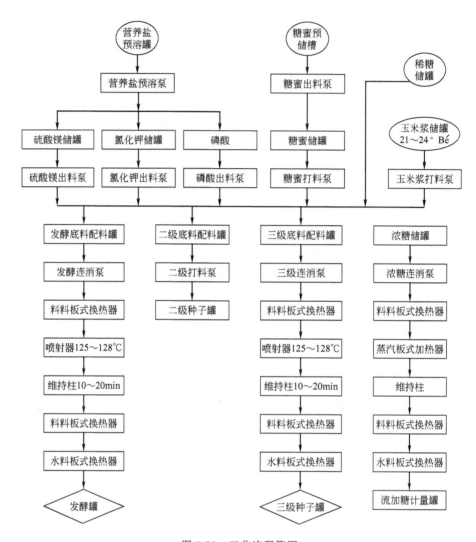

图 3-22 工艺流程简图

放入烘箱内烘干备用。

（2）高压消毒锅的使用

1）器皿、用具灭菌：空试管、吸管、三角瓶、培养皿、种子瓶、衣帽口罩等必须预先洗净，待干后包扎好放入高压锅，在表压 0.15MPa 下灭菌 1.5h。

2）培养基灭菌：斜面和平板培养基在表压 0.1MPa、温度 120℃下灭菌 30min；一级种子培养基在表压 0.1MPa、温度 120℃下灭菌 20min。

3）消泡剂和橡皮管灭菌：在表压 0.15MPa 下灭菌 1.5h。

4）高压消毒锅在使用前应做检查，放净锅内存水，排去蒸汽管冷凝水。

5）消毒开始时，先在 0.02MPa 压力下预热 3～5min、充分排气后，一面关小排气阀门，一面升压。

6）上升到规定压力，在规定时间内，要保持压力的恒定，消毒完毕关闭蒸汽阀门，逐步降压至零。稍待片刻，打开锅盖，冷后取出物品。

（3）过滤器、二级种子罐实罐、三级种子罐和发酵空罐的灭菌

1）灭菌前的准备

① 灭菌前必须全面检查各种管道、阀门、压力表有无漏气、失灵或堵塞情况，如有异常，应及时修复。

② 灭菌前必须排除蒸汽管内的凝结水。

③ 大罐灭菌前应调整分汽缸蒸汽压力保持在 0.4MPa 以上。

④ 种子罐、发酵罐灭菌前检查电极是否安装好、是否正常。

2）精过滤器的灭菌　精过滤器属于膜过滤设备，其材质为聚乙烯四氟，过滤精度可达 0.01μm，是压缩空气无菌的重要保证，因此过滤器要定期空消，以保证其过滤效果，空消控制压力 0.1～0.12MPa，温度 110～120℃，时间 30min，温度过低则达不到灭菌效果，过高会造成膜的损坏。储罐、计量罐、油罐的精过滤器也要定期检查和消毒。

3）发酵大罐和种子罐空罐灭菌

① 灭菌前，冲去罐内泡沫杂物，洗罐毕，紧固料孔，检查清洗视镜玻璃，以防破裂。必要时要下罐内检查，但须切实遵守安全规定。

② 整理阀门，关闭液氨阀，排出冷却排管、夹层中的冷却水。

③ 通入蒸汽，在表压 0.2MPa 下，保持 60min，遇染菌等特殊情况可延长灭菌时间。

④ 空罐灭菌的同时，要进行消泡剂和接种等有关管道的灭菌，灭后要空气保压。

4）二级种子培养基实罐灭菌

① 进料完毕，核对定容量，然后关紧进料阀。

② 关闭夹层放空阀，打开夹层蒸汽阀进行预热，开搅拌，排风调节阀开 1/3。温度升至 98℃时，关闭夹套蒸汽阀。开风管蒸汽阀门，开取样口靠罐阀门和取样口蒸汽阀，开接种口球阀和进料阀内侧小排气，开保压阀两侧小排气和罐底阀内侧小排气，当温度升至 114℃时风管主蒸汽阀开 1/3，控制温度 125℃升至 128℃时保压计时 20min，计时完毕进行换风。先关闭罐底阀小排气，关闭接种口小球阀和进料管内侧小排气，关闭保压风阀两侧小排气，关闭取样口靠罐阀门和取样口蒸汽，关闭风管蒸汽阀门，开启总风电磁阀、进风总阀，保持罐压 0.13MPa。

③ 降温、调 pH。关闭夹套下排水阀，开夹套回水阀再开进水阀，通水降

温，降温过程注意进风调节阀开度，保证罐压在 0.12MPa，当温度降至 35℃ 时关进水阀门，缓慢降温至 32℃。通氨调 pH，开启氨手阀缓慢调 pH 至 7.0。

④ 灭菌前、后均需取样分析。

5）泡敌实罐灭菌条件　在表压 0.2MPa 下保持 1h，然后关掉内层蒸汽，通入无菌空气保压。

6）管路灭菌　管路灭菌包括接种管路、补料管路、油罐管路、空气管路的灭菌。管路灭菌要注意排汽的控制，一般压力为 0.20～0.25MPa，时间 20～30min。

管路灭菌时，要严防管路的死角。在灭菌过程中，必须正确使用蒸汽，要求与发酵罐相连的所有管道，在灭菌时或者是进入蒸汽，或者是排出蒸汽，而不能存在既不进汽又不排汽的死角。同时要控制好各进汽门和排汽门的蒸汽量，保证各路进汽、排汽口畅通无阻，防止死角存在。

7）实罐灭菌时应掌握的要点

① 蒸汽进入夹层或蛇形管预热时，应同时打开排汽口，充分排出罐内空气。

② 灭菌过程进出蒸汽量要大，尽可能采用三路蒸汽直接进内层。其目的：一是为了使取样口和底部阀门的管路内料液灭菌充分，防止可能存在的死角；二是为了使罐内料液翻腾均匀，避免只有部分位置的翻动。

③ 灭菌到达规定时间后，应先关闭各排汽口，后停止进入蒸汽。只有当罐内压力低于空气过滤器压力时，才能引入无菌空气，以防培养液倒流。然后冷却，这时要注意罐内压力的变化。

④ 冷却开始前，一定要先通入无菌空气，防止罐内形成负压而损坏设备，同时以防抽吸外界空气造成染菌的可能。与此同时，接种管路也必须同时通入无菌空气，保持正压，使之处于无菌状态。

⑤ 小罐灭菌时，要严格控制料液的体积。在灭菌过程中，由于蒸汽冷凝水会使料液体积增加，影响定容正确性。因此配料定容时除了应考虑冷凝水因素外，还应在灭菌前充分排除蒸汽管路内的冷凝水。

⑥ 灭菌过程要控制泡沫大量产生。这是因为过量的泡沫会引起罐内料液向轴封和排气口的外溢，且由于泡沫中气泡传热较慢，可能会使发酵罐上部温度达不到灭菌规定要求，导致灭菌不彻底。

⑦ 正确掌握灭菌温度和时间。由于大罐升温和降温所需实际时间要比小罐长得多，所以大罐灭菌所需的温度应比小罐灭菌的温度低，所需的灭菌时间应比小罐短。否则，会导致培养液营养成分的严重破坏，影响发酵正常进行。因此，在保证灭菌完全的前提下，以采取较低的灭菌温度和较短的灭菌时间比较有利。

（4）三级种子培养基、发酵培养基及流加糖采用连续灭菌

1）对培养基进行连续灭菌（简称连消）与实罐灭菌比较，优越性在于：

① 培养基受热时间短，营养成分破坏少。

② 连消时间短，发酵罐利用率高。

③ 使用蒸汽均衡，可避免用汽高峰。

④ 可采用自动控制。

⑤ 劳动强度低。

⑥ 可以减少蒸汽消耗，回收冷却水量 60%～70%。

2）三级种子培养基、发酵培养基采取喷射器加热，维持管与板式换热器组合连续灭菌，如图 3-23。

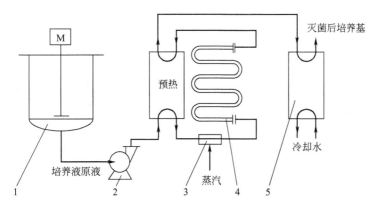

图 3-23　维持管与板式换热器组合连续灭菌流程图

1—配料槽；2—连消泵；3—加热器；4—加热维持管；5—板式冷却器

① 阀门的整理　分配站调整到预消三级种子罐（发酵罐）的位置上。开板式换热器排污阀门，开维持柱排污阀、维持柱进料阀。

② 三级（发酵）连消系统的空消　缓慢打开三级种子（发酵）喷射器蒸汽阀和维持柱保压蒸汽阀，对维持柱进行预热，排净冷凝水后关闭维持柱排污阀，开启排污旋塞，用种子连消维持柱保压蒸汽阀控制维持柱内蒸汽压在 0.12～0.2MPa 之间，温度达到 125～132℃，40min。

③ 三级种子（发酵）连消进料　三级种子（发酵）连消系统空消计时结束后，准备开始连消进料。依次关闭板式换热器排污阀门、维持柱排污阀旋塞、维持柱蒸汽保压阀门。启动连消泵，开始连消进料。连消温度控制在 123～128℃之间。当维持柱满后开水料换热器进水阀进行降温。进料温度控制在 50℃ 以下。将配料罐内料液打空后，配料罐内加水继续打料，补充定容（发酵连消是先进水并第一次带料，然后进稀糖，稀糖进完后第二次带料，用水补充定容至上罐体积量）。进料定容完毕后连消系统开始停车排压。

④ 停车排压　上料结束后，依次关闭进料阀门、停泵、蒸汽阀门、种子（发酵）连消泵进料阀门。开启板式换热器排污阀、维持柱排污阀。开维持柱蒸

汽保压阀门，将种子（发酵）连消维持柱内水用维持柱保压蒸汽压入热水罐 B 罐，压空后关闭保压蒸汽阀。打开维持柱排污阀，使维持柱内的压力排空。

3）流加糖连消采取板式换热器（图 3-24）间接加热，保证糖的浓度不降低。

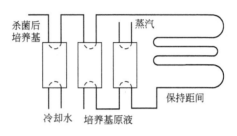

图 3-24   板式换热器连续灭菌流程图

① 阀门的整理   关闭流加糖罐进料阀门，开启流加糖罐进料阀门旋塞，开板式换热器排污阀门、浓糖连消维持柱进料阀门和出料阀门，开维持柱排污阀旋塞。

② 浓糖连消系统的空消   缓慢打开浓糖连消维持柱保压阀门和汽料板式换热器蒸汽阀门，对浓糖连消系统进行空消，用浓糖连消维持柱保压阀门控制维持柱压力 0.12～0.2MPa，空消计时 40min。

③ 浓糖连消进料   依次关闭板式换热器排污阀门、维持柱排污阀旋塞、维持柱蒸汽保压阀门、浓糖上料阀门旋塞并开浓糖上料阀门。开浓糖储罐罐底阀门，启动浓糖连消泵进料，开进料调节阀门开始连消进料，维持柱满后开启水料板式换热器回水阀和进水阀进行降温，浓糖连消温度为 115～125℃。由流量计来计量打糖量。

④ 浓糖连消系统停车排压   连消上糖结束后，关浓糖储罐罐底阀门，开启浓糖连消泵进水阀门，进水 10m³ 后，依次关闭流加糖计量罐进料阀门、浓糖连消泵、浓糖连消泵进水阀门、浓糖板式加热器蒸汽阀门、水料板式换热器进水阀门。开启浓糖连消维持柱排污阀门，开启浓糖连消维持柱保压阀门将维持柱内水压入热水罐 B 罐，维持柱空后（维持柱压力下降），将维持柱底部小排汽打开，板式换热器排污阀打开，将系统内的压力排空。

4）连续灭菌操作要点

① 与锅炉间取得联系，使蒸汽总压力不低于 0.4MPa。

② 连续灭菌打料的程序是先在配料罐中加入 5％水，然后开启搅拌。依次加入糖蜜、玉米浆、磷酸、氯化钾、消沫剂。连消带完配料罐中的营养物后，在配料罐中再次加入 5％水，加入硫酸镁。配好后进行连消二次带料，镁盐和营养物都带完后，用水定容至上罐体积。

③ 排除冷却管内的冷凝水，通入蒸汽空灭 30min，然后开泵打料。

④ 随时调节掌握喷射器和维持管的温度，防止上下波动过大，一定要控制料液和蒸汽的合理流速。

⑤ 最后以无菌空气压净连消系统内的培养基余液。有条件的，进料完毕应加水清洗配料桶和连消管道，灭菌后一并打入罐内以清洁管路，减少培养基损耗。

⑥ 连续灭菌系统与发酵罐空罐灭菌同时进行，在 0.1～0.2MPa 蒸汽（表压）下灭菌，然后用无菌空气保压。进料过程发酵罐的最低压力不低于 0.05MPa。

5）连续灭菌注意事项

① 配制好的培养基不能存放过久，应及时进行灭菌。

② 灭菌过程中，如温度降至 120℃，应停止进料 3～5min。若温度下降的时间较长，应将培养基回流至配料罐。

③ 开冷却水的时间，应严格掌握在培养基进入发酵罐时，以防管道中的空气骤然冷却形成真空。

3.6　发酵条件的控制

要使谷氨酸稳产与高产，必须认识与掌握谷氨酸生产菌活动的规律，根据菌种性能和发酵特点，用发酵条件来控制发酵过程中各种化学及生物化学反应的方向和速度。

谷氨酸发酵过程可分为三个阶段，长菌阶段、长菌型细胞向产酸型细胞的转移阶段与产酸阶段。

发酵条件控制一般包括发酵过程的温度控制、pH 控制、种龄与种量控制、流加糖控制、泡沫控制、通风与 ΔOD 值的控制以及菌体形态变化与 OD 值的变化等。图 3-25 为发酵控制示意图。

3.6.1　发酵过程的温度控制

温度对谷氨酸发酵的影响是多方面的。首先，温度影响酶的活力，在最适温度范围内，随着温度的升高，菌体生长和代谢速率加快。当超过最适温度范围以后，随着温度的升高，酶活力丧失、菌体衰老、发酵周期缩短、产量降低。其次，温度影响生物合成途径。此外，温度还会影响发酵液的物理性质，以及菌种对营养物质的分解吸收等。对于温度敏感型菌株来说，温度控制则显得更为重要。与生物素亚适量发酵工艺不同的是，温度敏感型发酵工艺是通过控制温度来

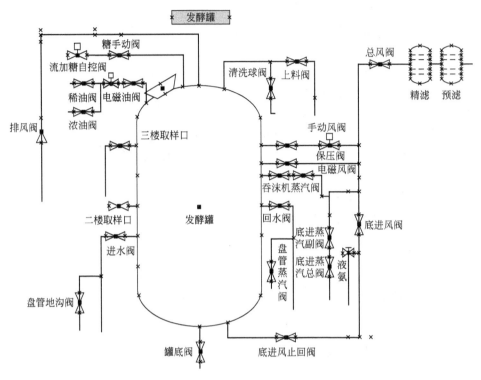

图 3-25　发酵控制示意图

调节菌体细胞膜的通透性。由于谷氨酸温度敏感突变株的突变位点发生在决定与谷氨酸分泌有密切关系的细胞膜结构基因上，为该基因所控制的酶，在低温下正常表达而在高温下失活，导致细胞膜某些结构的改变。所以，在发酵时必须通过变换温度来完成谷氨酸生产菌由生长型细胞向产酸型细胞的转变。采用温度敏感型菌株强制发酵谷氨酸时，在生长的什么阶段转换温度是影响产酸的关键因素，必须控制好转换温度的时间，必须在转换温度后菌体再次进行适度的增殖，完成从谷氨酸非积累型细胞向积累型细胞的转变，以保证在富含生物素的培养基中高产谷氨酸。转换温度的时间太早，会抑制菌体生长，不能获得足够的菌体量；转换温度的时间太迟，菌体已充分增殖，形成完整的细胞壁，不能完成谷氨酸非积累型细胞向谷氨酸积累型细胞的转变。通常情况下，应考虑在接种后，开始进入对数生长期的早期转换温度，但转换温度的时间因菌种、接种量、培养基组成及发酵条件而异。

各种微生物在一定条件下，都有一个最适的生长温度范围。微生物种类不同，所具有的酶系和所要求的温度均不一定相同。同一种微生物，菌体生长和产物合成所需的最适温度也不一定相同。谷氨酸温度敏感突变株的最适生长温度是

32~33℃，但产生谷氨酸的最适温度是 38~40℃。

谷氨酸温度敏感型菌株变温过程的控制非常重要，一般认为温度的转换越快越好。从生长阶段温度迅速上升到产酸阶段温度，细菌温敏质粒稳定性很好，但细菌会有一种强烈的产酸趋势，这种代谢产物会极大地阻碍细菌的正常代谢，使细菌过早停止生长，进入衰老期。所以，必须提前升温诱导，采取分阶段的梯度升温法，既可维持质粒的稳定性，又可避免谷氨酸过量的生成，并在诱导前菌液可达到较高的密度。在每一阶段升温之后，细菌的比生长率均会有较大的提高，培养时间也相应缩短。变温操作及温度控制流程如下：0h，32~33℃，5~6h 提温 38.5℃（ΔOD 0.6~0.7），约 30min 升到 38.5℃，1h 后升温 40℃，放罐前 1h 升温 41℃。要准确把握变温的时间，变温前半小时每 5min 取样检测 OD、菌体量，观察菌体形态。

通常必须通过实验来确定不同菌种各发酵阶段的最适温度。在谷氨酸发酵前期长菌阶段应采用与种子扩大培养时相应的温度，以满足菌体生长最适温度。若温度过高，菌体容易衰老。生产上常出现前劲大后劲小，后期产酸缓慢、菌体衰老自溶、周期长、产酸低等现象，并影响提取收率和质量。若前期温度过低，则菌体繁殖缓慢，周期长。由于谷氨酸脱氢酶的最适温度比菌体生长繁殖的温度要高，适当提高温度有利于提高谷氨酸产量。

3.6.2 发酵过程 pH 的控制

3.6.2.1 pH 对谷氨酸发酵的影响

pH 对微生物生长和代谢产物形成都有很大影响。不同种类的微生物对 pH 的要求不同。大多数细菌的最适生长 pH 为 6.5~7.5，霉菌一般为 pH 4.0~5.8，酵母为 pH 3.8~6.0。谷氨酸产生菌的最适生长 pH 6.5~8.0，各种菌种又有所不同，例如黄色短杆菌 672 为 pH 7.0~7.5，AS1.299 为 pH 6.0~7.5，T613 为 pH 7.0~8.0。但是这些菌种均能在比较广泛的 pH 范围内生长，如 AS1.299 菌株能在 pH 5.0~10.0 生长。pH 的适应范围决定于微生物的生态学。

pH 主要通过以下几方面影响微生物的生长和代谢产物形成：①影响酶的活力。pH 的高或低能抑制微生物体内某些酶的活力，使细胞的代谢受阻。②影响微生物细胞膜所带电荷。细胞膜的带电荷状况如果发生变化，细胞膜的渗透性也会改变，从而影响微生物对营养物质的吸收和代谢产物的分泌。③影响培养基某些营养物质和中间代谢产物的离解，影响微生物对这些物质的利用。④pH 的改变往往引起菌体代谢途径的改变，使代谢产物发生变化。例如，谷氨酸产生菌在中性和微碱性条件下积累谷氨酸，在酸性条件下形成谷氨酰胺和 N-乙酰谷氨酰胺。

谷氨酸发酵在不同阶段对 pH 的要求不同，需要分别加以控制。发酵前期，幼龄菌对氮的利用率高，pH 变化大。发酵前期若 pH 偏低，菌体生长旺盛，消耗营养成分快，菌体转入正常代谢，繁殖菌体而不产谷氨酸。如果 pH 过高，抑制菌体生长，糖代谢缓慢，发酵时间延长。谷氨酸发酵在正常情况下，为了保证足够的氮源，满足谷氨酸合成的需要，发酵前期控制 pH 7.2，发酵中期 pH 7.0～7.2，发酵后期 pH 6.9～7.0，在将近放罐时，为了后工序提取谷氨酸，pH 6.5～6.8 为好。

3.6.2.2　发酵过程 pH 变化及控制

在谷氨酸发酵过程中，由于菌体对培养基中的营养成分的利用和代谢产物的积累，使发酵液的 pH 不断变化。在谷氨酸发酵过程中，菌体的代谢使培养液成分不断地变化，而变化的结果，则表现为 pH 的升降。因此，pH 的变化被认为是谷氨酸发酵的重要指标。然而，pH 的变化取决于菌体的特性、培养基的组成和工艺条件。菌种不同，所含酶系及其活力不同，培养基中糖、氮的种类和配比不同以及通风、搅拌强度不同，调节 pH 方法不同等，pH 的变化规律性就不相同。但是，当这些条件一定时，在正常发酵情况下其 pH 的变化具有一定的规律性。

3.6.2.3　温度敏感型菌株发酵 pH 控制条件

pH 控制采取在线检测，自动控制的方式，通过流加液氨来调整发酵罐内的 pH 值。控制条件：0～24h，pH 6.9～7.2，24h 降到 pH 6.9～7.0，停罐前半小时降到 pH 6.8，停止流加糖时即停氨。

3.6.3　种龄与种量的控制

种龄是指种子培养的时间。种龄长短关系到种子活力强弱。如果接入发酵的种子所处的生长阶段是处于活力旺盛的对数生长期时，则种子活力强，可缩短发酵适应期。若种龄过长，则菌种活力减低，代谢产物增多。温度敏感型发酵工艺二级种子种龄 20～22h，$\Delta OD=0.75$。三级种子种龄 10～12h，$\Delta OD=0.85$。

种子培养要营养丰富，生物素要求要大于 20μg/L 以上，硫胺素 50μg/L 以上，一般用 1%～2% 玉米浆、0.5%～1% 甘蔗糖蜜及 1%～3% 豆粕水解液，以保证菌体充分倍增，繁殖的都是活力强壮的长菌型细胞。

种量的多少显著影响发酵适应期的延续时间、开始产酸的时间及发酵周期的长短。种量过少，菌体增长缓慢，导致发酵周期延长，容易染菌，并不利于提取；种量增加时，适应期缩短，发酵周期短，设备利用率高。目前国内温度敏感型发酵工艺接种量在 15%～20%。以达到高产酸、高转化率、高设备利用率及控制发酵周期在 30～32h 放罐。

3.6.4 流加糖的控制

温度敏感型发酵工艺初糖 5％～6％。5～6h，当残糖降至 1.0～1.5g/dL 时开始流加糖。28h 前控制残糖在 0.5～2.0g/dL 之间。28h 后控制残糖 0.5～0.8g/dL，要求放罐时残糖剩 0.5g/dL 以下。流加糖浓度 50％～60％，设定好流量自动控制，连续流加。

3.6.5 发酵过程泡沫的控制

在谷氨酸发酵中，由于通气搅拌与菌体代谢产生的二氧化碳使培养液产生大量泡沫，这是正常现象。但泡沫过多会影响氧的传递，影响通气搅拌效果。控制不好，还会引起大量逃液（或称跑醪），造成浪费和环境的污染。泡沫上升到罐顶，会从轴封渗出，造成染菌的危险。发酵过程中泡沫的形成有一定的规律性，泡沫的多少，一方面与搅拌、通气有关。另一方面与培养基性质有关。蛋白质原料，如蛋白胨、玉米浆、黄豆粉、酵母粉等是主要发泡剂。葡萄糖等本身起泡能力低，但丰富培养基中浓度较高的糖类增加了培养基的黏度，使泡沫稳定，糊精含量多也引起泡沫的形成，培养基灭菌方法和操作条件也会影响培养基成分的变化而导致泡沫的生成。

细菌本身有稳定泡沫作用，当感染杂菌和噬菌体时，泡沫特别多；发酵条件不当，菌体自溶时泡沫增多；通气和搅拌强度大，泡沫增加；代谢旺盛，排出 CO_2 多，泡沫也增加。

3.6.5.1 消泡的方法

消除谷氨酸发酵过程中的泡沫，可以用机械消泡、化学消泡和"自动吞沫机"等方法，目前国内企业多采用机械消泡、化学消泡和"自动吞沫机"相结合的办法，效果较好，1t 纯谷氨酸所消耗的消泡剂量为 3～4kg。

机械消泡是用耙式消泡器借助机械力将泡沫打破，机械消泡的优点是不需要在发酵液中加入其他物质，节省消泡剂、减少加入消泡剂所引起的污染机会。缺点是不能从根本上消除引起泡沫稳定的因素，消泡效果不如化学消泡剂迅速可靠，需要一定的设备和消耗动力。

化学消泡是在发酵液中加消泡剂以消除起泡。其优点是消泡效果好，作用快，尤其是合成消泡剂效率高，用量少。缺点是需要消泡剂，如果选择不当会影响菌体生长或代谢产物的生成；操作上增加染菌机会；若添加过量会影响氧的传递，从而影响菌体代谢。

自动吞沫机是利用发酵的无菌风，可以在瞬间将泡沫吞入，继而还原为料液，废气被排出。同时，自动吞沫机备有防冒罐安全系统，当罐内料液出现异常，泡沫非常汹涌的时候，吞沫机在连续几次工作后仍不能将泡沫清除干净，或出现泡沫逃液现象时，此时自动吞沫机的安全系统便自动打开喷洒消泡剂，协助吞沫机共同除泡，安全有效地控制了逃液冒罐现象的发生。自动吞沫机的优点是节省消泡剂，提高发酵罐利用率，降低成本，增加产量。

以下主要介绍化学消泡和自动吞沫机。

3.6.5.2 消泡剂消泡的机理

在发酵液中加入消泡剂，一是起破泡作用，另一是起抑泡作用。当消泡剂加入发泡体系中，由于消泡剂的表面张力低（相对于发泡体系），在消泡剂接触液膜面时，成为泡膜的一部分，使泡膜面扩大，使泡膜变薄，同时使泡膜局部表面张力降低，最后导致泡沫破灭。抑泡作用，可以看成是除去发泡剂的吸附层，而抑泡剂的分子优先吸附。当在发酵过程中吸附了消泡剂的发酵液，由于表面黏度在局部地方显著降低，该部分泡膜就容易破裂。

3.6.5.3 消泡剂及选用原则

发酵工业使用的消泡剂必须要有以下特点：

① 消泡剂必须是表面活性剂，具有较低的表面张力，消泡剂的表面张力低于发酵液表面张力和界面表面张力之和。

② 消泡剂对气-液界面的铺展系数必须足够大，以能迅速发挥其消泡活性，这就要求消泡剂具有一定亲水性。

③ 在水中的溶解度极小，保持其持久的消泡或抑泡作用。

④ 无毒，对菌体生长和代谢无影响，不影响产物提取和产品质量。

⑤ 不干扰溶解氧、pH 等测定仪表使用，最好不影响氧的传递。

⑥ 具有良好热稳定性。

发酵工业常用的消泡剂以聚醚类和硅酮类的性能比较优越，应用广泛。在谷氨酸发酵方面又以聚醚类的消泡能力优于硅酮类。目前，味精厂普遍采用 BAPE（聚氧乙烯聚氧丙醇胺醚）或 PPE（聚氧乙烯聚氧丙烯季戊四醇醚）作为消泡剂。BAPE、PPE 属非离子型表面活性剂，消泡能力强、用量少、毒性低、使用方便。

3.6.5.4 消泡剂的使用方法

（1）底料加入法　在发酵培养基配制时加入 0.03%～0.04% 的 BAPE 或 PPE 合成消泡剂，连同培养基一起灭菌后入罐。该方法较为方便，又可减少污染机会，采用较多。

（2）通过自动吞沫机流加　先将合成消泡剂配制成一定浓度，如用 BAPE 时可配制成 20%～30%，用 PPE 时可配制成 10%，经过灭菌、冷却。由自动吞沫机控制加入。

3.6.5.5　自动吞沫机的消泡机理

自动吞沫机由消泡系统和自控系统两部分组成，消泡系统主要是通过环型管将吞沫机安装在发酵罐内。当发酵生产过程中，生成的泡沫累积到一定量需要清除的时候，传感器便发出信号，智能化控制仪指令有关阀门启动，以自备的无菌压缩空气为动力，"吞沫机"开始自动工作。此时吞沫机周围既形成一个负压区，大量的泡沫在正负压差的作用下，被快速吸入管腔内，通过"自动吞沫机"的核心装置，在等速螺线及强气流和方向滤网的作用下将泡沫击碎，粉碎后的泡沫被雾化后喷出吞沫机体外，废气顺着排气管道被排出，液体重新流入罐内，完全实现了气液分离。当泡沫被消除干净，自动吞沫机便停止工作。当下一次泡沫周期再来临时，"自动吞沫机"又会重新启动工作，每次工作时间几秒到二十几秒，如此循环地控制着罐内泡沫高度。"自动吞沫机"配有高智能自动化控制系统，控制仪安装在工作台或车间墙壁处，传感器安装在发酵罐适当位置，时时监控着料液上层泡沫的高度。同时该机备有防冒罐安全系统，当罐内料液出现异常，泡沫非常汹涌的时候，吞沫机在连续几次工作后仍不能将泡沫清除干净，或有出现逃液现象，此时自动吞沫机的安全系统便自动打开喷洒泡敌，协助吞沫机共同除泡。

3.6.6　发酵溶解氧的控制

供氧对好氧发酵来说是一个关键因素，对菌体的生长和代谢产物的积累都有很大的影响，供氧量关系到发酵的成败。因此研究供氧问题，对氨基酸发酵工艺管理的最佳化和工艺过程的放大具有重要意义。同时，合理的供氧对节省动力消耗也是很重要的。

发酵过程中通气量的大小，对谷氨酸发酵有明显的影响。谷氨酸发酵的需氧量较大，在菌体呼吸充足时显示最大的产量，氧满足程度为 1.0。若想实现谷氨酸发酵的高效率，在菌体生长期，糖的消耗最大限度地用于合成菌体。在谷氨酸生成期，糖的消耗最限度地用于合成谷氨酸。在菌体生长期，供氧必须满足菌体呼吸的需氧量，否则菌体呼吸受到抑制，从而抑制生长。但供氧并非越大越好，当 $p_L \geqslant p_{L临界}$ 时，供氧满足菌的需氧量，菌体生长速率达最大值。如果再提高供氧，高氧水平抑制生长并不能有效地产生谷氨酸。故只要根据细胞繁殖数量的增加适当增加供氧即可。在谷氨酸生成期要求充分供氧，以满足细胞转化、细胞最大呼吸的需氧量，谷氨酸高产。若供氧不足，低氧水平会阻碍 $NADPH_2$ 的再氧化，显著地影响谷氨酸生成。故高氧水平的危害在长菌期，低氧水平的危害在产酸期。

3.6.6.1　溶解氧与谷氨酸产生菌的需氧量

谷氨酸产生菌和其他好氧微生物一样，对培养液中的溶解氧浓度有一个最低的要求。在此溶解氧浓度以下，微生物的呼吸速率随溶解氧浓度降低而显著下降。此一溶解氧浓度称为临界溶解氧浓度，以 $c_{临界}$ 表示（或以临界溶解氧分压 $p_{L临界}$ 表示）。如图 3-26 所示，在临界溶解氧浓度以下，氧成为微生物生长的限制性基质，在此范围内微生物的耗氧速率符合米氏方程。

$$r_{ab} = \frac{Q_{O_2} X c}{K_m + c}$$

式中　r_{ab}——耗氧速率，mol/(mL·min)；

　　　Q_{O_2}——当 $c \geqslant c_{临界}$ 时，细胞的呼吸速率，mol/(g·min)；

　　　X——细胞浓度，g/mL；

　　　K_m——米氏常数；

　　　c——溶氧浓度，mol/mL。

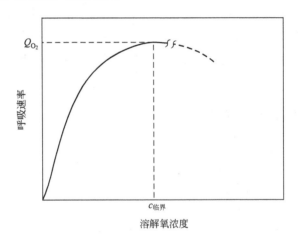

图 3-26　细胞呼吸速率与溶解氧浓度之间的关系

一般好氧微生物的临界溶解氧浓度均很低，为 0.003～0.030mmol/L。一些氨基酸发酵的临界溶解氧分压见表 3-27。

从表 3-27 可以看出，氨基酸发酵的临界溶解氧分压都很低。一般溶解氧分压在 1kPa 以上时，可用氧膜电极测定；在 1kPa 以下时，氧膜电极测定为"0"，即不能测定。在一定的 pH、温度培养条件下，通过同时测定培养液中的溶解氧分压、氧化还原电位和细胞呼吸速率，就可以计算出临界溶解氧分压。细胞呼吸速率为：

表 3-27　氨基酸发酵 $p_{L临界}$ 和 $r_{ab}/(Q_{O_2}X)$

氨基酸	pH	p_L/atm	E/mV	$p_{L临界}$/at	$E_{临界}$/mV	$r_{ab}/(Q_{O_2}X)$
谷氨酸	7.87.0	≥0.01	−130	0.00326	−130	1.0
谷氨酰胺	6.57.0	≥0.01	−150	0.001	−150	1.0
脯氨酸	7.0	≥0.01	−150	0.001	−150	1.0
精氨酸	7.0	≥0.01	−170	0.000307	−170	1.0
赖氨酸	7.0	≥0.01	−170	0.000307	−170	1.0
苏氨酸	7.0	≥0.01	−170	0.000307	−170	1.0
异亮氨酸	7.0	≥0.01	−180	0.00017	−180	1.0
亮氨酸	6.25	≈0	−210	0.00017	−180	0.85
缬氨酸	6.25	≈0	−240	0.00017	−180	0.60
苯丙氨酸	7.25	≈0	−250	0.00055	−160	0.55

注：at 为工程大气压，$1at=1kgf/cm^2=0.0980665MPa$；atm 为标准大气压，$1atm=0.101325MPa$。

$$r_{ab}=\left[Q_1\frac{273}{273+T_1}p_1\varphi_{O1}-Q_2\frac{273}{273+T_2}p_2\varphi_{O2}\right]\times$$

$$\frac{1}{V}\times\frac{1}{22.4}\times60\times10^3 \quad mmol/(L\cdot h)$$

式中　Q_1、Q_2——进气量和排气量，L/min 或 m^3/h；

V——发酵液体积，L；

p_1、p_2——进气和排气压力，atm（$1atm=1.01325\times10^5Pa$）；

φ_{O1}、φ_{O2}——进气和排气中 O_2 含量，%；

T_1、T_2——进气和排气温度，℃。

当 $p_1=p_2=1$，$T_1=T_2=T$ 时，上式可简化为：

$$r_{ab}=\frac{273}{273+T}\times[Q_1\varphi_{O1}-Q_2\varphi_{O2}]\times\frac{1}{V}\times\frac{1}{22.4}\times60\times10^3$$

$$=\frac{273}{273+T}\times\frac{Q_1}{V}\left[\varphi_{O1}-\frac{\varphi_{N1}}{1-\varphi_{O2}-\varphi_{CO_2}}\varphi_{O2}\right]\times$$

$$\frac{1}{22.4}\times60\times10^3 \quad mmol/(L\cdot h)$$

式中　φ_{N1}——进气中氮的含量，%；

φ_{CO_2}——排气中 CO_2 含量，%。

当溶解氧分压在 100Pa 以上，测定得氧化还原电位与溶解氧分压的对数值成直线关系。假定溶解氧分压在 1kPa 以下，都存在直线关系，这样在 1kPa 以下的溶解氧分压也可以通过测定氧化还原电位而进行估算。当溶解氧分压 $p_L<$ $p_{L临界}$ 时，细胞呼吸被抑制。图 3-27 为亮氨酸发酵细胞呼吸的氧化还原电位和所

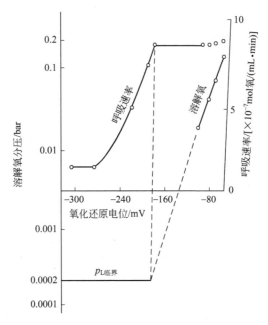

图 3-27   亮氨酸发酵中细胞呼吸的临界溶解氧的测定 （1bar＝10⁵Pa）

计算出的临界溶解氧分压。当氧化还原电位低于－180mV 时，细胞呼吸受到显著抑制，这为临界氧化还原电位（$E_{临界}$），根据溶解氧分压的对数值与氧化还原电位成直线关系，可求得相对应的 $p_{L临界}$ 为 20Pa。这种方法也可用于其他氨基酸发酵 $p_{L临界}$ 的测定。此时培养液中氧化还原电位（E）与溶解氧分压（p_L）的关系如下式所示：

$$E=-0.033+0.039\lg p_L$$

在无微生物的磷酸缓冲液中，E 是 pH 和 p_L 的函数，如下式所示：

$$E=E^0-0.0605pH+0.0151\lg p_L$$

式中 E^0——零时氧化还原电位，V。

从图 3-27 可看出，当 $p_L \geqslant p_{L临界}$ 时，细胞呼吸速率不受影响，此时为最大呼吸速率，即：

$$r_{ab}=Q_{O_2}X=8.5\times10^{-7}mol/(mL \cdot min)$$

当 $p_L < p_{L临界}$ 时，细胞呼吸受抑制，$r_{ab} > Q_{O_2}X$。

从葡萄糖氧化的需氧量来看，1mol 葡萄糖彻底氧化分解，需 6mol 的氧。当糖用于合成代谢产物时，1mol 葡萄糖约需 1.9mol 的氧。因此，好氧型微生物对氧的需要量是很大的，但在发酵过程中菌种只能利用发酵液中的溶解氧。然而，氧在水中是很难溶解的。在 101.32kPa、25℃时，空气中的氧在水中的溶解度为 0.26mmol/L。在同样条件下，氧在发酵液中的溶解度仅为 0.20mmol/L，如此微量的氧在谷氨酸发酵中，生产菌只要 14s 就能耗尽。而且随着温度的升高，溶解度还会下降。因此，在发酵过程中必须向发酵液中连续补充大量的氧，并要不断地进行搅拌，这样可以提高氧在发酵液中的溶解度。由于氧难溶于水，使发酵中氧的利用率低，谷氨酸发酵中氧利用率为 40%～60%。因此提高氧传递速率和氧的利用率，对降低动力费、操作费，提高经济效率是很重要的。

3.6.6.2 供氧对谷氨酸发酵的影响

供氧与谷氨酸发酵的关系，以前认为与体积溶氧系数（亚硫酸盐氧化值，K_d）有关。在生长期 K_d 为 $(4\sim6)\times10^{-7}\,mol/(mL \cdot min \cdot at)$，谷氨酸生成期要求 K_d 为 $(1.5\sim2.0)\times10^{-6}\,mol/(mL \cdot min \cdot at)$，但这只是简单的描述，$K_d$ 值只能作为发酵罐的一种性能，不能表示发酵的真实耗氧情况。在亚硫酸盐氧化体系中，氧的传递速率，不仅受 K_d 值，还受气相中氧分压的影响。作为供氧的指标，与 K_d 相比较，用氧的传递速率更为适宜。在氧的分压很低时（1kPa 以下），以氧的满足程度 $[r_{ab}/(Q_{O_2}X)]$ 作为供氧指标是适宜的。

在谷氨酸发酵中，供氧对菌体的生长和谷氨酸的积累都有很大的影响。供氧量多少应根据不同菌种、发酵条件和发酵阶段等具体情况决定。在菌体生长期，糖的消耗最大限度地用于合成菌体。在谷氨酸生成期，糖的消耗最大限度地用于合成谷氨酸。在菌体生长期，供氧必须满足菌体呼吸的需氧量，即 $r_{ab}=Q_{O_2}X$，$p_L \geqslant p_{L临界}$。当 $p_L < p_{L临界}$ 时，菌的需氧量得不到满足，菌体呼吸受到抑制，从而抑制菌体的生长，引起乳酸等副产物的积累，菌体收率减少。但是供氧并非越大越好，当 $p_L \geqslant p_{L临界}$ 时，供氧满足菌的需氧量，菌体生长速率达最大值。如果再提高供氧，不但不能促进生长，反而造成浪费，而且由于高氧水平面抑制生长。同时高氧水平下生长的菌体不能有效地合成谷氨酸。如图 3-28 所示，在一定范围内，供氧量增加，X、Q_{O_2}、$Q_{O_2}X$ 等都随之增大。但过量供氧，X、Q_{O_2}、$Q_{O_2}X$ 均下降。表 3-28 表明了菌体生长期，高氧水平对菌体生长和谷氨酸生成的抑制作用。

谷氨酸发酵在细胞最大呼吸速率时，谷氨酸产量大。因比，在谷氨酸生成期要求充分供氧，以满足细胞最大呼吸的需氧量。在条件适当时，谷氨酸产生菌将 60% 以上的糖转化为谷氨酸，耗氧速率 r_{ab} 高达 60mmol/(L·h) 以上。用非稳定气体分析法，就谷氨酸发酵过程中耗氧速率进行分析，以三种不同供氧水平的典型发酵过程为例。当亚硫酸盐氧化速率 $r_{ab}=10.5\times10^{-7}\,mol/(mL \cdot min)$ 时 [生物 $r_{ab}=7\times10^{-7}\,mol/(mL \cdot min)$]，在该条件下适当地通气，菌体生长、耗糖、谷氨酸的生成均顺利地进行。此时的溶解氧分压，在发酵最旺盛期最低也维持在 $1\sim2kPa$（谷氨酸发酵的 $p_{L临界}$ 为 326Pa），菌体的需氧量充分满足，即 $r_{ab}=Q_{O_2}X$。当亚硫酸盐氧化速率 $r_{ab}=2.3\times10^{-7}\,mol/(mL \cdot min)$ 时，是供氧

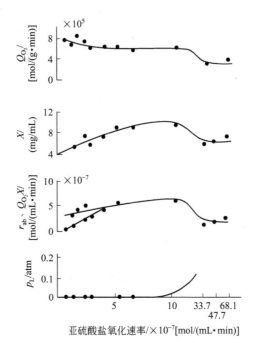

图 3-28　氧条件对 p_L、r_{ab}、$Q_{O_2}X$、X 及 Q_{O_2} 的影响

表 3-28　菌体生长期氧分压对谷氨酸生成的影响

项目			菌体生长期的氧分压		
			低 O_2	中 O_2	高 O_2
亚硫酸盐氧化速率/$\times10^{-7}$[mol/(mL·min)]			0.86	10.5	47.7
$Q_{O_2}X/\times10^{-7}$[mol/(mL·min)]			4.8	7.5	1.5
$Q_{O_2}/\times10^{-7}$[mol/(g·min)]			8.4	8.6	3.1
$X/\times10^{-3}$(g/mL)			7.5	8.8	4.8
谷氨酸生成期氧分压	低 O_2	$-\mathrm{d}p_S/\mathrm{d}t$/[mg/(mL·h)]	4.35	3.05	1.93
		$-\mathrm{d}p_{GA}/\mathrm{d}t$/[mg/(mL·h)]	0.15	0.20	0.10
		$p_{GA}/\%$	0.30	0.50	0.50
	中 O_2	$-\mathrm{d}p_S/\mathrm{d}t$/[mg/(mL·h)]	4.45	4.35	1.45
		$-\mathrm{d}p_{GA}/\mathrm{d}t$/[mg/(mL·h)]	2.47	2.49	0.22
		$p_{GA}/\%$	55.50	56.80	1.60
	高 O_2	$-\mathrm{d}p_S/\mathrm{d}t$/[mg/(mL·h)]	4.38	4.45	1.45
		$-\mathrm{d}p_{GA}/\mathrm{d}t$/[mg/(mL·h)]	2.52	2.54	0.12
		$p_{GA}/\%$	57.60	57.20	0.90

注：S—葡萄糖；GA—谷氨酸。

不足的情况，从发酵中期，菌体生长、耗糖、谷氨酸的生成不好，供氧不足显著地影响谷氨酸的生成。当亚硫酸盐氧化速率 $r_{ab}=68.1\times10^{-7}$ mol/(mL·min) 时，供氧过量，从发酵开始，菌体生长、耗糖就不好，几乎不产谷氨酸。此时 p_L 非常高，菌体需氧量充分满足，但菌体活性减低。

3.6.6.3 供氧与其他发酵工艺条件的关系

一般培养基丰富，糖浓度高，生物素含量高，需氧量大。因为糖浓度高，相对要求生物素含量大，菌体浓度大，代谢旺盛，耗氧量大，如果供氧不增大时，就造成供氧不足。另一方面，培养基浓度大，氧的传递阻力大，需要增加供氧。生物素浓度影响菌体生长繁殖，不影响单位细胞的呼吸活性。就是说，生物素浓度大，长菌量多，体积耗氧速率增大。有机氮对菌体生长繁殖和呼吸活性均有影响。耗氧速度与生长速度、耗糖速度、谷氨酸生成速度有关。当生物素浓度增加时，耗糖速度和耗氧速度也增大，引起供氧不足，使谷氨酸产量降低。控制溶解氧的发酵，随生物素浓度的增加，谷氨酸产量降低不明显，琥珀酸生成量也少；而供氧不足的发酵，即使在低生物素条件下也产生大量琥珀酸。由此可见，谷氨酸向琥珀酸发酵的转换，供氧条件比生物素的影响更大。

3.6.6.4 氧对发酵影响的微生物生理学的考察

在谷氨酸发酵中，需氧是菌体代谢的需要，有以下两个原因：①经过好氧的能量代谢可以有效地获得菌体生长和谷氨酸生物合成所需的 ATP，以完成生物氧化作用；②谷氨酸生物合成过程中产生的 NAD(P)H₂ 需要在氧存在下被氧化成 NAD(P)。由于氨基酸生物合成过程所消耗的 ATP 物质的量和生成的 NAD(P)H₂ 物质的量不同，所需要的氧就不同。因此，在讨论谷氨酸发酵的通风搅拌效果时，以谷氨酸生物合成所必需的 ATP 物质的量及生成 NAD(P)H₂ 物质的量为基准是很有意义的。

在谷氨酸的生物合成中，由于草酰乙酸的生成方式不同，就有不同的合成途径，谷氨酸对糖收率不同，在生物合成过程中所消耗的 ATP 和生成的 NAD(P)H₂ 数不同。从图 3-29 的谷氨酸生物合成途径可知，由 3/2mol 葡萄糖生成 3mol 乙酰 CoA，其中 2mol 乙酰 CoA 与草酰乙酸反应生成 2mol 异柠檬酸，1mol 异柠檬酸经过 α-酮戊二酸生成谷氨酸，另 1mol 异柠檬酸分解为琥珀酸和乙醛酸，两者都生成草酰乙酸；剩余的 1mol 乙酰 CoA 与乙醛酸生成草酰乙酸时被利用。在这样的反应体系中，谷氨酸的生成可由下式表示：

$$葡萄糖 \longrightarrow 2/3 谷氨酸 + 5\frac{1}{3}NAD(P)H_2 + 2ATP$$

在图 3-30 的谷氨酸生物合成途径中，谷氨酸的生成可表示为：

$$葡萄糖 \longrightarrow 谷氨酸 + 3NAD(P)H_2 + ATP$$

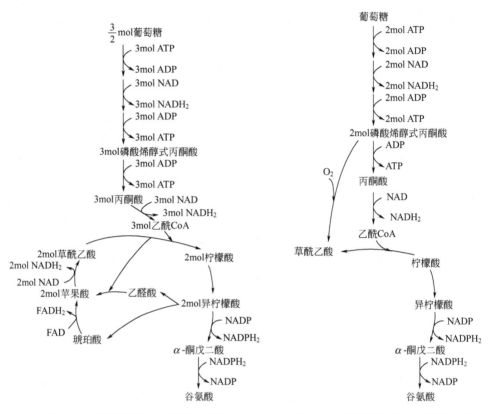

图 3-29 谷氨酸生物合成途径（Ⅰ）   图 3-30 谷氨酸生物合成途径（Ⅱ）

氨基酸生物合成时，每消耗 1mol 葡萄糖所消耗的 ATP 和生成的 NAD（P）H_2 见表 3-29。

表 3-29 氨基酸生物合成中每消耗 1mol 葡萄糖所生成
NAD(P)H_2 和消耗 ATP 的摩尔系数

氨基酸	乙醛酸循环		CO_2 固定	
	NAD(P)H_2 (FAD·2H)	ATP	NAD(P)H_2 (FAD·2H)	ATP
谷氨酸	$+5\frac{1}{3}$	$+2$	$+3$	$+1$
谷氨酰胺	$+6$	$+1\frac{1}{3}$	$+3$	0
脯氨酸	$+5\frac{1}{3}$	$+1\frac{1}{3}$	$+2$	0
精氨酸	$+4\frac{2}{3}$	$-2/3$	$+2$	-3

续表

氨基酸	乙醛酸循环		CO$_2$固定	
	NAD(P)H$_2$ (FAD·2H)	ATP	NAD(P)H$_2$ (FAD·2H)	ATP
赖氨酸	$+2\frac{2}{3}$	$+2/3$	-2	-1
苏氨酸	$+4$	0	-4	-4
异亮氨酸	$+2$	$+2/3$	-3	-1
缬氨酸	0	$+2$		
亮氨酸	$+2$	$+2$		
苯丙氨酸	0	$-1\frac{2}{5}$		
酪氨酸	$+1\frac{1}{5}$	$-1\frac{2}{5}$		
色氨酸	$+1\frac{3}{8}$	$-1\frac{2}{5}$		

　　谷氨酸的生物合成，不管是经过乙醛酸循环还是经过磷酸烯醇式丙酮酸羧化生成草酰乙酸，所生成的 NAD(P)H$_2$ 最多，因此氧化 NAD(P)H$_2$ 的需氧量也最多。谷氨酸发酵产物的最大生成必须在供氧充足的条件下，当供氧不足时，不利于 NAD(P)H$_2$ 的再氧化，显著抑制产物生成。

　　在通常情况下，培养基营养丰富，糖浓度高，生物素含量大，需氧量大，通气量要适当加大；培养基营养贫乏，糖浓度低，生物素含量少，需氧量小，通气量要适当减少。

　　由于谷氨酸生产菌呼吸时，只能利用溶解于培养基中的氧，只有通过搅拌，均匀地溶解于培养基内的一部分氧分子透过细菌细胞膜进入细胞内才能被利用，而溶氧大小主要是由通气量与搅拌两个因素决定的，两者比较，增加搅拌转速比增加通气量效果更为显著；除此以外，培养基内溶解氧的多少还取决于发酵罐的高径比、液层高度、搅拌形式、搅拌叶直径大小，以及培养液浓度、培养温度、罐压等。同样容积的发酵罐，高径比大的溶解氧高；液层深的溶解氧高，装挡板的比只装列管的溶解氧高，转速快的溶解氧高，搅拌叶直径大的溶解氧高，通气量大的溶解氧高。几何相似的发酵罐，体积越大，空气中氧的利用率越高；体积越小，氧的利用率越低。发酵罐大小不同，所需搅拌转速与通气量也不同，大罐转速低，通气量小；小罐转速高，通气量大。通气可使搅拌功率降低。

　　在温度敏感型发酵中，一般通过改变搅拌转速（调整变频）、罐压和调节通气量来调节供氧。以 780m³ 发酵罐为例：风量 0h 3000～3500m³/h，2h 6000～7000m³/h，4h 8000～9000m³/h，6h 10000～11000m³/h，8～9h 11000～12000m³/h；风量控制结合溶氧情况处理；初始变频 43Hz，变频最高 50Hz，罐压 0.05MPa，最高罐压 0.08MPa；14h 以后根据溶解氧情况，降低控制条件；风量每次降低 500m³/h，变频每次降低 1Hz，罐压每次降低 0.05MPa，每次提风（降风）中间交替提（降）变频和罐压；最低风量降至 4000m³/h，最低变频 43Hz，最低罐压 0.06MPa。

控制通气量两头小、中期大，开始分 2 级或 3 级提风至最大后，保持十几个小时最高风量，再分 2 级或 3 级降风，形成梯形控制通风方式。根据菌体生长速度、菌体生长数量、菌体形态变化、耗糖速度、产酸情况、耗氨变化情况（pH 变化）结合溶解氧情况，成梯形控制升风、降风。在发酵前期，采用低风量较宜；发酵中期（细胞开始转型至高产酸期）以高风量为宜发酵后期又应适当减少风量，以促进已产生的 α-酮戊二酸还原氨基化成谷氨酸。当菌体生长缓慢，pH 偏高、耗糖慢时，应减少通气量或停搅拌，小通风，以利长菌当菌体生长快、糖耗过快时，应适当提高风量，前期 OD 值长得越快、耗糖越快，风量提得越高。要控制住总 ΔOD 值在 0.75～0.80。

通过对溶氧在线监测有利于稳定与提高谷氨酸发酵水平。具体表现如下：

① 由于原料波动影响生物素含量变化，势必影响发酵稳定，通常需要多批次以上调整，而通过观察不同时段溶氧高低及其持续时间长短与其合适溶氧范围对比，只需 1～2 批就可调整出合适生物素量而达到稳定的配方。

② 改变以往单纯根据 OD 净长值来提风量的缺点由于二、三级种子培养情况不同（如接种前 OD 净长值变化），以及不同菌种、接种量等，都将影响其进入发酵罐后对溶解氧需求量，与根据 OD 净长值多少提风量之间产生矛盾，而影响菌体中后期耗糖与产酸。

③ 可根据某一时段内溶氧值有无出现瞬间大范围变化，来判断其他条件有无出现不合适控制，如补糖过快、pH 偏高、罐压偏高、加泡敌过多等都会使溶氧值出现大幅度偏高。

④ 可通过对溶氧观察提前判断某些异常罐，比如发酵 20h 以后出现溶氧持续偏低或偏高，极可能是染菌所造成。发酵过程溶氧变化情况见表 3-30。

表 3-30　发酵过程溶氧变化情况

周期	0～2h	2～4h	4～6h
通风比	1∶0.26	1∶(0.26～0.36)	1∶(0.36～0.44)
溶氧/%	100～20	10～15	15～20

续表

周期	6～22h	22～28h	28～32h
通风比	1∶(0.44～0.34)	1∶(0.34～0.26)	1∶(0.26～0.20)
溶氧/%	20～30	30～40	50～70

3.6.7　发酵过程中菌体形态变化与 OD 值的变化

谷氨酸温度敏感型发酵过程的细胞可分为三个阶段：长菌型细胞、转型期细胞和产酸型细胞。

OD 值是谷氨酸发酵过程中菌数多少、菌体大小和发酵液色素深浅的综合表示。发酵 0～6h 的细胞主要是长菌型细胞。细胞度过适应期开始繁殖，很快进入对数生长期。菌体大量繁殖，OD 值直线增长，菌体细胞形态与斜面种子、二级种子相似，呈短杆、棒状、椭圆形，单个、成对、八字形排列。绝大多数为"V"形分裂，耗糖加快、代谢旺盛，温度上升，产生 CO_2，此时 ΔOD 主要是细胞数量的增加和发酵液色素深浅的标志。发酵 6～8h，此阶段的细胞为转移期细胞。细胞开始伸长、膨大，细胞形态急剧变化，由长菌型细胞转化成产酸型细胞。但由于菌体增殖并非完全同步，此段时间有长菌型细胞、正在转化过程中的细胞和已转化完成的产酸型细胞。此时期细胞数量达到最大值，保持稳定。6～8h 的 ΔOD 值既反映细胞数量的增加，还反映细胞伸长、膨大的结果。8h 以后的 ΔOD 值主要是细胞继续伸长膨大的反映。此时菌体细胞形态，既有"V"字形、短杆、棒状，又有正在伸长、膨大的转化中的细胞，也有边缘不完整、边缘褶皱、染色稍模糊、略弯曲、不规则的伸长、膨大后的产酸型细胞（伸长拉大 2～4 倍）。该阶段要完成谷氨酸非积累型细胞（长菌型细胞）向谷氨酸积累型细胞的转移，此转移阶段是非常重要的。此阶段通风量达最大值，OD 达最大值并保持稳定，放热也达最大值，开始产酸并逐渐加快产酸速度。发酵 8～24h，此阶段为产酸期细胞。菌体细胞完成由谷氨酸非积累型细胞（长菌型细胞）向谷氨酸积累型细胞（产酸型细胞）的转化后。细胞形态几乎都伸长、膨大，伸长拉大 2～4 倍，越大越好，不规则，缺乏八字形排列，有的呈弯曲形，边缘颜色浅，稍模糊。有的边缘不完整、边缘褶皱乃至残缺不齐，但细胞形状基本清楚，在电镜下观察边缘似疱疹样，大量积累谷氨酸。耗糖、耗氨与产酸相适应，产酸、产酸速率、转化率达最高值。发酵后期（一般指 24h 以后）细胞较长，多呈现有明显横隔（1～3 个或更多）的多节细胞，类似花生状。后期逐步降风，根据发酵情况和溶解氧情况，可将风量降到最低，以促进中间产物转化成谷氨酸。

3.6.8 温度敏感型谷氨酸发酵的优势

谷氨酸温度敏感菌株是目前谷氨酸发酵工业上较为优良的菌株。通过对它的发酵营养特性研究发现，该菌株能够利用粗质原料（粗玉米糖、糖蜜等）发酵生产谷氨酸。对于添加部分甜菜糖蜜的发酵培养基，菌株表现出高产酸水平，而且可以适当减少发酵培养基中生物素的用量，但菌株仍表现出高生物素的营养特性。

在正常情况下，谷氨酸产生菌的细胞膜不允许谷氨酸从细胞内渗透到细胞外。在发酵过程中，一般是通过控制生物素亚适量、添加吐温-60或青霉素等手段来调节细胞膜的渗透性以达到谷氨酸从细胞内渗透到细胞外的目的。而采用谷氨酸温度敏感突变株进行发酵，其发酵控制方式与生物素亚适量的控制方式完全不同。它不需要通过控制生物素亚适量，仅需通过物理方式（转换培养温度）就可以完成谷氨酸生产菌由生长型细胞向产酸型细胞的转变。这就避免了因原料影响而造成产酸不稳定的现象，且同时发酵稳定，发酵周期短，设备利用率高。另外，生物素可以大过量，从而强化 CO_2 固定反应，提高糖酸转化率。

由图 3-31 可以看出，采用此工艺，菌体没有生长适应期，从 0h 开始就进入菌体对数生长期，单位细胞的生长速率达到并保持最大值，具有很高的耗糖速率和一定的谷氨酸积累能力。转换发酵温度后，产酸速率明显加快。由图 3-31 还可以看出，温度敏感突变株从发酵 0h 就开始积累谷氨酸，这也是与现行生物素亚适量发酵法生产谷氨酸的区别所在。

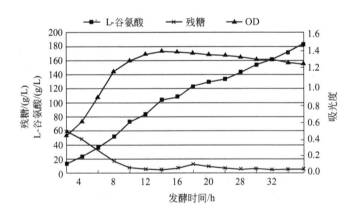

图 3-31　温度敏感突变株发酵过程曲线

温度敏感型菌株的高转化率，凸显了成本优势，大幅度降低原材料成本。同时，温度敏感型菌株具备很好的适应性，对于高生物素、高蛋白、高黏度等环境条件，都有着较好的适应能力，能够最大限度地进行培养基的调整和优化，打破了传统发酵原辅材料的局限性。温度敏感型菌株高产酸的实现，为后部提取工艺的改革提供了条件。采用浓缩、高温、连续等电及转晶工艺，提高谷氨酸的收率和质量，同时，彻底取消离交工艺等，改变味精工艺废水性质，而且使环保废水处理难度得到根本性的改变，具有较好的环境效益。

第 4 章

谷氨酸的提取

4.1 概述

利用谷氨酸等电点时在溶液中溶解度最低，并且生成结晶析出的原理可以提取谷氨酸发酵液的谷氨酸。再通过分离排除杂质，得到纯度较高的谷氨酸。提取收率、谷氨酸质量与发酵液质量、提取工艺有关，而发酵液质量、提取工艺又和发酵工艺密不可分。发酵法生产谷氨酸是微生物代谢较复杂的生化反应过程。发酵液中除谷氨酸外，还有代谢副产物、培养基残留物质、有机色素、菌体、蛋白质和胶体物质等。其含量随发酵菌种、工程装备、工艺控制及操作不同而异。随着味精行业的发展，谷氨酸提取工艺也不断改进。味精生产厂家曾采用的提取工艺主要有：低温一次等电法、等电-离交法、等电-锌盐法、连续等电-转晶法等。目前，国内绝大多数企业采用浓缩连续等电-转晶工艺提取谷氨酸。

1992 年之前，行业内普遍采取低温等电点提取工艺从发酵液中提取谷氨酸。该方法分离温度 0～4℃，谷氨酸提取收率 70%～80%，排放母液谷氨酸含量 1.4～1.8g/dL，提取收率 73%～78%，谷氨酸干纯 97%～97.5%，谷氨酸质量基本满足脱色、精制需求。分离母液未处理直接排放，排放体积为发酵液体积的 0.95～0.98 倍。

1992 年开始，有的企业采用离子交换法回收提取发酵母液中的谷氨酸。其方法为：采用强酸型阳离子交换树脂，吸附母液中的谷氨酸阳离子。采用硫酸将母液 pH 由 3.0～3.2 降低至 1.8～2.0。其目的是提高母液中谷氨酸阳离子浓度，提高吸附效率，提高离交收率，降低排放含量。经过树脂的交换吸附，母液中的 80% 以上的谷氨酸被树脂吸附，其吸附后的母液排放含量 0.2～0.5g/dL。吸附在树脂上的谷氨酸采用液氨配制的氨水进行解吸洗脱，所得溶液含量高的部分，即含量 4～5.5g/dL 的洗脱液称为高流分。酸化后调节发酵液 pH，采用低温等电点方法提取谷氨酸。洗脱所得含量 0.5～4g/dL 的低含量部分回收加入液氨作为下批次洗脱用的洗脱剂。至此行业内企业基本采取了等电离交提取工艺，提取收率达到 95% 以上，排放母液含量 0.2～0.5g/dL，排放母液体积为发酵液体积的 1.5～1.7 倍。一段时间内这个工艺比低温等电成本低。但由于高流分中有大量杂质，回流后导致等电母液含量增加，等电分离母液含量 2～2.2g/dL。与低温等电点提取工艺比，硫酸消耗提高 20% 以上（0.66～0.67t 硫酸/t 味精），液氨消耗提高 15% 以上（0.33～0.34t 液氨/t 味精），谷氨酸质量下降。

1997 年，行业出现了采用对等电离交工艺排放母液中菌体蛋白采用絮凝剂絮凝提取菌体蛋白，絮凝清液浓缩后喷浆造粒生产复合肥的方法。

1997～2007 年，由于发酵提高产酸、转化率的需求，发酵过程营养物质、接种量都在增加，发酵液质量发生了很大变化，等电离交工艺提取的谷氨酸质量开始比较明显的变化，影响脱色、精制过程。为了解决等电离交提取谷氨酸带来的后步质量影响，行业内各企业开始在提取工艺流程中，增加了将等电分离的 α-谷氨酸转晶为 β-谷氨酸过程。这个新的流程，就是提取等电-离交-转晶提取工艺。转晶后谷氨酸干纯 98%～98.5%，硫酸根含量降低至 0.1%。质量有了较大提高。

2012 年，高产酸菌种——温度敏感型菌株在生产中成功投入使用，采用这样的菌种发酵生产谷氨酸产酸可由之前的 10～12g/dL，提高到 18～20g/dL，转化率也由 58%～61% 提高到 67%～70%，与之前的工艺比较，硫酸消耗下降 0.26～0.27t/t 味精，达到 0.398t/t 味精。液氨消耗下降 0.072～0.082t/t 味精，达到 0.258t/t 味精。淀粉乳及耗电也大幅度降低，新菌种有很好的经济效益。因此，企业纷纷改为新菌种发酵，但对于温敏菌株发酵而言，由于高菌体量、高生物素、高风量等措施，发酵产酸迅速提高的同时，发酵液中的杂质也成倍增加，这些因素导致谷氨酸的溶解度明显升提高，介稳区明显变窄，给调酸结晶带来了新的困难，提取表现为收率降低且极易出现 β 型晶体甚至糊罐。浓缩连续等电转晶工艺避开了蛋白质的等电点，介稳区最宽，而且有大量的 α 型晶种，浓缩连续等电转晶工艺具有低消耗、低污染、谷氨酸质量好的优点。

4.2　谷氨酸的性质

4.2.1　谷氨酸的主要物理性质

4.2.1.1　谷氨酸的立体异构体

① 谷氨酸分为 L 型、D 型、DL 型三种。

② 谷氨酸具有一般氨基酸的性质，其分子具有不对称的碳原子，所以有旋光性。它的氨基在不对称碳原子右方的称为 D 型（或右型），在不对称碳原子左方的称为 L 型（或左型）。

（L型）　　（D型）　　　50%L型 + 50%D型（DL型）

在化学命名中以前左旋用"l"表示，右旋用"d"表示，消旋体用"dl"表示。现在化学统一用 D 型、L 型和 DL 型表示光学异构体，而左旋和右旋则用

（一）与（＋）表示。

所以 L 型谷氨酸旧的命名为 *d*-谷氨酸，由于它在水溶液中是右旋，故沃耳-罗登保命名法叫作 L-（＋）-谷氨酸，现在通称 L-谷氨酸，又名 *d*-α-氨基戊二酸。

同样 D 型谷氨酸旧的命名为 *l*-谷氨酸，因为它的水溶液为左旋，故称 D-（一）-谷氨酸，又名 *l*-α-氨基戊二酸。

DL 型谷氨酸即消旋异构体。

③ 在动植物和微生物等生物机体中天然存在的，都是 L 型谷氨酸，L-谷氨酸是味精的前体。

4.2.1.2　谷氨酸结晶的特性

（1）谷氨酸结晶体是有规则晶形的化学均一体：其晶形结构是以原子、分子或离子在晶格结合点上呈对称排列。谷氨酸在不同的结晶条件下，其晶格形状、大小、颜色是不同的，通常分为 α 型结晶和 β 型结晶。α 型的密度为 $1.535g/cm^3$，β 型的密度为 $1.570g/cm^3$。

α 型和 β 型结晶的外观和 X 射线衍射图形均不相同。

1）α、β 两种晶型的典型外观如图 4-1 所示。

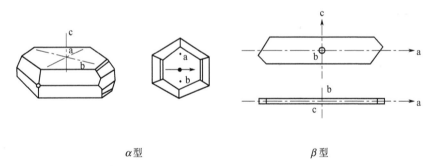

α 型　　　　　　　　　　β 型

图 4-1　α 型 Glu 与 β 型 Glu 晶型的典型外观

2）根据 X 射线折射仪测 α 型 Glu 与 β 型 Glu 空间三方向晶轴：数据见表 4-1。

表 4-1　α 型 Glu 与 β 型 Glu 空间三方向晶轴数据

晶型	a 轴/Å	b 轴/Å	c 轴/Å
α 型	7.06	10.3	8.75
β 型	5.17	17.34	6.95

注：1Å＝0.1nm。

从表 4-1 可知，α 型结晶，晶轴长短接近，所以晶体粗壮呈明显颗粒。但 β

型结晶，晶轴长短不一，b 轴特别长，所以呈针状和鳞片状。

（2）谷氨酸两种结晶型的比较见表 4-2。

表 4-2　谷氨酸两种结晶型比较

项目	结晶型	
	α 型	β 型
光学显微镜下的晶体形态	多面棱柱形的六面晶体，呈颗粒状分散，横断面为三或四边形，边长与厚度相近	针状或薄片状凝聚结集，其长和宽比厚度大得多
晶体特点	晶体光泽，颗粒大，纯度高，相对密度大，沉降快，不易破碎	薄片状，性脆易碎，相对密度小，浮于液面和母液中，含水量大，纯度低
晶体分离	离心分离不碎，抽滤不阻塞，易洗涤，纯度高	离心分离困难，易碎，抽滤易阻塞，洗涤困难，纯度低
母液中晶形的显微镜观察	颗粒状小晶体	分散的针状结晶

4.2.1.3　谷氨酸的溶解度

（1）谷氨酸在水中的溶解度　指在一定温度下每 100g 水中所能溶解的谷氨酸最多质量（g）。谷氨酸在水中的溶解度随温度的下降而减少，见表 4-3。

表 4-3　谷氨酸在水中的溶解度

温度/℃	溶解度/(g/100g)	温度/℃	溶解度/(g/100g)
0	0.341	45	1.816
5	0.411	50	2.186
10	0.495	55	2.632
15	0.596	60	3.169
20	0.717	65	3.816
25	0.864	70	4.594
30	1.040	75	5.523
35	1.250	80	6.660
40	1.508	100	14.00

日本坂田羲树等人对 α 型和 β 型两种晶型的谷氨酸溶解度进行测定，得出下列计算公式：

α-Glu 晶体在 0～30℃时，$\lg s = -0.37 + 0.0174T$

在 30～70℃时，$\lg s = 0.328 + 0.0153T$

β-Glu 晶体在 0～70℃时，$\lg s = -0.461 + 0.0159T$

式中　　s——谷氨酸溶解度，g/100g 水；

　　　　T——温度，℃。

（2）谷氨酸对酸、碱的溶解度　谷氨酸在水中的溶解度除温度外，还与溶液 pH 有关，且随 pH 变化，影响很大，如图 4-2 所示。

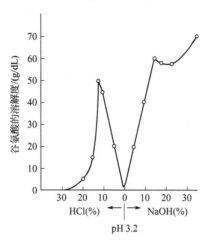

图 4-2　谷氨酸对酸与碱的溶解度

谷氨酸在不同 pH 中的溶解度，20℃时见表 4-4，30℃时见表 4-5。

表 4-4　谷氨酸在不同 pH 中的溶解度（20℃）

pH	溶解度/%	pH	溶解度/%	pH	溶解度/%
0.7	12.55	3.7	0.91	5.0	9.96
1.3	4.2	4.3	2.15	5.2	13.12
1.8	1.81	4.4	3.17	5.3	14.71
2.3	0.99	4.6	4.98	5.4	16.29
3.1	0.69	4.8	6.79	5.6	19.45
				6.0	25.77

表 4-5　谷氨酸在不同 pH 中的溶解度（30℃）

pH	溶解度/(g/100mL)	pH	溶解度/(g/100mL)
0.9	13.12	2.4	1.08
1.4	4.75	3.2	1.06
2.0	1.27		

（3）谷氨酸在乙醇中的溶解度　见表 4-6。

表 4-6 谷氨酸在乙醇中的溶解度

乙醇浓度/%	在 25℃时的溶解度/(g/100mL)	乙醇浓度/%	在 25℃时的溶解度/(g/100mL)
24.5	0.292	74.35	0.037
50.75	0.131	95.14	0.0094

4.2.2 谷氨酸的主要化学性质

4.2.2.1 谷氨酸与酸作用

$$
\underset{\text{L-谷氨酸}}{\begin{array}{c} NH_2 \\ | \\ H-C-COOH \\ | \\ CH_2 \\ | \\ CH_2 \\ | \\ COOH \end{array}} + HCl \rightleftharpoons \underset{\text{L-谷氨酸盐酸盐}}{\begin{array}{c} NHCl \\ | \\ H-C-COOH \\ | \\ CH_2 \\ | \\ CH_2 \\ | \\ COOH \end{array}}
$$

4.2.2.2 谷氨酸与碱作用

（1）谷氨酸与氢氧化钠反应，生成谷氨酸单钠和水。

$$
\underset{\text{L-谷氨酸}}{\begin{array}{c} NH_2 \\ | \\ H-C-COOH \\ | \\ CH_2 \\ | \\ CH_2 \\ | \\ COOH \end{array}} + NaOH \xrightarrow{pH\ 6.8\sim7.0} \underset{\text{L-谷氨酸单钠}}{\begin{array}{c} NH_2 \\ | \\ H-C-COONa \\ | \\ CH_2 \\ | \\ CH_2 \\ | \\ COOH \end{array}} + H_2O
$$

（2）谷氨酸与碳酸钠反应，生成谷氨酸单钠和水，放出二氧化碳。

$$
2\ \underset{\text{L-谷氨酸}}{\begin{array}{c} NH_2 \\ | \\ H-C-COOH \\ | \\ CH_2 \\ | \\ CH_2 \\ | \\ COOH \end{array}} + Na_2CO_3 \xrightarrow{pH\ 6.8\sim7.0} 2\ \underset{\text{L-谷氨酸单钠}}{\begin{array}{c} NH_2 \\ | \\ H-C-COONa \\ | \\ CH_2 \\ | \\ CH_2 \\ | \\ COOH \end{array}} + H_2O + CO_2\uparrow
$$

谷氨酸与氢氧化钠或碳酸钠反应时，若 pH 偏碱，就会生成谷氨酸二钠（无鲜味）。

4.2.2.3 加热

谷氨酸长期加热，经脱水后生成焦谷氨酸（无鲜味）。

谷氨酸   焦谷氨酸

4.2.2.4　谷氨酸与亚硝酸作用

谷氨酸与亚硝酸反应生成羟基酸，释放出氮气，此反应就是范氏定氮法测定自由氨基氮的原理。

L-谷氨酸   羟基酸

4.2.2.5　谷氨酸的脱羧作用

在谷氨酸脱羧酶的催化下，谷氨酸生成 γ-氨基丁酸和二氧化碳，此反应是"华勃氏检压法"测定谷氨酸含量的原理。

L-谷氨酸 γ-氨基丁酸

4.2.2.6　谷氨酸与氨反应

在氨（NH_3）存在下，通过谷氨酰胺合成酶的催化能生成谷氨酰胺。

L-谷氨酸   L-谷氨酰胺

所以在 L-谷氨酸发酵液中有少量谷氨酰胺堆积。谷氨酰胺在一定条件下能被酸或碱水解成谷氨酸。

4.2.2.7　谷氨酸与茚三酮反应

谷氨酸或其他 α-氨基酸在 pH 2.5～5.0 与茚三酮共热，能显示蓝色或蓝紫色，按其显色的深淡度可作为 α-谷氨酸定性或定量分析的依据。

在 pH 5.0 左右时，显色反应最灵敏，灵敏度 2μg/mL。

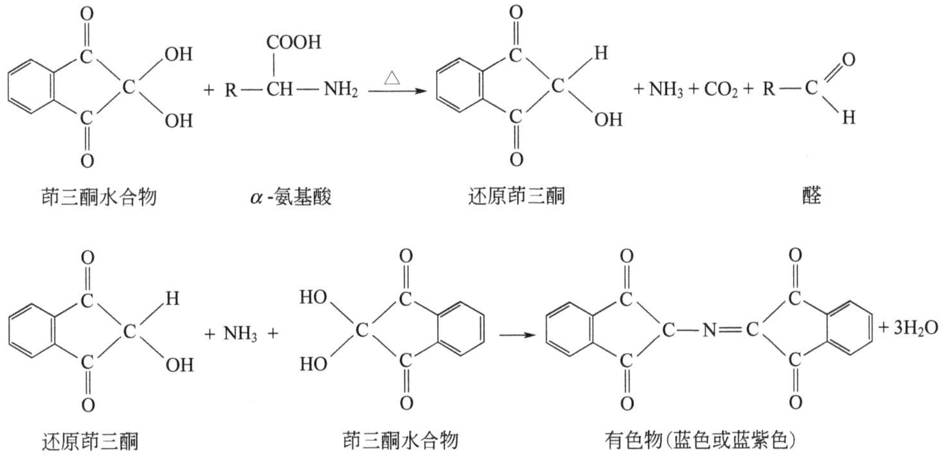

茚三酮水合物　　　α-氨基酸　　　还原茚三酮　　　醛

还原茚三酮　　　茚三酮水合物　　　有色物(蓝色或蓝紫色)

4.2.2.8　甲醛反应

氨基酸与甲醛反应后，碱性的氨基被遮盖，用标准 NaOH 溶液滴定羧基，这就是利用甲醛滴定法测定氨基酸含量的原理。

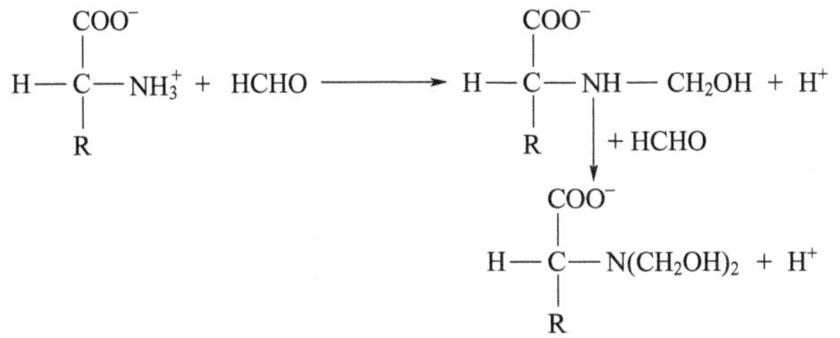

谷氨酸主要理化常数见表 4-7，热力学参数见表 4-8。

表 4-7　谷氨酸的主要理化常数

光学异构体	L-谷氨酸	D-谷氨酸	DL-谷氨酸
分子量	147.13	147.13	147.13
结晶形态	属斜方晶系无色四方晶片	无色正方晶片	无色四方晶片
旋光度	$[a]_D^{20}=+31.8°$ (10%浓度,2mol/L HCl)温度系数－0.07	$[a]_D^{20}=+31.8°$	—
解离常数	pK_1(—COOH)2.19;pK_2(—COOH)4.25; pK_3(—NH$_3^+$)9.67	—	—

续表

光学异构体	L-谷氨酸	D-谷氨酸	DL-谷氨酸
等电点	pI＝3.22	—	—
溶解度 /(g/100g 水)	0.34(0℃)、0.72(20℃)、1.51(40℃)、2.186(50℃)、5.523(75℃)、14(100℃)	—	—
相对密度	1.538	—	1.460
比热容/[J/(g·℃)]	1.189	—	
熔点/℃	247～249	247～249	225～227
稳定性	结晶状态稳定,160℃以上加热发生分子内脱水,生成吡咯烷酮羧酸,180℃以上消旋化。在水溶液状态,和吡咯烷酮化,酸性越强,反应速度越大,但平衡不变,若接近中性,虽反应速度慢,而平衡却倾向于吡咯烷酮化		

表 4-8　谷氨酸有关的热力学参数

燃烧热 /(kg/mol)	标准生成焓变化 $\Delta Hf°/(kg/mol)$	标准生成自由能变化 $\Delta Gf°/(kg/mol)$	标准熵 $S°/[J/(deg·mL)]$	Glu 有效电子基准焓变化 $\Delta HG/(kg/mol)$
2271.7	−1008.2	−730.2	188	−1994

注：deg 即 K。

4.3　等电点法提取谷氨酸

　　谷氨酸发酵液加入无机酸调 pH 至谷氨酸等电点并拉冷降温,使其结晶析出,经分离获得粗品。此法比其他提取工艺简单,操作简便,设备不复杂,投资少。发酵液在等电点前可以除去菌体或不除菌体,可以先经浓缩或不浓缩,无机酸可以用盐酸或硫酸。国内较多工厂采用不除菌体、不经浓缩,在低温条件下,用盐酸(或硫酸)调 pH 至等电点的工艺路线。等电点母液中谷氨酸含量随等电点温度高低而异。通常,母液中谷氨酸含量在 1.0%～1.8%。母液可以用离交法或锌盐法再回收,综合利用培养酵母获取单细胞蛋白(SCP)用作饲料,也可制造肥料或做其他处理。

4.3.1　等电点法提取谷氨酸的基础理论

4.3.1.1　谷氨酸的两性解离

　　构成谷氨酸的分子中,含有二个酸性羧基(—COOH)和一个碱性氨基

（—NH$_3^+$），属两性电解质，与酸或碱作用都能生成盐。它在不同 pH 溶液中能以 4 种不同离子状态存在，见表 4-9。

表 4-9　溶液 pH 与谷氨酸电离平衡的关系

溶液酸碱性	酸性 ←	→ (等电点) ←	→ 中性 ←	→ 碱性
谷氨酸的离子形式	$^+$H$_3$N—CH（COOH，CH$_2$，CH$_2$，COOH）	$^+$H$_3$N—CH（COO$^-$，CH$_2$，CH$_2$，COOH）	$^+$H$_3$N—CH（COO$^-$，CH$_2$，CH$_2$，COO$^-$）	H$_2$N—CH（COO$^-$，CH$_2$，CH$_2$，COO$^-$）
表示的符号	Glu$^+$	Glu$^\pm$	Glu$^{\mp}$(Glu$^-$)	Glu$^=$

通过实验所测，它的三个极性基团的表观电离常数如下：

$$K_1 = \frac{[\text{H}^+][\text{Glu}^\pm]}{[\text{Glu}^+]} = 10^{-2.19}$$

$$\text{p}K_1 = 2.19\,(\alpha\text{—COOH})$$

$$K_2 = \frac{[\text{H}^+][\text{Glu}^-]}{[\text{Glu}^\pm]} = 10^{-4.25}$$

$$\text{p}K_2 = 4.25\,(\gamma\text{—COOH})$$

$$K_3 = \frac{[\text{H}^+][\text{Glu}^=]}{[\text{Glu}^-]} = 10^{-9.67}$$

$$\text{p}K_3 = 9.67\,(\text{—NH}_3^+)$$

根据溶液的 pH 和各极性基团的电离平衡常数，4 种离子也应按一定比例存在，见表 4-10。

表 4-10　不同 pH 条件下溶液中谷氨酸离子形成的比例　　　单位：%

pH	Glu$^+$	Glu$^\pm$	Glu$^-$	Glu$^=$
1	93.93	6.061	0.2166×10^2	—
2	60.63	39.15	0.2202	—
2.19	49.78	49.78	0.4336	—
3	12.78	82.56	4.643	—
3.22	7.861	84.24	7.861	0.2789×10^{-5}
4	0.9813	63.37	35.63	0.7617×10^{-4}
4.25	0.4336	49.78	49.78	0.1892×10^{-3}
5	0.233×10^{-1}	15.10	84.87	0.1814×10^{-2}
6	0.2706×10^{-2}	1.747	98.24	0.210×10^{-1}

续表

pH	Glu$^+$	Glu$^\pm$	Glu$^-$	Glu$^=$
6.96	0.3299×10^{-3}	0.1942	99.59	0.1942
7	—	0.1771	99.61	0.2129
8	—	0.0174	97.90	2.093
9	—	0.1465×10^{-2}	82.39	17.62
9.67	—	0.1901×10^{-3}	50.00	50.00
10	—	0.5667×10^{-4}	31.87	68.14
11	—	0.7945×10^{-6}	4.469	96.64
12	—	0.8279×10^{-8}	0.4656	99.54
13	—	—	0.4676×10^{-1}	99.95

（1）在酸性介质中，α-羧基的解离受抑制，谷氨酸以阳离子（Glu$^+$）形式存在，显正电荷。

（2）当溶液 pH 大于 5 时，谷氨酸主要以阴离子状态存在；当 pH 逐渐升高时，Glu$^-$ 与 Glu$^=$ 比例也随之变化；pH 为 7 时，谷氨酸在溶液中以阴离子（Glu$^-$）状态存在，占溶液中离子总数 99.61%；当 pH 达 13 时，阴离子（Glu$^=$）占溶液总数 99.95%。

（3）当溶液 pH 达 3.22 时，谷氨酸以 Glu$^+$ 形式存在。在各种 pH 时，展示谷氨酸电离情况的变化见图 4-3。

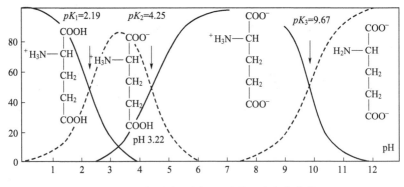

图 4-3 谷氨酸在不同 pH 时的电离变化曲线

4.3.1.2 谷氨酸等电点的性质和计算

（1）谷氨酸在等电点时的溶解度 谷氨酸在等电点时，绝大部分以偶极离子（Glu$^\pm$）状态存在。即含有等量的阴离子（Glu$^-$）和阳离子（Glu$^+$），正负电荷相等，总静电荷等于零，在直流电场中既不向阳极移动，也不向阴极移动。在溶液中由于谷氨酸分子之间相碰撞，并在静电引力的作用下，结合成较大的聚合体，故在等电点时谷氨酸的溶解度最小。利用此原理使谷氨酸得以分离。

（2）谷氨酸的等电点（IEP） 因为谷氨酸具有两性电解质性质，它在溶液中的电离平衡状态如下：

$$
\begin{array}{cc}
\text{COOH} & \text{COOH}\\
|& |\\
\text{CH}_2 & \text{CH}_2\\
|& |\\
\text{CH}_2 & \text{CH}_2\\
|& |\\
{}^+\text{H}_3\text{N}-\text{C}-\text{H} \underset{}{\overset{K_1}{\rightleftharpoons}} & {}^+\text{H}_3\text{N}-\text{C}-\text{H} \quad +\text{H}^+\\
|& |\\
\text{COOH} & \text{COO}^-\\
\text{Glu}^+ & \text{Glu}^{\pm}
\end{array}
$$

$$
\begin{array}{cc}
\text{COOH} & \text{COO}^-\\
|& |\\
\text{CH}_2 & \text{CH}_2\\
|& |\\
\text{CH}_2 & \text{CH}_2\\
|& |\\
{}^+\text{H}_3\text{N}-\text{C}-\text{H} \underset{}{\overset{K_2}{\rightleftharpoons}} & {}^+\text{H}_3\text{N}-\text{C}-\text{H} \quad +\text{H}^+\\
|& |\\
\text{COO}^- & \text{COO}^-\\
\text{Glu}^{\pm} & \text{Glu}^{\mp}
\end{array}
$$

总电离平衡式是：

$$\text{Glu}^+ \rightleftharpoons \text{Clu}^{\mp} + 2\text{H}^+$$

$$K = \frac{[\text{Glu}^{\mp}][\text{H}^+]^2}{[\text{Glu}^+]}$$

等电点时，$[\text{Glu}^+] = [\text{Glu}^-]$，$K = [\text{H}^+]^2$

当 $K = K_1 K_2$，两边取负对数，则 $2\text{pH} = \text{p}K_1 + \text{p}K_2$

$$\text{pH} = \frac{\text{p}K_1 + \text{p}K_2}{2} = \frac{2.19 + 4.25}{2} = 3.22$$

4.3.2 影响谷氨酸提取的主要因素

在谷氨酸提取过程中，由于采用的菌种不同，发酵液的质量也不同，以及操作条件不同等因素，提取的效果差距很大。因此，研究和解决影响提取因素，有着十分重要的实际意义。

4.3.2.1 糖液质量好坏对提取的影响

糖液质量好坏不仅影响发酵过程的进行，也会影响到提取收率。因此，选择质量好的原料，切忌使用劣质淀粉和霉变大米。生产过程要坚持工艺要求，在适宜条件下液化、糖化。特别是以大米为原料的糖液质量对提取的影响更为明显，大米含有 6%～7%蛋白质，大部分蛋白质可以经液化过滤而除去。但如果生产过程控制不当，这部分蛋白质会呈胶体状存在于糖液内。这些胶体的等电点 pH 4.6～4.8，一旦中和的 pH 过低或过滤温度过高，这部分胶体物质会留在糖液内，而带到发酵培养基中去，使发酵过程泡沫增加，直接影响提取。或者由于液化、糖化不完全所产生的糊精或者糖液经高温所产生的焦糖等不被谷氨酸菌利用，在提取时往往析出，影响谷氨酸结晶。正常的谷氨酸发酵液中残糖含量应在 0.5% 以下，残糖越低越有利于提取。发酵液中残糖高不仅会影响谷氨酸的溶解度，而且易产生 β 型结晶。发酵液中残糖含量对谷氨酸结晶的影响见表 4-11。

表 4-11　残糖对谷氨酸结晶的影响

葡萄糖含量/%	晶体	葡萄糖含量/%	晶体
1	α 型及 β 型	3	β 型
2	β 型		

因此，在生产上尽可能降低残糖的含量，要求控制谷氨酸/残糖的比值越大越有利于 α 型结晶的形成和收率的提高。有些味精生产企业为了提高制糖收率，用大量高温水泵入压滤机中洗米渣，强制米蛋白进入糖液内，导致发酵液产生大量泡沫，也会造成对提取的影响。

此外，需要重视糖液的贮存条件，防止酵母菌侵入繁殖引起的"吹小气泡"现象，以免糖液 pH 下降、含量降低。变质的糖液不仅影响发酵，也会影响提取。因此，糖液要新鲜，尽可能现做现用，暂时不用的糖液可加热至 60℃ 保温贮存。在日常的生产过程中，要认真做好容器、管道的清洗和消毒工作。

4.3.2.2　玉米浆、糖蜜质量优劣对提取的影响

根据实践经验，发酵培养基中的玉米浆、糖蜜等原料的质量问题，也会对提取工艺带来问题。这是因为有些企业生产的玉米浆、糖蜜原料含有较多胶体物质，通常需要通过替换不同区域和厂家的玉米浆、糖蜜或改用麸皮水解液来改善提取效果。即使是优质的玉米浆、糖蜜，由于储运不当，也会出现质量问题。因此，进厂的玉米浆、糖蜜必须堆放在车间的阴凉处，切忌太阳暴晒，以免桶内料液受高温影响而发酵变质。

4.3.2.3　消泡剂质量优劣对提取的影响

由于细菌的生长繁殖，以及糖的酵解等，在搅拌和通气情况下会产生一定的泡沫。除机械消泡外，通常使用消泡剂以破坏气泡的表面张力。消泡剂的质量优劣差距很大，优质的消泡剂不仅破泡能力强，而且抑泡能力也持久，本身具有良好的降解性，其用量少对谷氨酸发酵有利。反之，劣质的和性能差的消泡剂用量

过大，不仅对发酵有影响，并且发酵带来的泡沫浑浊不清，厚重黏稠，影响到提取，破坏了谷氨酸分子之间相互作用力，谷氨酸结晶粒子成绵状细末，导致 β 型结晶占较多比例。

4.3.2.4　发酵条件对提取的影响

（1）发酵培养基配比中，生物素用量过低，会造成谷氨酸菌体过早衰老，引起菌体破裂，导致细胞内容物如核酸等以及胶体物质增多，影响提取收率。

（2）发酵过程温度控制过高，特别是种子培养温度过高或在发酵初期，持续长时间高温，导致菌体在发酵中后期容易衰老，促使谷氨酸菌细胞破裂，产生过多的胶体物质，造成提取困难。

（3）发酵后期温度过高，且发酵时间过长，也会导致胶状物增加，提取困难。谷氨酸菌体耐温性与生物素用量有关，当生物素用量增加时，菌体耐高温性能增加，发酵中后期细胞也就不易破裂。

（4）发酵后期控制 pH 高，且持续时间较长，也会导致菌体自溶，促使胶体物质增加，带来提取困难。

（5）放罐时罐压升得过高，放罐速度太快，也会产生大量泡沫，或者是采用停搅拌放罐，泡沫集中在上部，使尾部发酵液的泡沫难以控制，也会影响提取收率。

4.3.2.5　发酵接种量对提取的影响

加大发酵接种量对缩短发酵周期有利，然而过大的种量必然增加过多的菌体蛋白，而且一般增加种量就要多用糖蜜和玉米浆，从而产生过多的胶体物质，也会显著影响谷氨酸结晶过程，对后续提取过程不利。此外，过短的发酵周期往往对提高糖酸转化率不利。

4.3.2.6　异常发酵对提取的影响

谷氨酸发酵一旦感染了噬菌体或杂菌后，发酵液色泽会呈现红褐色或灰褐色，有异味。由于噬菌体的溶菌作用，造成细胞裂解、菌体内含物渗出，致使发酵液胶体物质增多，发酵液黏度增大，泡沫多，残糖高，等电点提取时谷氨酸与菌体难以分离，极易形成 β 型结晶，严重时成浆状，造成提取困难。这种情况下，应适当稀释发酵液，降低黏度，多加些高流分，将发酵液加酸调 pH 至 1.0～1.5，加热 80～100℃，保温 10～30min，使菌体沉淀。这样既能防止杂菌和噬菌体扩散，又可破坏影响谷氨酸结晶的因子，还能将发酵液内的焦谷氨酸和谷氨酰胺水解成谷氨酸，以利提高收率。生产实践中，往往有时并未发现杂菌或噬菌体，而出现发酵液的稠度（黏度）增大。分析众多原因，主要是工艺和设备上的问题，还有玉米浆和糖蜜用量大幅增加的因素，尤其是采用了劣质糖蜜，使发酵液黏度增加，表现为产酸上不去，特别是后期出现谷氨酸代谢紊乱，严重影响提取。由于发酵液"异常"，谷氨酸分子之间的有效碰撞概率减少，难以形成谷氨酸结晶沉淀，导致谷氨酸在冷冻等电状况下母液中谷氨酸含量偏高，一般在2.5%左右，如此高的母液含量，势必又会影响到离交提取。离交回收谷氨酸的必要条件，一是强酸性阳离子应有足够多的活性基团 $RSO_3^-H^+$，二是被交换的物质分子应能电离成可以自由移动的离子。正因为母液的"异常"，其树脂的活性基团被部分封闭，难以充分发挥交换作用，加上母液中被树脂交换的自由移动的离子"自由度"降低，将严重影响离交的收率。由于谷氨酸提取是建立在等电一离交工艺的循环之中，因此发酵液的"异常"势必造成恶性循环，而陷入被动。

4.3.2.7　L-谷氨酰胺生成量对提取的影响

根据实际生产经验和，当谷氨酰胺含量大于 0.25% 时，就会影响谷氨酸 α 晶型的形成，即当发酵液中 L-谷氨酰胺含量越高，谷氨酸结晶 β 型的出现就越严重，所以应积极控制 L-谷氨酰胺的生成。L-谷氨酰胺来源于 L-谷氨酸发酵过程，当谷氨酸形成时，在 NH_4^+ 过量、pH 低时（尤其是 pH 在 5.5～6.5 时），容易转换成 L-谷氨酰胺，所以必须严格控制发酵条件，避免产生 L-谷氨酰胺。同时要注意发酵液及时放罐，及时提取，切忌放置时间过长，尤其是气温高的季节。由于环境中酵母等杂菌的作用，pH 会降低，当 pH 6 左右时，正是谷氨酰胺合成酶的最适 pH，酶活力增高，谷氨酰胺堆积量就会增加。L-谷氨酰胺对谷氨酸结晶的影响见表 4-12。

表 4-12　L-谷氨酰胺对谷氨酸结晶的影响

温度	对照	谷氨酰胺量			
		0.25%	0.5%	0.75%	1%
10℃	100% α 型	有极少量 β 型	有少量 β 型	有少量 β 型	有明显增加的 β 型
20℃	100% α 型	有极少量 β 型	有少量 β 型	有少量 β 型	约有 40% β 型
30℃	100% α 型	约有 40% β 型	约有 40% β 型	主要是 β 型	100% β 型
40℃	尚未发现 β 型	约有 40% β 型	约有 80% β 型	约有 90% β 型	100% β 型

4.3.2.8　氨基酸、多肽类物质对提取的影响

（1）氨基酸对晶型的影响　谷氨酸结晶过程中，如有 L 型的天冬氨酸、苯丙氨酸、酪氨酸、亮氨酸、胱氨酸等氨基酸存在时，能改变 β 型结晶长短轴比，促使转向 α 型结晶的形成。某些氨基酸对晶型的影响见表 4-13。

因此，在谷氨酸结晶处于不良状态时，可以添加些蛋白质水解液，或含其他氨基酸较高的离交后流分、结晶母液等，以促进 α 型结晶析出和提高得率。

表 4-13 某些氨基酸对谷氨酸晶型的影响

项目	加入的氨基酸种类	添加氨基酸后 α 型结晶的含量/%
100% β 型	L-天冬氨酸	52
100% β 型	L-苯丙氨酸	43
100% β 型	L-酪氨酸	28
100% β 型	L-亮氨酸	48
100% β 型	L-胱氨酸	54

（2）多肽对结晶的影响　谷氨酸结晶过程中添加少量多肽类物质，也有利于 α 型结晶析出。

4.3.2.9　钙、镁离子等对提取的影响

根据资料介绍，钙盐、镁盐等杂质对谷氨酸的结晶也有影响，当发酵液中钙离子浓度达到 0.34g/100mL 时，就会影响谷氨酸结晶析出。因此，用双酶法制糖时，必须控制氯化钙添加量，不得超过工艺规定要求（按大米质量 0.3% 计）。发酵液丙酮酸含量过高，大于 0.1% 时，也会影响谷氨酸的提取。

4.3.2.10　发酵液中谷氨酸浓度对提取的影响

通常情况下，发酵液的产酸水平越高，等电点的一次收率也相应提高。实际生产表明，当发酵液内谷氨酸含量在 8%～9% 时，等电点操作容易，提取收率就高；而当采用高糖、高生物素、高风量、大种量流加糖发酵工艺时，尽管发酵产酸可达 15% 以上，但随着谷氨酸含量升高，往往会出现发酵液色素加深，菌体、杂质增多，致使等电点操作困难，其结果表现为 β 型结晶增多、水分增加、结晶颗粒分离困难、谷氨酸纯度下降。这种情况下，不能照搬原有工艺条件，应注意提高育晶的 pH，延长育晶时间，降低加酸速度，投入晶种或采用除菌体等措施，以确保丰产又丰收。谷氨酸浓度对晶型的影响如表 4-14 所示。

表 4-14 谷氨酸浓度对晶型的影响

谷氨酸浓度/%	β 型结晶含量/%	水分/%	纯度/%
8	20	13.8	96.5
10.2	58	22.5	95.2
15	100	37.7	90
20.3	100	43.2	85.3

4.3.2.11　结晶析出温度对提取的影响

生产实践表明，当提取过程中发酵液温度超过 30℃ 时，β 型结晶明显增加。

因此，为了避免形成 β 型结晶，在采用等电点法提取谷氨酸时，必须先把发酵液的液温降到 30℃ 以下，再进行操作。中和时要控制液温缓慢下降，不能回升，这样形成的谷氨酸颗粒较大。如果降温过快或温度忽高忽低，不仅晶核小而多，结晶颗粒细小，而且还会引起 α 型结晶向 β 型结晶的转化，导致分离困难，收率下降。在育晶点育晶 2h 后，温度应尽可能地低，以降低谷氨酸的溶解度，一般控制点温度 4℃ 左右。结晶析出温度对晶型的影响如表 4-15 所示。

表 4-15　析出温度对晶型的影响

析出温度/℃	α 型和 β 型比例	含水分/%	纯度/%
10	主要是 α 型	13.80	95
20	主要是 α 型	15.03	94.8
30	有少量 β 型	18.32	93.5
40	α 型和 β 型各半	30.8	92.3
50	主要是 β 型	38.0	90.8
60	全部是 β 型	37.2	90.7

4.3.2.12　加酸速度与终 pH 对提取的影响

加酸是调节发酵液的 pH，使其达到谷氨酸的等电点。加酸速度的快慢（指接近起晶点时）对晶体大小、晶型变化的影响较大，特别是处理不正常发酵液，一定要缓慢加酸，控制 pH 缓慢下降（不能回升），使谷氨酸的溶解度逐步下降，这样晶核一旦形成也不会太多，控制一定数量的晶核后，停止加酸，进行育晶，使晶体逐步成长，析出的晶粒大，易于沉淀分离。

一般地讲，开始加酸中和至 pH 5 这段时间，加酸速度应当快些（通常 1h 左右时间）pH 5 以下加酸速度要慢，须倍加小心。发现晶核时，并达到定晶核数后，应立即停酸，育晶 2h，使晶核成长壮大。此后继续缓慢加酸中和至 pH 3.2，使晶体不断长大。反之如果加酸速度过快，采取一次性快速调 pH 至 3.2，溶液立即进入过饱和状态，使晶体难以沉降分离，影响收率和质量。一般采用硫酸中和，更要避免局部温度过高，形成 β 型结晶。等电点法加酸操作，还要注意调准终点 pH，这是由于谷氨酸的溶解度在等电点偏碱时比偏酸时的速度增加快，所以终点 pH 应调节成 3.0~3.2（停酸 30min，搅拌均匀，再取样分析）。

4.3.2.13　晶种与育晶对提取的影响

一般地说，加晶种起晶，晶核容易控制，不易出现 β 型结晶，但是晶种质量的好坏至关重要，必须认真挑选。投放晶种一定要掌握好投种时机，过早投放容易溶化掉，反而增加溶液中谷氨酸浓度，不利结晶；过晚投放，会刺激更多细小晶核的形成。根据结晶理论，溶液经过介稳区和不稳区两个区域，介稳区决定晶体的成长，不稳区决定晶核的形成，所以投种时间应控制在介稳区。运用调节pH与控制温度手段，使谷氨酸结晶处于介稳区，投入晶种量，通常为发酵液的0.15％～0.30％。

4.3.2.14　搅拌对提取的影响

搅拌有利于晶体长大，避免"晶簇"生成，但搅拌太快，液体翻动剧烈，对晶体长大不利，会造成晶体细小。搅拌太慢，液体翻动不大，pH 和温度不均匀，引起局部 pH 过低，形成过多的微细晶核，结晶颗粒细小。搅拌转速与设备直径和搅拌桨叶大小有关，设备越大，搅拌器的转速亦相应降低。生产上大多采用桨式搅拌器，一般搅拌转速以 25～30r/min 为宜。

4.3.2.15　菌体对提取的影响

菌体影响谷氨酸结晶，不易与谷氨酸分离，有条件的工厂最好能先除去菌体，再用等电点法提取谷氨酸。发酵液中残存的菌体大小、数量因菌种而异，有的菌发酵后，发酵液中的菌体量少，菌体大而且菌体又轻，易于同谷氨酸结晶分离，有利于提高收率而有的菌发酵后，菌体较小，数量多，而且重，与谷氨酸结晶较难分离。因此，在采用这类菌种发酵时，必须控制有关条件，才能获得较高收率。

4.3.2.16　等电车间保温性能对提取的影响

等电车间保温性能好坏对提取也有一定影响，在炎热的夏天表现尤为明显。等电车间内要求始终保持低温状态对提取有利，车间墙体厚，密闭性好，在夏天有利于与外界隔热。等电罐切忌放在露天操作，也不要放在简易棚内操作。如果等电车间保温不良，尤其在炎热的夏天，一旦不注意清洁工作，往往会发生污染，严重影响提取收率。

4.3.2.17　离交高流分流加时间、流加速率和流加装置对提取的影响

等电过程一般不用 HCl 或 H_2SO_4 直接调 pH，而是用离交收集的 pH 0.5～1.0 的高流酸化液调 pH。大多工厂为稀释发酵液浓度，提高提取收率，最大限度收集高流分，这部分高流分数量大多高达 60％左右（占发酵液体积），这里就有个如何加入等电罐问题，而根据等电工艺要求，发酵液调 pH 应有快调、慢调和微调的要求。为此，等电罐内既要有快速调酸伸入液层底部的装置，也要有为适合慢调和微调需要，安装等电罐上部流加高流分的分布器装置。

4.3.2.18　发酵液与离交洗脱流分的比例对提取的影响

大种量流加糖发酵工艺在正常情况下产酸可以稳定在 10％～15％，谷氨酸

一次冷冻等电提取时，一般将发酵液与离交高流分按一定的比例掺和进行，这样既可避免直接用浓硫酸调等电 pH 产生的放热反应，又可使离交高流分参与冷冻提取。那么发酵液与离交高流分掺和以多大比例为好？实践证明，发酵液中掺入 60% 左右高流分为佳。只要等电母液的谷氨酸含量在 1.5%～2.0%，说明掺入离交高流分比例就是合理的。这也佐证了常规冷冻等电工艺并非要求谷氨酸浓度越高越好。利用高流分比发酵液浓度几乎低一半以上，实际是起到了稀释作用（也包括杂质浓度的稀释），这样对冷冻等电谷氨酸结晶沉淀更有利。在离交洗脱上可以收集 pH 2.5～6.0 作为高流分，收集的高流分谷氨酸浓度达到 5.0% 左右。

4.3.2.19 提取环境对提取的影响

提取环境污染是导致提取收率直线下降、不容忽视的一个重要因素。很多单位都有过这个方面的教训，切不可掉以轻心。提取车间场地、设备、管道，特别是死角必须定期清洗、消毒，防止发生提取过程的污染。在炎热的夏天，更要注意放入等电罐的发酵液必须及时提取，避免发酵液受环境杂菌侵入繁殖，导致生成的谷氨酸含量明显下降，造成不必要的惨重损失。

综上所述，当提取收率下降时，首先要考虑的是提取过程，当然主要是等电离交过程的工艺操作问题。诸如树脂柱内树脂是否大量流失，菌体是否"糊柱"等严重问题，以及上柱、洗脱工艺是否恰当，母液是否污染等不可忽视的问题。除此之外，还应考虑原材料及制糖、发酵前道工序带来的对提取造成收率下降的种种影响因素。

4.3.3 等电点设备

4.3.3.1 结构与材质

等电点罐为常压容器，罐体为圆筒形，径高比 $D/H = 1:1.5$，封底为 $150°$ 锥角。材质为碳钢衬玻璃钢或选用不锈钢。罐顶最好加盖，可以避免冷量损失。

4.3.3.2 搅拌器

搅拌能提高长晶速度，采用折叶桨式，速度 $25～35r/min$。罐小搅速快，罐大搅速慢。搅拌减速机可选用蜗杆蜗轮减速机或摆线针轮减速机。B 型罐的搅拌转速可达 $90r/min$。

4.3.3.3 冷却装置

列管或盘管，材质为不锈钢。

冷却面积按总热量 Q 计算：

$$F = \frac{Q}{K \Delta T_\mathrm{m}}$$

式中 F——传热面积，一般取 F 为罐容积的 $0.5 \sim 0.9$（视当地的冷却水温而
定），m^2；

Q——总热量，$\mathrm{kJ/h}$；

K——传热系数，等电点罐经验值取 $K = 2000\mathrm{kJ/(m^2 \cdot h \cdot ℃)}$；

ΔT_m——平均温差，$℃$。

$$\Delta T_\mathrm{m} = \frac{(T_1 + T_1') - (T_2 + T_2')}{\ln \dfrac{(T_1 + T_1')}{(T_2 + T_2')}}$$

式中 T_1、T_2——料液进出温度，$℃$；

T_1'、T_2'——冷冻水进出温度，$℃$。

4.3.3.4 放料管

放上清液的管口可分成高低多层（$3 \sim 5$ 层），视谷氨酸液位置开启阀门，底部放谷氨酸阀离罐底越近越好，阀芯开启宜以直通为好。必要时放料口处接一风管或水管，当放料堵塞时予以疏通。

4.3.4 等电点法提取谷氨酸的工艺路线

4.3.4.1 常温等电点

常温等电点法工艺流程和主要工艺条件如图 4-4 所示。

此工艺为一些投资少、设备简陋、冷冻能力配备不足的中小型工厂所采用，母液中尚有 $1.8\% \sim 2.0\%$ 谷氨酸，通过锌盐法回收。总收率可达 80% 以上。育晶点见表 4-16。

表 4-16 等电点法育晶点（pH）参考值

谷氨酸含量/%	育晶点(pH)	谷氨酸含量/%	育晶点(pH)
8.0 以上	5.0～5.2	5.5	4.3～4.5
7.0	4.9～5.0	5.0	4.0～4.3
6.5	4.7～4.9	4.5	3.8～4.0
6.0	4.6～4.8	4.0	3.6～3.8

4.3.4.2 低温（硫酸）等电点

（1）工艺流程和工艺条件见图 4-5。

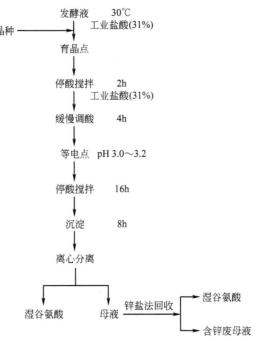

图 4-4　常温等电点法工艺流程及条件图

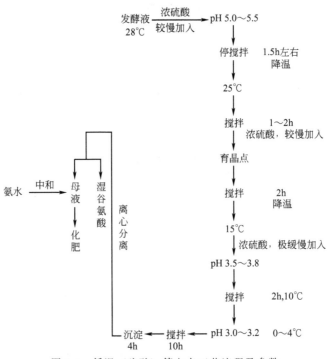

图 4-5　低温（硫酸）等电点工艺流程及参数

（2）硫酸为强氧化剂，腐蚀性较盐酸大，操作时应谨慎，防止强硫酸飞溅沾腐皮肤、眼睛。

（3）硫酸与盐酸对设备腐蚀性不同，要求设备、管道、阀门对浓硫酸有高度的耐腐蚀性能。

（4）中和放热：工业硫酸含量在 98％以上，在中和发酵液时放出一定热量，调酸速度要缓慢，以防止焦谷氨酸的形成。

（5）硫酸浓度高，价格比盐酸便宜，而且采用此工艺的得率比用盐酸高，成本低。此外，母液用氨水中和生成（NH$_4$）$_2$SO$_4$，可作为化肥。

4.3.4.3　带菌体浓缩等电点

（1）工艺流程和工艺条件见图 4-6。

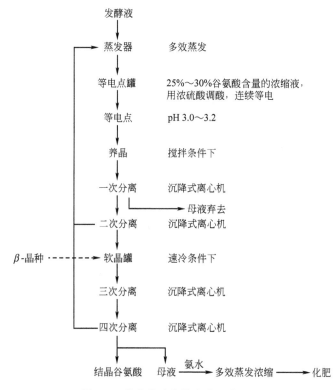

图 4-6　带菌体浓缩等电点工艺流程

（2）带菌浓缩等电点的提取工艺：适合于以糖蜜为碳源的谷氨酸发酵，但转晶是必要工艺，也是关键技术。

（3）选用蒸发器应为三效或四效的，其中四效蒸发器较为理想，可节约蒸汽用量 75％，蒸发温度也符合味精热敏性要求。蒸发温度见表 4-17。

表 4-17 蒸发温度

| 一效蒸发温度 | 73℃ | 三效蒸发温度 | 58.5℃ |
| 二效蒸发温度 | 65℃ | 四效蒸发温度 | 45℃ |

要求浓缩设备能自动控制出料浓度，能自动清洗设备管道，结构紧凑，占地面积小。沉降式离心机主要用在谷氨酸结晶与菌体等胶体物质的分离。

4.3.4.4 除菌浓缩等电点

（1）工艺流程和工艺条件见图 4-7。

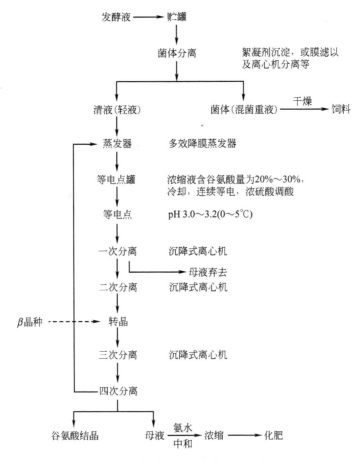

图 4-7 除菌浓缩等电点工艺流程

（2）除菌体的必要性：从发酵液中提取谷氨酸不论采用什么方法，去除菌体比带菌体的在谷氨酸的质量和收率上都要高。以供参考。

（3）设备选择：浓缩设备选用四效（或五效）降膜蒸发器；分离菌体设备选

用碟式和沉降式离心机，或采用膜滤方式除菌体。

卧式沉降离心机国内外厂家均有生产，但在分离因数、耐磨性能、主机长期连续使用的可靠性方面是有所不同的。在引进的设备中，较好的是德国 Flottweg Decanter 公司生产的 Z_4D-3/451 离心机，其技术性能：分离因数 3700；处理量 6~8m^3/h；分离后 Glu 含水 8%~11%；防腐层用特殊的碳化钙涂层；材质用耐酸的高强度钢（25% Cr、10% Ni、2% Mo）；电机可调速，电机 45kW。

（4）结晶转型问题：用淀粉糖作碳源与以糖蜜为碳源的发酵液区别很大，中国台湾以糖蜜为原料，提取工艺中均有转型工序，即由 α 型转为 β 型，主要目的为去除色素等杂质而使谷氨酸提纯；用淀粉糖因色素低可不经转晶，也可转晶。

（5）菌体得到利用，废液得到治理：此工艺分离出的菌体可作饲料或用于制造核苷酸废液，经浓缩制造肥料，可解决废液污染问题。

4.4 离子交换法提取谷氨酸

4.4.1 各种树脂对氨基酸的交换性能

谷氨酸是两性电解质，它含有可被离子交换的阳离子（—NH_3^+）和阴离子（—COO^-）。阳离子和阴离子树脂都能对它交换吸附。

（1）强酸性阳离子交换树脂：能交换吸附谷氨酸等所有氨基酸。

（2）弱酸性阳离子交换树脂：对所有氨基酸几乎都不交换吸附。

（3）弱碱性阴离子交换树脂：对交换吸附等电点高的氨基酸有困难。

（4）强碱性阴离子交换树脂：对等电点低的氨基酸交换吸附显著。

4.4.2 离子交换树脂的类型和结构

离子交换树脂是一种疏松的，具有网状结构的，不溶于水、酸、碱和有机溶剂，化学稳定性良好，带有交换基团，有离子交换能力的固体高分子聚合物，它由树脂本体（母体）和合成中引进的交换基团组成。

离子交换树脂分为凝胶、大孔型、均孔型、超凝胶，其孔径为凝胶 30Å（1Å＝0.1nm），大孔 300~13000Å，均孔 90Å。

4.4.2.1 树脂本体

本体是高分子化合物和交联剂化合的共聚物，交联剂使高分子化合物聚合成固体，使之成为网状结构，它是构成树脂的"骨架"。

4.4.2.2　交换基团

在树脂合成过程中，可引进的交换基团有磺酸基（—SO$_3^-$）、羧基（—COOH）和氨基（伯氨基、仲氨基、叔氨基、季铵基）等。酸性解离基团可交换阳离子，称阳离子交换树脂；碱性解离基团可交换阴离子，称阴离子交换树脂。按解离基团的解离度大小，又可分为强弱两种。其结构形式为：

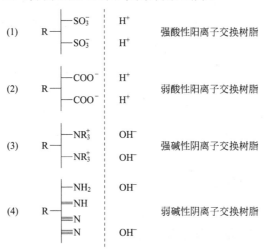

R 表示树脂本体（母体），NR$_3$表示氨基（活性基团）。

工业生产上通常用 001×7（732）强酸性阳离子交换树脂来交换吸附谷氨酸。这种树脂是在苯乙烯-二乙烯苯共聚的母体中，引入交换活性基团—SO$_3^-$，二乙烯苯是交联剂，把聚苯乙烯线状的高分子交联成多孔网状结构的固体颗粒，磺酸根就连在苯乙烯对位的苯环上，结构式如下：

以上结构式可简写成 R—SO$_3$H，R 表示苯乙烯-二乙烯苯树脂母体，即骨架部；—SO$_3$H 是一种酸性强、易解离的活性基团。

4.4.2.3　交联度

树脂中二乙烯苯的用量对树脂性能影响很大，它的百分含量表示树脂的交联度。二乙烯苯含量大，即树脂的交联度大，则内部结构紧密，树脂孔隙小，不易膨胀，不能交换吸附大分子物质。商品树脂交联度在 2%～25%，常用在 7%～8%。国产 001×7（732）属于这类树脂。

4.4.3 离子交换树脂的性能

4.4.3.1 外观和颗粒大小

离子交换树脂是一种透明或半透明的物质，有白、黄、黑及赤褐色等几种颜色。在制造时，交联剂多，原料杂质多，颜色就稍深。树脂吸附饱和后颜色也会变深。树脂的外形有定形粒状和球状，从前都是不定形的，近年来几乎完全趋向球状。因为球状树脂制造容易，单位体积的表面积大，有利于交换，使用方便。填充状态好，树脂层的流量均匀，通过树脂的压力损失小，树脂磨损也小。

树脂颗粒大小，对树脂交换能力、树脂层中溶液流动分布均匀程度、溶液通过树脂层的压力以及交换和反冲时树脂的流失等都有很大影响，一般树脂颗粒小，交换速度快，但压力损失大，反洗时较困难。

树脂的粒度是指在出厂的交换基团型式时，在水中充分膨胀后的颗粒直径，它是用筛孔目数或颗粒直径（mm）表示。工业上应用的国产树脂颗粒一般为 16～50 目（颗粒直径 1.18～0.30mm），但也有 100～300 目的，多用于医药和科研方面。

4.4.3.2 含水量

树脂交联网孔内都含有一定的水分，树脂交联度越小，内部孔隙率大，含水量也高。树脂含水量是在树脂充分膨胀情况下测定的，一般为 40%～60%。

4.4.3.3 密度

树脂的密度，在理论和实际使用上都是重要的，有干真密度、湿真密度、视密度等。

（1）干真密度　干真密度即干燥状态下树脂合成材料本身的密度。

$$干真密度 = \frac{树脂的干燥重}{减去树脂内空隙的真体积}$$

干真密度一般为 1.6g/mL 左右，但没有实用意义。

（2）湿真密度　湿真密度指树脂充分膨胀后，树脂颗粒本身的密度。

$$湿真密度 = \frac{树脂湿重}{树脂颗粒所占体积}$$

湿真密度对树脂反洗强度大小、混合柱再生前分层好坏有影响，一般为 1.04～1.30g/mL，阳离子树脂比阴离子树脂大。

（3）视密度　视密度是指树脂充分膨胀后的堆积密度。

$$视密度 = \frac{树脂湿重}{树脂层的体积}$$

视密度一般为 0.60～0.85g/mL，根据此值来估计树脂柱所受的压力，计算树脂柱所需装入的树脂质量。

4.4.3.4　膨胀性

树脂在水中由于交换基团的离解，并形成水合离子，从而使树脂的交联网孔增大，发生膨胀。同一型号的交换基团（如磺酸型），因可交换离子（如 H^+、Na^+ 等）不同，树脂的溶胀率也不同，水合度大（水合离子半径大）的离子，相应的树脂溶胀率高。交换基团的离解能力越强，溶胀率越大。

一般强酸性阳离子交换树脂由 Na^+ 型变为 H^+ 型，体积大约增加 5%。由于树脂具有这种性质，树脂在进行交换和再生时，体积发生变化，反复多次胀缩会使树脂破碎，因此应尽可能地减少再生次数。

4.4.3.5　耐磨性

树脂使用过程中会产生磨损，一般每年磨损 $3\% \sim 7\%$。

4.4.3.6　耐热性

各种树脂都有一定的耐热性能，温度过高或过低，对树脂的强度和交换容量都有很大影响。温度过低，易使树脂的机械强度降低，温度低于 $0℃$ 时，树脂内部的水分冻结，使树脂膨胀破裂。北方地区的工厂，须注意冬季对树脂的保存，防止冻坏。当温度过高时，易使树脂交换基团分解，而影响交换容量和寿命。

一般阳离子树脂较阴离子树脂的耐热性高，盐型树脂较游离酸型耐热性高，而盐型中又以钠型最高。

4.4.3.7　溶解性

离子交换树脂是一种不溶性物质，在一切有机、无机溶剂（除醛外）中溶解度都极微。

4.4.3.8　交换容量

交换容量指树脂的交换能力，是表示树脂性能的重要数据，有以下几种表示方法。

（1）全交换容量　全交换容量指树脂交换基团中可交换离子全部被交换时的交换容量，也就是树脂全部可交换的离子物质的量，一般采用滴定法测定。质量全交换容量，以 mmol/g 干树脂表示；体积全交换容量以 mmol/mL 湿树脂表示。

（2）工作交换当量　工作交换当量指在工作状态下，树脂的实际交换容量。它是在一定工作条件下测定的，影响因素很多，使用时应根据实际工作条件试验确定，单位为 mmol/mL 湿树脂。

（3）有效交换容量　有效交换容量指工作交换容量减去正洗损失的交换容量。

（4）交换效率

$$交换效率＝有效交换容量/全交换容量×100\%$$

4.4.3.9　常用的离子交换树脂

在谷氨酸交换中常用的强酸性阳离子交换树脂为 001×7(732)。此树脂为苯乙烯型强酸性离子交换树脂，为淡黄色透明球状颗粒，质量全交换容量≥4.5mmol/g；体积全交换容量 1.9mmol/g；湿真密度 1.25～1.30g/mL；湿视密度 0.76～0.87g/mL；在水溶液中的溶胀率 22.5%；交联度 7%～8%，含水量 40%～50%；粒度 16～50 目占 95%；有效粒径 0.35～0.85mm；允许 pH 1～14；允许温度 110℃；出厂离子形式钠型；磨后圆球率 90%～95%；与国外对照产品（美）Amberlite IR-120。

4.4.4　离子交换机制

利用阳离子交换树脂从谷氨酸发酵液中分离谷氨酸是选择性吸附。将发酵液中残糖及其聚合物、色素、蛋白质等非离子杂质得以分离，经洗脱浓缩，在等电点条件下获取谷氨酸。

4.4.4.1　吸附顺序（能力）

（1）强酸性阳离子交换树脂　按树脂对这些离子吸引力和亲和力大小，其吸附顺序是：金属离子＞NH_4^+＞氨基酸＞有机色素。

1）$Fe^{3+}＞Al^{3+}＞Ca^{2+}＞Mg^{2+}＞K^+＞NH_4^+＞Na^+＞H^+$。

2）Arg＞Lys＞His＞Phe＞Leu＞Met＞Val＞Ala＞Gly＞Pro＞Glu＞Ser＞Thr＞Asp。

（2）弱酸性阳离子交换树脂

1）$H^+＞Fe^{3+}＞Al^{3+}＞Ca^{2+}＞Mg^{2+}＞K^+＞Na^+$。

2）Arg＞Lys＞His。

（3）强碱性阴离子交换树脂

1）$(C_6H_5O_7)^{3-}$（柠檬酸根）$＞SO_4^{2-}＞C_2O_4^{2-}＞I^-＞NO_3^-＞CrO_4^{2-}＞Br^-＞SCN^-＞Cl^-＞HCOO^-＞OH^-＞F^-＞CH_3COO^-$。

2）Asp＞Glu＞Phe＞Met＞His＞Ser＞Thr＞Gly＞Leu＞Val＞Pro＞Lys＞Arg。

（4）弱碱性阴离子交换树脂

1）$OH^-＞SO_4^{2-}＞CrO_4^{2-}＞(C_6H_5O_7)^{3-}＞(C_4H_4O_7)^{2-}$（酒石酸）$＞NO_3^-＞AsO_4^{3-}＞PO_4^{3-}＞CH_3COO^-＞I^-＞Br^-＞Cl^-＞F^-$。

2）Asp＞Glu。

4.4.4.2　离子交换原理

发酵液中谷氨酸在通过阳离子交换柱时，先向树脂表面扩散再穿过树脂表面向树脂内部扩散，谷氨酸中的—NH_3^+ 与树脂交换基团—$SO_3^-H^+$ 的 H^+ 进行交换，交换下来的 H^+ 从树脂内部向表面扩散，由于 H^+ 扩散到溶液中，所以发酵液流经交换柱的流出液，其 pH 会下降。

4.4.4.3　交换的化学反应方程

强酸性阳离子树脂提取发酵液中谷氨酸的化学反应：

（1）交换吸附：pH $5.0\sim5.5$。

$$(R—SO_3H+NH_4^+ \longrightarrow R—SO_3NH_4+H^+)$$

$$
\begin{array}{c}
NH_3^+ \\
| \\
H—C—COO^- \\
| \\
CH_2 \\
| \\
CH_2 \\
| \\
COOH
\end{array}
\quad + RSO_3^-H^+ \longrightarrow \quad
\begin{array}{c}
NH_3^+SO_3^-—R \\
| \\
CH—COO^- \\
| \\
CH_2 \\
| \\
CH_2 \\
| \\
COOH
\end{array}
\quad + H^+
$$

（2）洗脱：$4\%\sim5\%$ NaOH。

$$
\begin{array}{c}
NH_3^+SO_3^-—R \\
| \\
H—C—COO^- \\
| \\
CH_2 \\
| \\
CH_2 \\
| \\
COOH
\end{array}
\quad + NaOH \longrightarrow \quad
\begin{array}{c}
COOH \\
| \\
H_2N—C—H \\
| \\
CH_2 \\
| \\
CH_2 \\
| \\
COOH
\end{array}
\quad + RSO_3Na + H_2O
$$

谷氨酸

（3）树脂再生：阳离子交换树脂经洗脱后成钠型树脂，必须再生成氢型（H^+）树脂，供下次使用。

$$RSO_3Na + HCl \longrightarrow RSO_3H + NaCl$$

4.4.4.4　交换层次

谷氨酸发酵液流经阳离子交换柱时，被交换吸附的物质，其分层的大致情况见图 4-8。

第一层：K^+、Ca^{2+}、Mg^{2+} 等金属离子；

第二层：NH_4^+、Na^+；

第三层：中性和碱性氨基酸；

第四层：谷氨酸；

第五层：其他氨基酸；

第六层：有机色素。

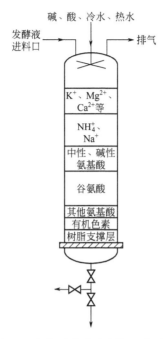

图 4-8   谷氨酸发酵液交换吸附层次

其中铵离子物质的量浓度为谷氨酸物质的量浓度的 1.3～1.8 倍，其他氨基酸和金属离子为谷氨酸物质的量浓度的 0.1 倍。

4.4.5   离子交换设备

离交主要设备为交换柱，分受压和常压两种。常压的一般不设上封头，受压的交换性上下封头一般采用椭圆形，其筒体的高和筒径之比 H/D 一般为 4～8，树脂层高度占圆筒高度的 70%，交换柱设有进料均布装置，圆柱体底部与下封头之间装有多孔筛板，铺筛网及尼龙滤布以支持树脂层，见图 4-9(a)。近些年许多企业采用大小不同的块石河卵石垫底，上铺石英砂作支承层，效果很好，见图 4-9(b)。因腐蚀原因到一定时间这些石料需更换。

交换柱材质一般用碳钢板，内衬橡胶或涂玻璃钢，以采用缠绕式全玻璃钢为最佳。交换柱的附属管道一般用硬聚乙烯管或衬胶铁管，阀门采用不锈钢、橡胶隔膜阀或硬质塑料阀门。

4.4.6   离子交换法提取谷氨酸的工艺路线

4.4.6.1   单柱交换法及双柱串联交换法

单柱法交换吸附，工厂一般不采用，因谷氨酸发酵液中谷氨酸和其他能被交

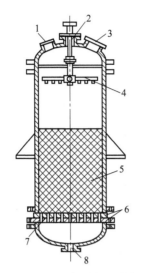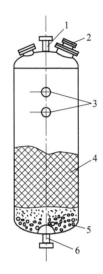

(a) 具有多孔支持板的离子交换柱
1—视镜；2—进料口；3—手孔；4—液体分布器；
5—树脂层；6—多孔板；7—尼龙布；8—出液口

(b) 具有块石支持层的离子交换柱
1—进料口；2—视镜；3—液位计；
4—树脂层；5—卵石层；6—出液口

图 4-9　离子交换柱

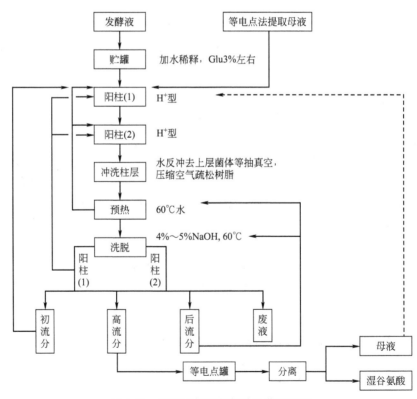

图 4-10　双柱法提取谷氨酸工艺流程图

换的物质全部集中在一根柱上，单是 NH_4^+ 就占 0.8% 左右，还有其他氨基酸、金属阳离子、有机色素等，所以洗脱峰不高，高流分不集中，收集液中谷氨酸平均含量低。当树脂交换吸附到饱和量的 80% 时，发酵液流出时谷氨酸就有漏吸现象，树脂利用率较低。如果是串联柱上柱，第一柱漏吸的谷氨酸就会被第二柱所吸附，避免了单柱操作的损失，所以国内味精厂采用离交法提取谷氨酸都是用双柱或多柱离交工序，包括等电点母液回收。

双柱串联交换法流程见图 4-10，可采取顺流上柱，顺流分柱洗脱；逆流上柱，顺流分柱洗脱。

双柱法离子交换工艺设备管道流程见图 4-11。

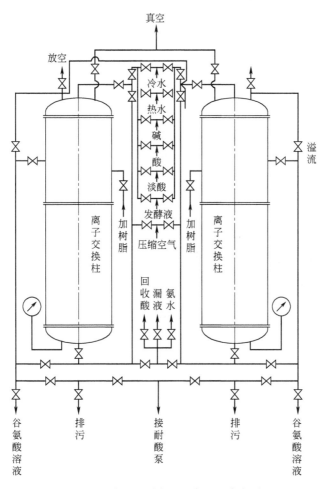

图 4-11 双柱法离子交换提取谷氨酸设备管道流程图

4.4.6.2　三柱以上的多元柱串联交换法

该方法也分顺流上柱和逆流上柱，洗脱都是分柱顺流洗脱。多柱上柱先后次序可以视生产实际情况交叉轮流。

一般带菌上柱采用逆流上柱，顺流洗脱，因谷氨酸发酵液中除菌体外，尚有大量杂蛋白等胶体物质和其他杂质，顺流上柱与上层树脂层易黏结、堵塞，流速逐渐减慢，不利于工业化生产。当发酵液去除菌体，排除了堵柱因素后，就可采用顺流上柱，因顺流上柱，树脂按溶质解离度分层吸附，起到色谱作用，树脂交换吸附易达饱和，树脂利用率高。洗脱时，谷氨酸洗脱峰集中，高流分收集液总浓度高，而且收集的高流分含杂质少、纯度高，有利于谷氨酸结晶和收率的提高。

单柱、双柱和多柱对发酵液中谷氨酸进行交换吸附、解析（洗脱）和树脂再生，其工艺条件基本一致。

4.4.7　离子交换法的工艺条件和技术要点

4.4.7.1　上柱液的 pH

发酵液放罐后用盐酸调 pH 5.0，然后加水稀释至谷氨酸含量达 3％左右，这时 pH 在 5.0～5.5，即为待上柱液。因为上柱交换时树脂交换基团—SO_3H^+电离，树脂内部 pH 约为 1，谷氨酸等电点 pH＝3.22，被树脂吸附。当 pH＞3.2 时，谷氨酸带负电而不能与阳离子树脂进行交换。但在实际生产中发酵液 pH 不要求低于 3.2，而是调在 pH 5.0～5.5 就可上柱。因发酵液中有一定量 NH_4^+、Na^+ 等阳离子，而这些阳离子先与树脂进行反应，放出 H^+，使溶液 pH 降低，谷氨酸带正电荷成为阳离子而被交换吸附，因此要控制上柱液 pH＜6。

4.4.7.2　上柱液体积计算

上柱液量与上柱液所含谷氨酸和铵离子（NH_4^+）量有关。

732 树脂理论交换量为 4.5mmol/g 干树脂，取树脂视密度 0.8g/mL，含水量 50％，则湿树脂交换量：$4.5×(1-50\%)×0.8＝1.8$mmol/mL 湿树脂。发酵液中除谷氨酸外，尚有大量 NH_4^+、其他可交换的阳离子，由于计算条件限制，所以取树脂利用率为 70％，则 1.8mmol/mL 湿树脂$×70\%＝1.26$mmol/mL 湿树脂。

$$上柱量＝1.0～1.2kmol\ 谷氨酸和\ NH_4^+\ /m^3\ 湿树脂$$

$$上柱液体积＝\frac{1.0-1.2}{\dfrac{谷氨酸含量}{147}+\dfrac{NH_4^+\ 含量}{18}}×湿树脂体积(m^3)$$

式中，谷氨酸含量（单位 g/L），华勃检压法测定铵离子（NH_4^+）含量（单位 g/L），蒸氨法测定湿树脂体积。

单柱交换：一根柱内湿树脂量。

双柱交换：阳柱（1）和阳柱（2）的湿树脂量总和。每 $1m^3$ 湿树脂（kmol）：顺流上柱取 1.0～1.2，逆流上柱取 0.9～1.0。

4.4.7.3 新树脂的处理

待交换的树脂应处理为 H^+ 型即 $RSO_3^- H^+$，若是新树脂应进行预处理。新树脂装入柱后，先用 2～3 倍树脂体积的 7％～8％ NaOH 浸泡过夜或 12h 以上，然后用水顺流洗涤，至 pH 为近中性，再用 2～3 倍树脂体积的 7％～8％工业盐酸（HCl 浸泡）浸泡 4h 以上，用水顺流洗涤，中间可用水反冲翻动几次，使树脂均匀，截面"不断柱"，水洗至 pH 1～2 时备用，这时的树脂为 $RSO_3^- H^+$ 型。

4.4.7.4 体积流速（SV）控制

上柱流速与被吸附离子的性质与树脂类型、树脂充填高度 H 与柱直径 D 的比（H/D）等因素有关，通常逆上柱比顺上柱流速要快。

体积流速 SV 按经验数据：

逆流上柱：　　　　　　　　$SV = 2～3m^3/(m^3 \cdot h)$

顺流上柱：　　　　　　　　$SV = 1.5～2.0m^3/(m^3 \cdot h)$

式中　SV——单位时间内通过每 $1m^3$ 树脂的液体体积，$m^3/(m^3 \cdot h)$。

4.4.7.5 防止漏吸

在发酵液上柱时，特别后阶段，为了防止"漏吸"，可用 5％茚三酮溶液的显色反应来检测，当上柱流出液谷氨酸含量大于 0.2％时，为"漏吸"。

4.4.7.6 反洗

交换吸附结束后，用水反洗，使带菌体等杂质的上层污物冲洗出排污口，中间可开启压缩空气和真空，使树脂疏松，但要防止树脂溢出。

4.4.7.7 树脂预热和洗脱

温度高，溶液中离子运动速度加快，能加快洗脱速度，并可防止谷氨酸洗脱时在柱内析出。但温度过高，树脂易破损，所以洗脱的温度应控制在 60℃左右。为了防止忽冷忽热而致使树脂破裂，在洗脱前先用 50～60℃水预热，洗脱后也要上一定数量的 50～60℃热水，使碱液全部流过浸泡树脂。

洗脱剂为 60℃的 4％～5％氢氧化钠溶液。关于氢氧化钠用量，按经验，氢氧化钠的物质的量应是被吸附谷氨酸的物质的量的 3～4 倍，计算时取 4 倍，则：

$$100\% \text{ NaOH 用量} = \text{上柱量} \times \frac{\text{谷氨酸含量}}{147} \times 4 \times 40$$

式中，40 为 NaOH 的分子量。

洗脱后，树脂转为钠型即 $RSO_3^- Na^+$，洗脱速度应比上柱流速慢。但谷氨酸溶解度低，浓度高时其流速慢要产生"结柱"，此时应立即加快流速，避免析晶在柱内发生。

4.4.7.8　洗脱液收集与洗脱曲线

按洗脱过程中 pH 和波美度变化进行分段收集。

从 pH 1.8、0°Bé 开始收集，到 pH 2.5、1°Bé，这一段为低流分。谷氨酸含量 1% 左右，为前流分（低流分），数量少可以重新上柱交换。

从 pH 2.5、1°Bé，到 pH 8、4°Bé 左右，这一段为高流分，以 pH 3.0～3.5 时为最高，平均谷氨酸含量为 8% 左右。泵入等电点罐，调酸到 pH 3.0～3.2，养晶后经分离得谷氨酸结晶。

pH 8～9，这一段收集液为后流分，谷氨酸含量为 2% 左右，这部分流出液含 NH_4^+ 等杂质多，经加热除氨后可再上柱。

pH 11～12，这一段流出液均为氨，可以用来中和离子交换流出液，以提高排放时的 pH，或用硫酸中和成硫酸铵，作化肥用。

从收集洗脱液，可以明显看出洗脱过程 pH、谷氨酸和 NH_4^+ 的变化情况，如图 4-12 所示。洗脱过程应防止高峰不集中或拖尾现象。

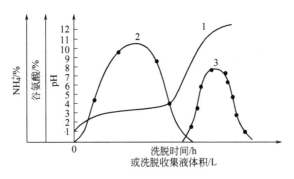

图 4-12　洗脱曲线示意图

1—pH 变化曲线；2—谷氨酸变化曲线；3—NH_4^+ 变化曲线

4.4.7.9　树脂再生

树脂洗脱后，用水冲洗至 pH 8.5～9.0 时，其形式为钠型即 $RSO_3^- Na^+$，下次继续使用前，应用酸进行再生。

以体积为湿树脂体积 1.5 倍的 5%～6% 盐酸，顺流通过树脂层，再用水洗，当流出液 pH 为 1.0～1.5 时，转为 H^+ 型树脂，即 $RSO_3^- H^+$。下次上柱前还需疏松树脂层。

再生剂流速宜控制在上柱流速的 1/2。

再生剂盐酸用量计算：

$$工业盐酸用量 = \frac{树脂体积 \times 1.8 \times 1.2 \times 36.5}{工业盐酸含量 \times 盐酸相对密度}$$

式中　　1.8——树脂全交换当量，mmol/mL 湿树脂；

　　　　1.2——盐酸用量为树脂全交换量的 1.2 倍；

　工业盐酸含量——31%；

　盐酸相对密度——盐酸浓度在 31.52% 时，为 1.160，盐酸浓度在 30.55% 时，
　　　　　　　　为 1.115。

阳树脂再生时也可用硫酸代替盐酸。

4.4.7.10　等电点-离交提取工艺母液中 Glu 回收

等电点-离交提取工艺母液中 Glu 回收见 4.5。

4.5　等电点-离子交换法提取谷氨酸

4.5.1　原理

该方法是发酵液经等电点法提取谷氨酸以后，再采用单柱或串柱法，将等电点母液通过离子交换树脂进行交换，然后用氨水洗脱树脂上的谷氨酸，收集高流分，将其酸化后调下批发酵液等电点，提取谷氨酸。

该工艺既可以克服等电点法提取谷氨酸收率低的缺点，又可以减少树脂用量，减少酸碱消耗，提取收率可达 95% 以上。

4.5.2　工艺流程

工艺流程见图 4-13。

4.5.3　技术要点

该工艺分为两步操作：第一步为利用酸化液调发酵液等电点提取谷氨酸，第二步是母液进行离子交换回收母液中的谷氨酸，两步实质上合并为等电点离交提取谷氨酸。

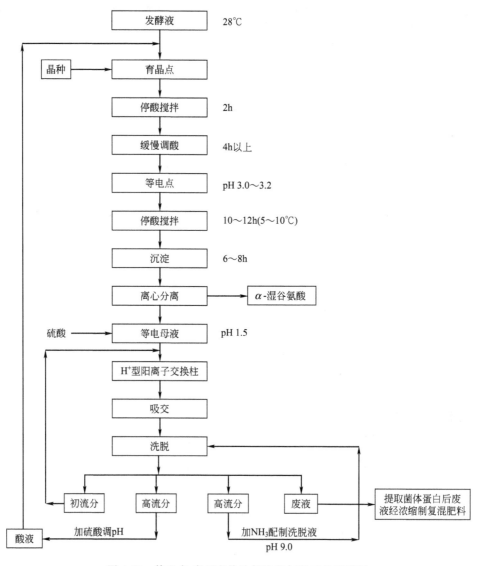

图 4-13　等电点-离子交换法提取谷氨酸工艺流程图

4.5.3.1　等电点技术要点

（1）等电点调酸加入高流分酸化液，酸化液根据量的多少调整 pH 高低，一般控制 pH 在 1.0～1.5，以谷氨酸结晶全部溶化为适宜。

（2）在等电点调酸过程中，前期可适当快，中期要缓，后期要慢，加入酸化液一定要均匀，防止局部过酸。

（3）育晶前仔细观察晶核的大小和数量，适时加入优良晶种，加种量为发酵

液的 $0.15\%\sim0.30\%$，育晶时间 2h。育晶期间料温要稳定不变。

（4）等电点调到位后要 30min 后复核，有误差一定要进行校正调整。

4.5.3.2 离交技术要点

（1）谷氨酸母液含 Glu $1.5\%\sim2.5\%$，用硫酸调至 pH 1.5，使 Glu 分子全部离解成可自由移动的离子，其 H^+ 能激活树脂交换基团与离解的 Glu 阳离子进行充分地交换。

（2）离子交换上柱液控制好上柱量，防止漏吸或过饱和，降低尾液排放含量。

（3）洗脱树脂铵离子含量充足，完全洗脱树脂上的谷氨酸离子，树脂再生要充分。

（4）后流分因含铵离子较高，收集后通入液氨，作洗脱剂使用，也可加入部分新鲜母液配制洗脱剂，pH 控制在 $9.0\sim10.0$。

（5）上柱吸附：母液上柱的方式一般可以分为单柱和多柱串联上柱两种。

1）单柱上柱：上柱量以定量上柱为好，根据树脂的交换容量和母液中各种阳离子存在的实际情况，在正常情况一般估算为每 $1m^3$ 树脂可以交换吸附 30kg 谷氨酸。因此，用计算量的母液从柱顶自上而下流出排放即可，此时可以看到上柱流出液 pH<1.5 的现象，说明上柱情况正常。单柱上柱由于流经路程短，阻力小，其上柱流速一般可以在常压下进行，以避免树脂多次受压使用加速破碎、挤压短路的影响造成树脂利用率降低和上柱母液的流失。

2）多柱串联上柱：离交柱运行呈周而复始、循环往复。可以是 4 只柱为一组，开始上柱是第 1 柱和第 2 柱串接，待第 2 柱末端谷氨酸开始流失时（Glu≤0.2%），应串接第 3 柱，同时也表明第 1 柱已吸附饱和。此时其第 1 柱内的母液可以采取两种处理方式解决，其一用虹吸原理拉入第 2 柱至第 3 柱；其二用洗脱液（pH 9.0 的母液）进入第 1 柱开始对第 1 柱的洗脱。但应对第 1 柱的末端以 pH 试纸加以检查，待 pH 至 2.0 时及时断开第 1 柱。此时上柱母液的上柱顺序变为第 2~3 柱。当第 3 柱末端谷氨酸开始流失时可以串至第 4 柱，依次再串回第 1 柱（届时第 1 柱已洗脱处理完毕，可以重新上柱使用），达到循环不间断地上柱和洗脱过程，在动态中提高树脂柱的利用率。欲使离交收率达到较高的水平，上柱过程重要的是要最大限度地防止谷氨酸的流失，而此类上柱吸附方式能做到后柱对前柱的流失起到切实的保护作用，谷氨酸连续流失的可能性大大减少。至于上柱流速，由于采用串联上柱方式，其双柱或三柱串联，上柱液上柱吸附流经的距离比单柱成倍地增加，足以满足离交须扩散、交换、再扩散的过程时间，即充分交换的条件。因此，上柱流速在串联吸附过程中可以控制得适当快些，以缩短循环上柱的周期。

3）其他上柱方式：采取多次上柱吸附，以逆向方式上柱，谷氨酸流失极微，回收率大为提高

（6）单柱洗脱：洗脱时收集液有一个 pH 变化过程，随着 pH 由低到高，谷氨酸在洗脱收集液中含量亦随之动态变化，一般当收集液 pH 达到谷氨酸等电点时，很容易在这一 pH 段产生谷氨酸结晶。如果采用多柱串联洗脱将会很容易造成"糊柱"，使整个洗脱过程失败。基于这一原因，在洗脱时只能采用单柱洗脱的方式。要洗脱树脂活性基团上的谷氨酸而采用液氨是便捷而经济的。只要将液氨冲调在洗脱液贮罐等电母液中将 pH 调至均匀碱性 9.0 即可。由于采用等电母液作洗脱液，其本身存在 1.5%～2.5% 的谷氨酸在洗脱过程不会发生交换等变化，真正发挥洗脱作用的主要是 NH_4^+ 和 OH^-。基于母液中含量很高的 NH_4^+ 具有较强的交换势，加上 OH^- 的引力作用，很容易将已上柱交换吸附的谷氨酸交换洗脱下来，加上洗脱液中原有的谷氨酸使得洗脱收集液中谷氨酸浓度具有叠加效应能保持在较高水平上。生产上多采用洗脱的后流分加以冲氨至 pH 9.0 作为洗脱液。

（7）洗脱液的收集及酸化：经氨调整 pH 至 9.0 的等电母液流经树脂柱进行洗脱，其收集液随 pH 的变化，谷氨酸浓度会有一个峰值出现。一般收集 pH 2.5 至 pH 5.5～6.0 为高流分液，含 Glu 5%，可按具体要求截取 pH 收集区间，只要对后续的等电工艺有利就行。其次在洗脱收集区间以外的部分，pH 的低端（<2.5）可以回至上柱液罐，pH 的高端（>6.0）可以回到洗脱液罐重新利用，既不使谷氨酸流失又能省酸省碱。

经柱洗脱后的收集液集中于收集液罐中，一般用硫酸或盐酸将收集液调整 pH 0.5～1.0，要充分均匀以免产生细小的谷氨酸结晶对后续的等电工艺造成危害。调酸处理后可以在等电过程中当调酸液用与新鲜放罐的谷氨酸发酵液共同参与等电的提取。

（8）对离交柱的冲洗：等电母液中存在着很多杂质，特别是菌体蛋白、色素、残消泡剂等非离子型大分子黏稠物质，通过上柱交换吸附往往会滞留积累在树脂层及缝隙中。这类杂质如果不冲洗掉，其一，将会使树脂的活性基团部分封闭使洗脱收集效果不佳，也会影响到洗脱后柱的重新交换吸附。其二，这类积累性的杂质如果连同洗脱收集液一起带到等电罐进行冷冻等电操作，会造成一定影响，严重时甚至可能使等电过程产生 β 型谷氨酸，危害性不可小视。

树脂柱冲洗的方法，可以先进行反冲，然后再顺冲，待流出液清亮时即可。为节约用水，可用上清母液代水，尽量减少清水用量。

（9）洗脱初流分回收利用：初流分 pH 1.5，在上柱液之前先上初流分液，使树脂 pH 迅速降下来，提前进入工作状态，对提高离交收率很有利。

4.6 浓缩连续等电点转晶工艺提取谷氨酸

浓缩连续等电点转晶工艺是通过蒸发器将发酵液浓缩到 30％～35％，在等电罐中流加硫酸、水解液，采取高温连续中和的方式进行等电结晶，然后经过两遍分离得到 α-谷氨酸，通过转晶再次提纯由 α-谷氨酸转成 β-谷氨酸。采取浓缩高温连续中和，避开了蛋白质的等电点，介稳区最宽，加之有大量的 α 型晶种，等电控制相对稳定，比较适合处理高产酸、高营养类型的发酵液。同等电点-离交法提取谷氨酸相比，谷氨酸产品纯度较高，有利于精制但提取收率相对略低，在 87％～90％，但此法没有液氨消耗，节省浓硫酸 40％～50％，成本基本相当。同时，高浓度废水排量比等电点-离交法提取谷氨酸工艺减少 60％以上，减轻了环保压力。

4.6.1 工艺流程

浓缩连续等电点转晶工业发酵流程由三个单元组成，分别为：发酵液浓缩连续等电单元、等电谷氨酸分离转晶单元、母液浓缩水解单元。工艺流程见图 4-14。

4.6.2 发酵液浓缩连续等电单元

4.6.2.1 工艺原理

由谷氨酸发酵液中提取谷氨酸的方法，是利用谷氨酸的两性性质，将带菌发酵液或除菌发酵液用硫酸（水解液）调节 pH 至谷氨酸的等电点，使谷氨酸结晶析出。本单元是将谷氨酸发酵液采用四效蒸器蒸发浓缩，浓缩后的发酵液与硫酸（水解液）同时连续流加至连续等电母罐中，控制母罐 pH、温度、波美度，使发酵浓缩液以及水解液中的谷氨酸逐渐在母罐原有结晶上析出，并生成部分小 α 型结晶，保证在连续出料过程中的母罐结晶面积的稳定。同时母罐保持液位连续出料至连续等电降温罐，并在降温罐中再次采用硫酸对晶浆液 pH 微调，使其达到溶解度最低的等电点，逐渐降低降温罐温度，最大限度使溶质析出，从而达到结晶可与母液有效分离的目的。

发酵液蒸发浓缩减小了中和液的体积，但一次母液含量与等电离交工艺比并没有明显增加，所以，浓缩连续等电工艺既可提高等电收率，又减少了一次母液排放量，降低了环保压力。但由于浓缩会导致中和液的杂质浓度倍增，故直接分离后的 α-谷氨酸夹带杂质量也会增加，使后续转晶处理难度增加，收率损失加大，因此需要平衡浓缩倍数和质量的关系。

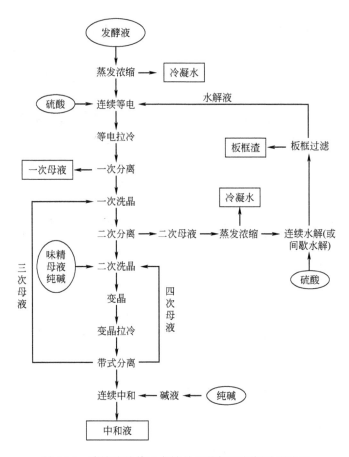

图 4-14　浓缩连续等电点转晶工艺提取谷氨酸流程图

4.6.2.2　单元主要设备、作用

（1）热泵压缩四效蒸发器　蒸发发酵液，采用热泵压缩可以进一步降低蒸发蒸汽消耗。谷氨酸发酵液蒸发器，效数一般控制在 3～4 效，蒸发器效数过多，高温效温度过高，影响蒸发质量、增加谷氨酸损失。

（2）等电罐　连续等电中和设备，母罐与降温罐结构无区别，需要具备良好的传质传热效果，配备搅拌器、内置换热排管。

4.6.2.3　单元流程

常见流程见图 4-15。

4.6.2.4　单元技术要点

（1）发酵液放罐发酵液后直接浓缩，浓缩时间 4～5h，越短越好，防止过程

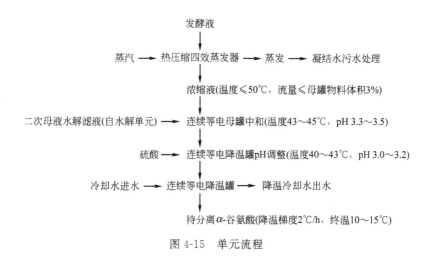

图 4-15　单元流程

腐败。

（2）浓缩过程发酵液储罐清空后，及时清洗除沫，防止残余腐败，导致下次染菌，定期稀碱水清洗。

（3）发酵液浓缩采用热泵压缩四效蒸发器。进料方式：顺流，高温效进料低温效出料。蒸发过程控制最高温度≤79℃，防止过度产生焦谷氨酸。效间温差控制在 8～10℃，蒸汽消耗≤0.2t 蒸汽/t 水。

（4）稳定控制蒸发进料量，防止过程逃液，控制蒸发凝结水 COD、氨氮。

（5）发酵液浓缩倍数 2～3，浓缩液谷氨酸含量达到 32～35g/dL，出料浓度 19～22°Bé。太低影响收率，太高浓缩液质量下降。

（6）中和过程：进入母罐中和浓缩液流量≤3％母罐中和液体积（m³/h），中和剂采用二次母液水解滤液和硫酸。过程控制中和温度 43～45℃，中和 pH 3.3～3.5，根据结晶颗粒生长情况适当调整。结晶颗粒过小时，采用高温低 pH 控制。

（7）中和过程中要随时检查水解液质量，如果水解液质量不达标要减量多用硫酸。

（8）蒸发速度较快时，增加开启母罐台数，提高母罐总进料量，缩短浓缩液储存时间，防止腐败。控制单台母罐液位稳定，中和过程控制结晶全部为 α-谷氨酸结晶，连续出料至连续等电降温罐。

（9）连续等电降温罐进料达到液位后，开始加入硫酸调整中和液 pH，至 pH 3.0。调整 pH 时间控制在 4h，温度维持 40～43℃。

（10）连续等电降温罐中和结束后，开启冷却水降温，降温梯度≤2℃/h，终温降至≤15℃。

（11）连续等电母罐根据结晶生长情况，定期置换、清理，稀碱水清洗，连续等电降温罐定期清理，稀碱水清洗。

（12）母罐起始罐制作：采用非浓缩发酵液，用硫酸调整 pH 4.5～5 后加入 α-谷氨酸结晶，加入比例为发酵液体积的 2%～3%，继续缓慢加入硫酸至有新的 α-谷氨酸结晶出现，停止加酸，搅拌育晶 2h，再继续加酸至 pH 3.0，过程控制罐内结晶全部为 α-谷氨酸结晶，全程温度维持 25～30℃。过程完成后搅拌 0.5h，可以根据结晶生长情况缓慢加入浓缩发酵液与二次母液水解滤液，在控制全部 α-谷氨酸结晶的前提下，pH 逐渐升至 3.3，温度 43～45℃。罐内晶浆浓度满足母罐要求后，就可作为母罐使用。

4.6.3 等电谷氨酸分离转晶单元

4.6.3.1 工艺原理

将 α-谷氨酸结晶采用两段卧螺分离，获得干纯 92%～94% 的粗制二段 α-谷氨酸。粗制二段 α-谷氨酸再通过转晶过程释放杂质，再次提纯，得到干纯 ≥ 98% 的 β-谷氨酸结晶，转晶后谷氨酸采用带式分离机分离。

α-谷氨酸结晶为四面体或多面体，结晶的密度为 1.538g/cm^3，采取发酵液直接等电中和工艺时母液的密度 $1.05～1.08\text{g/cm}^3$，由于存在较大的密度差，结晶在母液中可较容易的自然沉降，结晶沉降完成后，通过排出上清液，即可使结晶与母液等杂质作粗分离。发酵液浓缩后，由于杂质的浓缩，母液密度 1.12g/cm^3 以上，黏度增加，结晶沉降过程难度增加，故只能采用强制沉降的方式提高分离效率。采用的沉降分离设备为沉降式离心机（卧螺）。

谷氨酸晶体有两种晶型，棱柱状的 α 型和片状或针状的 β 型，两者都是斜方形结构，其中前者为亚稳态，后者为稳定态。在溶液的介导下 α 型能够转化为 β 型，这个过程称为溶剂介质转移（溶剂相变），在工业上就叫做转晶。α 型能够转化为 β 型根本原因在于相同温度下前者溶解度要大于后者溶解度。

转晶包括两个过程，α 晶体的溶解和 β 晶体的析出。很多因素会影响这两个过程，如温度、pH、浓度、杂质、搅拌速度等。其特点是：不需要用碱使得全部 α-谷氨酸结晶溶解，也不需要新的加酸结晶过程，因此费用低。由于谷氨酸 β 型晶体相对于 α 型晶体具有纯度高、外观好等特点，对精制下游工序而言，还使中和液滤速加快，脱色用活性炭用量大大减少，结晶周期短，蒸汽的使用量也减少，降低能耗而且减少对环境的污染。

4.6.3.2 单元主要设备、作用

（1）一段卧螺 强制沉降 α-谷氨酸晶浆，提高分离效率，获得一段结晶、一次母液。

（2）二段卧螺 强制沉降一段结晶洗涤晶浆，提高分离效率，获得二段结晶、二次母液。

（3）转晶调浓度罐 罐内配置搅拌。用脱盐水及精制返提取母液将二段卧螺分离谷氨酸调整为 20～27°Bé、pH 3.5～4.3 晶浆，提供转晶所用。

（4）转晶罐 罐内配置搅拌、加热蒸汽管道。在罐内通过蒸汽对调浓度罐所供物料升温至 75～90℃，多罐溢流串联，控制维持末罐出料全部转为 β-谷氨酸结晶。连续进出料。

（5）转晶降温罐 罐内配置搅拌、立式冷却排管。转晶罐溢流进入的 β-谷氨酸晶浆，通过冷却排管内冷却水、搅拌降温，促进溶质析出，降低转晶母液含量，降温罐多罐溢流串联，连续进出料。

（6）带式过滤机 分离洗涤降温后的 β-谷氨酸晶浆。

（7）转晶母液罐 储存转晶母液。

4.6.3.3 单元流程

本单元采用卧螺，对发酵液浓缩连续等电单元所得的待分离 α-谷氨酸晶浆进行两段式分离。第一段分离是用卧螺把发酵液浓缩，连续等电单元所得的待分离 α-谷氨酸晶浆中的结晶与母液分离。由于一段分离所得结晶中夹带大量硫酸根、菌体等杂质，这些杂质存在对后工序影响大，因此需在一段分离所得结晶中加入洗水对结晶进一步洗涤、纯化。加入洗水的一段结晶经搅拌洗涤后，进入第二段卧螺，使结晶与二段母液分离，所得二段卧螺结晶待转晶。一段卧螺分离母液至菌体蛋白工序，提取菌体蛋白，二段卧螺分离母液并入后单元转晶母液进行水解。

二段卧螺分离湿谷氨酸在转晶调浓度罐内采用脱盐水、精制返提取母液等调整到浓度 20～27°Bé，pH 3.5～4.3 泵入转晶罐，在转晶罐内蒸汽升温至 75～90℃，转晶罐多罐串联，连续进出料，控制转晶罐最后出料全部转为 β-谷氨酸结晶进入转晶降温罐。降温罐降温梯度 6～8℃/h，多罐串联，待降温末罐物料终温降至≤55℃后泵至带式过滤机分离。通过过滤机进行分离洗涤，过滤机供料最大流量为过滤机有效面积的 $0.9 \mathrm{m}^3/(\mathrm{m}^2 \cdot \mathrm{h})$。过滤机分离转晶母液至水解单元蒸发器，洗水母液部分并入转晶母液，部分进入转晶调浓度罐调整物料浓度。单元流程见图 4-16。

4.6.3.4 单元技术要点

（1）分离单元一段卧螺分离机采用 D520 沉降式离心机，进料流量 8～13m³/h，控制分离机电流。根据母液未分出中小结晶情况控制进料量，防止小结晶未被分离，一段卧螺母液谷氨酸含量≤2.5g/dL。一段卧螺谷氨酸湿纯≥72%，干

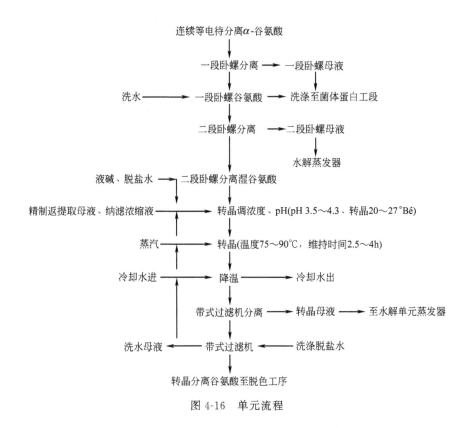

图 4-16   单元流程

纯≥92%。

（2）一段卧螺控制分离机分离因数≥1100，差转数≤20r/min。

（3）一段谷氨酸洗涤水加入量≥0.65 倍一段卧螺谷氨酸量，洗水温度 10℃，浓度 28～30°Bé。根据后单元转晶谷氨酸硫酸根含量适当调整洗水量。

（4）二段卧螺分离机采用 D520 沉降式离心机，进料流量 10～13m³/h，控制分离机电流。根据母液未分出中小结晶情况控制进料量，防止过多小结晶未被分离，二段卧螺母液谷氨酸含量≤3.5g/dL。二段卧螺谷氨酸湿纯≥72%，干纯≥92%。硫酸根含量≤0.7%。

（5）二段卧螺控制分离机分离因数≥1100，差转数≤20r/min。

（6）分离机停车前采用吸水清洗，防止机内积料，根据分离机螺旋磨损情况，定期维修，防止机器分离能力下降。

（7）转晶的主要影响因素。温度对转晶的影响，转晶速率主要取决于 β 晶体的成核速率和生长速率。有研究表明谷氨酸晶体的成核速率与温度的次方成正相关，因此，转晶过程中温度越高，晶体的成核速度越快，一般温度最高控制在 90℃以下。谷氨酸的转晶就是以液体为媒介的谷氨酸晶型的转变，水为谷氨酸晶型的转变提供了有利的场所，所以固液比对转晶的影响也比较显著。谷氨酸分子为两性分子，其溶解度受 pH 值影响很大，溶解度在等电点处最小，pH 值下降或上升都会增大。

（8）二段卧螺分离湿谷氨酸在调浓度罐内，加入脱盐水、转晶洗水母液及精制返提取母液或液碱、纳滤浓缩液，均可调整浓度为 20～27°Bé，对应 pH 3.5～4.3，搅拌均匀，连续供料至转晶罐。连续供料流量为转晶罐物料总体积 0.25～0.4 倍。

（9）调浓度后的二段卧螺分离谷氨酸晶浆，连续进入转晶罐通过蒸汽加热，控制转晶温度在 75～90℃，维持时间 2.5～4h，根据转晶效果调整控制转晶温度、维持时间。转晶过程连续，过程物料连续进出。

（10）转晶罐全为 β 型结晶的物料，连续进入转晶降温罐，用冷却水间接换热降温，降温梯度 6～8℃/h，终温降至≤55℃，控制转晶母液含量≤5.5g/dL。根据最后降温罐液位，控制连续出料流量。

（11）转晶降温罐终点谷氨酸泵送至带式过滤机分离，分离流量控制：对于过滤机有效过滤面积为≤0.9m³/(m²·h)。通过滤带移动速度调整，控制过滤层厚度 40～50mm。过滤段真空≤-0.03MPa。过滤段母液进入转晶母液罐至水解蒸发器。洗涤段采用脱盐水对过滤机上谷氨酸喷淋洗涤，洗水流量控制为：过滤机进料流量的 0.25～0.3 倍，根据转晶分离谷氨酸硫酸根含量、干纯适当调整。洗水母液根据转晶质量情况控制进入转晶调浓度罐或并入转晶母液至浓缩水解。转晶分离谷氨酸湿纯≥65%，干纯≥98.2%，硫酸根 0.2% 以下。

（12）定期对转晶、降温、转晶母液罐清理，稀碱水洗涤，防止腐败，尤其需要重视转晶母液罐。

（13）转晶过程必须保证结晶全部由 α 型转为 β 型，否则质量达不到要求，导致后工序过滤困难，滤液透光低、硫酸根高。

（14）对于前单元出现过多小 α 型结晶时，转晶温度、pH 根据情况适当提高或降低转晶浓度，保证转晶效果、时间。

（15）转晶起始罐制作：开启转晶罐搅拌，在转晶罐内泵入在调浓度罐调整好浓度、pH 物料至工作液位后停止进料。开启蒸汽对转晶罐内物料加热，温度升至 90℃后保温维持、搅拌，过程观察结晶转化情况，直至罐内 α 型结晶全部转为 β 型结晶后，按流量要求继续进入调浓度罐物料，连续生产即可。起始转晶时间 3～5h。

4.6.4 母液浓缩水解单元

4.6.4.1 单元工艺原理

为提高收率把二次母液、转晶母液中的谷氨酸回收，加入等电罐。由于转晶过程升温产生的焦谷氨酸以及二段卧螺母液中的大量蛋白质、色素等杂质，均需要水解才能满足等电要求。焦谷氨酸需要水解后转化为可以提取的谷氨酸，降低损失，提高收率。而蛋白质需要完全水解后过滤去除滤渣才能尽量消除对等电的影响，所以转晶母液、二段卧螺母液、精制返提取母液、纳滤浓缩液等物料都需要水解后才能回用。以上物料可以通过加入浓硫酸进行升温、维持、水解或带压连续水解。

为了降低排放母液量，减少损失，所以需要对转晶母液、二段卧螺母液进行蒸发浓缩来降低提取排放母液量。浓缩后的浓缩液体积更少，再加入浓硫酸后可以保证水解所需的温度，且可以保证水解所需的硫酸比例。

在硫酸比例≥23％的条件下，水解温升可以达到125℃以上，维持5h后，即可达到完全水解状态。连续水解加酸比例25％～28％，压力0.09～0.11MPa，温度123℃以上维持时间（2.5±0.5）h。

4.6.4.2　单元流程

转晶母液与二段卧螺母液混合后，经四效蒸发器蒸发，获得转晶母液浓缩液，浓缩液出料浓度控制19～20°Bé。浓缩液在水解罐内与浓硫酸搅拌混合达到浓缩液：硫酸＝1：0.3。由于浓硫酸的加入，混合液温度会升至125℃，在此基础上，混合液在水解罐内搅拌维持5h，达到完全水解。连续水解加酸比例25％～28％，压力0.09～0.11MPa，温度123℃以上维持时间（2.5±0.5）h。完成水解后的水解液采用石墨换热器降温至60℃后，通过板框过滤机过滤，滤清液即为转晶母液水解滤液，返回等电作为中和剂，在连续等电中和过程中，中和发酵浓缩液使用（图4-17）。

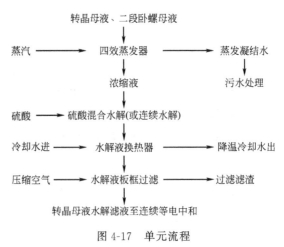

图 4-17　单元流程

4.6.4.3 单元主要设备、作用

（1）转晶母液、二段卧螺母液混合罐　混合两种物料，控制蒸发器进料稳定。

（2）四效蒸发器　蒸发转晶母液、二段卧螺母液混合液，蒸发至出料浓度 19～20°Bé，出料谷氨酸含量≥20g/dL。

（3）水解罐　罐内配置搅拌器。转晶母液浓缩液与浓硫酸搅拌混合水解，维持温度 125℃，时间 5h。

（4）水解液换热器　石墨换热器。通过冷却水，使水解液由 125℃ 降温至 60℃。

（5）板框过滤机　过滤降温后的水解液，滤出液即为转晶母液水解滤液，返回等电作为中和剂，在连续等电中和过程中，中和发酵浓缩液使用。

4.6.4.4 单元技术要点

（1）控制进出蒸发器物料 pH、基础料浓度，防止蒸发器频繁结垢堵塞。出料浓度控制 19～20°Bé，根据物料 pH 变化调整，pH 低出料浓度降低。

（2）蒸发器进料方式：逆流蒸发，低温进料，高温出料。最高蒸发温度≤80℃，效间温差 8～10℃。

（3）水解罐开搅拌，在进完浓缩液后快速进入硫酸，防止搅拌不均匀水解罐内出现大量谷氨酸结晶结块，防止堵塞罐体管道。浓缩液：浓硫酸＝1∶0.3（体积比），水解温度 125℃，维持时间 5h。连续水解加酸比例 25%～28%，压力 0.09～0.11MPa，温度 123℃ 以上维持时间（2.5±0.5）h。

（4）水解后水解液经石墨换热器换热降温至 60℃。降温需到位，防止高温过滤导致的滤液质量下降。

（5）降温后的水解液采用板框过滤机过滤，控制过滤透光≥45%，防止过多杂质回流至等电单元。

（6）滤渣需压缩空气吹干后，拆卸板框。

4.7　锌盐法提取谷氨酸

谷氨酸能与锌离子（Zn^{2+}）、钙离子（Ca^{2+}）、铜离子（Cu^{2+}）、钴离子（Co^{2+}）等金属离子作用，生成难溶于水的谷氨酸重金属盐，如锌盐 pH 6.3、铜盐 pH 3、钴盐 pH 8 时，它们的溶解度都很低，利用谷氨酸某些金属盐溶解度低的特性，就可用沉淀法来分离发酵液中的谷氨酸。较有实用意义的是锌盐法和钙盐法，而锌盐法提取谷氨酸，在 20 世纪 70～80 年代被国内部分中小型味精厂

所采用，现在已停用。

锌盐法提取谷氨酸有两条途径：一是在发酵液中直接投入锌盐，使之生成谷氨酸锌盐，再把谷氨酸锌盐转化成谷氨酸，即一步锌盐法。二是发酵液先通过等电点提取谷氨酸，再在母液中投入锌盐，使之生成谷氨酸锌盐，而后再转化为谷氨酸。

4.7.1　锌盐法提取谷氨酸的基本原理

在一定条件下，谷氨酸与硫酸锌盐中的锌离子作用，生成难溶于水的谷氨酸锌，再在酸性状况下，获取谷氨酸结晶。

$$\begin{array}{c} \text{COOH} \\ | \\ \text{H}_2\text{NC}-\text{H} \\ | \\ (\text{CH}_2)_2 \\ | \\ \text{COOH} \\ \text{Glu} \end{array} + \text{Zn}^{2+} \xrightarrow{\text{pH 6.3}} \begin{array}{c} \text{COO} \diagdown \diagup \text{OOC} \\ \text{Zn} \\ \text{H}_2\text{NC}-\text{H} \quad \text{H}_2\text{NC}-\text{H} \\ | \qquad\qquad | \\ (\text{CH}_2)_2 \qquad (\text{CH}_2)_2 \\ | \qquad\qquad | \\ \text{COOH} \qquad \text{COOH} \\ \text{谷氨酸锌盐} \end{array} + 2\text{H}^+$$

$$\text{Zn}^{2+} + 2\text{OH}^- \longrightarrow \text{Zn(OH)}_2\downarrow$$

在溶液中生成谷氨酸锌和氢氧化锌的复盐 $\text{Zn}(\text{C}_5\text{H}_8\text{NO}_4)_2 \cdot \text{Zn(OH)}_2$ 沉淀，以达到从发酵液中分离 Glu 的目的。然后再在酸性条件下使其溶解，加酸使 Glu 析出。

$$\text{Zn}(\text{C}_5\text{H}_8\text{NO}_4)_2 + 2\text{HCl} \xrightarrow{\text{pH 2.4}\pm 0.2} 2\text{C}_5\text{H}_9\text{O}_4\text{N} + \text{ZnCl}_2$$
$$\text{谷氨酸锌} \qquad\qquad\qquad\qquad \text{Glu}$$

4.7.2　锌盐法提取工艺

4.7.2.1　锌盐法工艺流程

锌盐法工艺流程见图 4-18。

4.7.2.2　投锌量计算

$$总投锌量(\text{Zn}^{2+}) = 1.05 \times (发酵液体积 \times 谷氨酸含量)/2 +$$
$$(锌盐母液体积 \times 母液中谷氨酸含量)/2$$
$$实际投锌量 = 总投锌量 - 锌盐母液体积 \times \omega_{\text{Zn}^{2+}} \times 95\%$$

在生产上使用 $\text{ZnSO}_4 \cdot 7\text{H}_2\text{O}$（分子量 287.4）而不是 Zn（分子量 65.4），计算出投锌量后，还应乘以 287.4/65.4，即换算为 $\text{ZnSO}_4 \cdot 7\text{H}_2\text{O}$ 的量。

4.7.2.3　技术条件及要点

（1）调整 pH：用 NaOH 将谷氨酸锌调至 pH 6.3～6.5，一般需在 10min 内

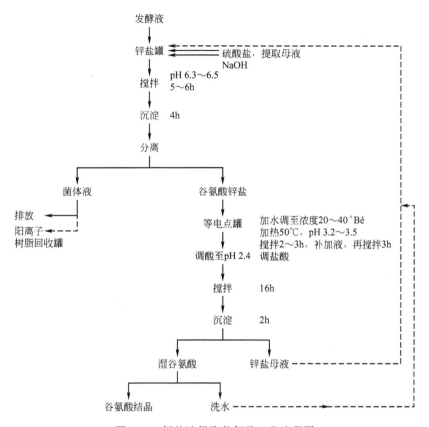

图 4-18　钾盐法提取谷氨酸工艺流程图

结束。

（2）检查调整 Zn^{2+} 含量：加碱结束，搅拌 15min 后需校正 pH。继续搅拌 2～3h，取样分析，若发现锌离子不足，需补加锌盐母液等；若锌离子偏高可补加发酵液。再继续搅拌 3h，停搅拌后沉淀。补加锌量（kg）＝锌盐罐内液体体积×（测得谷氨酸量－0.3%）。

（3）沉淀分离：沉淀 4h 后，将上清液泵入沉淀槽内，回收谷氨酸锌沉淀。

（4）谷氨酸锌酸化制谷氨酸：将谷氨酸锌泵入等电点罐，开启搅拌，用水调到 20～24°Bé，加热至 50℃，用盐酸调至 pH 3.2～3.5，使谷氨酸锌沉淀完全溶解并继续调酸，一般在 pH 2.8～2.9，45℃左右可发现有晶核出现即停酸。搅拌 2～3h 后，再用盐酸调 pH 至 2.4±0.2，搅拌 2h，开冷却水，吸出锌盐母液（内含 Zn^{2+} 大约为 6g/100mL，谷氨酸 3.3g/100mL），可回入下批发酵液中循环使用。

将谷氨酸沉淀层泵入贮罐内，需经水洗两次，以除去残存锌和杂质，然后离心分离得谷氨酸晶体；分离出的母液与吸出的上层母液合并处理。

4.7.3 等电点-锌盐法提取工艺

等电点-锌盐法提取工艺的流程见图 4-19。

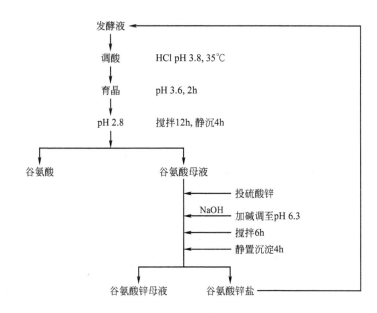

图 4-19   等电点-锌盐法提取谷氨酸流程图

一步锌盐法是在 pH 2.4 时获得谷氨酸，接近谷氨酸等电点，在提取过程中降低了谷氨酸母液的锌离子浓度，在等电点析晶时易得到较好晶型。硫酸锌用量比等电点-锌盐法节约 1/4，但用等电点-锌盐法提取工艺体积大，设备也庞大，利用率低。

4.8 盐酸盐法提取谷氨酸

盐酸盐法是传统的分离谷氨酸工艺。此工艺是将发酵液浓缩物加酸水解，使菌体及溶存蛋白质部分水解成易过滤的腐黑质，经过滤除去，从滤液中回收谷氨酸盐酸盐的方法。此法所得谷氨酸质量好，收率高。因发酵液浓缩物中的焦谷氨酸、谷氨酰胺和菌体蛋白在水解时，转化为谷氨酸，使得率提高，一般达 90% 以上。但是，因此法耗酸耗能过大，对设备腐蚀非常严重，生产劳动条件极差以及废液难以处理等原因，现在味精工厂不采用此工艺。

4.8.1　盐酸盐法提取谷氨酸的基本理论

（1）酸水解：发酵浓缩液中的谷氨酸在加 HCl 水解过程中转化为谷氨酸盐酸盐（Glu·HCl）。

$$\underset{\substack{|\\ NH_2 \\ Glu}}{HOOC-CH-(CH_2)_2-COOH} + HCl \longrightarrow \underset{\substack{|\\ NH_2 \cdot HCl \\ Glu \cdot HCl}}{HOOC-CH-(CH_2)_2-COOH}$$

（2）谷氨酸盐酸盐结晶析出：水解后的 Glu·HCl 是可溶的，经浓缩，加入浓 HCl，再经较长时间冷却后析出 Glu·HCl 结晶，得以与其他氨基酸、可溶性色素等杂质分离提纯。

（3）中和：谷氨酸盐酸盐用碱中和后得到谷氨酸。

$$Glu \cdot HCl + NaOH \longrightarrow Glu + NaCl + H_2O$$

4.8.2　盐酸盐法工艺流程和主要技术条件

盐酸盐法工艺流程和主要技术条件见图 4-20。

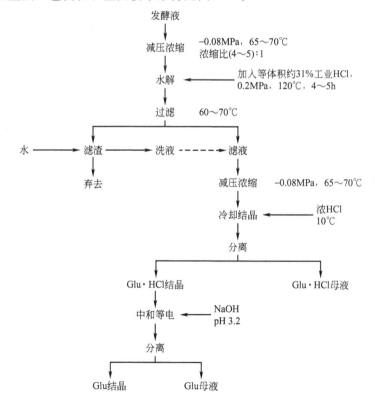

图 4-20　盐酸盐法提取谷氨酸工艺流程和主要技术条件

4.8.3　酸水解-等电点法

　　酸水解-等电点法是盐酸盐工艺的改良法，它与盐酸盐法的前部分是相同的，但是省去了 Glu·HCl 结晶过程，使工艺简化。酸水解-等电点法工艺流程和主要技术条件见图 4-21。

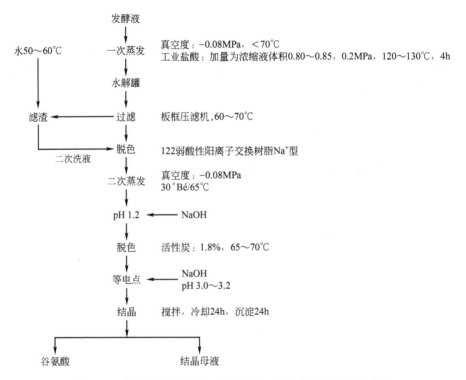

图 4-21　酸水解-等电点法提取谷氨酸工艺流程和主要技术条件

4.8.4　酸水解法的应用

　　（1）处理染菌和异常发酵液：污染杂菌或噬菌体以及其他原因而使发酵异常，如产酸低、残糖高、其他代谢产物多、黏度大的发酵液，用其他提取方法是很困难的，而用酸水解法却能获得良好效果。它能将发酵浓缩液中的菌体蛋白水解成 L-氨基酸，将谷氨酰胺、焦谷氨酸转化为谷氨酸，不但提高 Glu 浓度，还促进 α 型结晶化。残糖和其他代谢产物在酸水解时被破坏，产生不溶性黑渣和可溶性色素，黑渣易滤除。实践证明，此法对处理低酸的异常发酵液效果较好。

　　（2）处理轻质谷氨酸：一般轻质谷氨酸多为 β 型谷氨酸，分离困难，可通过酸水解处理，转为 α 型谷氨酸。

　　（3）提高收率和质量：等电点法所得含菌体母液中，还含有 1.5% 左右的

Glu，经过浓缩，加酸水解，滤去黑渣，再经浓缩，成为 Glu·HCl 溶液，再回到等电点，作酸用，可使收率提高 $5\%\sim10\%$。中国台湾的味精生产厂，采用浓缩等电工艺，分离的谷氨酸母液均经浓缩酸水解处理后回用。

4.9　钙盐法提取谷氨酸

4.9.1　谷氨酸钙盐一步法

在一定条件下发酵液中谷氨酸与钙离子（Ca^{2+}）作用生成沉淀的谷氨酸钙，谷氨酸钙盐用酸分解获得谷氨酸，或直接转化为谷氨酸钠。钙盐法目前属试验阶段，未工业化。

4.9.2　谷氨酸钙盐直接转化为谷氨酸钠

4.9.2.1　反应原理

4.9.2.2　工艺流程及工艺条件

工艺流程及工艺条件见图 4-22。

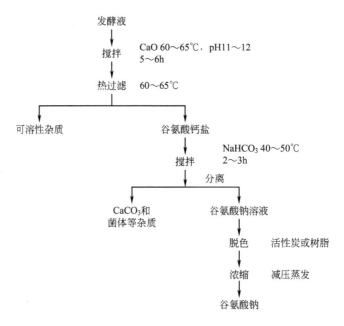

图 4-22　谷氨酸钙盐直接转化为谷氨酸钠工艺流程图

因发酵液在 pH 11～12 的加热过程中，焦谷氨酸被水解，以使谷氨酸含量增高，所以收率能在 94％左右。

冯大炎 1988 年发表《谷氨酸钙盐提取——转化连步法》小试报告，取得许多数据，为今后进一步实验奠定了基础。

4.10　膜分离技术在提取生产中的应用

4.10.1　膜分离技术的优点

膜分离技术是 20 世纪 60 年代以后兴起的新技术，在食品、医药、环保、生物工程等领域得到广泛应用。膜分离技术在生物产品的分离、提取与纯化过程具有以下优点：①处理效率高；②可在室温下操作，适宜于热敏性物质分离浓缩；③化学与机械强度小，减少失活；④有选择性，可在分离、浓缩的同时达到纯化的目的；⑤系统可密闭循环，防止外来污染；⑥不加化学物，透析液可循环使用，减少对环境的污染；⑦设备体积小，占地少。膜分离装置通常可以直接用于已有的生产工艺流程，不需要对生产线进行大的改变。

表 4-18　常用膜分离过程的基本特性

过程	分离目的	透过组分	截留组分	透过组分在料液中含量	推动力	传递机理	膜类型	进料和透过物的物态	简图
微滤 (MF)	溶液脱粒子、气体脱粒子	溶液、气体	0.02~10.00μm 粒子	大量溶剂及少量小分子溶质	压力约差 100kPa	筛分	多孔膜	液体或气体	进料 → 滤液(水)
超滤 (UF)	溶液脱大分子、大分子溶液脱小分子、大分子溶液分级	小分子溶液	1~20nm 大分子溶质	大量溶剂、少量小分子溶质	压力差 100~1000kPa	筛分	非对称膜	液体	进料 → 浓缩液 / 滤液
纳滤 (NF)	溶剂脱有机组分、脱高价离子、软化、脱色、浓缩、分离	溶剂、低价小分子溶质	1nm 以上溶质	大量溶剂、低价小分子溶质	压力差 500~1500kPa	溶解-扩散、Donna 效应	非对称膜或复合膜	液体	进料 → 高价离子溶质液(盐) / 溶剂(水) 低价离子
反渗透 (RO)	溶剂脱溶质、含小分子溶质溶液浓缩	溶剂、可被电渗析截留组分	0.1~1.0nm 小分子溶质	大量溶剂	压力差 1000~10000kPa	优先吸附、毛细管流动、溶解-扩散	非对称膜或复合膜	液体	进料 → 溶质液(盐) / 溶剂(水)
渗析 (D)	大分子溶液脱小分子溶质、小分子溶质溶液脱大分子	小分子溶质或较小的溶质	>0.02μm 截留、血液渗析中，>0.005μm 截留	较小组分或溶剂	浓度差	筛分、微孔膜内的受阻扩散	非对称膜或离子交换膜	液体	进料 / 扩散液 → 净化液 / 接受液

续表

过程	分离目的	透过组分	截留组分	透过组分在料液中含量	推动力	传递机理	膜类型	进料和透过物的物态	简图
电渗析(ED)	溶液脱小离子、小离子溶质的浓缩、小离子的分级	小离子组分	同性离子、大离子和水	少量离子、组分少量水	电化学势、电渗透	反离子经过离子交换膜的迁移	离子交换膜	液体	
气体分离(GS)	气体混合物分离、富集或特殊组分脱出	气体、较小组分或易挥发溶组分	较大组分（除非膜中溶解度高）	两者都有	压力差1000~10000kPa、浓度差（分压差）	溶解-扩散	均质膜、复合膜、非对称膜、多孔膜	气体	
渗透汽化(PVAP)	挥发性液体混合物分离	膜内易溶解组分或高溶解度组分	不易溶解组分或较难挥发物	少量组分	分压差、浓压差	溶解-扩散	均质膜、复合膜、非对称膜	料液为液体、透过物为气态	
乳化液膜分离(ELM)	液体混合物或气体混合物分离、富集、特殊组分脱除	在液膜相中有溶解度的组分或能反应组分	在液膜中难溶解组分	少量组分在有机混合物离中，也可是大量的组分	浓度差、pH差	促进传递和溶解-扩散	液膜	通常都为液体，也可是气体	

4.10.2　膜分离过程的基本特性

膜分离过程以选择性透过膜为分离介质，当膜两侧存在某种推动力（如压力差、浓度差、电位差等）时，原料侧组分选择性地透过膜，以达到分离、提纯的目的。通常膜原料侧称膜上游，透过侧称膜下游。不同的膜分离过程使用的膜不同，推动力也不同，表 4-18 列出了 9 种常用膜分离过程的基本特性。

反渗透、纳滤、超滤、微滤、渗析、电渗析为已开发应用的膜分离技术，这些膜分离过程的装置与流程设计都相对较成熟，已有大规模的工业应用。

按分离的粒子或分子大小分类的各种分离过程即膜过滤图谱见图 4-23。

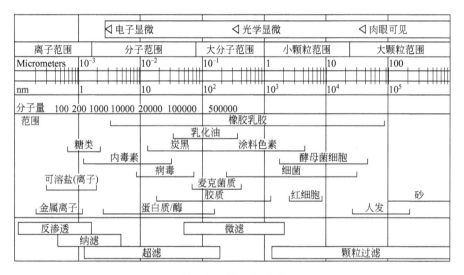

图 4-23　膜过滤图谱

有关各种膜的分离范围见表 4-19，几种主要膜分离特征见表 4-20。

表 4-19　各种膜分离技术分离范围

膜过程	分离机理	分离对象	孔径/nm
粒子过滤	体积大小	固体粒子	＞10000
微滤	体积大小	0.05～10.00μm 的固体粒子	50～10000
超滤	体积大小	1000～1000000Da 的大分子,胶体	2～50
纳滤	溶解扩散	离子、分子量＜100 的有机物	＜2
反渗透	溶解扩散	离子、分子量＜100 的有机物	＜0.5
渗透蒸发	溶解扩散	离子、分子量＜100 的有机物	＜0.5

注：$1Da = 1.657 \times 10^{-24}$ g。

表 4-20 几种主要膜分离技术特征

名称	膜结构	驱动力	应用对象	示例
微滤	对称微孔膜(0.05～10.00μm)	压力(0.05～0.50MPa)	除菌、澄清、细胞收集	溶液除菌、澄清,果汁澄清,细胞收集,水中颗粒物去除
超滤	不对称微孔膜(1～50nm)	压力(0.2～0.1MPa)	细粒子胶体去除,可溶性中等或大分子分离	溶液除菌、澄清,注射用水制备,果汁澄清、除菌,酶及蛋白质分离、浓缩与纯化,含油废水处理,印染废水处理,乳化液分离、浓缩等
反渗透	带皮层的不对称膜、复合膜(<nm)	压力(1～10MPa)	小分子溶质脱除与浓缩	低浓度乙醇浓缩,糖及氨基酸浓缩,苦咸水、海水淡化,超纯水制备
透析	对称的或不对称的膜	浓度梯度	小分子有机物和无机离子的去除	除去小分子有机物或无机离子,奶制品脱盐,蛋白质溶液脱盐等
电渗析	离子交换膜	电位差	离子脱除,氨基酸分离	苦咸水、海水淡化,纯水制备,锅炉给水,生产工艺用水
渗透蒸发	致密膜或复合膜	浓度梯度	小分子有机物与水的分离	醇与水分离,乙酸与水分离,有机溶剂脱水,有机液体混合物分离(如脂烃与芳烃的分离等)

4.10.3 膜分离技术在生物化工中的应用

在生物化工中,膜分离技术常被用于分离、浓缩、分级与纯化生物产品,根据目标产品不同,用的膜分离技术组合也有所不同,这可从生物化工流程分离纯化过程图解中看出(图4-24)。

4.10.4 电渗析法提取谷氨酸

电渗析是一门在发酵工业中主要用于分离和回收产品的新技术。与离子交换法相比较,不需要再生,能节约酸碱,并可连续运转,操作方便。但设备较复杂,耗电量大。

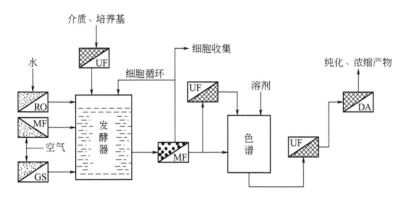

图 4-24   膜分离技术在生物化工中的应用示意图

注：用 RO（反渗透）或 UF（超滤）净化水中有害离子或胶体、大分子物质；

　　用 MF（微滤）过滤空气，除去微生物；

　　用 GS（气体分离）制备富氧气体供氧；

　　用 MF 或 UF 收集细胞；

　　用 UF 或 MF 过滤介质与培养基，除去微生物与大颗粒物；

　　用 UF 浓缩产品与脱盐；

　　用 DA（透析）进行产品脱盐或小分子有机物

电渗析是一种膜分离技术，是具有一定孔隙度及某种解离基团的薄膜，对电解质的透过有选择性。其阳膜是聚乙烯磺酸型（类同 732 强酸型树脂），阴膜是聚乙烯苯乙烯季铵型（类同 717 强碱型树脂）。与离子交换树脂一样，阳膜能交换或渗过阳离子，阴膜能交换或渗过阴离子。在电渗析过程中膜主要起离子选择作用，它的推动力是电位差。

4.10.4.1　电渗析法从发酵液中提取谷氨酸

谷氨酸是两性电解质，在等电点时，以偶极离子存在，呈电中性，在直流电场中，既不向阳极也不向阴极迁移，因此在等电点 pH 3.22 时，可把发酵液中谷氨酸与氯化铵等盐类分离，如图 4-25 所示。

（1）进入淡化室的除去菌体的发酵液，其 H^+、NH_4^+、K^+、Na^+、Ca^{2+}、Mg^{2+} 等阳离子向阴极迁移，透过阳膜而被阴膜阻留在浓液室中。

（2）Cl^-、SO_4^{2-}、PO_4^{3-} 等阴离子，向阳极迁移，透过阴膜而被阳膜阻留在浓液室中。

（3）呈电中性的谷氨酸偶极离子和残糖、色素等非电解质仍被留在淡化室的发酸液中，所以通过电渗析可以提高谷氨酸浓度。

在 pH 3.22 时，发酵液经脱盐后，仍残留有糖、蛋白质、色素等非电解质，还须进一步处理。图 4-26 是 pH 偏离等电点时，除盐的谷氨酸发酵液电渗析脱

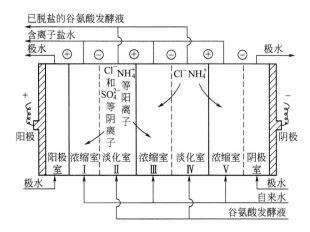

图 4-25 等电点时谷氨酸发酵液电渗析脱盐示意图

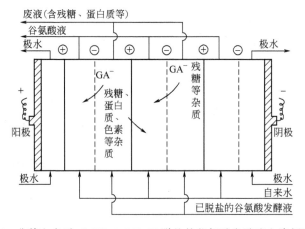

图 4-26 非等电点时 (pH＞3.22) 已脱盐的谷氨酸发酵液电渗析示意图

盐示意图。在 pH 大于 3.22 时，谷氨酸呈 Glu⁻ 状态存在，在直流电场中移向阳极，透过阴膜而被阳膜留在浓缩室中，而糖等仍留在发酵液中，由此达到分离提纯的目的。

4.10.4.2 电渗析法从等电点母液中提取谷氨酸

谷氨酸等电点母液中，谷氨酸含量为 1.5%～2.0%，NH_4^+ 约 0.5mmol/mL，葡萄糖 0.5% 以下，1% 左右菌体。其中谷氨酸是两性氨基酸，pH＞3.22 时带负电荷，pH＜3.22 时带正电荷，pH 等于 3.22 时呈中性，在电场中也显中性。葡萄糖为中性有机物，在电场中易显中性。谷氨酸带负电荷向阳极迁移，但它无法通过离子交换膜。只有铵离子是带正电荷的阳离子，在电场中向阴极迁移，能透过阳离子膜，这样谷氨酸就与 NH_4^+ 分离。

工艺流程及主要工艺条件见图 4-27。

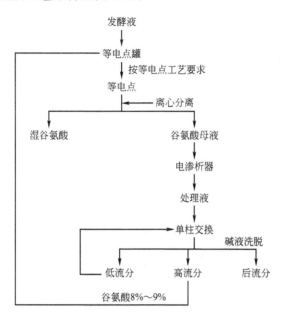

图 4-27　电渗析法从等电点母液中提取谷氨酸流程图

（1）采用电渗析对谷氨酸等电点母液处理，除 NH_4^+ 率＞40％以上，提高离交收率 6％左右。

（2）母液上阳柱交换不需双柱串联，只要单柱即可，并提高了树脂利用率，节约酸碱用量。

（3）一步锌盐或等电锌盐法中的母液也可用上述电渗析法处理。

（4）通常进行电渗析时，其电流密度越低，氨基酸的透过量越少，电流效率越高，尤其是含有高浓度的无机电解质时，此现象甚为显著。

氨基酸的透过性会受共同存在的无机电解质及离子交换膜孔径的影响，即在高浓度的无机电解质存在下，交换膜的细孔径越小，对氨基酸的选择通透性越低。

4.10.5　超滤技术分离菌体

超滤（UF）技术已应用于从赖氨酸、谷氨酸发酵液中分离菌体。常用超滤膜组件为中空纤维式、螺旋卷式、大孔管式、板框式等。常用的超滤膜材料有酪酸纤维、聚砜、聚醚砜、聚偏氟乙烯、聚丙烯腈、聚丙烯、聚酰胺等。最常见的是聚偏氟乙烯（PVDF）、聚醚砜（PES）和聚丙烯（PP）三种。除纤维膜外，不锈钢膜、陶瓷膜的应用也在不断扩大。

超滤除菌体，可使 Glu 提取收率提高，并使母液 COD 下降。运行中存在膜表面有胶体物沉淀、膜孔堵塞、膜通量下降等现象。可采用稀酸、稀碱、1%～3%的氧化剂（H_2O_2、NaClO）、0.5%～1.5%酶制剂（蛋白酶、脂肪酶、果胶酶）用泵循环或浸泡约 1h，然后用清水清洗，使 pH 恢复中性，以使膜恢复水通量。

超滤工艺流程如图 4-28 所示。

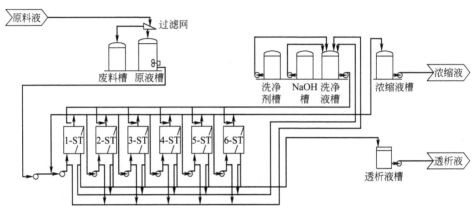

图 4-28　超滤工艺流程图

超滤技术在锅炉用水的预处理方面和工业废水再生回用（见图 4-29）等方面有广泛的发展前途。

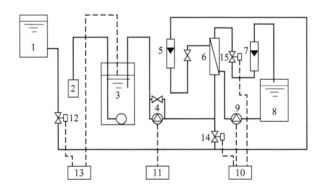

图 4-29　膜生物反应器流程示意图

1—原水槽；2—空气泵；3—反应器；4—循环泵；5,7—流量计；6—超滤（UF）器；
8—净水槽；9—反冲泵；10—反冲洗控制器；11—循环控制器；12—电磁阀；
13—水位控制器；14,15—控制阀

4.10.6　反渗透技术进行水处理

反渗透技术是以较高压力差（1000～10000kPa）为推动力的分离过程。所用的膜材料与超滤膜相似，为有机高分子膜。常见材料为纤维素和芳香聚酰胺两大类。反渗透膜组件是螺旋式、中空纤维膜、管式和板式。

反渗透过程是从溶液（一般为水溶液）中分离出溶剂-水的过程，此特点决定了它的应用范围主要是脱盐和浓缩两个方面，而前者是当前最重要的应用。

目前反渗透已不仅用于海水淡化和苦咸水淡化，还广泛地用于电子、食品、生化等行业，生产纯水和超纯水，电厂高压锅炉补给水，食品、饮料、医药用水，规模已达万吨级每天。中国自行设计安装的最大的国产反渗透装置为山东胜利油田的高压锅炉补给水 4300t/天。河北梅花味精集团为保证热电厂锅炉用水的需要，上了一套全自动自控反渗透水处理装置。梅花味精集团为实施中水回用已有较大投入。

4.10.7　纳滤技术的应用

纳滤膜（NF 膜）介于反渗透膜（RO 膜）和超滤膜（UF 膜）之间，近十几年发展迅速，是当前膜分离技术研发的热点之一。

纳滤 WF1 是以压力为推动力的膜分离过程，分子截留范围为数道尔顿。它在膜分离中的位置处在反渗透和超滤之间。纳滤对无机盐有一定的脱除率。纳滤膜是复合膜，膜组件与反渗透膜相同，即板式、卷式、管式和中空纤维膜。纳滤操作压力低，一般在 1.0MPa 以下。

谷氨酸钠溶液脱色消耗活性炭量较大，而且脱色液透光率不高，特别是结晶后的各道母液更为严重。为了解决这个难题，有些味精企业与有关单位合作研发，把纳滤（NF）技术结合到生产工艺中，取得一定试验成果，其工艺流程见图 4-30。

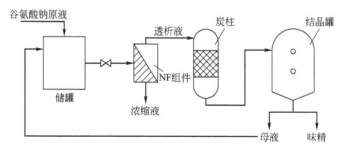

图 4-30　纳滤（NF）用于味精脱色试验工艺流程

第 5 章

谷氨酸制造味精

5.1 生产工艺流程

从谷氨酸发酵液中提取出的谷氨酸，加水溶解，用碳酸钠或氢氧化钠中和，经脱色，除铁离子、钙离子、镁离子等离子，再经蒸发、结晶、分离、干燥、筛选等单元操作，得到高纯度的晶体或粉体味精。这个生产过程统称为"精制"。

近期以来，行业内为提高谷氨酸质量，降低后续处理难度，提取工序采用了转晶技术，而且从装备上普遍采用不锈钢设备，谷氨酸中和用水也改变为脱盐水，因此谷氨酸中和液中的铁离子、钙离子、镁离子等离子含量很低，已经不会影响到味精的生产，故此味精生产过程得到了相应的简化，简化为：转晶谷氨酸，加脱盐水溶解，用液碱或纯碱中和，经脱色，再经蒸发、结晶、分离、干燥、筛选等单元操作，得到高纯度的晶体或粉体味精。

精制得到的味精称"散味精"或"原粉"，经过包装则成为商品味精。谷氨酸制造味精的生产工艺流程如图 5-1 所示。

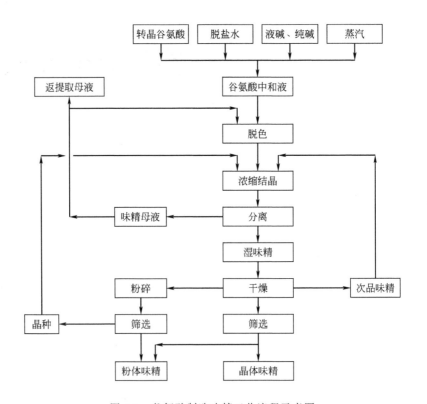

图 5-1 谷氨酸制造味精工艺流程示意图

5.2 谷氨酸中和

5.2.1 中和原理

谷氨酸是具有两个羧基（—COOH）的酸性氨基酸，与碳酸钠或氢氧化钠均能发生中和反应生成其钠盐。当中和的 pH 在谷氨酸的第二等电点 $[(pK_2+pK_3)/2=(4.25+9.67)/2=6.96]$ 时，谷氨酸一钠离子在溶液中约占总离子浓度的 99.59%，而谷氨酸一钠具有强烈的鲜味。

谷氨酸中和一般用纯碱（Na_2CO_3）或烧碱（NaOH）。近年来，由于膜技术的发展和应用，烧碱的生产由原来的隔膜法、苛化法发展为离子膜法，使烧碱质量有了较大提高，特别是氯化钠含量低于纯碱。因此，离子膜法所制烧碱已逐步取替纯碱，现在被大多数厂家所采用。

纯碱用于谷氨酸中和，会产生大量的泡沫，而采用离子膜法生产的烧碱应用于谷氨酸中和，使用方便，中和速度快，不产生 CO_2 泡沫，设备利用率高，并且谷氨酸以烧碱中和是弱酸强碱的放热反应，可减少蒸汽用量。缺点则是反应剧烈。若加碱过快，局部过热和 pH 过高反而影响精制过程物料的质量和收率。

谷氨酸以纯碱和烧碱为中和剂的化学反应如下式：

$$\begin{array}{c} COO^- \\ | \\ H_3^+N-CH \\ | \\ CH_2 \\ | \\ CH_2 \\ | \\ COOH \end{array} + 1/2Na_2CO_3 \longrightarrow \begin{array}{c} COO^-\ Na^+ \\ | \\ H_3^+N-CH \\ | \\ CH_2 \\ | \\ CH_2 \\ | \\ COO^- \end{array} + 1/2CO_2\uparrow + 1/2H_2O \qquad (5\text{-}1)$$

$$\begin{array}{c} COO^- \\ | \\ H_3^+N-CH \\ | \\ CH_2 \\ | \\ CH_2 \\ | \\ COOH \end{array} + NaOH \longrightarrow \begin{array}{c} COO^-\ Na^+ \\ | \\ H_3^+N-CH \\ | \\ CH_2 \\ | \\ CH_2 \\ | \\ COO^- \end{array} + H_2O \qquad (5\text{-}2)$$

按式(5-1)、式(5-2) 化学反应计算，谷氨酸与碱反应生成谷氨酸一钠盐，其换算因数为：169.13/147.13=1.150。如以含一个结晶水的谷氨酸一钠盐（味精）计算，其换算因数则为：187.13/147.13=1.272。中和 100kg 谷氨酸，理论上需要用 Na_2CO_3 量 36.1kg 或 NaOH 27.2kg。

谷氨酸一钠的溶解度较大，但谷氨酸在常温下溶解度很低（见表 5-1）。为保证工艺所要求的浓度，一般都在加热条件下进行中和。

表 5-1 谷氨酸在水中的溶解度

温度/℃	0	10	20	30	40	50	60	70	80	90	100
溶解度/(g/100g 水)	0.341	0.495	0.717	1.040	1.508	2.186	3.169	4.594	6.660	9.660	14.00

谷氨酸在一定温度条件下的溶解度，也可依据式(5-3) 计算得出。但必须指出的是当溶液中存在杂质时，其计算值与实际的溶解度将有出入。

谷氨酸溶解度的经验公式：

$$\lg s = 0.5331 + 0.01613t \tag{5-3}$$

式中　s——溶解度，g/100g 水；

　　　t——温度，℃。

关于谷氨酸一钠的溶解度见 5.4.1.1 节。

5.2.2 谷氨酸及中和剂质量要求

谷氨酸质量要求见表 5-2。

表 5-2 谷氨酸质量要求

项目	指标	备注
L-Glu/%	≥65	湿纯
	≥98	干纯
SO_4^{2-}/%	≤0.1	以湿基计

碱质量要求见表 5-3。

表 5-3 碱质量要求

序号	项目	单位	指标
1	外观		无色透明液体
2	氢氧化钠(以 NaOH 计)	%	≥30
3	氯化钠(NaCl)	%	0.015
4	三氧化二铁(Fe_2O_3)	%	0.003

5.2.3 中和工艺技术条件

谷氨酸中和工艺技术条件见表 5-4。

表 5-4 谷氨酸中和工艺技术条件

项目	技术条件
中和温度	60～70℃
中和液 pH 值	6.0～6.2
中和液浓度	25～26°Bé/55～60℃
中和用水	脱盐水
分析检测项目	pH、浓度、温度、谷氨酸等

操作中应注意以下各项：

5.2.3.1 中和液 pH 值控制准确

谷氨酸是两性电解质，其分子中含有两个羧基与一个氨基，在不同的 pH 值条件下有不同的解离方式（见表 5-5）。

表 5-5 溶液的酸碱性与谷氨酸的电离过程

溶液酸碱性	酸性 ⟷	等电点 ⟷	中性 ⟷	碱性
谷氨酸离子的带电形式	COOH ⁺H₃N—CH CH₂ CH₂ COOH	COO⁻ ⁺H₃N—CH CH₂ CH₂ COOH	COO⁻ ⁺H₃N—CH CH₂ CH₂ COO⁻	COO⁻ H₂N—CH CH₂ CH₂ COO⁻
离子的表示符号	Glu⁺	Glu±	Glu∓（Glu⁻）	Glu⁼

pH 值不同，各种离子所占的比例也不同。谷氨酸中和过程实际上是用碱调节 pH 的过程。如果 pH 值低，则溶液中 Glu± 即谷氨酸百分率高，造成谷氨酸溶解不彻底，滤过困难，影响收率；如果 pH 值高，则溶液中 Glu⁼ 即谷氨酸二钠盐百分率高。味精是谷氨酸一钠盐，而谷氨酸及谷氨酸二钠盐均影响收率。因此，在中和时必须控制适宜 pH 值，使溶液中 Glu∓ 百分率提高。即：使谷氨酸尽可能地生成谷氨酸一钠。不同的 pH 值下溶液中谷氨酸、谷氨酸一钠、谷氨酸二钠所占百分率见表 5-6。

表 5-6 溶液的酸碱性与谷氨酸离子形式所占的百分率　　　　单位：%

pH	谷氨酸(Glu±)	谷氨酸一钠(Glu∓)	谷氨酸二钠(Glu⁼)
4	63.37	35.63	7.62×10^{-5}
5	15.10	84.87	1.81×10^{-3}

续表

pH	谷氨酸(Glu±)	谷氨酸一钠(Glu∓)	谷氨酸二钠(Glu=)
6	1.75	98.24	2.10×10^{-2}
7	0.18	99.61	2.13×10^{-1}
8	1.74×10^{-2}	97.90	2.09
9	1.47×10^{-3}	82.39	17.62
10	5.67×10^{-5}	31.87	68.14

5.2.3.2 中和速度要缓慢

当中和速度快时,用纯碱中和将迅即产生大量的二氧化碳泡沫,致使料液逸出,造成损失。更主要的是加碱速度快,搅拌不均匀,会导致局部 pH 值过高。如用烧碱中和,由于是放热反应,反应剧烈,不仅局部 pH 过高,而且料液温度过热,而 pH 与温度是使 L-谷氨酸一钠产生消旋的重要条件。谷氨酸一钠发生消旋反应(见表 5-7),不仅影响收率,而且还影响成品质量。

表 5-7 L-谷氨酸钠消旋反应条件

pH 值	温度/℃	时间/h	消旋数量/%
<8.0	—	—	0
8.7	60	10	4
9.0	100	10	10
9.5	100	10	40

因此在中和操作中需要放慢速度。如果用纯碱中和操作,最好先将纯碱溶解后使用,一般纯碱溶解浓度为 20~33°Bé/60℃。

从表 5-8 中可以看出不同的中和方法,L-谷氨酸一钠的量不同。

表 5-8 不同中和操作对溶液谷氨酸一钠得量的影响

操作方法	水/mL	Na_2CO_3/g	谷氨酸/g	温度/℃	中和液pH	中和时间/h	谷氨酸一钠得量/g
1. 先加碱后加谷氨酸	60	74	22	80	6.5	1.5	24.0
2. 先加谷氨酸后加碱,搅拌不均匀	60	74	22	80	6.5	1.5	24.7
3. 先加谷氨酸后加碱,搅拌均匀	60	74	22	80	6.5	1.5	25.1

5.2.3.3 中和温度不能过高

中和温度高,除发生消旋化反应外,谷氨酸钠还会脱水环化生成焦谷氨酸钠，对收率及产品质量极为不利。因此中和温度要控制低于 70℃。谷氨酸钠的环化反应见式(5-4)。不同条件下生成的焦谷氨酸钠量见表 5-9。

$$
\begin{array}{c}
\underset{\substack{\text{HOOC} \quad \text{HC—COONa} \\ | \\ \text{NH}_2}}{\overset{\text{H}_2\text{C—CH}_2}{|\qquad|}} \longrightarrow \underset{\substack{\text{O==C} \quad \text{HC—COONa} + \text{H}_2\text{O} \\ \qquad | \\ \qquad \text{NH}}}{\overset{\text{H}_2\text{C—CH}_2}{|\qquad|}}
\end{array}
\tag{5-4}
$$

谷氨酸钠   焦谷氨酸钠

表 5-9　不同条件下生成的焦谷氨酸钠量

时间/h	焦谷氨酸钠/%		
	100℃	107℃	115℃
0.5	0.3	0.4	0.7
1	0.6	0.9	1.4
2	1.1	1.9	2.8
4	2.1	3.6	5.7

5.3　中和液的脱色

5.3.1　中和液中的色素来源

由于原辅材料含有杂质以及淀粉制糖、培养基灭菌、发酵液浓缩等生产过程产生色素（葡萄糖的聚合反应）、类黑色素（葡萄糖与氨基酸的美拉德反应），带入谷氨酸，致使中和液色素较重。

5.3.2　脱色原理和工艺条件综述

中和液的脱色方法有活性炭脱色法和树脂脱色法。常用的活性炭有粉状活性炭和 C-11（也称 K-15）颗粒活性炭，脱色的树脂常用弱酸性阳离子树脂 122 或通用 1 号，也可使用弱酸性阴离子交换树脂 701 或 705。由于树脂脱色力较活性炭差，不能单独采用，所以生产上均以活性炭脱色为主。

5.3.2.1　活性炭脱色（吸附）原理

粉状活性炭具有很大的表面积（每克活性炭的总表面积可达 $500\sim1000\text{m}^2$），具有很强的吸附色素能力。其吸附作用分为物理和化学吸附两种。活性炭表面和色素分子之间范德华引力为物理吸附作用。此种吸附特点：速度快，吸附量与温度成反比，吸附热小，容易吸附。活性炭表面的不饱和键与色素分子的极性基团形成的共价键为化学吸附，此种吸附速度慢，吸附速度与温度成正比，吸附热大，具有选择性。

5.3.2.2　活性炭的脱色特点

　　粉状活性炭脱色常用于中和液的第一步脱色，作为颗粒活性炭脱色必备的前处理工序。颗粒活性炭脱色一般用于最后一次脱色。两种活性炭脱色特点见表 5-10。

表 5-10　粉状活性炭和颗粒活性炭脱色特点的对比

粉状活性炭	颗粒活性炭
(1)颗粒小，表面积大，单位质量吸附量高，并且在过滤除去炭渣的同时能除去料液中不溶性杂质	(1)颗粒大，表面积小，单位质量吸附量低，且不能除去料液中不溶性杂质
(2)操作环境差，劳动强度大，存在着加炭、卸炭、洗炭等烦琐的劳动	(2)操作环境好，劳动强度小，操作过程只需调节阀门即可完成
(3)间歇操作，但设备一次性投资低	(3)连续操作，适合于大规模生产，但设备一次性投资高
(4)活性炭一次性使用，操作费用高，但不耗用盐酸、烧碱	(4)活性炭经再生处理，可以反复使用，操作费用低，但再生时需耗用一定量的盐酸、烧碱和水

5.3.2.3　影响脱色效果的各种因素

　　脱色条件不同，活性炭脱色效果也不同。

　　(1) 影响粉状活性炭脱色的因素

　　① 温度　在一定温度范围内，温度升高，分子运动速度加快，同时溶液的黏度也降低，色素分子向活性炭表面的扩散速度增加，进入小孔机会多，增加接触的机会，有利于吸附。但温度过高，分子运动过剧，反而使解析色素的速度也会增大，有利于色素的解析。综合温度对色素的吸附与解析两方面的得失，一般控制温度在 60℃左右，效果较理想。

　　② pH 值　溶液的 pH 值对脱色效果影响很大。pH 值在 4.5～5.0 脱色效果较好。但是在此 pH 值范围内，溶液中尚有约 40％的谷氨酸未生成谷氨酸一钠，谷氨酸溶解不完全，会随着脱色过滤被炭渣带走，既影响收率又影响质量。因此，考虑综合因素，生产上一般控制 pH 在 6.0～6.2 之间。

　　③ 脱色时间　色素分子向活性炭表面扩散以及吸附均需要一定的时间，只有充分接触，活性炭才能发挥脱色效力。但是，达到一定时间后，再延长时间，脱色力并不增加，反而影响设备效率。生产上一般加炭后搅拌 30min 左右即可达到脱色饱和。

　　④ 活性炭用量　活性炭用量一般取决于其本身的质量和谷氨酸的质量。对于中和液，采用两段加炭过滤方式，这样过滤比一次增量加炭过滤活性炭用量低，同时滤液透光也高。对于一段过滤加炭量为：一般在 0.4～0.5g/100mL。

二段过滤加炭量为：0.08～0.1g/100mL。如果活性炭或谷氨酸质量差，活性炭用量要适当增加，但增加过多，有时并不能取得满意的效果。因为，活性炭本身也含有钙、镁、铁、氯等杂质，反而使系统内杂质含量增加，更为不利。

因此，生产上要求活性炭质量除必须符合标准规定外，一般还要增加实物（即谷氨酸）脱色质量的要求。活性炭的粒度要适当，粒度小，脱色力强，但过滤速度慢，对生产不利。

（2）影响颗粒活性炭脱色的因素

① 流量与吸附的关系：吸附量与进料速度密切相关，颗粒活性炭吸附色素需要一定的时间。流量大，物料停留时间短，吸附效果差。根据实验结果，适宜的进料量为颗粒活性炭体积的 1～2 倍，即：$1～2m^3_{料}/(m^3_{炭} \cdot h)$。进料流量增大，脱色透光会随之降低。因此要根据物料质量要求调节适宜的进料流量。

② 上柱液质量：上柱液的质量对炭柱影响很大。如果透光率低、色素深、杂质多，颗粒活性炭的交换量显著下降（正常交换量为颗粒活性炭柱量的 20～30 倍）。因此必须重视上柱前料液质量。

③ 颗粒活性炭的再生条件：颗粒活性炭的再生，用 NaOH 水溶液作为洗脱剂，解析吸附的色素；用 HCl 水溶液解析吸附的金属离子和作为再生剂。当洗脱剂和再生剂浓度低时，再生效果差；浓度高，效果增加不明显，造成浪费。根据实验结果和生产实践，采用 2%～4% NaOH 溶液和 2%～4% HCl 溶液，溶液温度 70～80℃再生较为理想。再生后，采用脱盐水置换炭柱内部再生水，使炭柱温度维持在 40～50℃待用。

④ 温度：提高温度，溶液的黏度降低，分子运动速度加快，脱色效果好。但温度过高，解析色素速度增加，吸附色素效果反而下降，同时颗粒活性炭也易破碎。若温度太低，溶液黏度大，颗粒活性炭吸附的阻力变大，影响流速，同时易出现"结柱"现象。生产上一般控制在 40～50℃的范围内。

同时在生产中最好稳定和控制柱前液的温度在一个适宜的区间，并且尽可能缩小这个区间的温度变化，因为当柱前液的温度发生改变，尤其是吸附低温液再吸附高温液时，会使先前吸附的色素发生解析，影响到柱后透光率的提高。

⑤ pH 值：pH 值对颗粒活性炭脱色效果的影响同粉状活性炭，不再重述。所需注意的仍然是操作中 pH 值的变化，要注意检查和控制中和液 pH 稳定在 6.0～6.2。防止 pH 值突然由低转高，炭柱吸附率骤然下降，影响正常生产的情况发生。

5.3.3 中和液脱色生产工艺

5.3.3.1 脱色工艺流程

原液脱色工艺流程见图 5-2。

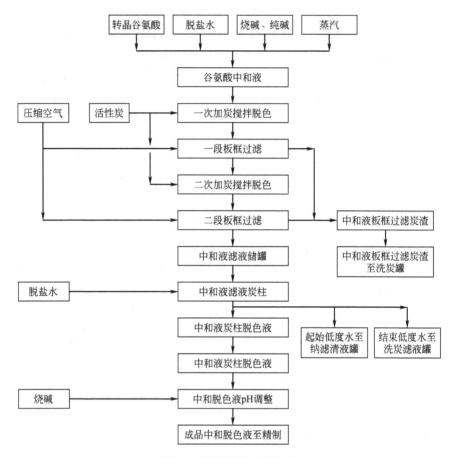

图 5-2 原液脱色工艺流程

5.3.3.2 脱色工艺技术条件

脱色工艺技术条件详见表 5-11。

表 5-11 脱色工艺技术条件

生产过程	主要控制技术条件
粉状活性炭脱色	(1)一次加炭量:0.4~0.5g/100mL (2)二次加炭量:0.08~0.1g/100mL (3)pH 值:6.0~6.2 (4)温度:55~60℃ (5)时间:不小于 30min (6)浓度:25~26°Bé/55~60℃ (7)过滤:开始循环 20~30min,待滤过液透光率达到要求时,调整阀门进行收集,过滤结束,炭渣需用热水洗涤,弃掉的废炭含谷氨酸钠应不超过 0.8% (8)过滤液透光率:92%以上

续表

生产过程	主要控制技术条件
颗粒活性炭脱色	(1)炭柱预热:脱盐水 40～50℃,避免谷氨酸钠析出 (2)交换:进料流量为树脂体积的 1～2 倍,一般为顺流交换流出液 (3)收集:当品尝流出液有鲜味至 12°Bé 左右时,进入低浓度溶液贮罐,作为调节母液浓度之用 (4)流出液收集:当浓度高于 12°Bé 左右时,透光率符合要求进行收集,最后检查 pH,调节到 pH 6.6～6.8 去蒸发结晶 (5)再生:操作控制条件与树脂柱同,仅酸洗和碱洗顺序相反 再生操作程度:正、反水洗→碱洗→正水洗(pH 8～10)→酸洗→正、反水洗(pH 5～6)→备用 酸洗技术条件:盐酸浓度 2%～4%,用量为颗粒活性炭体积的 2～3 倍,浸泡 2～4h 碱洗技术条件:烧碱浓度 2%～4%,温度 70～80℃,用量为颗粒活性炭体积的 2～3 倍,浸泡 2～4h (6)注意事项:交换及再生过程保持适宜的液面高度,不许干柱 (7)脱色液质量要求:透光率 90% 以上,谷氨酸钠 48～52g/dL,浓度 25～26°Bé/35℃,pH 6.6～6.8,或 SO_4^{2-} 0.03～0.07g/dL

5.3.4 结晶母液的脱色工艺

以上所述为谷氨酸中和液的脱色工艺方法。脱色液经一次结晶后只能析出 45%～50% 晶体,还有 55%～50% 谷氨酸钠溶质存在于母液中,需重新结晶。若母液不经脱色除杂处理而直接蒸发结晶,则由于脱色液经一次结晶后杂质的积累以及结晶过程所产生的色素,使制成的味精纯度低、颜色黄、晶型差。因此母液必须经脱色除杂处理后再去蒸发结晶。精制的母液不能无限制地循环,否则无法保证味精的质量,故母液排除杂质的另一个出口就是返回一些质量最差的母液去提取水解后经等电连续中和重新提取谷氨酸,这个过程损失达到 20%～30%,成本也增加很多。在实际生产中,原液、母液的透色透光如果提高 6%,其精制返回提取处理的母液比例(与味精产量比)将下降 70%～75%,所以应在母液脱色过程尽量提高透光,降低精制返提取的母液比例。

在对脱色液原液及结晶母液采用活性炭过滤时,过滤后的活性炭滤渣内含有大量的谷氨酸钠,为保证收率、减少排放,这部分谷氨酸钠需要回收。其回收方式为,用热脱盐水洗涤这些炭渣后,再次用板框过滤,回收、回用所得滤清液。但洗涤也会同时导致吸附在炭渣上的色素同时解吸,所以从炭渣洗涤过程回收的谷氨酸钠溶液中含有很多的色素、杂质。这部分回收液将会回用于脱色的母液浓度调整,这也就导致了系统的色素、杂质量累计增加。

为解决上述问题:而对于过滤炭渣的回收液(洗炭滤液),采用耐高温的纳滤膜过滤,去除其中的色素。进入纳滤膜前的滤液透光 40%～60%,经纳滤过滤后的清液透光≥92%，基本达到对原液的脱色水平，且滤清液含量与过滤前相同，纳滤浓缩倍数10~12倍。纳滤浓缩液返至提取回用。

成品脱色母液含量≥42g/dL，为了降低精制过程的结晶蒸汽消耗，脱色母液采用多效蒸发器蒸发到50~53g/dL，再进入精制过程。

5.3.4.1 结晶母液脱色流程

结晶母液脱色流程见图5-3。

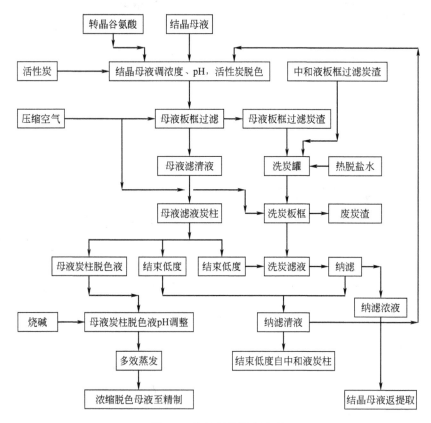

图 5-3　结晶母液脱色流程

5.3.4.2 结晶母液脱色技术条件

结晶母液由于浓度、pH、温度都达不到原液的脱色除铁工艺要求，因此首先需要调整，其参数因脱色工艺方法而异，详见表5-12及表5-13。

结晶母液因结晶工艺方式不同而有所区别。目前广泛采用的是以脱色液（原液）为底料，混合母液为流加料，结晶分离后的母液称混合母液，即不分次。

表 5-12　颗粒炭脱色工艺操作条件

技术条件	混合母液	备注
pH 值	6.6～6.8	用转晶谷氨酸调节
温度	45～55	用低浓度溶液或软化水调节
浓度/°Bé	24～25	

表 5-13　脱色母液质量要求

类别	混合母液
谷氨酸钠/(g/dL)	≥42
透光度/%	≥72
pH 值	6.6～6.8
浓度/°Bé	24～25
浓缩后谷氨酸钠/(g/dL)	50～53

5.3.5　脱色生产的主要设备

脱色的主要设备为板框过滤机和交换柱。

5.3.5.1　脱色过滤罐、储罐

目前由于提取转晶工艺的普及，且采用了 304 不锈钢设备，成品转晶谷氨酸中含铁等金属离子已经对脱色过程不造成影响。因此脱色单元不再设置除铁离子等金属离子的过程，为防止脱色设备损坏而导致铁离子等金属离子增加，脱色过滤罐、储罐等设备均采用 304 不锈钢材质。

5.3.5.2　过滤设备

目前，生产上应用的过滤设备有板框过滤机、密压机，各有其优缺点，但厢式板框过滤机因结构简单、维修方便、滤渣含湿率低、夹带物料少、工艺损失相对少，而得到行业的广泛采用。

5.3.5.3　交换柱

颗粒活性炭柱由于需要稀盐酸处理再生，不宜采用不锈钢材质，因此采用 Q235-A/衬胶。目前炭柱已经大型化，常用炭柱容积 30～50m³，为防止柱内出现交换死角，控制上柱流量，每小时流量控制：1～1.5m³/m² 柱截面积。

5.3.5.4　纳滤膜

采用耐高温纳滤膜，过滤洗炭水，滤除炭水中色素。浓缩倍数 10～12 倍，滤前透光 40%～60%，过滤清液透光≥92%，过滤温度 60～70℃。

5.3.5.5　多效蒸发器

采用 3 效或 4 效蒸发器浓缩母液脱色液，降低精制过程的结晶蒸汽消耗，成品脱色母液含量≥42g/dL，脱色母液采用多效蒸发器蒸发到 50～53g/dL，再进入精制过程。蒸发过程顺流进料，最高温度≤79℃。

5.4　味精结晶的基本理论

晶体是化学均一的固体。结晶时由于溶质与杂质的溶解度不同，或者溶质与杂质溶解度相近，但晶格不同，使溶质与杂质得以分离，所以结晶是工业上制取纯物质常用的有效方法。通过结晶制取的结晶味精纯度高，晶粒匀整，色泽白亮。谷氨酸钠在不同的条件下可形成含有 1 个结晶水和含有 5 个结晶水的水合物。后者是在低温（0℃以下）条件下生成。本节讨论含 1 个结晶水的谷氨酸钠的结晶方法。

5.4.1　谷氨酸一钠饱和溶液和过饱和溶液

5.4.1.1　谷氨酸钠溶解度

不含结晶水的谷氨酸钠（简写 Glu·Na）在不同温度下在水中的溶解度按经验公式(5-5) 计算：

$$S_d = 35.30 + 0.098t + 0.0012t^2 \tag{5-5}$$

式中　S_d——Glu·Na 溶解度，g/100g 溶液；

　　　　t——温度，℃。

含结晶水的谷氨酸钠（Glu·Na·H$_2$O）在不同温度下的溶解度可按经验公式(5-6) 计算：

$$S_c = 39.18 + 0.109t + 0.0013t^2 \tag{5-6}$$

式中　S_c——Glu·Na·H$_2$O 溶解度，g/100g 溶液；

　　　　t——温度，℃。

利用式(5-5) 和式(5-6) 可算出 100g 溶液中所溶解的 Glu·Na 和 Glu·Na·H$_2$O（即 MSG）。计算结果列入表 5-14 中。

由表 5-14 可知，因溶液浓度表示方法不同，其溶解度数值也不同，相互换算公式见表 5-15。

5.4.1.2　饱和溶液和过饱和溶液

与其他物质一样，谷氨酸钠溶液有三种状态，即不饱和溶液、饱和溶液和过饱和溶液。味精晶体与溶液间的相互平衡关系见表 5-16。

表 5-14　谷氨酸钠的溶解度

温度/℃	Glu·Na·H₂O /(g/100g 水)	Glu·Na·H₂O /(g/100g 溶液)	Glu·Na·H₂O /(g/100mL 溶液)	Glu·Na /(g/100g 水)	Glu·Na /(g/100g 溶液)	Glu·Na /(g/100mL 溶液)
0	64.42	39.18	46.33	54.56	35.30	41.74
10	67.79	40.4	48.04	57.23	36.40	43.28
20	72.06	41.88	50.09	60.62	37.74	45.14
30	77.37	43.62	52.52	64.80	39.32	47.34
40	83.89	45.62	55.33	69.89	41.14	49.89
50	91.87	47.88	58.56	76.06	43.20	52.83
60	101.61	50.40	62.23	83.49	45.50	56.18
65	17.30	51.76	64.24	87.76	46.74	58.01
70	113.58	53.18	66.38	92.46	48.04	59.96
80	128.41	56.22	71.06	103.33	50.82	64.23
90	147.04	59.52	76.30	116.64	53.84	69.02
100	170.86	63.08	82.19	133.10	57.10	74.40

表 5-15　溶液浓度单位的换算[①]

c_1(Glu·Na g/100g 水)	—	$\dfrac{c_2}{1-c_2}$	$\dfrac{c_3}{R-c_3}$	$\dfrac{c_4}{R+(R-1)c_4}$	$\dfrac{c_5}{\rho-c_5}$	$\dfrac{c_6}{\rho R-c_6}$
c_2(Glu·Na g/100g 溶液)	$\dfrac{c_1}{1+c_1}$	—	$\dfrac{c_3}{R}$	$\dfrac{c_4}{R(1+c_4)}$	$\dfrac{c_5}{\rho}$	$\dfrac{c_6}{\rho R}$
c_3(Glu·Na·H₂O g/100g 溶液)	$\dfrac{Rc_1}{1+c_1}$	Rc_2	—	$\dfrac{c_4}{1+c_4}$	$\dfrac{Rc_5}{\rho}$	$\dfrac{c_6}{\rho}$
c_4(Glu·Na·H₂O g/100g 水)	$\dfrac{Rc_1}{1-(R-1)c_1}$	$\dfrac{Rc_2}{1-Rc_2}$	$\dfrac{c_3}{1-c_3}$	—	$\dfrac{Rc_5}{\rho-Rc_5}$	$\dfrac{c_6}{\rho-c_6}$
c_5(Glu·Na g/100mL 溶液)	$\dfrac{\rho c_1}{1+c_1}$	ρc_2	$\dfrac{\rho c_3}{R}$	$\dfrac{\rho c_4}{R(1+c_4)}$	—	$\dfrac{c_6}{R}$
c_6(Glu·Na·H₂O g/100mL 溶液)	$\dfrac{\rho Rc_1}{1+c_1}$	ρRc_2	ρc_3	$\dfrac{\rho c_4}{1+c_4}$	Rc_5	—

① ρ 表示密度（g/L）；R 为换算因数（Glu·Na·H₂O 分子量/Glu·Na 分子量＝1.106）。

表 5-16　味精晶体与溶液间的相互平衡关系

不饱和溶液	饱和溶液	过饱和溶液
晶体 $\xrightarrow{溶解}$ 溶液	晶体 $\underset{晶析}{\overset{溶解}{\rightleftharpoons}}$ 溶液	溶液 $\xrightarrow{晶析}$ 晶体
溶解速度＞晶析速度	溶解速度＝晶析速度	晶析速度＞溶解速度
外加晶体时,晶体颗粒逐渐变小,直至溶液增至饱和溶液	晶体大小基本不变,溶液浓度不变	自然形成新晶核,并且晶粒能长大,直至溶液降至饱和溶液

5.4.1.3 过饱和度表示方法

过饱和度有许多表示方法，常用的有以下三种：

（1）浓度推动力（也称过饱和度）

$$\Delta c = c - c_0 \tag{5-7}$$

（2）过饱和度比（也称过饱和系数）

$$S = c / c_0 \tag{5-8}$$

（3）相对过饱和度

$$\sigma = \Delta c / c_0 \tag{5-9}$$

式中 c——过饱和浓度，g/100g；

c_0——溶解度平衡浓度，g/100g。

过饱和度数值也因溶液浓度单位的不同而变化。例如 50℃时，谷氨酸一钠溶液平衡饱和浓度 $c_0 = 91.87$g/100g 水，密度 $\rho_0 = 1.223$g/L。若过饱和浓度 $c = 97.30$g/100g 水，密度 $\rho = 1.241$g/L。三种过饱和度的数值见表 5-17。

表 5-17　各种浓度表示方法的过饱和度比较

浓度单位	浓度及过饱和度				
	c	c_0	Δc	S	σ
g/100g 水	97.30	91.87	5.43	1.059	0.059
g/100g 溶液	49.32	47.88	1.44	1.030	0.030
g/100mL 溶液	61.21	58.56	2.65	1.045	0.045

5.4.1.4 饱和溶解度曲线和过饱和溶解度曲线

理论上，任一温度时，溶液达到略呈饱和溶液时，就会有溶质析出，但实际上只有达到某种程度的过饱和状态时，才会有溶质析出。对处于 60℃、70℃、80℃时，几种浓度谷氨酸钠饱和溶液进行降温，使之进入过饱和状态，仔细观察（借助放大镜）降温过程中溶液微观变化（测定结果见表 5-18），用曲线把这些初始结晶和瞬间微晶大量生成的温度各点连接起来，便可得到图 5-4 的曲线 α_1 和 α_2（称过饱和溶解度曲线）。曲线 α_0 是根据表 5-14 数据作出的饱和溶解度曲线。曲线 α_0、α_1、α_2 相互大致平行。

表 5-18　谷氨酸一钠过饱和溶解度曲线的温度测定值

饱和溶解度时的温度/℃	80	70	60
微晶初始生成时的温度/℃	61.0	50.1	38.1
微晶大量生成的温度/℃	53.8	42.3	27.4

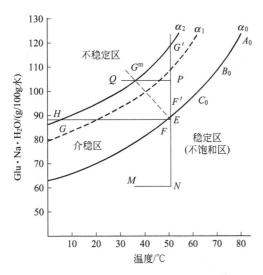

图 5-4 谷氨酸一钠过饱和溶解度曲线和饱和溶解度曲线

从图 5-4 可以看到，曲线 α_0 和 α_2 将图分成三个区域，即稳定区、不稳定区和介稳区。各区域内溶液特性及其与溶质晶体的关系见表 5-19。

表 5-19 各区域内溶液特性及其与溶质晶体关系

区域名称 内容	稳定区	介稳区	不稳定区
区域名称	不饱和区	亚稳区	过饱和区
区域范围	曲线 α_0 下方	曲线 α_0 与 α_2 之间	曲线 α_2 上方
溶液特点	不饱和溶液	略过饱和溶液	过饱和溶液
液相与溶质晶体关系	无晶体析出现象，外加晶体溶解	晶核不会自动形成，但诱导可以产生，若有晶体存在可以长大	可以自然产生大量晶核，晶体也可长大

在介稳区内各部位的稳定性不同，接近曲线 α_2 的区域极易受刺激而起晶，又称刺激起晶区（曲线 α_1 与 α_2 之间）；靠近曲线 α_0 相对稳定，又称养晶区（曲线 α_1 与 α_0 之间）。养晶区浓度比同温度下的饱和溶液约高 10%。表示介稳区的宽度常用以下的方法：

（1）最大过饱和度 Δc_{max}，如图 5-4 曲线 α_0 与 α_2 的垂直距离（直线 $F'G'$），大约 27g/100g 水。

（2）最大过冷却度 ΔQ_{max}，如图 5-4 曲线 α_0 与 α_2 的水平距离（直线 FG），大约 38℃。

两者关系为：
$$\Delta c_{max} = (dc/dQ)\Delta Q_{max}$$

5.4.2　晶核的形成及味精结晶起晶方法

味精结晶过程包括形成过饱和溶液、晶核形成和晶体成长三个阶段。晶核形成在结晶过程中占有举足轻重的位置。

5.4.2.1　晶核的形成

晶核形成机理：在一定的温度和纯度下，当溶液浓度达到过饱和时，溶质分子运动范围逐渐缩小，分子间的吸引力大于排斥力，从而形成堆积点即为晶核。

晶核形成条件：溶液浓度达到临界浓度，晶核大小（用球形半径表示）超过临界半径时，晶核才能稳定存在，并且进一步长大。

晶核形成有三种方式：初级均相成核（自发地产生晶核的自然起晶法），初级非均相成核（外来物体诱导下成核的刺激起晶法），二次成核（投晶种后诱发起晶法，是晶体与其他固体接触时所产生晶核）。

初级均相成核速率（自然起晶速率）：

$$dn/dt = [(\Delta c_s - \Delta c_c)/\Delta c_c]^4 \times 10^{10} \qquad (5\text{-}10)$$

式中　dn/dt——起晶速率，粒/s；

　　　　n——晶核质点数目，粒；

　　　　c_s——过饱和度，g/100g；

　　　　c_c——临界过饱和度，g/100g；

　　　　Δc_s——超过饱和度（$c_s - 1$），g/100g；

　　　　Δc_c——临界超过饱和度（$c_c - 1$），g/100g。

初级非均相成核速率（刺激起晶速率）：

$$dN/dt = K(\Delta c_s) \qquad (5\text{-}11)$$

式中　dN/dt——起晶速率，粒/s；

　　　　K——常数；

　　　　Δc_s——超过饱和度（$c_s - 1$），g/100g。

二次成核速率：

$$B^\circ = K_n n_p^h G^i M_T^j \qquad (5\text{-}12)$$

式中　B°——二次成核的成核速率，粒/（$m^3 \cdot s$）；

　　　　K_n——成核动力学常数；

　　　　n_p——螺旋桨转速，s^{-1}；

　　　　G——晶体的生长速率，$\mu m/s$；

　　　　M_T——晶浆的悬浮密度，kg 晶体/m^3悬浮液；

　　h、i、j——经验动力学参数。

5.4.2.2　味精结晶的起晶方法

味精结晶的起晶方法有自然起晶法、刺激起晶法和晶种起晶法。前两种方法已不常用，最常用的是最后一种方法。各种方法的特点对比见表 5-20。

表 5-20　各种起晶方法对比

方法	自然起晶法	刺激起晶法	晶种起晶法
溶液浓度范围	过饱和区	刺激起晶区	养晶区
起晶过程	初级均相成核,溶液浓度达到过饱和系数1.3以上时,自然生成晶核	初级非均相成核,溶液浓度达到刺激起晶区,降温使溶液受到刺激而生成晶核	实质而言,没有起晶,向介稳区溶液中投入一定数量的晶种,以此为晶核而长大
特点	此法需要控制较高的过饱和系数,浓缩时间长,而且晶核不整齐,数量难控制,是一种古老的起晶方法,目前已不采用	此法起晶速度快,晶核也较整齐、均匀。但晶核数量仍难控制,一般用于生产粉体味精	此法能准确控制晶核数目,晶体匀整、颗粒大,质量好,且时间短,用于生产晶体味精。此法缺点是制备晶种加工量大,增加工艺损失和能耗

晶种起晶法要准确掌握溶液的起晶点和溶晶点，控制好投种时的过饱和系数。投入后不产生新晶核，也不溶化晶种，产品粒数与投入晶种粒数基本相同。晶种起晶法要注意控制二次成核。

5.4.3　过饱和溶解度曲线在结晶过程中的应用

经多年味精生产实践，总结出结晶与过饱和系数一般规律（特殊情况有所变化）如下：

（1）过饱和系数小于1.0时，即稳定区，晶体只能溶解，不能长大。在整晶或溶掉假晶时，可将溶液浓度控制在此范围。

（2）过饱和系数在1.0~1.2时，即养晶区，不能自然形成晶核但可使已有的晶体长大。晶种起晶法结晶过程，溶液浓度要控制在此范围内。

（3）过饱和系数在1.2~1.3时，即刺激起晶区，已有的晶核能长大，受外界影响也能产生新的晶核。粉体味精的刺激起晶，溶液浓度控制在此范围，结晶味精假晶常在此区产生。

（4）过饱和系数大于1.3时，即不稳定区，在此范围能自动产生大量的晶核，自然起晶时控制在此范围。

5.4.4　味精的结晶生长速度及其影响因素

5.4.4.1　结晶生长速度

在饱和溶液中形成晶核之后，晶体便会继续长大，其生长机理见图 5-5。

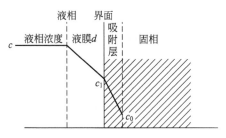

图 5-5　母液和晶体混合体结构示意图

晶体生长过程分为两个阶段。第一，味精分子由液相以分子运动扩散方式透过液膜到达晶体界面即扩散过程（以浓度差 $c-c_0$ 为推动力）；第二，味精分子到达晶体表面吸附层，发生表面反应，沉积到晶面上，液体浓度降到（略低于）饱和浓度，即表面反应过程（也称沉积过程）。

根据晶体生长过程扩散速度与表面反应速度必须保持一致的原则。可以推得晶体生长过程总速度为：

$$K = kT(c-c_0)/(\eta d) \tag{5-13}$$

式中　K——结晶生长速度，kg/(h·m²)；

$\quad\quad$ k——结晶系数；

$\quad\quad$ T——热力学温度，K；

$\quad\quad$ c——溶液主体浓度，kg/kg 水；

$\quad\quad$ c_0——平衡饱和浓度，kg/kg 水；

$\quad\quad$ η——黏度，Pa·s；

$\quad\quad$ d——液膜厚度，m。

式(5-13)表明结晶速度与溶液的温度和过饱和系数成正比，而与母液黏度和液膜厚度成反比。

5.4.4.2　影响结晶速度的因素

（1）过饱和度　过饱和度是决定结晶速度的重要因素，在不同的范围内，其影响不同。在介稳区的养晶区，晶体能以最大的速度长大而不自发成核，且溶液的过饱和度愈高，结晶速度愈快，颗粒大，周期短［如图 5-6(a)］；在介稳区的刺激起晶区，容易刺激新生少量晶核，原晶核仍能长大，不过速度减慢［如图 5-6(b)］；在过饱和区域内，过饱和度愈高，溶液黏度愈高，且出现大量假晶，原来晶核成长非常慢，最为不利［如图 5-6(c)］。

图 5-7 为在介稳区范围内不同过饱和度，不同时间的结晶增量。

（2）溶液黏度　黏度愈大，溶质分子扩散过程所应克服的阻力愈大；同时黏度增高，镜膜厚度增大，且扩散距离增加，因此结晶速度随黏度的增高而降低。

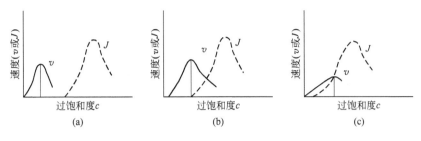

图 5-6   晶核成长速度与过饱和度关系

J—成核速度；v—成长速度

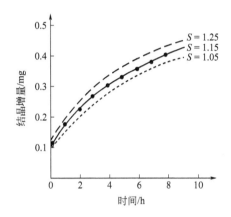

图 5-7   不同过饱和度的结晶量

结晶速度与溶液黏度的关系式为：

$$K \propto C / \eta^P \tag{5-14}$$

式中 η——黏度，Pa·s；

C, P——均为大于 1 的常数。

溶液的黏度与其浓度、纯度、温度有关。

（3）溶液纯度   味精结晶速度与溶液纯度关系很大，在相同的过饱和度下，溶液纯度愈高，结晶速度愈快；反之纯度低，结晶速度急骤下降（如图 5-8）。因此生产中尽量除去溶液中可能存在的杂质，如残糖、色素、表面活性剂、焦谷氨酸钠、DL-MSG、盐类、金属离子、有机酸等。

需要指出，不同杂质对晶体生长产生的影响也不同（有抑制和促进两种作用），有的对同一晶体不同晶面产生选择性影响（改变晶型），其产生影响的浓度、机理也不相同。如表 5-21，豆粕、面筋经酸水解法生产的味精，其晶型粗壮；发酵法生产的味精晶型细长；而混合法（用水解法和发酵法两种谷氨酸混合后制味精）则介于两者之间。其原因是水解法中残留的某些氨基酸对晶体短轴生

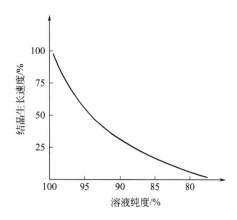

图 5-8　溶液纯度与结晶生长速度关系

图中结晶生长速度为假定比速度（%），并令纯溶液结晶生长速度100%

长速度有促进作用，相对阻碍长轴的生长速度。

表 5-21　不同工艺方法制得味精的晶体形状

工艺方法	长轴 /mm	短轴 /mm	长轴/短轴	结晶时间 /h
水解法	3.20	1.22	2.62	16
发酵法	3.18	0.82	3.88	12
混合法	3.17	0.86	3.67	12～14

　　有资料报道，Ca^{2+} 在不同浓度范围内对结晶产生的影响不同。浓度在 0.02～0.08g/L 范围内对结晶无影响；在 0.08～0.2g/L 范围内对结晶生长有促进作用；在 0.3g/L 以上对结晶生长有抑制作用。结晶过程中每 1kg MSG 添加 10～20mg 蔗糖脂肪酸酯［亲水亲油平衡值（HLB 值）在 1～16 之间］，能促进结晶体生长，成品得率可提高约五个百分点。

　　（4）温度　温度升高，在保持过饱和度不变的情况下，黏度下降，镜膜厚度减少，结晶速度（K）增加，有如下关系式：

$$K = T / \eta^{0.25} \tag{5-15}$$

式中　T——热力学温度，K；

　　　η——黏度，Pa·s。

　　但是，谷氨酸钠长时间受热，易失水生成焦谷氨酸钠（见表 5-22），不仅收率降低，也影响产品质量，因此生产上采用真空结晶，控制温度 65～70℃。

表 5-22　谷氨酸钠溶液受热失水的情况

加热前 MSG/%	加热温度 /℃	加热时间 /h	加热以后		
			MSG /%	焦谷氨酸钠 /%	脱水环化 /%
43.69	106	0	43.69	0	0
48.10	106	2	46.76	1.34	2.79
55.18	107	4	52.91	2.27	4.11
56.21	107	6	53.10	3.11	5.53
65.25	108	8	59.55	5.7	8.74
40.48	80	4	39.95	0.43	1.06
40.75	80	8	40.08	0.54	1.32
41.42	80	12	40.15	1.02	2.46
44.35	60	32	44.30	0.04	0.09
46.40	60	64	46.14	0.21	0.45

（5）稠度　是指结晶液的固液相之比（俗称干稀度），常以晶间距表示。稠度对结晶速度有影响。结晶过程稠度大时，晶体间距小，镜膜厚度小，有利于结晶生长。但同时稠度大，使结晶流动性差，运动阻力大，降低结晶速度。当稠度低时，晶间距大，浓度梯度 $c - c_0/d$ 小，扩散速度慢，易形成新晶核。结晶速度慢，而且稠度低，结晶面积小，单罐产量少，因此生产上要控制适宜的稠度。

（6）结晶液的流动性　结晶液流动性好，镜膜厚度小，有利于溶质分子的扩散，结晶速度加快。在一定黏度下，结晶液的流动性取决于搅拌强度。搅拌强度大，罐内对流循环好，晶体呈悬浮状态。并且使料液浓度、温度均匀，又能消除结晶热对晶体长大的妨碍，有利于晶体生长。但强烈搅拌，溶质分子流动过快，不利于长晶，对晶型也有损伤，动力消耗大，而且也容易导致二次成核现象，因此搅拌强度要选择适当。

此外，影响晶体形状的因素有：晶种质量，晶体生长速率，过饱和度的大小，结晶温度，溶液 pH 值，溶液的杂质等。

5.4.5　结晶面积和结晶时间

在恒温下，味精结晶过程所生成的结晶量与结晶速度、结晶面积、结晶时间成正比。

$$S = KFt \tag{5-16}$$

式中　S——结晶量，mg；

　　　K——结晶速度，mg/(m^2·min)；

　　　F——结晶面积，m^2；

　　　t——结晶时间，min。

生产上结晶面积是主要的因素。其他条件相同，结晶面积愈大，单位时间内结晶出来的味精量愈多。结晶速度一定时，同样的结晶量，结晶面积大者，时间短。

应当指出，实际结晶过程中，结晶速度不是恒定值，而是随着结晶时间延长而下降（如图 5-9）。其原因是结晶液的黏度和杂质量随着时间延长而增加。

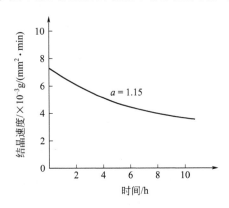

图 5-9   不同时间的结晶速度

5.4.5.1   结晶面积的计算

假设味精颗粒形状为棱柱状八面体，味精颗粒的短轴与长轴之比为 1：3，则可以推导：

（1）晶粒体积与长轴关系

$$V = 0.096a^3 \tag{5-17}$$

式中 V——晶粒体积，mm^3；

　　　　a——晶粒长轴，mm。

（2）晶粒质量与长轴关系

$$g = 0.16a^3 \tag{5-18}$$

式中 g——晶粒质量，mg；

　　　　a——晶粒长轴，mm。

（3）晶粒表面积与长轴关系

$$f = 1.35 \times 10^{-6}a^2 \tag{5-19}$$

式中 f——晶粒表面积，m^2；

　　　　a——晶粒长轴，mm。

（4）晶粒表面积与质量关系

$$f = 4.58 \times 10^{-6}(g^2)^{1/3} \tag{5-20}$$

式中 f——晶粒表面积，m^2；

　　　　g——晶粒质量，mg。

（5）结晶体的总表面积与质量关系

$$F = nf$$

因为 $g = S/n$

则 $F = 4.58 \times 10^{-6} n \qquad [(S/n)^2]^{1/3}$ （5-21）

式中 F——结晶总表面积，m^2；

n——结晶粒数；

S——结晶体总质量，mg。

公式(5-21)说明晶粒愈小，单位质量粒数愈多，则单位质量表面积愈大。如 1g 味精含 800 粒总表面积比含 500 粒总表面积增加 1.17 倍。

根据公式(5-21)计算：

$$F_1/F_2 = \frac{4.58 \times 10^{-6} \times 800 \times [(1000/800)^2]^{1/3}}{4.58 \times 10^{-6} \times 500 \times [(1000/500)^2]^{1/3}} = 1.17（倍）$$

5.4.5.2 结晶量和结晶时间的关系

根据式(5-16)、式(5-21)可推导出结晶量和结晶时间的关系：

$$S = (1/3 \times 4.58 \times 10^{-6} Kt)^3$$ （5-22）

式(5-22)说明结晶速度不变，味精结晶量与结晶时间的三次方成正比。

如在结晶速度相同时，结晶平均质量为 4mg 的晶粒比 2mg 的晶粒增加的时间：

$$t_1/t_2 = (S_1/S_2)^{1/3} = (4/2)^{1/3} = 1.26 \text{ 倍}$$

结晶 4mg 的晶粒比 2mg 的晶粒需要增加 0.26 倍的时间。

5.4.5.3 晶粒大小与结晶时间的关系

根据式(5-16)～式(5-18)、式(5-22)可以推导出晶粒大小与结晶时间的关系：

$$a = 4.58 \times 10^{-6}/(3 \times 0.16^{1/3} Kt)$$ （5-23）

式中 a——晶粒长轴，mm；

K——结晶速度，$mg/(m^2 \cdot min)$；

t——结晶时间，min。

由式(5-23)可以比较颗粒大小不同，所需结晶时间也不同。如在结晶速度相同情况下，结晶颗粒长度为 3.5mm 比 2.0mm 增加的时间：

$$t_1/t_2 = a_1/a_2 = 3.5/2 = 1.75$$

即：颗粒长度 3.5mm 比 2.0mm 结晶时间增加 0.75 倍。

5.4.6 晶体粒度的分布

晶体粒度与成核速率、生长速度、结晶时间、结晶过程的操作参数（如：结晶温度、溶液的过饱和度、结晶液的流动性、搅拌强度、溶液的 pH、溶液的杂质等）有关。粒度的分布通常用筛分法测得。将筛子按孔径大小自上而下装配，分别记录筛上、筛下累积质量百分率或筛上截留质量百分率。将筛分的结果以筛孔尺寸为横坐标、以累积质量百分率（或筛上截留质量百分率）为纵坐标进行描绘即可得到粒度分布曲线。一般有 4 种坐标可以采用，即算术坐标、对数坐标、半对数坐标、概率坐标。

5.5　味精结晶工艺技术

5.5.1　味精结晶工艺流程

（1）味精间断结晶工艺流程见图 5-10。

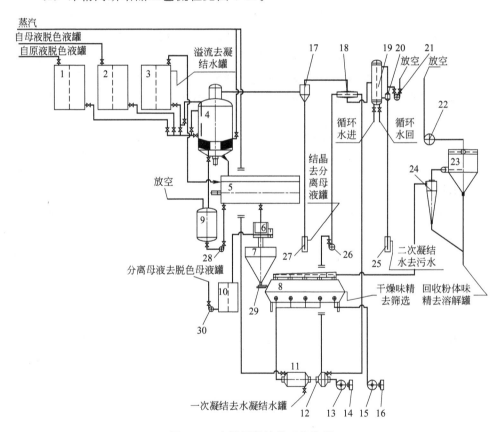

图 5-10　味精间断结晶工艺流程

图 5-10 流程图设备位号、设备名称、作用说明：

1—原液脱色液高位罐：储存原液脱色液，用于结晶。

2—母液脱色液高位罐：储存母液脱色液，用于结晶。

3——次凝结水高位罐：储存一次凝结水，用于整晶、分离洗水。

4—间断结晶罐：内循环结晶罐，用于味精结晶，主要生产颗粒较大的味精。

5—助晶槽：结晶罐的放料储槽，用于分离时调整母液浓度、储存、保温。

6—味精分离机：平板离心机，用于味精分离、洗涤，控制过程全自动。

7—湿味精料仓：储存分离机分离味精，待干燥机干燥。

8—味精干燥机：振动流化床干燥机，干燥颗粒味精。

9——次蒸汽凝结水暂储罐：暂储结晶罐一次凝结水。

10—结晶母液暂储罐：暂储存分离味精母液。

11—振动流化床干燥机空气加热器：加热振动流化床干燥机所用空气。

12—结晶罐余热回收加热器：节能装置，回收结晶罐二次蒸汽余热，预热流化床干燥机空气。

13—流化床鼓风机：离心风机，振动流化床热风供风。

14—热空气过滤器：热鼓风机空气过滤。

15—流化床冷风机：离心风机，干燥味精降温供风。

16—冷空气滤器：冷鼓风机空气过滤器。

17—结晶罐二次蒸汽分离器：分离、回收结晶罐飞溅味精。

18—结晶罐二次蒸汽余热回收换热器：回收二次蒸汽余热。

19—结晶罐二次蒸汽冷凝器：列管或板式换热器，冷凝结晶罐二次蒸汽。

20—冷凝器水、空气分离罐：分离冷凝器的空气和水。

21—结晶罐真空泵：水环或往复式真空泵，排除结晶罐内不凝气体。

22—流化床干燥机引风机：离心风机，振动流化床干燥机引风。

23—振动流化床干燥机布袋除尘器：布袋除尘器，过滤截留味精粉尘。

24—振动流化床干燥机旋风除尘器：旋风除尘器，沉降分离味精粉尘。

25—二次凝结水密封罐：结晶罐二次凝结水排水、密封罐。

26—余热回收循环泵：离心泵，用于余热回收水循环。

27—二次蒸汽分离回收密封罐：二次蒸汽分离水密封罐。

28——次凝结水换热泵：离心泵，助晶槽保温换热。

29—流化床振动给料机：振动给料机，用于流化床供料。

30—分离母液泵：离心泵，输送分离母液至结晶母液罐。

（2）味精连续结晶工艺流程见图 5-11。

图 5-11 流程图设备位号、设备名称、作用说明：

1—味精连续结晶一效结晶器：内循环结晶器，用于味精连续结晶一效（主结晶器）。

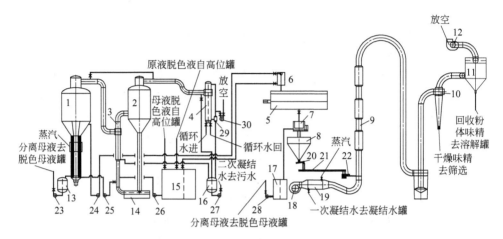

图 5-11 味精连续结晶干燥工艺流程图

2—味精连续结晶二效结晶器：外循环结晶器，用于味精连续结晶二效，预浓缩、结晶。

3—味精连续结晶二效加热器：列管换热器，用于二效物料加热。

4—连续结晶二次蒸汽冷凝器：列管换热器，冷凝二次蒸汽。

5—连续结晶助晶槽：结晶罐的放料储槽，用于分离时调整母液浓度、储存、保温。

6—连续结晶增稠器：连续结晶出料浓度增稠、颗粒母液预分离。

7—连续结晶味精分离机：平板离心机，用于连续结晶味精分离、洗涤，控制过程全自动。

8—连续结晶湿味精料仓：储存分离机分离味精，待干燥机干燥。

9—连续结晶气流干燥机：气流干燥机，用于连续结晶味精干燥。

10—气流干燥机旋风除尘器：旋风除尘器，用于连续结晶味精干燥粉尘回收。

11—气流干燥机布袋除尘器：布袋除尘器，用于气流干燥粉尘回收。

12—气流干燥机引风机：离心风机，用于气流干燥引风。

13—连续结晶一次凝结水平衡罐：用于连续结晶一次凝结水平衡排水。

14—连续结晶二效结晶器循环泵：轴流泵，用于二效晶浆加热循环。

15—连续结晶供料罐：用于连续结晶物料（原液脱色液、母液脱色液、增稠器回流）混合、浓度调整。

16—连续结晶二次凝结水平衡罐：用于连续结晶二次凝结水平衡排水。

17—连续结晶母液暂储罐：暂储存连续结晶分离母液。

18—气流干燥机鼓风机：离心风机，气流干燥机供风。

19—气流干燥机空气加热器：加热气流干燥机所用空气。

20—连续结晶湿味精振动给料机：振动给料机，用于气流供料。

21—连续结晶湿味精输送螺旋：螺旋输送机，输送湿味精进气流干燥机抛料器。

22—气流干燥机抛料器：用于气流干燥供料。

23—连续结晶一次凝结水泵：离心泵，用于连续结晶一次凝结水排水。

24—连续结晶二效结晶器出料泵：离心泵，用于二效连续结晶出料。

25—连续结晶器一、二效间泵：离心泵，用于一效出料至二效。

26—连续结晶供料泵：离心泵，用于一效连续结晶器供料。

27—连续结晶一次凝结水泵：离心泵，用于连续结晶二次凝结水排水。

28—连续结晶分离母液泵：离心泵，输送连续结晶分离母液至结晶母液罐。

29—连续结晶冷凝器水、空气分离罐：分离冷凝器的空气和水。

30—连续结晶器真空泵：水环或往复式真空泵，排除结晶罐内不凝气体。

5.5.2 味精结晶操作

味精的外观形态分为晶体、细晶和粉体三种。晶体味精采用晶种起晶法操作生产（间断结晶）；间断结晶筛下物，以及采用连续结晶自然起晶生产的味精筛下物经过粉碎机粉碎成为粉体味精；连续结晶生产以及间断结晶生产的小结晶成为细晶。

5.5.2.1 晶体味精结晶操作方法（间断结晶）

（1）晶种的质量要求　晶种起晶法，是以新加入的晶种为晶核，控制适宜的条件，晶粒不断成长直至符合粒度要求。晶种起晶法的优点是结晶匀整，颗粒实，可以防止自然结晶及杂质结晶而造成的结晶产品参差不齐。每批成品的粒数与投种粒数基本相符。生产实践证明，晶种质量直接影响产品晶形、结晶成品收率和正品率。因此晶种的质量（内在、外在）须引起重视，晶种质量要求见表5-23。晶种一般都是专门制备的，用脱色液或一次母液结晶大颗粒。有些生产厂家在生产中选择粗壮的30目或40目味精进行粉碎，出种率高一些。干燥筛选过程筛分出来的8～10目晶体，经粉碎分级筛选，也可制备成符合质量要求的晶种。一般40目以下筛选出来的晶种生产大颗粒味精，40目以上尚有20％左右粉体通常用来生产小颗粒（细精）味精或粉体味精。也有少数厂家利用生产中筛分出来的小晶体作为晶种，产品晶形稍差些。

个别厂家由于品种区分得比较细，所以在晶种的粒度区分上也有所区别，如20目和30目之间有24目、40目下有50目等，可以根据实际情况做调整。

表 5-23   晶种的质量要求

项目	质量要求
外观	整齐,均匀,柱状体,不夹带碎粒及粉末
粒度(常用)	20目、30目、40目
纯度	99%以上(纯度低,导致成品纯度也低)
透光率	95%以上

(2) 投晶种方式   目前,行业上存在三种投晶种方式。

① 一遍种:即一次性投入同一规格的晶种,此种方法应用的较为普遍,生产出来的味精晶型匀整,质量较好。

② 两遍种:即先投入的晶种颗粒较小,待在结晶罐内张大到一定大小时投入与其大小相当的晶种。此种方法较一遍种所需晶种量小,但对结晶操作者的要求较高,操作中要控制好第二次加入晶种的时机,否则会产生晶体参差不齐。

③ 混种:即加入的晶种规格不一致,靠结晶以后在干燥筛选时进行筛分,晶体的匀整度稍差一些,目前采用得较少。

(3) 间断结晶工艺条件   投入结晶罐内一定量的脱色液(或混合母液)作为底料进行浓缩,达到浓度后加入晶种,整晶后进入正常操作。结晶过程不断补充物料,控制适宜的过饱和度,尽量减少假晶形成。若假晶出现量多时,需加水溶解处理,待晶体大小达到要求时放入贮晶槽,调整浓度后准备分离。结晶主要工艺条件列入表 5-24。

表 5-24   结晶主要工艺技术条件

项目	控制条件	备注
(1)浓缩过程		
罐内真空度	0.085～0.09MPa	
罐内温度	60～70℃	
蒸汽操作压力	0.25～0.3MPa	内循环结晶罐
底料量	为结晶罐全容积的45%～48%	
浓缩液浓度	29.5～30.5°Bé/65～70℃	
时间	1.5～2h	
(2)投入晶种		
投种浓度	29.5～30.5°Bé/65～70℃	
投种温度	70℃左右	
投种量	为结晶罐全容积的3～5g/100mL	40目晶种
	6～9g/100mL	30目晶种
	6～12g/100mL	20目晶种
整晶	操作方法同(3)中假晶处理方法	

续表

项目	控制条件	备注
(3)结晶过程		
罐内真空度	0.085～0.09MPa	
罐内温度	65～70℃	
蒸汽操作压力	0.2～0.25MPa	内循环结晶罐
补料速度	应与蒸发速度、结晶速度一致,使罐内浓度控制在介稳区内	
假晶处理方法	控制适宜的稠度,使晶体以最大的速度生长,并且尽量减少假晶形成。假晶量多时,必须加水处理掉。整个过程补加物料量约为罐全容积的 1.4～1.6 倍	
结晶时间	罐内温度提高至 73～75℃,加 50～60℃凝结水,用水量不能造成晶型受损和物料过稀。整个结晶过程整晶次数不应超过 3 次,并少用水量为原则,12～14h	此处理也称整晶
(4)放罐浓度	放罐前用凝结水,将料液调整为29.5～30.5°Bé/65～75℃	
容积	为罐全容积的 70%～80%	
(5)贮晶浓度	29.5～30.5°Bé/65℃	贮晶槽内须用凝结水调整浓度
(6)成品得率	一般 50%～55%,指正品味精量与投入总物料折纯量(含晶种)之比	

（4）现行的生产工艺方法对比　味精的结晶工艺目前形成两种方法：一种是一次性投入脱色液（原液）进行结晶，母液经处理后进行分次，再次循环结晶的方法；第二种是每次投入一定量的脱色液做底料，以混合母液流加辅助结晶的方法。两种方法优缺点对比见表 5-25。

表 5-25　两种结晶工艺对比

	母液分次结晶工艺	母液不分次结晶工艺
优点	1. 成品种类分级明显 2. 结晶率、精制收率相对较高	1. 生产规模较大 2. 需要设备少,利用率高 3. 能耗低
缺点	1. 需要容器量大 2. 设备利用率低 3. 生产规模受制约 4. 能耗高	1. 成品种类分级不明显,在白亮度方面容易受到混合母液质量的影响 2. 结晶率、精制收率偏低

两种方法以第二种方法应用较为广泛。虽然存在一定的缺点，但是设备利用率高，更适宜大规模的生产，并且可以通过缩减母液的循环量，保证味精的质量。通常采用的就是当物料纯度降低时通过增加细精及粉体味精的结晶罐次，缩减母液循环量，减少对系统的影响。

（5）缩短周期，提高生成收率的措施　味精精制过程中，周期的缩短不仅可以降低蒸汽消耗，同时可以减少物料由于长时间加热所造成的杂质积累，减少焦谷氨酸的生成，提高单罐产量、单罐生成收率。缩短周期，提高生成收率主要应从以下几个方面入手。

① 提高中和液及母液的质量。一方面提取工序要想方设法提高谷氨酸的质量，最大限度减少杂质，为精制生产提供保证。另一方面精制内部在脱色操作中要严格控制工艺条件，同时合理进行物料循环，改善料液循环质量，并且采用纳滤膜过滤去除脱色洗炭水中的色素，截断色素回流。

② 尽可能地提高中和液浓度，尤其是底料浓度越高越好，可节约浓缩时间，目前行业上有的厂家利用双效或多效蒸发器，极大地降低了蒸汽消耗。但是母液浓度要适宜，如果过高，则会影响结晶的质量，生产出来的味精晶体质量偏轻，易碎，粗糙无光亮度，同时流加时很难掌握母液流加量。原液脱色液控制含量50～52g/dL，母液脱色液控制含量48～50g/dL。

③ 精心操作，正确把握整晶次数和蒸馏水用量。因为蒸馏水加入过多会破坏结晶罐内料液过饱和状态的平衡，影响产量、质量。

5.5.2.2　连续结晶操作方法

脱色原液与脱色母液按比例混合，混合液含量48～50g/dL，进入连续结晶器浓缩，当浓度达到密度1.27～1.28g/L，温度60℃出现自然起晶结晶，继续缓慢浓缩至密度1.33～1.35g/L至结晶达到粒度后，继续加入混合液蒸发结晶，开始连续进出料操作，一效温度维持60～63℃、二效温度维持70～75℃。连续结晶出料晶浆进增稠器使结晶与部分母液、小结晶预分离，增稠器母液回流至连续结晶供料罐，剩余晶浆进入助晶槽，经分离、干燥、筛分后即得连续结晶味精。

连续结晶操作技术条件：一效温度60～63℃；一效出料密度1.27～1.28g/L；二效温度70～75℃；二效出料密度1.35～1.4g/L。

5.5.2.3　粉体味精操作方法

采用间断结晶、连续结晶筛下物及部分结晶经粉碎机粉碎后即为粉体味精。

5.5.3　味精结晶操作注意事项

结晶操作原则是争取最大的结晶速度，缩短周期；尽可能提高成品得率；保证晶粒的均匀整齐。因此要用结晶的理论来指导结晶操作。在操作过程中应注意以下几点：

（1）罐内真空度或温度要稳定　罐内真空度或温度波动，影响罐内的过饱和度的变化。若真空度升高，温度降低，则过饱和度升高，导致假晶的生成；若真空度降低，温度升高，则过饱和度降低，晶体溶解晶形受损，而且罐内温度升高，使传热温度差减小，料液循环不良。

（2）罐内结晶液温度要监测　温度过高，可生成焦谷氨酸钠。对于纯水，其饱和蒸汽压与温度有对应的关系，对于谷氨酸钠水溶液，沸点升高，一般为 5～7℃（见表 5-26）。但溶液过饱和度过高，纯度过低时，则沸点升高值更大。因此，在结晶操作中不但要注意罐内真空度，还要监测料液温度不得超过 70℃（整晶时除外）。

表 5-26　结晶罐内蒸汽压力与温度关系

真空度		绝对压力 /MPa	饱和蒸汽 （二次蒸汽）/℃	结晶液温度[①] /℃
mmHg	MPa			
460	0.0592	0.0408	75.9	81～83
480	0.0619	0.0381	74.2	79～81
500	0.0647	0.0353	72.5	78～80
520	0.0674	0.0326	70.6	76～78
540	0.0701	0.0299	68.6	74～76
560	0.0728	0.0272	66.4	71～73
580	0.0755	0.0245	64.1	69～71
600	0.0782	0.0218	61.5	66～69
620	0.0810	0.0190	58.6	64～66
640	0.0837	0.0163	55.3	60～63
660	0.0864	0.0136	51.6	57～60
680	0.0891	0.0109	47.1	52～54
700	0.0918	0.00816	41.5	44～47
720	0.0946	0.00544	34.0	39～41

① 此数仅为参考数，因为每批结晶液浓度和纯度的不同以及由于液柱静压的不同，罐内各点的温度也有所不同。

（3）传热对料液循环的影响　若加热蒸汽压力低，凝结水排除系统有障碍，不凝气体排除不良，加热管（室）结垢等，则会使传热效能降低，影响罐内料液循环状态，发现上述故障，要找原因及时排除。

需要指出的是，决定料液循环速度的主要因素是搅拌强度、传热温度差、真空度和蒸发量的大小。不要采取增加蒸汽压力，提高传热温度差或料液温度的办法来提高循环速度。此方法对结晶质量和收率都有影响。

（4）晶种数量、加种浓度以及搅拌速度要适当　晶种起晶法是外加晶种，以此为晶核，不断长大，如果加入晶种数量少，结晶面积小，则影响结晶产量，又易导致假晶的形成。

投晶种浓度要适宜。投入后既不产生新晶核，也不溶化晶种，达到产品粒数与晶种粒数相同，最为理想。

在生产中采用折光浓度仪，结合操作经验，细心观察，可以达到上述要求。

使用内循环结晶罐，加晶种时须把搅拌转数调好，防止晶种下沉。同时根据不同的浓缩时间段来调整搅拌转数，养晶育晶时搅拌要慢一些，而到浓缩后期晶体数量多了可以适当快点。

（5）控制假晶的生成，减少处理次数 晶体的各晶面溶解是不均匀的，溶解不但从突出的角、棱开始，产生细小的凹纹或角形的空腹腔，而且有缺陷的晶面结晶速度又快于其他完整面，容易将充满母液的凹纹、空腔填平，使晶粒包藏色素。因此整晶次数多，晶粒的色素增加，晶型也不整齐，应该尽量减少用水量和用水次数。

（6）规范操作 减少由于操作不当，物料由二次蒸汽管逃逸的现象发生，提高收率。

5.5.4 结晶器防止跑料的措施

结晶罐在蒸发二次蒸汽结晶味精时，因设备结构不合理，操作不当，易发生料液由二次蒸汽管路跑料的问题，严重影响精制收率。防止结晶罐跑料应从改进结晶罐结构，提高结晶罐操作适应弹性和规范操作两方面着手解决。

5.5.4.1 结晶罐防止跑料的结构改进

① 在设计中适当增加结晶罐上部高度，预留足够的内部空间，不要片面追求高的装料系数。

② 在结晶罐二次蒸汽出入口安装合适的挡板。

③ 在结晶罐外加装逃液回收罐。

④ 在二次蒸汽管路上安装旋风除液器。

5.5.4.2 从规范工艺操作入手，减少料液逃逸

① 进底料浓缩结晶时，由于会产生大量的泡沫，造成起涨，因此在浓缩过程中要根据情况加入适量的消泡剂。

② 不能单纯为了提高生产能力，过量装料。操作中要控制适宜的液面高度。

③ 保证操作中真空度的稳定，如果真空度突然升高，结晶罐内会产生大量的泡沫，使料液直接进入二次蒸汽管。

④ 在放罐时，要先将真空放至 0.04MPa，防止放罐瞬间产生大量的气流，

形成的泡沫从放料阀直接冲向二次蒸汽管及抽真空管,造成料液逃逸。

5.5.5 味精结晶的主要设备

5.5.5.1 间断结晶罐

间断结晶罐主要用于生产粒度要求均匀、一致的结晶。目前味精结晶采用的间断结晶罐主要有两种:带中央循环管式强制内循环式结晶罐和加热块式强制内循环结晶罐。

加热块式结晶罐的特点是:罐晶浆循环主要依靠搅拌的推动作用,与前一种结晶罐比较,加热面积比较小,结晶生长速度与蒸发速度更容易达到平衡,但是搅拌推料易受到加热块安装位置影响。

中央循环管式结晶罐的特点是:晶浆循环动力由循环管内搅拌与加热管共同提供,由于大颗粒结晶悬浮所需罐内轴向流速大,因而增加加热面积,以加强循环量及加热室上层结晶的循环,导致蒸发与结晶的速度平衡较难控制,这种缺陷在脱色液质量差的时候表现尤为突出,为控制蒸发与结晶速度平衡,结晶过程加水量增加,结晶蒸汽单耗会升高明显。

这两种结晶罐目前普遍采用的单台结晶罐容积为 $40\sim50m^3$。

5.5.5.2 连续结晶罐

连续结晶罐主要用于生产颗粒较小的结晶,结晶粒度分布区间大。目前味精连续结晶主要有三种结晶罐形式,分别为:长加热管的中央循环管强制内循环连续结晶罐、OSLO 型结晶罐、DTB 型结晶罐。

(1)长加热管的中央循环管强制内循环连续结晶罐　是晶浆、母液内循环结晶罐,加长加热管的目的是增加晶浆管内流速,防止结晶在设备内结垢。该型结晶罐作为一效主结晶器,与一台外循环蒸发、结晶器作为二效形成一个味精连续结晶系统,可以降低结晶蒸汽消耗。受搅拌流动状态影响,结晶在罐内不均匀分布,易结垢,运转周期 13~20 天。

(2)DTB 型结晶罐　是晶浆内循环、母液外循环结晶罐。由于味精结晶与母液的密度差比较小,因此结晶罐用结晶颗粒与母液分级所需的罐体直径比较大,内循环的轴流搅拌对结晶的悬浮、传质效果较差,同时由于结晶与母液分离效果差,导致加热器内结晶浓度高,易结垢,运转周期较短,周期 13~20。

(3)OSLO 型结晶罐　是母液外循环结晶罐,罐体内无搅拌,结晶悬浮依靠大体积母液外循环,因此结晶体积大,结晶罐在罐内分布不均匀,由于味精溶质易析出,导致排料困难,易结垢,运转周期较短。

连续结晶与间断结晶比，由于结晶面积大，结晶速度可控性提高，结晶过程加入的整晶水很少，因此比间断结晶耗汽量低，同比耗汽量降低 25%～30%，但由于连续运转，以及设备上的结构问题，结晶罐内容易结垢，从而导致结晶过程停止，目前如何提高连续结晶的有效运转周期，还是一个需要研究的课题。连续结晶罐总容积 100～150m³/套。

5.5.5.3　真空泵

考虑循环水的水质情况，目前使用的有往复真空泵及水环真空泵，该工序使用水环泵较为适用。由于结晶罐大型化，宜采用每台罐配套真空泵的形式，免得罐间互相影响真空。

5.5.5.4　助晶槽

要求螺旋带距槽底间距要小，防止晶体堆积。此外，要求搅拌器对物料搅拌要均匀，切防使晶体物料推向一侧，搅拌密封采用双端面机械密封，免得填料密封的填料进入产品。

5.6　味精的分离、干燥和筛选

谷氨酸钠溶液经结晶后得到的是固液混合物（固相 30～40g/100mL），液相（即母液）中杂质含量较高，必须采取有效的方法将其分离，生产上采用过滤式离心机，利用转鼓高速旋转所产生的离心力作为过滤推动力，使悬浮液中固体颗粒与母液分离。

5.6.1　分离操作

5.6.1.1　操作程序

装料→离心→水洗→出料

开始装料转数：270～300r/min；

控制洗水时间：10s；

高速分离时间：大颗粒味精 10～15s，细精及粉体味精 15～25s。

5.6.1.2　分离质量要求

味精表面含水率：晶体味精<1%；细晶、粉体味精 5%～8%。

5.6.1.3　分离操作注意事项

① 分离悬浮液浓度和温度　浓度要求在过饱和度以下，否则由于母液浓度

过高，黏度大，影响分离效果，而且也易引起并晶或晶体光泽度降低。分离温度低也能导致上述现象。在贮晶槽内注意调水，控制好料液温度和浓度。

② 分离过程洗水　分离过程洗水可除去晶间母液，提高晶体纯度和光泽，洗水分布要均，洗水量要适宜，既洗净晶体表面，又不使晶体溶解。上悬式分离机一般采用汽洗，使晶体表面黏附母液被喷洗离心出来。

③ 味精含水率　味精的含水率直接影响产品外观的质量，含水率高，干燥易产生并晶。控制此指标主要取决于分离时间和设备的分离因数。分离时间长，分离因数高，晶体夹带水分（母液）少。

5.6.1.4　分离设备

目前使用的分离机有平板和上悬式分离机两类。主要采用平板离心机，进料、分离、洗水、卸料自动控制。

5.6.2　干燥工艺

干燥的目的是除去味精表面的水分（经分离后晶体味精含表面水分 1％ 左右，粉状味精表面水分 5％～8％），而不失去结晶水，外观上保持原有晶型和晶面的光洁度。

5.6.2.1　干燥过程

味精的干燥均采用热空气干燥法，属于对流式干燥，空气既是载热体又是载湿体。作为干燥介质的热空气调节比较方便，物料不致被过热。但是，对流干操热效率比较低。

干燥时，当湿味精与热空气接触时，传热与传质同时进行，热空气将热量传给物料，物料表面的水分汽化进入空气中，随着干燥的进行，物料内部水分不断向表面扩散，表面水分不断汽化被空气吸收，直至干燥结束。

干燥整个过程可分为恒速干燥、降速干燥和平衡干燥三个过程。恒速干燥为干燥初期，空气吸湿力强，干燥速度最快；降速干燥为干燥中期，随空气相对湿度增加，干燥速度缓慢；平衡干燥为干燥末期，味精表面含水量与空气湿含量达到平衡，表面干燥完毕。

5.6.2.2　干燥速度及其影响因素

（1）干燥速度与干燥时间　干燥速度为单位时间内，在单位干燥面积上汽化的水分量。

$$u = dw / F dt \tag{5-24}$$

式中　u——干燥速度，$kg/(m^2 \cdot h)$；

w——汽化水分量，kg；

F——干燥面积，m^2；

t——干燥时间，h。

在恒定干燥情况下，若已知干燥速度，便可确定干燥所用的时间（t）：

$$t = G(w_1 - w_2)/(uF) \tag{5-25}$$

式中　G——湿物料中含绝对干料的质量，kg；

w_1, w_2——物料的最初与最终的湿度，kg 水/kg 干物料。

（2）影响干燥速度的因素

① 味精含水率　含水率高，湿度大，干燥速度慢，晶体停留时间长。由于湿度大，晶体表面的母液形成一层白粉，影响晶面的光洁度。

② 空气温度和湿度　空气温度高，其相对湿度低，吸湿力强，干燥速度快。但生产上温度不宜过高，否则味精表面因过度干燥而粉化，亮度明显减弱。温度过高还会引起味精失去结晶水。一般控制空气温度不高于 85℃。

③ 干燥停留时间　干燥停留时间愈短，晶体表面亮度就愈好，相反就差。停留时间与设备性能参数有关，如振动式干燥机振动面的长度、坡度、振动频率和振幅等。

④ 空气流量　空气量的大小影响物料与气流的湍动程度。物料处于悬浮状态，利于传热和传质，可提高汽化程度，加快干燥速度。

⑤ 空气流动方向　尽量使物料运动方向与热空气流动方向相反，以增大温度差，提高汽化速率。

5.6.2.3　干燥设备

味精行业所用的干燥设备有振动给料机、振动流化床干燥机、气流干燥机。

振动流化床干燥机用于干燥大颗粒及晶粒表面要求严格的味精，适用于水分含量较低的湿味精干燥。干燥能力 3～5t/（台·h）。

气流干燥机：用于干燥粉体、细小颗粒的味精，对晶体表面有损伤，适用于水分含量较高的湿味精干燥。根据产量需求、水分含量非标设计。

5.6.3　筛选工艺

为了保证产品晶体颗粒的匀整，对经干燥的味精进行筛选，将大小不同的味精晶体分开，是紧接干燥后连续进行的过程。不同规格味精，其颗粒大小不同，采用的筛网孔径也不同。表 5-27 是一些味精厂大结晶味精和小结晶味精的筛选机筛网目数及尺寸。

采用定型产品，生产能力与干燥机匹配，筛网材质为 1Cr18Ni9 网。

表 5-27　味精筛选机筛网目数及尺寸

筛网尺寸		大结晶味精	小结晶味精
上层	筛网目数	10～14	14～16
	筛网尺寸/mm	1.65～1.17	1.17～0.99
中层	筛网目数	20～22	—
	筛网尺寸/mm	0.83～0.77	—
下层	筛网目数	40	40
	筛网尺寸/mm	0.37	0.37

5.7　生产异常情况分析及处理方法

谷氨酸制造味精过程中常见的异常情况及其处理方法列入表 5-28，以供参考。

表 5-28　生产异常情况分析及处理方法

异常情况	原因分析	处理措施
1. 中和液过滤速度慢	(1)谷氨酸质量差,夹杂菌体、蛋白质、胶体物质多 (2)硫化钠质量差 (3)粉炭粒度太细 (4)过滤温度较低	(1)中和液沉降后过滤或加助滤剂的方法 (2)更换硫化钠 (3)粉炭粒度应符合质量要求 (4)保证工艺要求的脱色温度
2. 脱色液透光率低	(1)谷氨酸质量影响 (2)粉炭脱色的温度、pH 值不适宜 (3)颗粒炭脱色时交换剂再生不彻底,流速快,吸附饱和 (4)干柱 (5)颗粒炭脱色过程中上柱液温度及 pH 值不稳定,发生变化	(1)～(4)补加粉炭或重新上柱交换 (5)保证上柱液温度及 pH 值稳定,减少波动
3. 过滤液浑浊	(1)谷氨酸中和用水硬度高 (2)pH 值太低 (3)中和液 Ca^{2+}、Mg^{2+} 含量高(谷氨酸带入)	(1)应用软化水(生产中的凝结水) (2)用碱调至要求值 (3)中和液中加入草酸或纯碱,使形成难溶盐沉淀,除去后使用
4. 结晶生长速度慢	(1)结晶液纯度低,杂质高,黏度大 (2)过饱和度过大或过低 (3)晶种数量少,结晶面积小	(1)结晶母液再处理,淘汰杂质后使用 (2)控制适宜的过饱和度 (3)晶种数量和大小须符合结晶要求
5. 结晶过程出现假晶量多	(1)脱色液、母液中杂质多 (2)晶种数量少,结晶面积小 (3)过饱和度太高 (4)结晶液稠度低	(1)提高脱色液、母液质量 (2)结晶面积须符合结晶要求 (3)控制在介稳区内 (4)控制适宜的稠度

续表

异常情况	原因分析	处理措施
6. 味精溶解后出现浑浊	(1)成品中含有 DL-MSG,此物质溶解度低 (2)Na₂S 质量差或过量,导致成品中残留,在酸性环境中生成硫	(1)谷氨酸中和、结晶过程要符合工艺规定 (2)Na₂S 质量要控制、用量要适宜
7. 成品中有粉粒或白粒子	(1)晶种带入味精粉末,进罐后整晶未溶解掉,而被味精液包裹 (2)分离浓度较大,同时干燥温度过高形成粉粒	(1)除掉晶种中的粉末 (2)分离浓度要适宜,同时适当降低干燥温度
8. 味精含量达不到要求	(1)晶种含量低 (2)物料纯度不够	(1)选择含量高的味精做晶种 (2)提高半成品质量,减少杂质
9. 并晶	(1)放罐浓度过高,黏度过大而结块 (2)料液在贮晶槽内停留时间长或温度下降 (3)晶粒间有母液粘连(分离洗水量不足)或晶体表面水分大(分离时间不足),干燥时粘连并晶 (4)物料过黏,干燥温度过高	(1)放罐浓度应控制在 29.5～30.5°Bé/65～70℃ (2)应及时分离,不停搅拌,防止表面遇冷干皮 (3)加强分离脱水,且分离时间要保证水分尽量甩净 (4)适当降低干燥温度
10. 晶体大小头(钉子型)或细长	(1)结晶过程处理假晶时水量过大,分布不均,伤害结晶 (2)分离过程洗水温度过高,水量过大,分布不均 (3)晶种质量差,本身带有大小头晶体	(1)处理假晶用水要适当,料液浓度不能太低,用水分布要匀 (2)分离时注意水量和水温,分布要匀 (3)提高结晶质量,加强晶种的分级筛选
11. 晶体松脆易折断	(1)结晶操作过程中长时间温度太低或结晶液黏度过高 (2)结晶液内 pH 值太低(pH＜6.2)或者是结晶液质量差,杂质高 (3)干燥温度过高,时间过长,晶体失水松化 (4)谷氨酸中含 β-Glu 或 DL-Glu (5)母液循环次数过多	(1)结晶温度 65～70℃,浓度控制在介稳区的养晶区 (2)提高料液纯度,调节 pH 值在 6.6～6.8 (3)控制好干燥温度的时间 (4)提高谷氨酸质量 (5)控制母液循环次数
12. 晶体光泽度差	(1)结晶过程温度过高(超过 75℃),浓度过高 (2)贮晶槽内浓度偏高,分离时母液未甩掉 (3)干燥温度过高,时间过长,晶面失水松化 (4)振动式干燥或筛选时频率过高,或残留时间长	(1)控制好结晶的温度和浓度 (2)调整好分离浓度,分离液要甩净 (3)控制好干燥温度和时间 (4)调整好振动频率,缩短物料停留时间
13. 成品带黄色	(1)料液脱色不彻底 (2)结晶过程处理假晶次数太多 (3)分离过程洗水量不足,母液未甩掉 (4)箱式干燥温度过高,时间太长,表层发黄 (5)助晶槽温度较高且物料停留时间过长	(1)加强脱色操作 (2)加强结晶操作,合理控制工艺参数,减少假晶生成 (3)加强分离操作 (4)控制干燥温度和时间 (5)检查助晶槽温度,同时最好及时分离,减少物料在其中停留时间

续表

异常情况	原因分析	处理措施
14. 成品带青色	硫化钠用量过多,在成品中残留	硫化钠的加入量要适宜
15. 成品久放变黄	(1)料液除铁不彻底,带入成品,久放后被氧化成铁(Fe^{3+})而呈黄色 (2)谷氨酸含残糖量高,带入成品,结晶体发黄,久放后吸潮更黄	(1)最好采用树脂除铁法,使铁离子降至最低 (2)提高谷氨酸质量
16. 成品味精呈黑色	脱色过程中炭末进入物料当中	刚开始过滤时进行循环,无粉炭后再进行收集。同时最好用布袋截去当中夹杂的粉末

5.8　包装与贮藏

包装是味精生产的最后一道工序。味精和包装材料须符合有关标准,生产设备和包装贮运操作要达到食品卫生和工艺要求。称量标准,包装标志完整,检验严格,确保合格产品出厂。

5.8.1　散味精的质量标准

味精按其组分分类,有99%味精、含盐味精和强力味精。其质量指标99%味精符合 GB 8967—88 规定;含盐味精和强力味精符合 QB 1500—92 规定。

5.8.2　包装材料及其标志

各种包装材料应清洁、干燥、无毒、无异味,符合《中华人民共和国食品卫生法》的有关规定。内包装必须用符合食品用的塑料薄膜或防潮纸的纸板箱、瓦楞箱。

5.8.2.1　内包装塑料袋质量要求及标志

(1) 塑料袋质量要求　塑料袋的材质有聚乙烯、BOPP/聚乙烯复合膜。

① 外观要求:外观符合 GB/T 10005—1998 规定;焊口部位应平整均匀、不断裂、无穿孔;不允许有漏焊、击穿等现象;焊口宽度 8～10mm;厚度 0.025～0.080mm;印刷部位应图案完整、清晰、无残缺,文字线条不变形、不拖墨、无色块、无水纹、无明显刀丝,套印准确,着墨固定,颜色确定;图案中心位置以设计图稿为标准,偏差不超过 3mm;袋外形尺寸偏差不超过 5mm。

② 物理机械性能:见表 5-29。

表 5-29 物理机械性能要求

序号	项目		指标		
			干式复合		
			A	B	C
1	拉断力/N	纵横向	≥40	≥35	≥30
2	断裂伸长率/%	纵向	50~180		
		横向	15~90		
3	剥离力/N	纵横向	≥1.5	≥1.2	≥1.0
4	撕裂力/N	纵横向	≥4.0	≥3.5	≥3
5	热合强度/N		≥15	≥10	≥7

③ 卫生要求：应符合 GB 9687—88 规定，详见表 5-30。

表 5-30 卫生标准

项目	指标
蒸发残渣/(mg/L)	
4%乙醇,60℃,2h	≤30
65%乙醇,20℃,2h	≤30
正乙烷,20℃,2h	≤60
高锰酸钾消耗量/(mg/L)	
60℃,2h	≤10
重金属(以 Pb 计)/(mg/L)	
4%乙醇,60℃,2h	≤1
脱色试验：	
乙醇	阴性
冷餐油或无色油脂	阴性
浸泡液	阴性

（2）标志 内包装物的标志必须符合 GB 7718—94《食品标签通用标准》的有关规定。应注明：产品名称（全称）；生产厂家；厂址；商品；配料（各主要成分含量）；生产日期（年、月、日）；批号；净含量及执行标准代号。

5.8.2.2 外包装纸箱质量要求及标志

（1）质量要求 应符合 GB 6543—86 规定。

① 外观要求：箱体方正，表面不允许有明显的损坏和污迹，切断口表面裂损宽度不超过 8mm；箱面印刷图字清晰，深浅一致，位置准确；纸箱接头钉和

搭接舌边宽度 35～50mm。单排钉距不大于 80mm；纸箱接头黏合搭接舌边宽度小于 30mm；压痕线宽度单瓦楞纸箱小于 12mm；双层不大于 17mm；纸箱摇盖经开、合 180°往复 5 次以上，外层和里层都不得有裂缝。

② 偏差要求：箱子长、宽之比建议不大于 2.5：1；高宽之比不大于 2：1 并不小于 0.15：1。偏差要求符合表 5-31 范围内，对有特殊要求的可由双方协商制定。

表 5-31   纸箱尺寸偏差

综合尺寸①≤1000mm		综合尺寸＞1000mm	
单瓦楞箱	双瓦楞箱	单瓦楞箱	双瓦楞箱
±3mm	±5mm	±4mm	±6mm

① 综合尺寸是指其内尺寸长、宽、高之和。

③ 技术指标：瓦楞纸箱使用的瓦楞纸板各项技术指标符合 GB 6544—86 规定。瓦楞纸板含水率应在 14％±4％；瓦楞纸板表面正平、清洁，不许有缺材、薄边，黏合牢固，其脱胶部分之和每平方米不大于 20cm²；纸板耐破强度及边压强度见表 5-32。

表 5-32   瓦楞纸板耐破强度及边压强度

种类	纸板代号	纸箱代号	耐破强度/kPa	边压强度/kPa
单瓦楞纸板	S-2.1	BS-2.1	409	4410
	S-2.2	BS-2.2	686	5390
	S-2.3	BS-2.3	980	6370
	S-2.4	BS-2.4	1373	7350
	S-2.5	BS-2.5	1765	8330
双瓦楞纸板	D-2.1	BD-2.1	686	6370
	D-2.2	BD-2.2	980	7350
	D-2.3	BD-2.3	1373	8330
	D-2.4	BD-2.4	1765	9310
	D-2.5	BD-2.5	2158	10290

（2）标志   外包装箱标志须符合 GB 7718—94《食品标签通用标准》的有关规定，应注明：生产名称；生产厂名；厂址；商标；生产日期；批号；净重。

5.8.3   包装操作

味精的包装采用全自动包装生产线，给袋、称量、包装、封袋、输送、金检、喷码、机械手识别不同品种、码垛一体化。

5.8.3.1 包装规格及允许偏差

包装规格有：10g，25g，50g，100g，250g，500g，1kg，10kg，25kg（也可按合同要求包装特殊规格）。其包装质量允许偏差符合 GB 8967—88 和 QB 1500—92 规定。详见表 5-33。

表 5-33 包装质量允许偏差

包装规格	质量允许差
≤25g	±0.5g
≤50g	±1.0g
≤100g	±1.5g
≤250g	±2.0g
≤500g	±2.5g
≤1kg	±5.0g
≤10kg	±30g
≤25kg	±50g

5.8.3.2 包装设备

（1）手工包装使用的天平，其感量要求见表 5-34。

表 5-34 天平感量要求

称量/g	使用天平最大称量/g	最小分度值/g
<50	100	<0.1
100	200	<0.2
250	500	<0.5
400,454,500	1000	<1.0

（2）机械自动包装机。

（3）封口机：一般封口速度 0～12m/min；封口宽度 5～15mm；温度控制范围 110～130℃。

（4）捆扎机：一般捆扎速度 16 次/min 左右。

5.8.4 运输贮藏

5.8.4.1 保质期

在干燥通风处可长时间贮存不变质。

5.8.4.2　运输与贮存

（1）运输工具必须清洁、干燥，符合食品卫生要求，并应具有防雨、防晒设施。

（2）贮存过程中应轻拿轻放，严禁扔、砸、勾、磕、碰。

（3）贮存过程中不得与有毒、有害、有腐蚀性物质及其他污染物混装、混贮、混运。

（4）本品应贮存与干燥、通风的库房内，严防潮湿。

5.8.4.3　堆存高度

味精的外包装均为纸箱，一般堆存高度为 8～12 层，2.0～2.5m。

5.9　味精精制工艺的技术进步

近年来，随着味精行业的发展竞争，各生产厂家也都在不断完善设备、工艺，使之更加趋向合理。同时通过管理工作的逐步加强，使味精精制的技术水平逐年提高。体现在精制过程的技术进步有如下内容：

① 提取采用转晶技术，提高谷氨酸质量，设备基本上采用不锈钢材质，防止设备损坏导致的金属离子进入物料系统。

② 原液、母液脱色中和罐 pH、温度自动检测。活性炭稀释后自动添加。

③ 脱色过滤后的活性炭，其洗涤液采用纳滤膜过滤，去除洗炭滤液中的大量色素，截断色素回流，提高脱色液透光。可有效降低味精母液返回提取处理量。

④ 脱色母液采用多效蒸发器预浓缩，提高味精结晶进料浓度，降低结晶蒸汽消耗。

⑤ 采用 40～50m³ 的大型间断结晶罐，自动控制进料流量、进蒸汽流量以及二次蒸汽冷凝循环水进出水量，罐真空度、温度、浓度自动显示。罐搅拌采用下搅拌形式，搅拌转数变频调节，搅拌轴密封双端面机械密封。结晶罐二次蒸汽采用列管、板式换热器冷凝，保证循环水质量，防止结垢。

⑥ 结晶罐二次蒸汽配置余热回收换热器，回收余热供干燥机空气预热使用，降低蒸汽消耗。

⑦ 采用总 100m³ 容积双效连续结晶器，吨水蒸发耗汽量 0.65～0.7t 蒸汽。

⑧ 采用水环式真空泵，结晶罐真空泵每罐单独配套，防止罐间真空干扰。

⑨ 助晶槽轴密封采用双端面机械密封，杜绝异物进入物料。

⑩ 味精分离机采用平板离心机，进料、分离、洗涤、出料前自动控制。分

离机转鼓直径 1250～1300mm。

⑪ 分离物料采用全密闭料仓储存，防止异物进入。

⑫ 对于结晶表面要求严格的结晶，采用振动流化床干燥机干燥。颗粒较小的、结晶表面无要求的味精采用气流干燥机干燥。

⑬ 车间内物料输送采用重力密闭、负压气力、螺旋密闭输送。

⑭ 粉尘采用旋风除尘、布袋除尘器收集回溶。

⑮ 精制凉水塔单独配套，供水泵采用汽拖方式。

⑯ 结晶二次凝结水中水处理后，回用提取系统。

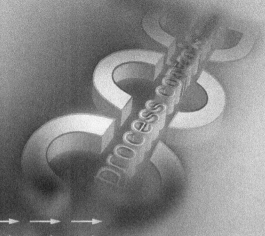

第 6 章

副产品生产工艺及装备

6.1　副产品生产工艺原理

　　味精行业是我国发酵工业的主要行业之一，我国味精的生产量正随着社会发展逐步增加，年产已达 200 万吨。味精生产通常是以大米、淀粉、糖蜜为主要原料，经过糖化、发酵等处理，分离提取谷氨酸，再通过精制获得味精产品。味精生产过程中产生的味精废水分为高浓度有机废水和低浓度废水。高浓度有机废水是指谷氨酸发酵液提取谷氨酸后所排出的母液或离交尾液，主要含各种氨基酸、有机酸、无机盐、残糖及菌体蛋白。高浓度有机废水治理前的污染物排放量占总排放量的 90％以上，是主要的污染源。低浓度废水是指设备、容器、场地清洗水及超滤膜再生废水等，其污染物排放量占总排放量的 10％以下。

　　谷氨酸生产过程中所产生的污水水质特性为：pH 为 1.8～3.2，COD 为 30000～70000mg/L，BOD_5 为 20000～42000mg/L，SS 12000～20000mg/L，NH_3-N 为 5000～7000mg/L，SO_4^{2-} 为 8000～9000mg/L，谷氨酸 0.2％～1.5％，菌体 1％。每生产 1t 味精，要排放 15～20t 的味精废水，具有高 COD、高 NH_3-N、高 BOD、高 SO_4^{2-}、低 pH 值的特点。它的成分主要是微生物未完全利用的底物和发酵副产物，尽管是一种有害无毒且不含致癌物的高浓度有机酸性废水，但流入江河则造成水体的富营养化，使水体迅速缺氧，大量水生生物窒息死亡，给环境造成很大危害。谷氨酸废水处理技术一直是研究的热点和难点，最近几年，我国谷氨酸生产行业的建设发展较快，已经成为外资投资和中国经济增长的热点，因此，水资源污染等环境问题已经成为制约谷氨酸生产行业可持续发展的关键。随着国家可持续发展战略的制定，环境保护被列为国策，各级政府也对水污染严重的厂家采取了限期治理否则停产的措施。根治污染不仅是造福子孙后代的大事，更关系到企业能否继续生存和发展，因而治理味精废水势在必行。

　　目前看来，用单一的处理方法要求达标排放是很困难的，只有走综合利用和治理相结合的路线，才能实现清洁生产。目前，我国相关科研院校、谷氨酸生产企业围绕谷氨酸废水的处理工艺和综合利用做了大量的工作，提出了不少新的处理工艺和资源化利用方案，谷氨酸废水的治理正逐步趋向于新的处理工艺与全流程资源化利用相结合的综合治理模式。

6.1.1　菌体蛋白

　　味精废水作为一种难处理的高浓度有机废水，直接排放严重污染环境。如何对其进行经济有效的处理，是众多味精生产厂家所面临的重要问题。有关科研单位、高校和味精生产企业围绕味精废水的处理工艺和综合利用方法，做了大量的工作，提出了不少处理技术。目前，众多味精废水处理技术大致分为两步，①提取废水中的谷氨酸菌体单细胞蛋白，通过此步分离菌体，约可除去 30％的 COD；②提取菌体后废液的处理，使其达到排放标准或处理后用于工厂回用，这也是众多味精废水处理技术所面临的关键问题，常采用生物处理方法（如厌氧发酵、生物膜法等）。

物化处理方法主要包括絮凝沉淀、膜分离、离心等方法。早些时候，物化处理方法仅用于味精废水的预处理，例如谷氨酸菌体的提取。随着水处理技术的进一步发展和工程实践经验的增加，物化处理方法可以对味精生产过程中的废水进行完全彻底的处理，同时完成资源化的目标。

6.1.1.1　絮凝沉淀

絮凝法是一种较为普遍使用的水处理技术，在给水、废水处理中都扮演重要角色。决定絮凝效果的因素有絮凝剂（类别和使用量）、反应条件（pH 值、温度等）以及设备设计等。味精废水 COD 含量很高，絮凝沉淀是水处理流程的前处理步骤，可去除一些 COD，为后续处理（如膜分离、生物处理）减轻压力。中国轻工业武汉设计院采用絮凝方法对武汉某味精高浓度有机废水进行预处理，在合适的絮凝剂和反应条件下提取菌体蛋白，能去除 67.8％的 COD 和 44.8％的 SS，为后续生化处理创造了有利条件。常用的絮凝剂分为无机絮凝剂、有机絮凝剂、微生物絮凝剂和复合型絮凝剂四大类，相关科研人员对它们的处理效果进行了较为深入的研究。

（1）无机絮凝剂　无机絮凝剂也称凝聚剂，主要应用于饮用水、工业水的净化处理以及地下水、废水淤泥的脱水处理等。无机絮凝剂主要有铁盐系和铝盐系两大类，按阴离子成分又可分为盐酸系和硫酸系，按分子量又可分为低分子体系和高分子体系两大类。

① 无机低分子絮凝剂　传统的无机絮凝剂为低分子的铝盐和铁盐，其作用机理主要是双电层吸附。铝盐中主要有硫酸铝 [$Al(SO_4)_3 \cdot 18H_2O$]、明矾 [$Al_2(SO_4)_3 \cdot K_2SO_4 \cdot 24H_2O$]、铝酸钠（$NaAlO_3$）。铁盐主要有三氯化铁（$FeCl_3 \cdot 6H_2O$）、硫酸亚铁（$FeSO_4 \cdot 6H_2O$）和硫酸铁 [$Fe_2(SO_4)_3 \cdot 2H_2O$]。硫酸铝絮凝效果较好，使用方便，但当水温低时，硫酸铝水解困难，形成的絮凝体较松散，效果不及铁盐。三氯化铁是另一种常用的无机低分子絮凝剂，具有易溶于水，形成絮体，沉降性能好，对温度、水质和 pH 的适应范围广等优点，但其腐蚀性较强，且有刺激性气味，操作条件差。无机低分子絮凝剂的优点是经济、用法简单，但用量大、残渣多，絮凝效果比高分子絮凝剂的絮凝效果低。

深圳大学化学系采用碱式氯化铝、硫酸亚铁、三氯化铁和氢氧化钙等无机絮凝剂对谷氨酸发酵液的絮凝效果进行了研究。结果表明，只用无机絮凝剂，即便配合助凝剂，絮凝效果也不理想，难以满足实际应用的要求。因此，在味精废水处理过程中，无机絮凝剂很少单独使用，一般可作为助凝剂，与有机絮凝剂搭配利用。但碱式氯化铝是例外，它是一种无机大分子，不仅具有高价金属离子的作用，也具有部分有机絮凝剂的立体结构和网捕作用，因此絮凝效果较好。

② 无机高分子絮凝剂　无机高分子絮凝剂是在传统的铁盐和铝盐基础上发展起来的一类新型水处理药剂。由于其絮凝效果好，价格相对较低，已逐步成为主流絮凝药剂。在日本、西欧和中国，目前都已有相当规模的无机高分子絮凝剂的生产和应用，其产量约占絮凝剂总产量的 30%～60%。近年来，我国高分子絮凝剂的发展趋势主要是向聚合铝、铁、硅及各种复合型絮凝剂方向发展，并已逐步形成系列：阳离子型的有聚合氯化铝（PAC）、聚合硫酸铝（PAS）、聚合磷酸铝（PAP）、聚合硫酸铁（PFS）、聚合氯化铁（PFC）、聚合磷酸铁（PFP）等；阴离子型的有活化硅酸（AS）、聚合硅酸（PS）；无机复合型的有聚合氯化铝铁（PAFC）、聚硅酸硫酸铁（PFSS）、聚硅酸硫酸铝（PFSC）、聚合氯硫酸铁（PFCS）、聚合硅酸铝（PASI）、聚合硅酸铁（PFSI）、聚合磷酸铝铁（PAFP）、硅钙复合型聚合氯化铁（SCPAFC）等。

无机聚合物絮凝剂之所以比其他无机絮凝剂效果好，其根本原因在于它能提供大量的络合离子，且能够强烈吸附胶体微粒，通过吸附、桥架、交联作用，从而使胶体凝聚。同时还发生物理化学变化，中和胶体微粒及悬浮物表面的电荷，降低了 δ 电位，使胶体微粒由原来的相斥变为相吸，破坏了胶团稳定性，使胶体微粒相互碰撞，从而形成絮状混凝沉淀，沉淀的表面积可达 $200\sim1000m^2/g$，极具吸附能力。

（2）有机絮凝剂　有机高分子絮凝剂是 20 世纪 60 年代开始使用的第二代絮凝剂。与无机高分子絮凝剂相比，有机高分子絮凝剂用量少，絮凝速度快，受共存盐类、污水 pH 值及温度影响小，生成污泥量少，节约用水。强化废（污）水处理，并能回收利用。但有机和无机高分子絮凝剂的作用机理不相同，无机高分子絮凝剂主要通过絮凝剂与水体中胶体粒子间的电荷作用使 N 电位降低，实现胶体粒子的团聚，而有机高分子絮凝剂则主要是通过吸附作用将水体中的胶粒吸附到絮凝剂分子链上，形成絮凝体。有机高分子絮凝剂的絮凝效果受其分子量大小、电荷密度、投加量、混合时间和絮凝体稳定性等因素的影响。目前有机高分子絮凝剂主要分两大类，即合成有机高分子絮凝剂和天然改性高分子絮凝剂。

① 合成有机高分子絮凝剂　合成有机高分子絮凝剂以聚乙烯、聚丙烯类聚合物及其共聚物为主，其中聚丙烯酰胺类用量最大，占有机高分子絮凝剂的 80%左右。目前，国内外有关阳离子型合成高分子絮凝剂的报道比较多的主要是季铵盐类、聚胺盐类以及阳离子型聚丙烯酰胺等，其中研究与应用最多的是季铵

盐类。它们均已研制成功并在工业水处理中得到了广泛应用。龙柱等人利用协同增效原理将聚合氯化铝与有机合成高分子复合，制得一种新型有机-无机复合高分子絮凝剂，处理造纸废水，效果优于单独使用聚合氯化铝。但由于有机合成高分子絮凝剂的生产成本高，产品或残留单体有毒，其广泛应用受到限制。

② 天然改性高分子絮凝剂　天然高分子絮凝剂的使用远小于合成的有机分子絮凝剂，原因是其电荷量密度较小，分子量较低，且易发生生物降解而失去其絮凝活性。而经改性后的天然有机高分子絮凝剂与合成的有机高分子絮凝剂相比，具有选择性大、无毒、价廉等显著特点。这类絮凝剂按其原料来源的不同，大体可分为淀粉衍生物、纤维素衍生物、植物胶改性产物、多糖类及蛋白质改性产物等。由于天然高分子物质具有分子量分布广、活性基团点多、结构多样化等特点，易于制成性能优良的絮凝剂，所以这类絮凝剂的开发势头较大，国外已有不少商品化产品。我国天然高分子资源较为丰富，但相对而言，我国在这方面研究还开展得较少。

淀粉衍生物是通过淀粉分子中葡萄糖单元上羟基与某些化学试剂在一定条件下反应制得的。曹炳明等人用木薯粉为原料研制的 CS-1 型阳离子絮凝剂，用于污水处理厂二级污水的处理，可缩短泥水分离的絮凝沉降过程，提高出水水质，对污泥脱水具有良好的促进作用。

木质素是存在于植物纤维中的一种芳香族高分子，是水处理及各种化工产品中的基础原料。Ractior 和 Dilling 分别于 20 世纪 70 年代中后期以木质素为原料合成了季胺型阳离子表面活性剂，用其处理染料废水获得了良好的絮凝效果。朱建华等人利用造纸蒸煮废液中的木质素合成了木质素阳离子表面活性剂，用其处理阳离子染料、直接染料及酸性染料废水。实验结果表明，这种药剂具有良好的絮凝性能，对各种染料的脱色率均超过 90%。吴冰艳等将从造纸黑液中提取的木质素与自制的季铵盐单体反应，合成了木素季铵盐絮凝剂，该絮凝剂对高浓度高色度的染料废水有很好的絮凝效果。

甲壳素是自然界含量仅次于纤维素的第二大天然有机高分子化合物，它是甲壳类（虾、蟹）动物、昆虫的外骨骼的主要成分。甲壳素的化学成分是 N-乙酰-D-葡萄糖胺残基以 β-1,4-糖苷键连接而成的多糖。对甲壳素进行分子改造，脱除其乙酰基，得到壳聚糖，它是一种很好的阳离子絮凝剂。由于这类物质分子中均含有酰氨基及氨基、羟基，因此具有絮凝、吸附等功能，不仅对重金属有螯合吸附作用，还可有效地吸附水中带负电荷的微细颗粒。壳聚糖作为高分子絮凝剂的最大优势是对食品加工废水的处理。

(3) 微生物絮凝剂　微生物絮凝剂是一种高效、无毒、无二次污染、能自行降解、使用范围广的新一代絮凝剂。根据来源微生物絮凝剂主要分为 4 类：①直接利用微生物细胞的絮凝剂，如某些细菌、霉菌、放线菌和酵母菌，它们大量存在于土壤、活性污泥和沉积物中；②利用微生物细胞壁成分的絮凝剂，如酵母细胞壁的葡聚糖、甘露聚糖、蛋白质和 N-乙酰葡萄糖胺等成分均可用作絮凝剂；③利用微生物细胞代谢产物的絮凝剂，微生物细胞分泌到细胞外的代谢产物主要是细菌的荚膜和黏液质，除水分外，其主要成分为多糖及少量的多肽、蛋白质、脂类及其复合物，其中多糖和蛋白质在某种程度上可用作絮凝剂；④通过克隆技术获得的絮凝剂。微生物絮凝剂的絮凝机理有三种：桥连作用、中和作用和卷扫作用。目前流行的一种学说认为：絮凝剂是通过离子键、氢键的作用与悬浮颗粒结合。由于絮凝剂的分子量较大，一个絮凝剂分子可同时与几个悬浮颗粒结合，在适宜条件下迅速形成网状结构而沉积，从而表现出很强的絮凝能力。影响微生物絮凝剂絮凝能力的因素很多，主要包括温度、pH 值、金属离子、絮凝剂浓度等。

早在 20 世纪 70 年代末，日本学者就在研究酞酸酯的生物降解过程中，发现了具有絮凝作用的微生物培养液，并于 80 年代后期制成了命名为 NOC-1 的第一种微生物絮凝剂。我国于 90 年代开始涉及这一领域的研究，并取得了相当的成就，个别已经应用到工程上。尽管微生物絮凝剂独特的优越性使其其广阔的应用前景，但到目前为止，大多数对微生物絮凝剂的研究还是局限于实验室水平。微生物絮凝剂产生菌的培养通常以葡萄糖、半乳糖、淀粉等作为有机碳源，以酵母浸出汁、牛肉膏、蛋白胨等作为有机氮源，导致微生物絮凝剂生产成本较高。此外，微生物絮凝剂的发酵生产工艺还不成熟，影响了其成分及絮凝效果稳定性，这也制约了微生物絮凝剂的发展应用

（4）复合型絮凝剂　近年来研究人员发现在处理废水等复杂、稳定的分散体系时，复合絮凝剂表现出优于单一絮凝剂的效果。从化学组成上来看，其大致可以分为无机/有机复合絮凝剂和微生物无机复合型絮凝剂两大类。

①　无机/有机复合絮凝剂　无机/有机复合絮凝剂具有适应范围广，pH 值适应性大，对低浓度或高浓度水质、有色废水、多种工业废水都有良好的净水效果，而且污泥脱水性好等特点。其复配机理主要与协同作用有关。一方面污水杂质为无机絮凝剂所吸附，发生电中和作用而凝聚；另一方面又通过有机高分子的桥连作用，吸附在有机高分子的活性基团上，从而网捕其他的杂质颗粒一同下沉，起到优于单一絮凝剂的絮凝效果。

将无机絮凝剂作为助凝剂与有机絮凝剂配合使用，对味精废水的絮凝效果要优于单独使用有机絮凝剂。上海大学黄民生等人的研究表明，聚丙烯酸钠中加入木质素作助凝剂，COD 去除率能达到 46.8%，比单独使用聚丙烯酸钠提高约 10%。而在壳聚糖中加入 $CaCl_2$，壳聚糖的絮凝活性得到显著提高，在合适的条件下，对味精废水 COD 去除率可稳定在 70%左右。毛美洲等人通过正交试验确定了壳聚糖和其他助凝剂的合适配比，采用合适的反应条件，对谷氨酸菌体的去

除率达 98.5%。在实际处理中，应该充分发挥助凝剂的作用，节约主要絮凝剂的用量，这样既提高了处理效果，又节省了处理费用。总之，絮凝作为一种有效的水处理技术，无论在谷氨酸菌体分离，还是除菌后的进一步处理中，均发挥着重要的作用。实验室的工作应该指导实际工程实践，因此絮凝反应器的设计也很重要。

按甘布（Camp）的推导：

$$\frac{N_i}{N_o} = \exp(-KCGT)$$

式中　N_o——原水中悬浮颗粒数；

　　　N_i——经过搅拌时间 T 后仍未絮凝的颗粒数；

　　　C——颗粒体积；

　　　G——速度梯度；

　　　T——搅拌时间；

　　　K——系数。

由上述絮凝理论可知，在同样的水质、絮凝剂投加量和水流条件下，絮凝结果只与速度梯度 G 和搅拌时间 T 有关，只要在试验和生产过程中保持 G、T 相同，就必然会在试验和生产中产生同样大小粒度的絮体。因此，反应器的设计与试验条件的控制应该引起足够的重视。

② 微生物无机复合型絮凝剂　董军芳等人把微生物与硫酸铝复配使用，比单用其中任何一种絮凝剂的絮凝效果都要好。但目前未见把这两种絮凝剂做成复合絮凝剂对实际废水进行处理的实例。相关科研部门或单位对有机絮凝剂处理味精废水也做了很多实验，普遍认为有机絮凝剂对处理味精废水的絮凝效果比较理想，因不同的絮凝剂对反应条件的要求各异，絮凝效果也参差不齐。味精废水呈酸性（pH 为 1.8~3.2），然而介质的 pH 值对有机絮凝剂的絮凝性能影响较大，所以在选择絮凝剂时应该考虑此因素。

上海大学环境系采用羧甲基纤维素钠、木质素和聚丙烯酸钠进行絮凝实验，三种絮凝剂在酸性条件下絮凝效果相对较好，但仅用羧甲基纤维素钠或木质素作为絮凝剂时预处理效果并不佳（COD 去除率分别为 18.4% 和 23.5%），在实际生产中是不可能应用的；仅使用聚丙烯酸钠的处理效果较好，COD 去除率可达36.0%。因味精废水中含有的高浓度的 SO_4^{2-}（8000~9000mg/L），故味精废水呈现酸性，采用加碱或电渗析等方法中和或去除 SO_4^{2-}，均可使味精废水 pH 值接近中性或弱碱性，从而为某些有机絮凝剂的使用提供合适的 pH 值。目前，壳聚糖是应用最为广泛的有机絮凝剂。壳聚糖作为絮凝剂已经在废水处理领域中得到普遍应用，如渔业废水处理、印染废水脱色以及络合吸附重金属离子等。壳聚糖是甲壳素通过 β-(1,4)-糖苷键连接而成的一种线性高分子多糖的脱乙酰基产物，无毒无害且不造成二次污染，适合味精废水资源化的要求。在过酸的条件下，壳聚糖主链容易发生水解，生成葡萄糖胺、葡胺糖的衍生物或各种低分子量的多聚糖，絮体结构松散，再吸附络合废水中的有机大分子物质的能力急剧下降；在过碱的条件下，其氨基电中性，吸附络合能力大大下降。因此，壳聚糖絮凝较适宜的 pH 值条件是中性或偏碱性。王永杰等 3 人采用壳聚糖处理味精废水，结果表明，壳聚糖处理味精废水最合适的 pH 值在 7～11 之间；壳聚糖对温度变化不敏感，性质稳定，在 5～35℃温度范围内，壳聚糖絮凝沉降性能变化不大；壳聚糖的絮凝效果随浓度的增加而提高。因此，在中性偏碱的条件下，采用壳聚糖作为絮凝剂较为适宜。还有一些研究人员开发使用新型改进的絮凝剂，来处理味精废水。孙振世等人利用膨润土的分散、吸附和胶体性能来回收废水中的谷氨酸生成菌和其他有机物。普通膨润土效果较差，但经过合适的改性剂改性后，处理效果有明显的提高。而且，改性膨润土对高浓度味精废水的处理有较普遍的适应性。

6.1.1.2　膜分离

膜分离处理废水与传统的废水处理方法相比具有处理效果好，可实现废水回佣和有用物质回收的优点。

在废水处理中，应用的膜分离过程主要有微滤、超滤、纳滤和反渗透。这些膜分离过程都是以压力为驱动力，废水流经膜表面的时候，废水中的污染物被截留，而水透过膜，实现了对废水的处理。对于微滤和超滤来说，它们的膜孔径较大，可以用常规的过滤过程来描述其分离机理，对于纳滤和反渗透这些无孔膜来说，它们的分离机理一般用溶解-扩散模型和非平衡热力学模型来解释。有一些纳滤膜表面带有电荷，它们的分离机理比较复杂，一般用电荷模型和空间位阻模型来阐明分离过程。

膜处理生活污水，能达到很高的水质要求，不仅可以回用，甚至可作为饮用水。中国味精产量约 40 万吨/年，谷氨酸发酵废水的排放量大。采用超滤膜分离技术净化处理工艺，所得的废水可以达标排放，而且可以得到生产高蛋白质饲料的原料，是谷氨酸废水净化处理的新途径。崔文科研究膜分离处理味精废水，将 $500m^3$ 絮凝尾液分成 $300～500m^3$ 较低浓度的透过液和 $150～200m^3$ 高浓度的浓缩液，浓缩液可进行二次开发利用，透过液可直接进入生化池进行生化处理，使其达标排放。经过膜装置处理高浓度味精废水，COD_{Cr} 由 $18000～25000mg/L$ 降至 $6000～7000mg/L$，SO_4^{2-} 由 $40000～45000mg/L$ 降至 $4000～5000mg/L$，可以安全进行生化处理。杨磊等设计了一种新型的一体化中空纤维超滤膜生物反应器，该反应器具有较好的出水效果、装置占地面积小、抗有机负荷冲击能力强等优点。

膜分离作为一种新型的水处理技术，近几年来在废水处理中发展也很快。超滤、反渗透和电渗析等方法已在多个领域得到应用。膜分离方法有常温操作、能耗低、占地少和操作方便等优点，也符合味精废水资源再生的要求，已逐步在味精废水处理中发挥着越来越重要的作用。

（1）超滤　超滤是一种压力推动的膜分离方法，利用超滤从味精发酵液中分离菌体，在国外已有报道。在国内，有关科研人员也进行了研究。

韩式荆等人利用超滤法分离味精废水中的菌体废水中菌体去除率达 99% 以上；将超滤和萃取工艺相结合，可使废水中 COD 降低 34%，BOD_5 降低 20%。该工艺对处理 25t 味精废水进行了长期运行试验效果良好。

南开大学环境科学系将超滤技术和生物处理结合起来，利用超滤来处理生物处理后的废液，截留藻和菌体，避免排放后的二次污染。广州味精厂拟引进国外的超滤处理技术，发酵液经超滤处理，可有利于提高谷氨酸提取率（可达 90% 以上），而味精废水经超滤后，菌体去除率达 99% 以上。王焕章和赵亮经过试验比较，采用超滤膜处理味精废水时，较适合的条件为 50℃，0.25～0.30MPa 的压力，浓缩倍数应控制在 5 倍左右。经超滤法去除菌体的废水，SS 基本完全去除，COD_{Cr} 的去除率大于 30%，这就表明废水中菌体所反映的有机污染已基本去除。郑宗坤等人将超滤和絮凝技术结合起来，利用超滤处理絮凝后的上清液。味精废水经絮凝离心后，COD 去除率为 83%，再经截留分子量低于 10^4 的 DDS 膜超滤处理，可得到 COD 为 123mg/L、BOD_5 为 42mg/L 的清液，接近第二类污染物的排放标准。一次投资大等问题也要在生产实际中予以解决。

采用超滤法处理味精废水，具有易操作、能耗低、处理效果好等优点。适合在实际生产中进行推广。

（2）反渗透　反渗透用于去除大小与溶媒同一数量级的颗粒物，分子量在 10～1000 范围内。反渗透开始是大规模用于海水脱盐、高纯水的生产，目前，在废水处理中的应用也日趋普遍，也有人采用反渗透膜来处理高浓度废水。作者认为虽然味精废水 COD 含量较高，但其 COD 组成有其自身的特点，采用反渗透技术处理，只要选择好合适的预处理方法，解决好膜污染的问题，还是有较好的应用前景的。

天津大学的史志琴以超滤-反渗透为核心的双膜法技术处理味精发酵产生的综合废水，回收率达到 80%，回水可用于工艺用水和锅炉给水，取得了良好的经济和社会效益。魏志刚等人发明公开了一种基于膜分离技术的味精生产制备方法，通过超滤、微滤、反渗透结合的方法处理谷氨酸发酵液，进行味精生产，通过膜分离技术代替传统生产过程中蒸发浓缩保证外排废水达标。

目前，应用反渗透处理味精废水的文献尚少，在实际生产中应用就更为罕见。

（3）其他相关处理技术　离心分离、吸附方法也常用于味精废水的处理，与其他方法联合使用，提高处理效率。离心法主要用于分离谷氨酸菌体。上海天厨味精厂采用进口离心机分离菌体，所得菌体单细胞质量好，可作为高效蛋白饲料添加剂。周国忠等人将发酵液进入离心分离机进行除菌，离心机的转速为6600r/min，分离后，清液由轻相排出口离开分离机，进入等电罐。目前，离心方法面临的主要缺陷是投资较大，运行能耗高。吸附法作为絮凝的后续手段，对味精废水的处理也有较好的效果。黄民生等人的研究表明，采用天然沸石对絮凝后的上清液进行净化，COD、SS 和 SO_4^{2-} 的去除率分别达到了 69%、91% 和 43%，为后续处理创造了良好的条件。

6.1.1.3　生物处理

生物处理在废水处理的各个领域都有广泛的应用，已经积累了丰富的经验。一般来说，废水的处理常用好氧法来进行，但随着有机废水的大量增加，尤其是高浓度废水的增加，厌氧处理方法也更多地被使用，而且已经有不少成功的案例。对于味精废水，由于 COD 含量太高，开始常用厌氧处理，排放前再使用好氧处理，从而达到排放标准。同时，从味精废水资源化的目的出发，人们也探讨了一些综合利用方法（生产饲料酵母），下面分别加以讨论。

（1）发酵废母液生产饲料酵母　利用谷氨酸发酵废母液生产饲料酵母，早在20 世纪 80 年代由轻工部食品发酵工业研究所完成实验研究，并应用于生产。该工艺特别适合于味精生产中采用冷冻提取工艺的谷氨酸发酵废母液。随着味精生产的不断改进，特别是"冷冻等电点-离交提取工艺"的普遍使用，原饲料酵母生产工艺的应用受到一定的限制。但采用新菌种、新设备和新工艺生产饲料酵母，仍得到了较好的效益。

利用味精废液生产饲料酵母工艺已经成熟，设备定型，由初期的间歇发酵变为连续发酵，大大提高了生产效率，且节约了能耗，有许多研究所和味精生产企业掌握了该项技术。饲料酵母法目前存在的问题是相应设备投资、运行费用和生产成本居高不下，影响了该技术的推广。同时，生产酵母后的二次废水 COD 较原母液降低了 40% 左右，但仍然有较高的 COD 含量，如何进一步处理，也是该工艺需要解决的问题。

（2）厌氧生物处理　厌氧生物处理的优点在于：能耗低；可回收生物能源（沼气）；每去除单位重量底物产生的微生物（污泥）量少；具有较高的有机物负荷的潜力。缺点是处理后出水的 COD 值较高，水力停留时间较长，并产生恶臭。厌氧反应器是厌氧处理中发生生物氧化反应的主体设备，国内外进行了广泛的研究，设计了不少新的厌氧工艺和厌氧反应器。在味精废水处理中，提取菌体蛋白后的废水先进入厌氧反应器（如 UBF 装置），出水可再进一步厌氧处理（如

UASB），也可以直接进行好氧处理（如 SBR）。

上流式厌氧污泥床（UASB）反应器在味精废水处理中，一般用于处理淀粉废水或经过预处理的发酵废液（或离交废液）。它的特点在于上部设置三相分离器，可使厌氧生物污泥自动回沉到下部反应区，因而反应器可维持较高的生物量和较长的污泥停留时间；同时由于三相分离器的作用，反应器中形成粒状污泥，进一步延长了污泥的停留时间。

周口味精厂 1992 年与河南省能源研究所合作建成了 117m³ UASB 厌氧水处理中型示范工程，经过 2 年多的运行，厌氧污泥充分颗粒化，COD 去除率达 90％左右，处理淀粉、制糖混合废水出水水质基本达到国家排放标准。之后，他们又继续与河南能源研究所、河南省能源环保总站合作，建成了 1700m³（4×425m³）UASB 厌氧沼气工程。1997 年又有两套厌氧处理工程投入运行，厌氧处理废水工程的总容积已达 5500m³，取得了很好的运行效果。

郝晓刚等人采用屠宰废水中培养的颗粒污泥接种启动中温 UASB 反应器，处理味精-卡那霉素混合废水，将进水 COD 浓度控制在 1000～6000mg/L 之间，BOD_5：COD＝0.6～0.7，调节进水 pH 值为 7～7.5，反应器能承受较高浓度的硫酸盐、氨氮和氯化物。当 HRT 为 2～3h，容积负荷率可达 35～40kg COD/（m^2·d），COD 去除率为 75％～80％。

吴金义采用毛发载体生物膜法处理味精离交废水，利用经特定脱脂处理后的毛发作载体，经定向培菌挂膜后，对高浓度 COD 和高 SO_2 含量的味精离交废水进行小试和中试研究。工艺的核心部分为厌氧 UBF 装置，经厌氧挂膜驯化，处理预处理后的废水。其中的磁质极性材料与毛发载体能促进硫酸的转化，将废水中的大量有机高分子转变成乙酸和丙酸等单体酸。结果表明，在一定的供气量和温度条件下，废水中 COD 总去除率可稳定在 96％以上；即使在供氧不足的条件下或温度较低时，仍有较高去除效果。

（3）好氧生物处理　好氧生物处理一般不直接处理发酵废液，只是作为整个处理流程的后续处理手段，使废水最终达到排放标准。目前较常用的有 SBR 法，有人也采用藻菌共生系统来处理。

① SBR　SBR 工艺是一种间歇式的生化处理方法，具有造价低、运行方式灵活、耐冲击负荷和处理效果好等优点。

杨琦等人采用 SBR 对味精废水进行了研究。味精废水经厌氧 UBF 后，COD 降至 2850mg/L。出水再进行 SBR 处理，工况的运行次序为：进水（2L），搅拌（0.5h），然后依次曝气（30h）→厌氧（25h）→曝气（35h）→厌氧（30h）→排水（0.5h）。经过 SBR 的好氧、厌氧、再好氧、再厌氧的运行，出水 COD 浓度达到了行业排放标准 350mg/L 以下。

周口味精厂在味精废水处理工艺中也采用了 SBR 工艺。将离子交换柱冲洗水、精制废水、厌氧消化液、浓缩蒸发冷凝水及部分离交尾液经稀释合并进行好氧处理，采用 SBR 工艺，最终达标排放。莲花集团污水处理厂采用 8 个 SBR 池，处理污水量为 7450t/d，尺寸为 $L \times B \times H = 25m \times 21m \times 5m$。以 12h 为一个运行周期，其中进水、搅拌 1h，曝气 8.5h，沉淀 1h，排水 1h，待机 0.5h。

② 藻菌共生系统　刘庆余等人对预处理后的味精废水采用藻菌共生系统进行生物处理，效果较好。但此系统的处理效果受预处理的影响较大，进水 COD 浓度越高，处理效果越差。他们进一步将超滤技术用于截留藻菌共生系统处理液中的藻和菌体，从而避免了二次污染。

6.1.2　复合肥

味精废液是以粮食为主利用生物发酵合成谷氨酸过程中产生的废水、废液，其中含有的有机质、磷、钾、铵态氮及游离氨基酸等成分是植物生长所必需的营养物质，具有产量大、有机物和氨氮含量高、酸度低等特点，如作为液体氨基酸有机肥料加以合理利用，则可变废为宝，据统计，每生产 1t 味精，要排放 15～20t 高浓度味精废水，处理味精废水过程中会产生大量高氨氮剩余污泥，这些剩余污泥中含有大量的有机物质，污泥若不加处理处置直接排放会对环境造成严重污染，而且造成大量资源浪费。目前比较常见的处理方法包括物化技术、生物发酵技术和厌氧生物技术等，虽然处理后可达到安全排放的条件，但这些方法成本高，难以实现循环利用。

施用含氨基酸肥料能够提高花生、苹果和甘蔗的产量和品质、降低土壤致病菌并改善土壤环境。味精废液中所含有的有机质、磷、钾、铵态氮及游离氨基酸等成分是植物生长所必需的营养物质，如作为液体氨基酸有机肥料加以合理利用，则可变废为宝，不仅缓解了环境的压力，同时为农业生产开辟肥源，一举两得。

我国对味精废水的处理处置技术进行了不少探索，也取得了许多成果，但迄今仍存在工程投资大、效果不理想、处理费用高等问题。味精废水的处理处置现状与环保要求相距甚远，这个问题也一直制约着整个味精行业的发展。废液中干基成分是农作物生长发育所必需的营养元素和可提高地力培肥土壤的有机质。在农业上应用，即避免了环境污染，又使资源得到充分利用。将味精废液加工转化为肥料是未来有机肥的发展重点之一。彭智平等在大田条件下，适用适量味精废液能够提高花生的产量和质量，改善花生氮代谢，同时增加土壤脲酶、蔗糖酶和酸性酶活性，但用量较高也会对产品和土壤造成负面影响。刘睿等通过对不同浓度的味精废水研究，一定浓度范围的味精废水对番茄和小麦种子的发芽能起到促进作用。

　　将味精作为农业投入品加以利用的前提是对味精废液的农用效应及生态风险评价。张铭光等研究发现施用适宜浓度的味精废液可促进白菜生长，提高叶片可溶性蛋白和叶绿素含量，增强硝酸还原酶活性；刘睿等发现低浓度的味精废液对番茄和小麦种子的发芽具有促进作用；朱日清等发现根部施用适当浓度的味精废液能够促进番茄的生长，改善品质。以上报道是基于作物种子发芽阶段对味精废液的响应，或以收获地上部为主的白菜、番茄等作物为试材研究其对产量和品质的影响，然而施用味精废液对地下部分为收获产品的作物生长、农产品品质及土壤环境方面的影响研究未见报道。土壤酶活性是评价土壤生物活性和土壤肥力的重要指标，其活性的高低能反映土壤生物活性和土壤生化反应强度。

6.2　技术实现方法及技术背景

6.2.1　菌体蛋白（谷氨酸渣）技术背景及生产方法

6.2.1.1　菌体蛋白技术背景

　　我国发酵年产 200 万吨味精，它的生产者是谷氨酸细菌。在生产谷氨酸的发酵液中除了产物谷氨酸外，还存在菌体、残糖、色素、胶体物质以及其他发酵副产物。味精生产过程中产生的高浓度有机废水是指味精发酵液提取谷氨酸后排放的废液。每生产 1t 味精，就要至少排放 $13m^3$ 高浓度有机废水，直接排放严重污染环境，如何对其进行经济有效的处理，是众多味精生产厂家所面临的重要问题。

　　发酵废液中谷氨酸菌体内含有大量的蛋白质（约占干菌体重的 80%）和核糖核酸，通过分离、干燥制成一种单细胞蛋白，其营养丰富，可用作蛋白质饲料资源。提取菌体后的废水可以浓缩成复合肥出售，这样，既实现了污染物零排放，又可取得可观的经济效益。谷氨酸菌菌体很细小，如染菌时，发酵液黏度增加，泡沫变多，工业上用直接沉降或过滤方法进行分离非常困难，一般采用碟片式离心机进行分离，菌体溶液含水量达 87%～90%，制成干品需消耗大量热能，且菌体溶液黏度大，干燥过程较难操作。

　　国外采用发酵液去菌体，经真空浓缩，用一次等电点法分离谷氨酸，母液制肥料，废水经生化处理，COD 在 $50×10^{-6}$ 以下时排放。采用冷冻等电点法提取工艺，废水处理问题尚未解决。而大量的谷氨酸发酵废液和废菌体已成为一种主要污染源，破坏了水生生态环境。

6.2.1.2　菌体蛋白提取方法

　　味精菌体蛋白的主要提取工艺有三种，分别为：从味精发酵液中直接提取、等电废液中提取和等电离交废液中提取，其中以第三种最为常用。主要提取方法有高速离心、超滤和絮凝沉淀或气浮，其中以絮凝法最为常用。高速离心、超滤要消耗大量电，设备投资也很大，而絮凝法也要消耗昂贵的絮凝剂，提取体蛋白的收率只有 90% 左右。

絮凝不能单独使用，必须和沉淀法或气浮法结合，构成絮凝沉淀或絮凝气浮，是分离谷氨酸菌体的主要方法之一。但加入絮凝剂和助凝剂后，粗灰分含量较高。

味精废水中含有大量的蛋白质、残糖等，黏性大，难以压缩沉降，且呈强酸性（pH 为 1.8～3.2），悬浮颗粒带较强的正电荷。基于上述特性，必须采用合适的絮凝剂，才能把谷氨酸菌体蛋白分离出来。

常用的铁盐、铝盐等无机絮凝剂的适宜 pH 值＞6.0，对酸性较高的味精废水处理效果不佳。单纯的无机絮凝剂即使配合助凝剂，絮凝效果也不理想，难以满足实际应用的要求，且无机絮凝剂用于提取菌体蛋白时，提取后的产物也会因颜色、毒性等问题不能使用。因此，在味精废水处理过程中，无机絮凝剂很少单独使用，一般均作为助凝剂与有机絮凝剂配合使用。

有机絮凝剂对味精废水的絮凝效果较好，聚丙烯酰胺有较好的絮凝性能，但毒性较强；聚丙烯酸钠絮凝效果好、用量少、无毒，能适应较低范围的 pH 值，可不经调整 pH 值直接使用，因此，在味精废水菌体蛋白回收中已被广泛使用。黄民生等采用羧甲基纤维素钠、木质素和聚丙烯酸钠进行絮凝试验，3 种絮凝剂在酸性条件下絮凝效果相对较好，但单独使用羧甲基纤维素钠和木质素作为絮凝剂时效果不佳，聚丙烯酸钠的絮凝效果较好。目前，众多有机絮凝剂中较活跃的是壳聚糖，其无毒无害且不造成二次污染，合适的 pH 值为 7～11，对温度的变化不敏感，絮凝效果随浓度的增加而提高。但运用壳聚糖作絮凝剂时，需调节味精废液的 pH 值。

近年来，不断有改进的絮凝剂出现。孙振世等发现改性膨润土效果较好。张凡选用强负电荷、高分子量的絮凝剂，使味精菌体蛋白等悬浮颗粒先在强负电荷絮凝剂的电性中和作用下脱稳，然后在高分子絮凝剂的凝聚架桥作用下使其高速絮凝，味精菌体既是被絮凝物质，又是微生物絮凝剂。微生物絮凝剂也是一种新型的絮凝剂，无毒无害，而且可以被微生物降解，使用安全、方便，适于提取味精菌体蛋白。武汉城市建设学院研究开发的微生物絮凝剂普鲁兰，菌体蛋白的提取率达 86.9%，并可去除 30%～40% 的 COD_{Cr}。杭州味精厂经过研究，探索出活化非金属矿粉絮凝-生化处理法，用非金属矿粉作菌体蛋白絮凝的载体，板框压滤，再干燥得单细胞蛋白（SCP）。所得 SCP 的粗蛋白含量约 40%，接近酵母粉及鱼粉的蛋白质水平，且含有非金属矿粉具备的多种微量元素，适合作饲料添加剂。广州能源研究所报道，选用碱性的造纸黑液作为酸性味精废水的中和剂，进行厌氧消化预处理，把味精废水与造纸黑液混合，通过控制混合液的 pH 值，可把溶解在黑液中的木质素及悬浮在味精废水中的菌体沉降下来。但沉淀下来的菌体木质素混合物需进一步处理，否则不能取得经济效益。

大量的研究发现，两种或两种以上的絮凝剂配合使用，絮凝效果要优于单独使用一种絮凝剂。上海大学环境系的研究表明，聚丙烯酸钠中加入木质素作助凝剂比单独使用聚丙烯酸钠效果好，在壳聚糖中加入氯化钙，可明显提高壳聚糖的絮凝活性。毛美洲等通过正交试验确定了壳聚糖和其他助凝剂的合适配比，对谷氨酸菌体的提取率为 98.5%。在实际生产中，应该充分发挥助凝剂的作用，节约主要絮凝剂的用量，这样既提高了处理效果，又节省了处理费用。

絮凝剂的凝聚作用有助于味精废水中悬浮菌体的回收，单加入絮凝剂和助凝剂后，制得的饲料添加剂中蛋白含量低于离心分离下的情况只有 30%~50%。如考虑分离后菌体的资源化利用，处理中应选择用量少、絮凝效果好、无毒无害的絮凝剂。一些专用的絮凝剂普遍存在价格昂贵而导致处理成本高的问题。另外，该法还存在处理工艺复杂、总收率较低、难以实现提高谷氨酸收率等缺点。

6.2.1.3 热变性絮凝气浮法提取菌体蛋白的原理

谷氨酸生产菌为革兰氏阳性菌，表面带负电荷，能够稳定地悬浮于溶液中，不易分离。众所周知，鸡蛋蛋白加热会变性凝固，而谷氨酸菌体含有大量的蛋白质，遇到热也会变性絮凝在一起，和溶液分开。

谷氨酸菌体热变性絮凝后形成的絮粒较小，同时由于絮粒表面带有相同电荷及水化层的影响，絮粒很不稳定，靠其较长时间重力沉降分离后仍然含有大量水分，对后续工序板框压滤来说其工作量还很大。气浮法的机理是溶入适量的空气，使絮团附着大量的微气泡，絮团的密度小于水，即可实现气浮分离。

而絮凝法使用的是化学絮凝剂，其中一种絮凝剂聚丙烯酸钠是水溶性天然高分子物质，由于分子中含有大量的氨基对蛋白质和其他胶体物质具有很强的絮凝作用，可以作为阴离子絮凝剂使用。谷氨酸棒杆菌等电点为 pH 4.2，当等电点母液 pH 在 3.2 左右时，菌体 zeta 电势为正值，添加絮凝剂聚丙烯酸钠能有效使分散的细胞聚集成絮凝体。

6.2.2 复合肥技术背景及生产方法

6.2.2.1 复合肥技术背景

生产味精产生的废水的处理难点主要是高浓度部分具有 SS 高、COD 高、BOD_5 高、NH_4^+-N 高、硫酸盐高、pH 值低的特点，在污水治理过程中，又有大量氨氮等有机污染物转移到剩余活性污泥中。目前我国高浓度味精废水排放量达

$1.8 \times 10^7 t/$年，而高浓度味精废水处理产生的高氨氮剩余活性污泥的处理处置又成为一个难题，若直接排放则会严重污染环境，而且造成了资源浪费甚至会威胁到饮用水源水的安全。

针对高浓度味精废水的干固物60％以上为有机质，含有大量的蛋白质、维生素、氮、磷、钾等，是制造有机复合肥的良好原料。采用先进的蒸发浓缩、干燥工艺技术生产有机复合肥，浓缩造粒技术不但根治污染，实现水污染物零排放，而可以回收有机质，制成有机复合肥，返回农田。加强土壤各种微生物的活动，增强土壤的保肥供肥能力，改善了因施用无机化肥产生N、P、K比例失调而造成的板结、咸化等土壤的物理结构，调整土壤缓冲与活性，改善农作物的生长条件，实现良好环境效益、经济效益、社会效益。所以，味精废水的资源化治理走蒸发浓缩造粒的道路，不仅可以解决味精废水的高氨氮难处理问题，更能实现味精生产过程中污染减排和综合利用的宗旨，是国内外味精废水综合治理的主导研究方向。

6.2.2.2　利用味精废液生产复合肥的方法

目前，国内味精行业对高浓度味精废水的处理方法比较多，其中较为普遍采用的有浓缩喷浆造粒生产复合肥和浓缩提取硫酸铵工艺。

（1）浓缩喷浆造粒

1）浓缩喷浆造粒背景　喷浆造粒制复混肥的资源化工艺和技术是把味精生产过程中排放的高浓度含氮有机废水（主要包括原料的清洗、浸泡、净化废水和发酵液经提取谷氨酸后废母液或者离子交换尾液两部分）混合后，经四效蒸发器，利用蒸气进行蒸发浓缩、调制后混合污水厂排放的剩余活性污泥送入喷浆造粒机造粒，干燥后制成有机-无机复混肥。不但实现了污染物零排放的目标而且还实现了废物利用，创造了大量的经济效益。

复混肥生产的核心是造粒，一旦造粒工艺及设备确定以后，对前面的原料制备及配比，与干燥、冷却和筛分的工艺要求就随之确定。我国复混肥的生产经过10多年的不断探索，在常规生产工艺基础上，根据产量、产品技术指标的特殊要求以及原材料供给情况等按造粒工艺分类主要有：团粒法、挤压法、全料浆法、粉料喷浆法四大类。

复混肥生产在确定工艺和设备选型方面应考虑：原料来源、产品发展方向、产量及投资成本分析等因素。简言之，如果有固定的原料供给渠道，应首选适应于该原料的工艺及设备，如全料浆法、挤压法，以求降低成本。出于对环保的要求，所以本次工艺设计拟采用先进的喷浆造粒干燥工艺生产复混肥，新建五条复混肥生产线，该项技术与设备由于具有操作简单可靠、热效率高和单系列生产能力大的特点，所以在法国和东欧各国已成为生产复混肥料的主要方法之一。现在选择此设备作为该味精厂的工艺改造造粒设备。

传统的喷浆造粒生产工艺，在喷浆造粒机外部须设置庞大的筛分、破碎和输送系统，这就造成了工艺流程长、设备投资大、能耗高、生产环境恶劣、不易实现自动化控制等一系列弊端。对此，20世纪90年代初成都科技大学和一些厂家共同研究成功了内返料、内分级、内破碎技术（简称"三内"技术）喷浆造粒干燥机。该技术的特点是：在喷浆造粒干燥机内设置内返料螺旋装置、内分级筛分装置和内破碎装置，使造粒、干燥、分级、破碎在同一台设备内完成，从根本上消除了传统流程的各种弊端。

喷浆造粒干燥机为一倾斜安装的回转圆筒，筒内设置造粒段、干燥段、光筒段、分级锥、内筛分、内破碎和逆向输送粉料的矩形断面的内螺旋，螺旋铲料口安放在分级锥底部区域，当筒体每旋转一周，螺旋就将进行初分级后的细粉铲进主螺旋一次。对于内筛分下的细颗粒和内破碎后的细粉由附螺旋收集汇集于主螺旋，粉料随筒体旋转逆向输送到造粒机前端的造粒段进行再一次造粒。

喷浆造粒的过程是将含水量为28%～32%，温度为100℃左右的复肥料浆，通过喷枪（在喷枪内压缩空气与料浆充分混合）喷洒在由设置在造粒段中的升举式扬料板提升物料而形成的料幕上，将料幕中的细颗粒进行包裹（在细颗粒核的外表面涂布一层料浆），使颗粒长大的同时伴有450℃左右的热风并流进行干燥，迅速将颗粒外表面干燥完成一次造粒，经造粒段造粒干燥后的颗粒群送入干燥段继续进行干燥。

喷浆造粒其颗粒形成的过程除受料浆含水量、料浆温度、料浆压力、压缩空气压力、喷枪结构等因素影响外，还受料幕密度、料幕均匀度和形成料幕颗粒的粒度和粒度分布的影响，这些与扬料板结构、转筒直径、转速、造粒段长度和挡板高度都有一定关系。在造粒过程中保持颗粒一定的尺寸和颗粒群粒度的均匀性一定程度取决于颗粒的成长速度和颗粒在造粒段停留的时间，该速度和时间又取决于喷料的物性，液滴自由飞散时间、涂层厚度、气体质量流量以及分散液滴与料幕颗粒之间的作用条件和传热过程，因此形成复杂的流体力学和传热条件。

2）"三内"技术的理论分析

① 颗粒在筛面上的运动　颗粒物料在筛面上除了过筛孔的穿漏运动外，还存在类似于在光壁圆筒内的运动。在转动的筛面上，筛面相对水平面有一倾斜角（约1°～1.5°），因此颗粒既有旋转运动也有轴向运动。颗粒在旋转的筛面上受重力、离心力、颗粒间的摩擦力、颗粒与筛面间的摩擦力等力的共同作用。颗粒物料在筒体的各个横截面上呈现不同的运动状态，其速度分布与光壁筒内颗粒的速度分布相似，见图6-1。

由图6-1可知，颗粒在筛面上的运动呈现明显的上升区和下滑区。在上升中由于物料受到上层物料的挤压，物料层较密实。而在下滑区，物料层则较疏松。

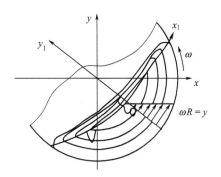

图 6-1　筛面颗粒速度分布示意图

颗粒物料在下滑过程中，由于颗粒间的粒径，形状和表面性质的差异，较细颗粒会产生向物料层中部的渗流运动。当筛面上大于筛孔的颗粒增多并在上升区中形成一定厚度的密实层时，细颗粒则难以渗漏过该层，这时在筛面上就会出现与光壁转筒内相似的颗粒物料分布形态，如图 6-2 所示。这时颗粒层出现外粗内细的偏析现象，筛分作用大大减弱，筛分效率急剧降低。但在喷浆造粒干燥机内的筛分筛面上，颗粒物料发生偏析现象是有条件的，它主要与弗鲁特准数、筛面形式和被筛分物料粒度组成有关。

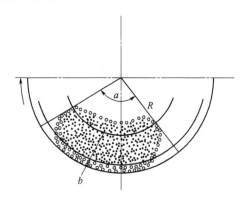

图 6-2　筛面颗粒速度分布示意图

② 筛分效率影响因素的探讨　由于筛分设置在筒内，一般选用圆筒筛，该筛分装置随造粒机转动而进行筛分。复混肥颗粒群在筛分过程中，颗粒在筛面上的停留时间、在筛面上的料层高度、有效筛分面积、筒筛的倾斜度和筒体转速均影响筛分效率。研究实验表明：筛分效率受转速的影响较大，若转速太慢，将减缓颗粒沿筛面圆周方向的运动速度，筛分能力下降；若转速太高，颗粒会附着在筛孔上甚至造成桥架和堵塞。为了避免以上现象的发生，筒筛的圆周转速应控制在 0.7～1.0m/s 范围内。影响筛分效率因素还有被筛分物料的物性和粒度及其

粒度分布。复混肥颗粒若未到达含水量1％左右的要求，筛分效率会随颗粒的含水量增加而下降，甚至出现相互粘连而使筛分失败。复混肥颗粒群在筛分过程中，在筛面上的运动状态是影响筛分效率的另一原因。一般圆筒筛颗粒群在筛面上以滑动为主，并在筛表面摩擦和颗粒重力的双重作用下，颗粒沿筛内壁产生相对运动时粒子间也产生相对运动，这样会在筛面上形成偏析，形成外粗内细的粒子分布状态，细颗粒被裹挟在中央，不利于筛分。筒筛产生偏析主要取决于弗鲁特数、筛面结构、颗粒粒度和粒度分布。在"三内"技术中出现偏析对于返料过程是有利的，需进行偏析的强化，而在筛分过程中应尽量避免偏析的出现。

③ 被筛物料的性能与筛面形式的关系　在内筛分技术中，被筛分物料的性能对筛分能力和效率有直接的影响，而筛面形式的选择和筛孔尺寸的确定又与物料的性能紧密相关，因此研究物料的性能与筛面的关系十分必要。

筛分中一般把筛孔尺寸作为筛分粒度（也称分离粒度）考虑，当颗粒为球形时，把大于筛孔尺寸的颗粒称为粗粒，小于筛孔尺寸的颗粒称为细粒。在筛分过程中，粗粒物料不能通过筛孔，细粒物料通过筛孔的概率随粒度的增大而减小。其中粒度接近筛孔尺寸的细粒通过筛孔的概率较低，而粒度接近筛孔尺寸的粗粒，在筛分中易卡住筛孔，我们一般称这两种颗粒为难筛粒。显然难筛粒的多少是影响筛分的重要因素。在磷铵和一些复混肥的喷浆造粒中，成形颗粒球形度较高，试验表明，这时难筛粒的粒度尺寸约为筛孔尺寸的0.8～1.2倍；当难筛粒的数量达到被筛分物料总量20％以上时，筛分效率大大降低，筛网堵塞严重。因此，当物料粒度分布稳定时，可在保证成品标准前提下选择合适的筛孔尺寸。

颗粒物料相互间的作用力，颗粒物料与筛面间的作用力是影响筛分的另一重要因素。由于喷浆造粒成形机理主要是涂布成粒，因此物料本身的性能和颗粒表面含水率是产生颗粒间、颗粒与筛面间内聚力的原因。有关文献和试验数据都表明，当磷铵颗粒表面含水率达到出现毛细水分时（5％～8％），内聚力会急剧增大并使颗粒聚结成团而堵塞筛孔。而一些 N、P、K 复混肥，即使颗粒表面含水率很低，因"热黏性"也会黏结成团而堵塞筛孔。当这种现象出现时，表面光滑、筛孔尺寸合适、易于不停车清洗的筛面就显示出极大的优越性。

（2）浓缩提取硫酸铵

1）浓缩提取硫酸铵背景　我国作为农业大国，在农产品深加工产业发展迅速，特别是以发酵为主要生产手段的农产品深加工行业发展很快，在国民经济发展中的占有重要地位，成为我国经济发展的重要支柱产业。由于味精生产过程主要是以水为加工媒介进行的，具有用水量大、排水量大的特点，而且所排废液以有机污染物为主，无机物含量也很丰富，各类污染物排放浓度高，成分相对复杂，治理难度较大，直接排放对生态环境造成很大的环境污染，也造成国家优良资源极大浪费，阻遏我国实施清洁生产、发展循环经济，影响我国打造资源节约型和环境友好型经济发展，妨碍和谐社会的构建。

我国味精生产基本上以淀粉质和糖质为原料（如大米、淀粉、糖蜜）通过发酵法生产，味精生产高浓度废水主要来源于提取味精后的发酵废液、浓缩结晶遗弃的结晶母液，水量大且废液中营养物资丰富。一般每生产 1t 味精约有 10t 发酵废液排出，废液中含有 2%～5% 的湿菌体及蛋白质等固形物（菌体富含蛋白质、脂肪、核酸等营养物质），含有 K^+、Na^+、NH_4^+、Mg^{2+}、Ca^{2+}、Fe^{2+}、Cl^-、SO_4^{2-}、PO_4^{3-} 等无机离子，消泡剂，色素，尿素，各种有机酸，小于 1% 的其他氨基酸，残糖（小于 1%），以及 1.0%～1.5% 的味精，此外还含有 0.05%～0.1% 的核苷酸类降解产物。一般情况下，废液 COD 高达 60～80g/L，BOD_5 高达 31～50g/L，谷氨酸 1%～1.5%，悬浮物 17～18g/L，有机物和无机物含量都很丰富，是一种营养丰富的优良资源。这种废水直接排放不仅造成资源浪费，而且严重污染环境。

当前，多数发酵生产厂家采用蒸发浓缩后制造复合肥料的方式处理发酵液废水中的硫酸铵，这种方式虽然也为硫酸铵找到了归宿，但利用价值过低，特别是废水中存在大量的硫酸根，带入肥料中对农作物的生长，特别是对农田土质都具有负面作用，不受农民欢迎。

为了更合理的回收和综合利用发酵生产废水中的硫酸铵，提出了发酵生产废水中硫酸铵回收利用的新途径。新工艺技术方案是将精制分离谷氨酸后的废水（母液）进行蒸发浓缩；去除菌体后将其中结晶析出的硫酸铵进行重结晶、提纯、分离，制备高纯度的硫酸铵用作化工原料；结晶分离硫酸铵后的废母液，用作加工复合肥原料。开发产品技术含量和附加值大幅度增高，产品质量进一步提高，实施了清洁生产，实现减排降耗，发展循环经济，达到环境保护和经济增效的双赢目的，是实现味精高浓度废液资源化利用大势所趋。

利用味精废水浓缩提取硫酸铵母液生产有机无机肥应尽量利用环境保护和综合利用方面的新工艺新技术，认真推行全过程清洁生产实现达标排放，并强调以原料的充分利用为中心，结合当前变施用化肥增加养分为施用生态肥调控土壤生态环境的现代农业用肥的创新观念转变及时开发一些新的有机无机肥、冲施肥液体悬浮肥土壤改良剂药肥等为企业形成新的物流链，使农作物在增加产量的基础上提高农产品品质，不仅在经济上具有竞争性，而且使生态效益、社会效益和企

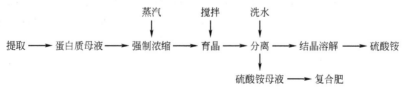

图 6-3　提取硫酸铵的工艺流程

业的经济效益得到了很好统一，体现出科学技术的进步，使味精生产走可持续发展道路。

2）提取硫酸铵的工艺流程 提取硫酸铵的工艺流程如图 6-3。

6.3 副产品生产工艺流程

6.3.1 菌体蛋白生产工艺流程

图 6-4 为絮凝沉淀法处理味精废水生产菌体蛋白的工艺流程图。主要控制要点有七个：

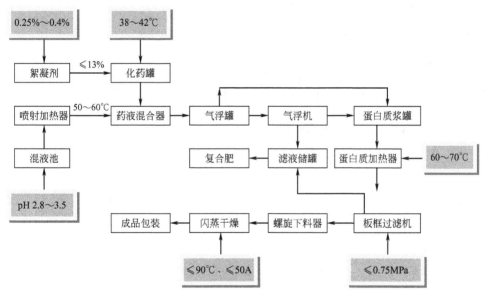

图 6-4 絮凝沉淀法处理味精废水生产菌体蛋白的工艺流程图

（1）絮凝剂 絮凝法是一种较为普遍使用的水处理技术，在废水处理中起到至关重要的作用。影响絮凝效果的因素有絮凝剂（类别和使用量）、反应条件（pH 值、温度等）以及设备设计等。味精废水 COD 含量很高，絮凝沉淀是水处理流程的前处理步骤，可去除一些 COD，为后续处理（如膜分离、生物处理）减轻压力。本工艺采取絮凝剂的浓度为 0.25%～0.4%。

（2）化药罐 第二个控制要点为化药罐的温度，为了更好地达到絮凝剂的絮凝效果，化药罐的温度需控制在 38～42℃。

（3）喷射加热器 第三个控制要点为喷射加热器的温度，本工艺采取的温度为 50～60℃。

（4）混液池　第四个控制要点为混液池的 pH，本工艺采取的 pH 范围为 2.8～3.5。

（5）闪蒸干燥　第五个控制要点为闪蒸干燥过程，本工艺采取的温度为小于 90℃，电流小于 50A。

（6）板框过滤机　第六个控制要点为板框过滤阶段，本工艺采取板框过滤压力小于 0.75MPa。

（7）蛋白质加热器　第七个控制要点为蛋白质加热阶段，本工艺采取的温度为 60～70℃。

6.3.2　复合肥生产工艺流程

图 6-5 是复合肥生产工艺流程图，主要控制点有以下几个方面：

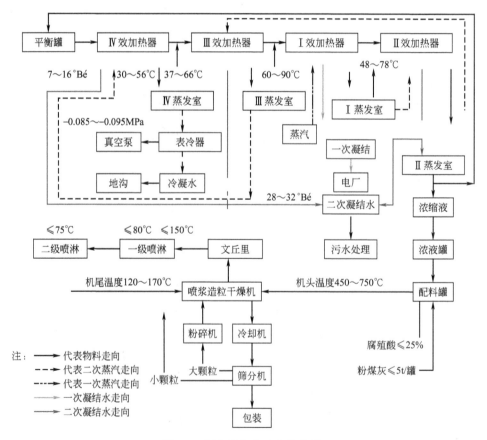

图 6-5　复合肥生产工艺流程图

（1）平衡罐　平衡罐是复合肥生产工艺中重要的环节之一，本工艺采取的平衡罐浓度为 7～16°Bé。

（2）加热器　四效蒸发是复合肥生产工艺中较为重要的环节之一，本工艺采取的 I 加热温度 60～90℃、II 加热温度 48～78℃、III 加热温度 37～66℃、IV 加热温度 30～56℃。

（3）真空泵　本工艺采取的真空泵的真空度为－0.085～0.095MPa。

（4）喷淋塔　本工艺采取的一级喷淋塔入口温度≤80℃，二级喷淋塔入口温度≤75℃，文丘里入口温度≤150℃。

（5）喷浆造粒干燥机　喷浆造粒干燥机是复合肥生产的最重要的设备，本工艺采取的机头温度为 450～750℃，机尾温度为 120～170℃。

6.4　副产品生产过程控制要点

6.4.1　菌体蛋白生产过程控制要点

菌体蛋白生产过程中主要有八个控制点：提取废液的 pH、絮凝药液与废液的配比、药液的药水比、气浮进料的温度、板框进料温度、板框进料压力、闪蒸干燥主机进风温度、闪蒸主机电流，详见表 6-1。

表 6-1　菌体蛋白工艺条件一览表

序号	项目	单位	标准
1	提取废液的 pH		2.8～3.5
2	絮凝药液与废液的配比	%	≤13
3	药液的药水比	%	0.25～0.4
4	气浮进料的温度	℃	50～60
5	板框进料温度	℃	60～70
6	板框进料压力	MPa	≤0.75
7	闪蒸干燥主机进风温度	℃	A 套：150～185 B/C 套：120～150
8	闪蒸主机电流	A	≤50

6.4.2　复合肥生产过程控制要点

复合肥生产过程中的控制要点主要有以下几个方面：母液 pH、进料温度、出料温度、进料浓度、出料浓度、I 加热温度、II 加热温度、III 加热温度、IV 加热温度、真空度、腐殖酸添加比例、喷浆量、机头温度、机尾温度、文丘里入口温度、一级喷淋塔入口温度、二级喷淋塔入口温度、生物塔入口温度，详见表6-2。

表 6-2　复合肥工艺条件一览表

序号	项目	单位	标准
1	母液 pH		3.0～4
2	进料温度	℃	35～60
3	出料温度	℃	45～70
4	进料浓度	°Bé	7～16
5	出料浓度	°Bé	28～32
6	Ⅰ加热温度	℃	60～90
7	Ⅱ加热温度	℃	48～78
8	Ⅲ加热温度	℃	37～66
9	Ⅳ加热温度	℃	30～56
10	真空度	MPa	-0.085～-0.095
11	腐殖酸添加比例	%	≤26
12	喷浆量	m³/h	8～17
13	机头温度	℃	450～750
14	机尾温度	℃	120～170
15	文丘里入口温度	℃	≤150
16	一级喷淋塔入口温度	℃	≤80
17	二级喷淋塔入口温度	℃	≤75
18	生物塔入口温度	℃	≤65

6.5　副产品生产主要设备介绍

6.5.1　生产菌体蛋白的主要设备

如表 6-3 所示，生产菌体蛋白的主要设备包括了气浮机与闪蒸主机等。

6.5.1.1　气浮机

气浮机是一种去除各种工业和市政污水中的固体悬浮物、油脂及各种胶状物的机器。它是利用小气泡或微小气泡使介质中的杂质浮出水面的机器。对水体中含有的一些密度接近于水的细微杂质借其自重难于下沉或上浮，即可采用该装置。

表 6-3 菌体蛋白主要设备一览表

序号	设备名称	规格型号	生产厂家	电机型号 /kW
1	气浮罐	$\phi 4500mm \times 6000mm$, $V=50m^3$	吉林省硕源轻工机械有限公司	
2	气浮机	涡凹气浮 CAF-75, $6100mm \times 1940mm$	麦王环保工程技术(上海)有限公司	3
3	箱式板框过滤机	XMJ1250-U-200, $F=200m^2$	中大贝莱特压滤机有限公司	4.75
4	箱式板框过滤机	XMYF200/1250-U		6.5
5	闪蒸主机	XSG18-01-00	江苏范群干燥设备有限公司	30
6	引风机	9-26-14D	常州常武风机厂、电机选用山东华力电机集团有限公司	110
7	罗茨风机	QSR-200	章丘市群艺机械配件有限公司	75
8	洗榨布机	XGB-70, $V=0.8m^3$, $2350mm \times 1400mm \times 1400mm$	长春市展旭机电设备有限公司	3
9	混液池	$14000mm \times 35000mm \times 4500mm$	吉林市第一建筑有限公司	

目前国内最先进的溶气气浮机(图 6-6),利用涡流泵的特殊搅拌功能,配套自动气液分离罐,将难以溶于水中的气体或两种以上不同液体高效加压混合,产生微细气泡直径 $20\sim50\mu m$。搅拌技术大大简化传统的搅拌工艺,不仅可以实现设备的小型化,还节省投资和运转成本。

图 6-6 气浮机示意图

主要分为溶气气浮机、浅层气浮机、涡凹气浮机三种。

溶气气浮机采用青铜气液混合泵的加压溶气气浮系统,省略了加压泵、空气压缩机、射流器、高压溶气罐等复杂设备。与涡凹气浮机相比,溶气气浮机必须配备 OLTE 气液分离罐。OLTE 气液分离罐能自动调节，不仅性能稳定，而且只需简单的调试一次。总体而言，OLTE 气液分离罐是实现自动化的关键，也是相对于涡凹气浮机投资大的一方面。

涡凹气浮机一般应用在要求处理效果不是很高的时候，一般处理效果 COD 去除率能达到 80% 左右，处理效果比较高的大连三相机械设备开发游戏那公司生产的 OLTE 涡凹气浮机去除效果能达到 85% COD 去除率。OLTE 涡凹气浮机的优点在于节能性好，一般相比较其他气浮机节能 15% 左右。

6.5.1.2 闪蒸主机

闪蒸干燥机是集干燥、粉碎、筛分于一体的新型连续式干燥设备，工作原理由入口管以切线方向进入干燥室的环隙，并螺旋状上升，同时物料由加料器定量加入塔内，并与热空气进行充分热交换，较大较湿的物料在搅拌器作用下被机械破碎，湿含量较低及颗粒度较小的物料随旋转气流一并上升，输送至分离器进行气固分离，成品收集包装，而尾气则经除尘装置处理后排空。

6.5.2 生产复合肥的主要设备

如表 6-4 所示，生产复合肥的主要设备包括了四效蒸发器、热风炉与喷浆造粒烘干机等。

表 6-4 复合肥主要设备一览表

序号	设备名称	规格型号	电机型号
1	四效蒸发器	SNQJM4850A	450kW
2	热风炉	800×10^4kcal	30kW
3	喷浆造粒烘干机	$\phi4.25$m$\times14$m	160kW
4	冷却机	$\phi2.0$m$\times12$m	30kW
5	滚筒筛	$\phi1.6$m$\times6$m	15kW
6	尾气处理设备	$\phi1400$mm/$\phi1100$mm/ $\phi1800$mm$\times11500$mm	650kW

注：1kcal=4.1868kJ。

6.5.2.1 四效蒸发器

设备整个加热系统由于蒸汽加热均匀、料液为液膜式流动蒸发，所以具有产热效率高、加热时间短等主要特点。物料沿管内壁向下加速加压流动蒸发，适于黏度较大的料液蒸发浓缩。由于物料在每根管内成膜状蒸发，料液加热时间非常短，所以特别对食品蒸发浓缩非常有利，较大地保存了食品的营养成分。蒸发过程在真空作用下，既保证了物料的卫生要求，又保证了环保要求，同时大大降低了蒸发温度，加上配置热压泵，一部分二次蒸汽经热压泵重新吸入与生蒸汽混合，既节约了生蒸汽，同时又由于通过热压泵的蒸汽呈喷射雾状进入加热壳体，蒸汽迅速扩散，料液加热温和，所以适合热敏性物料浓缩。由于物料在加热管内成膜状蒸发，形成气液分离，同时在效体底部，料液大部分即被抽走，只有少部分料液与所有二次蒸汽进入分离器强化分离，料液整个过程没有形成太大冲击，避免了泡沫的形成，所以适用于发泡性物料蒸发浓缩。

6.5.2.2 热风炉

热风炉是热动力机械，于 20 世纪 70 年代末在我国开始广泛应用，它在许多行业已成为电热源和传统蒸汽动力热源的换代产品。热风炉品种多、系列全，以加煤方式分为手烧、机烧两种，以燃料种类分为煤、油、气炉等。

利用热风作为介质和载体可以更大地提高热利用率和热工作效果，传统电热源和蒸汽热动力在输送过程中往往配置多台循环风机，使之最终还是间接形成热风进行烘干或供暖操作。这种过程显然存在大量浪费能源及造成附属设备过多、工艺过程复杂等诸多缺点。而更大的问题是，这种热源对于那种需要较高温度干燥或烘烤作业的要求则束手无策。针对这些实际问题经过多年潜心研究，终于研制出深受国内外用户欢迎的 JDC 系列螺旋翅片管换热间接式热风炉和 JDC 系列高净化。

热风炉分为直接式高净化热风炉和间接式热风炉；按工作原理可分为蓄热式和换热式两种。

长期以来，各种各样的热风炉被应用在化工各行业中。下面举例说明几种热风炉在化工行业上的应用。

燃煤热风炉用于国内大多数化肥企业。以下介绍一种沸腾炉。该沸腾炉主要由主炉、布风系统、给煤和排渣系统 3 部分组成。沸腾炉的工作原理是将燃煤破碎到 8mm 的煤粒，经给煤机匀速送入炉膛布风板上，布风板与等压风箱连成整体，鼓风箱的高压风通过布风板上的众多风帽小孔射入炉膛，从各方面射入的风托起煤粒及炉料，煤粒间互相摩擦、碰撞，上下翻滚运动，在燃烧的炉膛内呈流化状态沸腾燃烧，由大到小直至燃尽为止。

6.5.2.3 喷浆造粒烘干机

喷浆造粒机是复合肥行业的关键设备之一，适用于冷、热造粒以及高、中低复混肥的大规模生产。

工作原理：熔融液体在高压泵的作用下进入特殊设计的雾化喷头，被雾化成细小的液滴，并与回转圆筒内的细小颗粒晶核相接触，液滴黏附在晶核表面，在高温干燥介质的作用下，迅速完成热质交换过程，颗粒增大，增大后的颗粒被筛分，细小的颗粒返回作为晶核，也有部分为粉状物料，也被返回作为晶核。

6.6 副产品生产过程的技术进步及未来发展

6.6.1 菌体蛋白

存在问题：杂质多，纯度低，产品有异味，颜色灰白，限制了使用范围。

优点：蛋白质含量（7%）高于玉米蛋白粉，属于动物蛋白，但价格远低于玉米蛋白粉。

6.6.2 复合肥

受来料组成影响，复合肥产品养分单一，各生产企业同质化严重，产品附加值低，产品处于亏损状态。受成本影响，产品 pH 值低，施肥范围受影响。技术匮乏，新产品少，各企业研发投入少。能耗大，可研发液体肥。但此种肥料的有机质含量较高，可有效改善土壤环境，可大力推广。利用地缘优势，发展液体肥。目前我国共有味精厂 200 家左右，年产味精 110×10^4 t。每生产 1t 味精要产生 $20 \sim 25$t 高浓度的有机废水，可从中提取干菌体蛋白 $200 \sim 250$kg。如果全国的味精厂都分离和回收废弃的菌体，每年就可以生产出含有粗蛋白 70% 左右的菌体蛋白约 22×10^4 t，可为我国开辟新的蛋白质资源，在一定程度上缓解我国蛋白质资源缺乏的状况。废液经分离菌体后，其中的悬浮物可去除 $85\% \sim 90\%$，COD_{Cr} 和 BOD_5 可下降 $40\% \sim 70\%$，减轻对环境的污染。菌体蛋白是废弃资源的综合利用，相对成本较低，经济效益突出，所以开发利用菌体蛋白具有广阔的应用前景。但是提取菌体蛋白的某些设备比较复杂，要有较大的投入，而且烘干过程中能源消耗也比较大。因此，需研究更有效的分离技术和更节能的干燥方法，寻找出一条投资较少、产出较多的技术方案，以进一步降低成本、节约能源。有机肥料肥效长，具有改良土壤作用，但不能满足高产作物的养分需要。化学肥料肥效快，但会因施用不当而引起土壤酸化、板结和有机质含量下降等问题。有机-无机复混肥料既有无机化肥肥效快的一面，又具备有机肥料改良土壤、肥效长的特点，是今后肥料发展的方向之一。但由于目前生产上所用的有机成分一般比较复杂，各种有机组分的效应还不太清楚，再加上对这些肥料的标准化、规模化生产的研究还不多，其应用试验还不太系统，致使效果不太稳定，有机营养肥料的应用还不太广泛。因此建议今后的工作重点应是：

① 研究如何获取物美价廉的有机质、有机原料简易成熟的处理（活化）技术、有机质与无机肥料（氮磷钾）的有效结合、有机-无机复混肥肥效作用机理等。

② 重视利用企业自身工程技术中心，积极推动有机-无机肥料的研发、工业化。

③ 实施精细化生产管理模式，根据各地区不同土壤性质以及海拔、气候等因素合理配肥、生产。

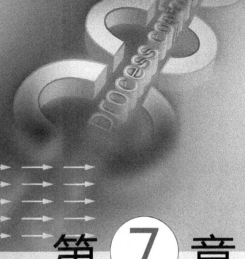

第 7 章

味精生产关键设备

7.1　淀粉糖生产关键设备

7.1.1　液化喷射器

液化喷射器普遍采用美国水热公司生产的水热器。具有以下特点：

7.1.1.1　稳定的高跨加热区压力降、较高的喷射器背压

水热器是由美国水热公司独立设计和生产的一种直接蒸汽加热设备，主要部件由三大内件组成，如图 7-1 所示。棒状连带顶部锥形的器件为棒针，剖面为"V"字形的部分为喷嘴，平行的长条形部件为协调管。其中棒针和协调管可以沿着轴向进行调节，喷嘴固定不动。

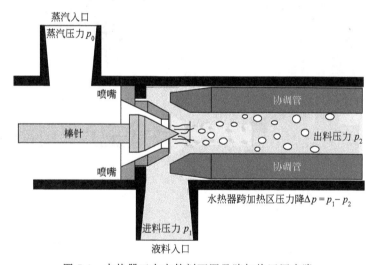

图 7-1　水热器三大内件剖面图及跨加热区压力降

蒸汽流由喷嘴流出。棒针沿着喷嘴轴心方向前、后移动可改变喷嘴截面积，控制蒸汽流的通量从而达到精确控温的效果。当满足 p_2（出料压力）$<p_0$（蒸汽压力）条件时，蒸汽遵循窒塞流态以音速进入加热区。

液料经由协调管喷嘴间隙流入加热区与蒸汽碰撞混合。协调管沿喷嘴轴心方向前后移动，改变协调管前沿与喷嘴间隙大小，在一定流量下，间隙的改变得以调整流速。这个现象可以测量水热器跨加热区压力降 $\Delta p = p_1$（进料压力）$- p_2$（出料压力）而衡量。水热器跨加热区压力降是液料通过水热器加热区的压损，也是汽液混合的动力来源。喷射器耐受背压的高低可以反映出喷射器的稳定性，耐受的背压越高，设备运行越稳定。在工艺要求高背压的前提下，如果采用背压耐受低的喷射器，将会引起强烈的设备、管道振动，使得设备损坏，生产无法持

续。水热器的设备精度高，背压耐受达到工艺需求。

7.1.1.2　快速的汽液混合

透过水热器，加热过程在相对极小的加热区完成。图 7-2 显示这个加热的过程非常短，汽液混合在小于 0.1s 内就完成，而且完全消除了汽锤震动，蒸汽能量几乎 100%转化给了浆料而不产生有破坏性的机械能和噪声。

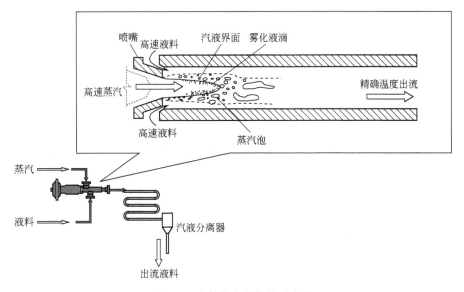

图 7-2　喷射器内部物料示意图

由于汽液混合完全、均匀，通过稳定的蒸汽压力以及精确的计量蒸汽喷嘴，基于水热器独有的高剪切力，即使黏度较高的淀粉浆料的出流温度波动也可以控制在 ±0.25℃ 范围内。相对一般喷射加热器，老化淀粉的产生与酶活的流失也降到最低。

正因为不浪费蒸汽和产生有破坏性的机械能，同时还能对高黏淀粉浆料产生控温精准的效果，因此水热器在淀粉深加工行业得到了广泛的应用。

7.1.1.3　适合高浓蒸煮

淀粉的水解反应只需要与占淀粉重量 10% 的水即可完成。淀粉浆料中其余的水分的作用是降低黏度，提供浆料的流动性，方便反应的完成。付出的代价是满足了糊化、水解基本需求之外的水分占据了设备处理能力，提高处理成本。因此，节能降耗是提高浆料浓度的重大诱因。

但现实问题是蒸煮浓度提升后，糖液质量会下降（DX 值下降，过滤难度增大等）。普通喷枪处理淀粉浆的浓度上限为 16～17.2°Bé，提升到 18°Bé 后 DX 值降低等问题无法克服。以水热器蒸煮，浓度高达 21.5°Bé 时各项指标依然优越。

7.1.1.4 提升酶活

压力降表征了水热器剪切力的大小。水热器的压力降可以调控蒸煮液化的诸多指标，如可以影响闪蒸液黏度、液化液絮凝、酶活的发挥、液化液过滤速度及透光等。

相同工艺条件下（包括酶制剂剂量）压力降大对应的液化液 DE 值发展速度快，相当于可节省酶剂量约 15%。

7.1.1.5 低闪蒸液黏度和改善絮凝、降低过滤难度

蒸煮糊化环节对闪蒸液黏度和液化絮凝效果起重要的作用，而水热器跨加热区压力降可以调控蒸煮效果，因此优化压力降后可以有效降低闪蒸液的黏度和改善液化液絮凝效果，从而降低糖化液过滤难度。

先进喷射蒸煮器在加热区以强力搅拌功能完成汽、料混合，产生不含气泡、准温的热料，液料在加热区停留时间小于 0.1s 就完成了整个加热过程。

7.1.2 糖化罐

目前，生产味精的企业，味精的产量都在 10 万吨/年以上，所以淀粉糖用量也很大，糖化罐普遍都已大型化，容积 300～500m³/台。

糖化罐（图 7-3）其结构为圆筒、平盖、坡底（5°坡底）。其中罐体一般采用不锈钢制造，坡底直接坐落在混凝土基础上。罐内配置侧搅拌，配置功率：0.025～0.026kW/m³，耗电 0.023～0.025kW/(m³·h)，耗电量低。

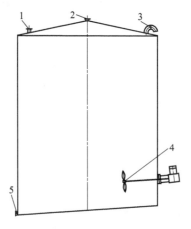

图 7-3 糖化罐简图

1—液化液进管口；2—洗水管口；3—放空管口；4—糖化罐侧搅拌；5—糖液出料管口

7.1.3 液化闪蒸蒸汽热量回收系统

液化闪蒸蒸汽约占糖化产量的 0.29 倍，而在发酵过程中，糖液总量的 90％需要被浓缩，用于发酵流加糖，其蒸发量为糖总量的 1.2～1.25 倍。采用热泵压缩四效蒸发器，蒸汽耗量为 0.2t 蒸汽/t 水，故蒸发需用蒸汽为糖液总量（纯糖）的 0.24～0.25 倍。如果采用单效降膜蒸发器回收液化闪蒸汽，蒸发器可蒸发水为糖总量的 0.29 倍，需要四效蒸发器蒸发的水量为 0.91～0.96 倍糖总量，节约蒸发蒸汽为总糖量的 5.8％，蒸发过程蒸汽节约比例 23％～24％。见图 7-4。

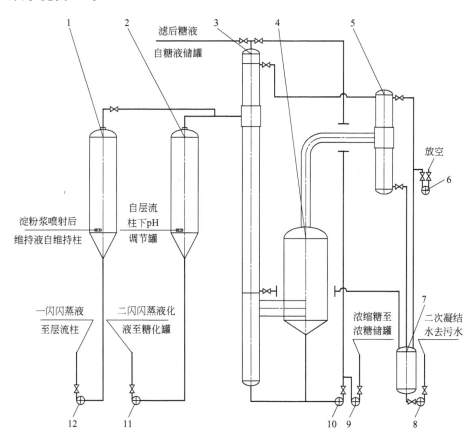

图 7-4 液化闪蒸蒸汽回收流程简图

1—液化一次闪蒸罐；2—液化二次闪蒸罐；3—糖液浓缩加热器；4—糖液浓缩蒸发室；

5——、二闪蒸汽冷凝器；6——、二闪真空泵；7—二次冷凝水罐；

8—二次冷凝水排水泵；9—浓糖出料泵；10—浓缩糖循环泵；

11—二闪出料泵；12——闪出料泵

7.2　谷氨酸发酵关键设备

7.2.1　发酵罐

目前，各企业的发酵罐都已大型化，发酵罐的容积 $560 \sim 1000 m^3$，现在采用比较多的是 $720 m^3$（全容积 $790 m^3$）发酵罐，发酵罐简图如图 7-5 所示。

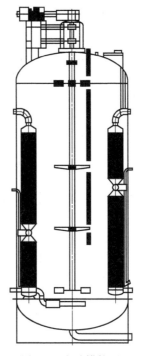

图 7-5　发酵罐简图

7.2.1.1　罐体

发酵罐灭菌压力 0.25MPa，属于一类压力容器范畴，必须按 GB 150—1998《钢制压力容器》有关规定进行设计和制造，发酵罐多数采用不锈钢材质，上下封头采用标准椭圆封头。

7.2.1.2　冷却装置

受菌种、发酵罐容积大型化影响，发酵过程的放热量很大，且发酵培养基内营养物添加量大幅度增加，达到 10 倍以上。为满足传热需求，发酵罐传热面配置为 1.6～2.4 倍发酵罐容积。在考虑防止染菌、防止营养物在罐内构件物上堆积、提高传热效果、维修性，以及灭菌、搅拌、除垢等对传热面造成的机械与化学损伤等条件下，罐内传热面采用列管式换热或小盘管式换热方式。与列管式换热面比较，小盘管换热面具有如下特点：管内循环水流速高，传热系数是列管的 1.3～1.45 倍，传热面积位列管的 0.75～0.8 倍，不产生结垢，基本不产生灭菌、搅拌、除垢等对传热面造成的机械与化学损伤，可有效防止因设备导致的染菌问题。

7.2.1.3 发酵罐搅拌

由于发酵罐体积大型化，而下搅拌打碎气泡只能起到局部溶氧提高的效果，所以提高总体发酵溶氧主要以发酵液大循环为主。发酵罐下搅拌采用打碎气泡、持气能力强、功率准数 2.3～2.4 的 HEDT-6 搅拌（深凹六叶涡轮搅拌），特点是气体分散能力极强，是传统涡轮桨的 6 倍。在大通气量情况下搅拌不会出现汽泛，功率消耗受通气量变化影响小，叶端圆周速度 11～12m/s。上面几挡搅拌采用 CBY-3 桨叶，特点是排液量大，适合深液层，确保大容积发酵罐所需的大流量物料循环要求。下挡打碎气泡搅拌功率为发酵罐总功率输入的 0.6～0.7 倍，上面几挡物料循环搅拌功率为发酵罐总功率输入的 0.3～0.4 倍。搅拌直径：发酵罐直径＝（0.32～0.33）：1。与涡轮搅拌比，发酵罐持气能力提高 10%～15%，压缩空气耗量降低 25%～29%。发酵通最大风量：初定容：通风量（m^3/min，体积比）＝1：（0.57～0.58）。

7.2.1.4 发酵罐传动装置

发酵罐采用齿轮减速机传动，具有保证搅拌转数、不产生丢转、发酵罐轴封不易损坏、确保发酵不产生轴封泄漏染菌等特点。

7.2.1.5 搅拌转数

搅拌转数可调，变频控制搅拌转数。

7.2.1.6 发酵罐轴封

发酵罐轴封采用单端面机械密封。具有密封性好、灭菌效果好、不存在填料导致的染菌现象等特点。

7.2.1.7 发酵罐支撑

发酵罐支撑采用裙座支撑。

7.2.2 发酵用空压机

由于味精行业生产的大型化，发酵空压机也大多采用一级离心式压缩机，较常用的单机供风量为 320m^3/min，供风压力 0.35～0.4MPa。

7.3   谷氨酸提取关键设备

7.3.1   发酵液蒸发器

发酵液蒸发采用热泵压缩四效降膜蒸发器（图 7-6）。采用顺流进料的方式，蒸发最高温度≤79℃，蒸汽消耗 0.2t/t 水。蒸发器材质采用不锈钢材质。发酵液由含量 17.5g/dL 浓缩至 36g/dL。蒸发能力按照单台发酵罐放料量蒸发时间≤5h 确定，防止蒸发时间过长导致的腐败、掉酸产生。

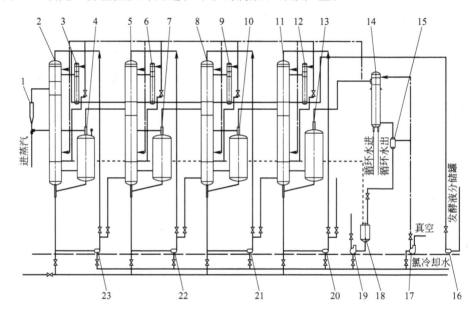

图 7-6   蒸发器流程简图

1—蒸汽压缩热泵；2,5,8,11—1 至 4 效加热器；3,6,9,12—1 至 4 效预热器；4,7,10,13—1 至 4 效分离器；
14—二次蒸汽冷却器；15—汽水分离器；16—发酵液进料泵；17—真空泵；18—二次凝结水罐；
19—二次凝结水泵；20—4 效循环出料泵；21,22,23—3 至 1 效循环效间泵

7.3.2   等电罐

等电罐（图 7-7）是提取谷氨酸的主要设备。其结构为圆筒、平盖、锥底。罐体一般采用碳钢衬胶或不锈钢制造。由于提取谷氨酸过程是酸碱中和、结晶反应，过程需要传质、传热，因此罐内需设置搅拌及立式蛇管换热器。采用等电离交工艺提取谷氨酸时，一般为一台发酵罐配套两台等电罐。两台等电罐总装料能力为单台发酵罐放罐体积加对应回收的母液离交高流份体积以及中和所用酸体积

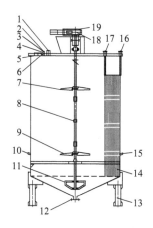

图 7-7 等电罐简图

1—等电罐放空管口；2—发酵浓缩液管口；3—水解液管口；4—硫酸管口；5—液位计接口；

6—晶种投放口；7—上挡搅拌（CBY）；8—上中挡搅拌（CBY）；9—下中挡搅拌（CBY）；

10—温度计插口；11—底搅拌（框式）；12—等电中和液出料管口；13—支座；

14—等电罐换热器；15—pH 计插口；16—冷却水出管口；17—冷却水进管口；

18—搅拌减速机；19—搅拌电机

之和，总体积约为发酵罐放罐体积的 1.7～2 倍，等电罐径高比 1:（1.6～1.7）。

在发酵提高产酸后，提取谷氨酸采用浓缩连续等电工艺。等电罐已经无需前面的配套方式，连续等电的等电罐分为母罐及降温罐，发酵浓缩液与水解液在母罐中进行连续流加等电中和且维持母罐液为连续出料，其中连续等电的母罐有效容积配套为：母罐有效容积：浓缩液流加流量＝1:（0.02～0.03），母罐采用多台并联使用，根据浓缩液流量以及中和质量的变化，适当增减开启的母罐台数。

降温罐结构与母罐相同，母罐内的中和液降温罐后，在降温罐内调整中和 pH 后开始降温至工艺控制温度，一般终温降至 12～15℃。

等电罐搅拌用齿轮减速机传动，采用 CBY 桨，循环流量大、结晶悬浮效果高，搅拌功率输入：0.06～0.065kW/（m³·h），比普通折叶搅拌节电 10%。搅拌转数 15～20r/min，叶端速度 3～5m/s。

由于连续等电采用卧式离心机连续分离，谷氨酸结晶不需要在罐内沉降，因此罐的直径与桶体高度根据厂区面积确定即可，罐桶体可适当增高。罐地锥度为：≤120°。

等电罐传热面积为罐容积的 0.8～1 倍。安装方式：立式蛇管。材质：不锈钢。

等电罐采用腿式或裙座支撑。

7.3.3 卧螺离心机

卧螺离心机是分离等电谷氨酸结晶的关键设备。由于发酵液浓缩后，中和母液的密度增加到 1.11～1.15g/L，结晶与母液的密度差缩小，母液黏度增加，结晶在中和液内沉降效果变差，故分离只能采用分离因数更高的沉降离心机。

等电谷氨酸分离采用的是 LW520B-L 型逆流卧式螺旋卸料沉降离心机（简称卧螺离心机），主机由柱-锥转鼓、螺旋卸料器、差速器、轴承座、机座、机罩、主副电机及电器系统构成。其工作原理是：悬浮液经进料管和螺旋出料口进入转鼓，在高速旋转产生的离心力作用下，密度较大的固相颗粒沉积在转鼓内壁上，与转鼓做相对运动的螺旋叶片不断地将沉积在转鼓内壁上的固相颗粒刮下，螺旋推料器将刮下的固相颗粒推向转鼓锥段进行脱水后推出排渣口，分离后的清液经液层板溢流流出转鼓。螺旋与转鼓之间的相对运动，也就是差转速（Δn），是通过差速器来实现的，其大小由主、副电机同时控制。主电机借助皮带使转鼓旋转，转鼓与差速器的外壳相连接（即转鼓转速，n_1），输入轴通过联轴器与副电机相连接（即转臂转速，n_2），输出轴与螺旋体相连接。使差速器能按一定的速比将扭矩传递给螺旋，从而实现了离心机对物料的连续分离过程。离心机具备优良的密封性能，处于全密封状态下工作，使得环境清洁干净。

LW520B-L 型卧螺离心机（图 7-8）的主要参数及其设计：卧螺离心机的主要参数有转鼓直径 D、转鼓转速 n 和分离因素 F_r、长径比 i、锥段半锥角 A、转鼓出料口形状、螺旋结构、差速器和差转速、电机功率等。

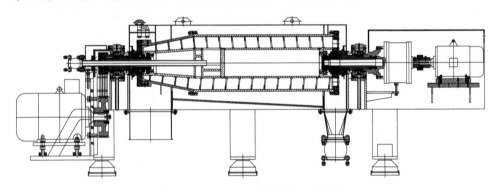

图 7-8 LW520B-L 型卧螺离心机简图

转鼓直径一般决定了卧螺离心机的产能，LW520B-L 型卧螺离心机转鼓直径为 520mm。分离因素 $F_r = 1.12 \times 10^{-3}(D/2)n^2$，转鼓转速取决于固液体分离的难易程度，一般固液相密度差越小，需要的分离转速和分离因数就越大，分离因数≥995。长径比 i，即转鼓的长度跟转鼓直径的比值（$i = L/D$），影响物料在转鼓的分离时间，长径比越大液相中固体的回收率就越高。转鼓出料口的形状为适合谷氨酸的浓度比较高的圆弧无死角出料。锥段不同的锥半角，就有不同的沉降面积、脱水区的长度和物料推料的爬坡的难易程度，根据谷氨酸晶体的性质选择锥半角为 11°。

等电谷氨酸中和液特性：温度为 8~15℃，谷氨酸结晶颗粒密度为 1.538g/cm³，粒径大小不均匀的，物料浓度为 35%~50%。根据谷氨酸容易分离、密度大、浓度高、推料扭矩大的特点，为提高产能，采用大螺距结构，在接近锥段和锥段螺旋叶片的螺距逐渐变大，转鼓长径比为 4。分离机处理能力：14~15m³/h，比传统机型提高 40%~50%。

7.3.4 转晶罐

转晶罐（图 7-9）是提高提取谷氨酸质量的主要设备。其结构为圆筒、平盖、锥底，罐体一般采用不锈钢制造。由于谷氨酸转晶过程是由 α-谷氨酸结晶转变为 β-谷氨酸结晶，故需要传质过程，所以罐内需要设置搅拌。罐底搅拌多采用平叶 W 形搅拌，其余搅拌采用 45°折叶形桨叶，叶端速度 3~4m/s，罐内配置 4 块挡板，转晶罐采用 2~3 台串联方式，由罐体下部进料上溢流出料，罐体采用腿式支撑。

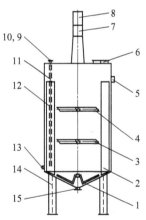

图 7-9　转晶罐简图

1—W 形下搅拌；2—挡板；3,4—上、中挡折叶搅拌；5—转晶晶浆溢流出料口；6—人孔；
7—搅拌减速机；8—搅拌电机；9—α 型结晶进管口；10—加热蒸汽进管口；11—加热
蒸汽管；12—α 型结晶进管；13—温度计插口；14—加热 α 型结晶
晶浆进管口；15—支座

7.3.5 转晶母液蒸发器

转晶母液蒸发器采用 4 效蒸发器。为提高转晶母液浓缩液含量，一效采用外循环蒸发器，二、三、四效采用降膜蒸发器，进料方式为逆流进料。最高效温度≤80℃。蒸汽消耗 0.3t 蒸汽/t 水。一效凝结水回收至锅炉，二次凝结水至污水站处理。

7.4　中和脱色关键设备

7.4.1　中和罐

中和脱色罐（图 7-10）采用圆筒、平盖、坡底结构，罐体采用不锈钢材质，罐内配置搅拌。

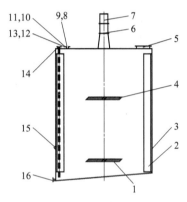

图 7-10　中和脱色罐简图

1,4—搅拌；2—挡板；3—温度计插口；5—人孔；6—搅拌减速机；7—搅拌电机；8—β 型晶浆进管口；9—脱盐水进管口；10—稀释活性炭水进管口；11—液碱/纯碱进管口；12—液位计接口；13—进料管口；14—加热蒸汽进管口；15—pH 计插口；16—中和液出管口

7.4.2　板框过滤机

活性炭脱色板框过滤机采用明流箱式过滤机，防腐型、机械压紧，常用过滤面积 100～200m²。

7.4.3　颗粒炭柱

颗粒炭柱（图 7-11）采用碳钢衬胶制造，上下标准椭圆封头，炭柱采用腿式支撑，炭柱内颗粒炭填装层高度≤5m。

7.4.4　洗炭水纳滤系统

由于活性炭脱色后的回收洗炭水中存留有大量的色素，这部分色素再采用活

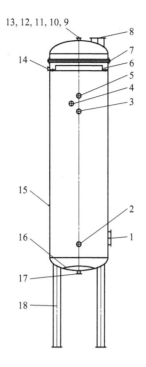

图 7-11 颗粒炭柱简图

1—人孔；2,3,4,5—视镜；6—颗粒炭截留堰；7—封头法兰；8—人孔；9—液位计插口；
10—滤液进管口；11—脱盐水、洗柱水进管口；12—稀盐酸进管口；
13—稀碱进管口；14—反洗排水管口；15—温度计插口；16—进、
排液分配盘；17—脱色液出管口；18—支座

性炭很难去除，故采用耐高温纳滤膜，过滤洗炭水，滤除炭水中色素。浓缩倍数 10~12 倍，滤前透光 40%~60%，过滤清液透光 ≥92%，过滤温度 60~70℃。洗炭水纳滤系统如图 7-12。

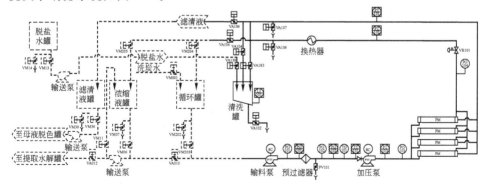

图 7-12 纳滤流程图

7.4.5 母液脱色液蒸发器

母液脱色液蒸发器采用 4 效降膜蒸发器，顺流进料，高温效蒸发温度 ≤79℃。

7.5 精制关键设备

7.5.1 间断结晶罐

考虑到结晶过程罐内物料层高度导致的沸点升高，为控制结晶温度≤70℃，较大型间断结晶罐（图 7-13）采用较大的直径，较小的桶体高度，一般径高比 1.2~1.4。结晶罐加热室在考虑结晶循环顺畅的前提下，尽量降低加热式安装高度，缩短前期浓缩时间，前期浓缩前进料体积为结晶罐体积的 30%~33%，保持加热室浸入物料内部。结晶罐最大装料量液层高度控制距桶体上折边 0.5~

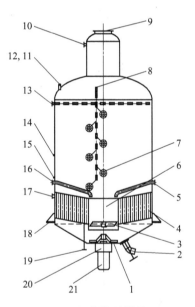

图 7-13 间断结晶罐简图

1—放料搅拌；2—结晶罐放料阀；3—结晶罐循环搅拌；4—结晶罐加热器；5—晶种管口；
6—加热室中央循环管；7—结晶罐视镜；8—视经冲洗水管口；9—二次蒸汽出口；
10—分离器冲洗水管口；11—压力表插口；12—放空管口；13—上流加管口；
14—上温度计插口；15—下温度计插口；16—下流加管口；17—结晶罐
加热室进蒸汽管口；18—支座；19—结晶罐加热室二次凝结水出管口；
20—结晶罐减速机；21—结晶罐搅拌电机

0.8m，控制蒸发结晶过程逃液。结晶罐循环搅拌循环量按照结晶悬浮速度0.085~0.13m/s考虑，悬浮速度与期望生产结晶粒度成正比，根据循环量确定循环搅拌直径，推进式轴流搅拌。结晶罐采用变频控制搅拌转数，根据不同时期结晶的需要控制搅拌转数，控制循环量。传动方式为齿轮减速机底装。结晶罐轴密封采用双端面机械密封。加热室加热循环管采用直径80~100mm短管，中央循环管直径根据循环量确定。

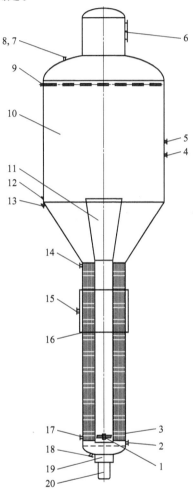

图 7-14　一效连续结晶器简图

1—结晶器循环搅拌；2—效间进料管口；3—加热室加热管；4—分离回流管口；5—进料
管口；6—二次蒸汽出管口；7—真空检测插口；8—放空管口；9—洗罐水进管口；
10—结晶器蒸发、结晶室；11—中央循环管；12—温度检测插口；13—分离出料
管口；14—不凝气排管口；15——次加热蒸汽进管口；16—结晶器加热室；
17——次凝结水出管口；18—停车排料管口；19—搅拌减速机；20—搅拌电机

7.5.2　连续结晶罐

连续结晶罐有一效连续结晶罐（图 7-14）和二效连续结晶罐（图 7-15）。

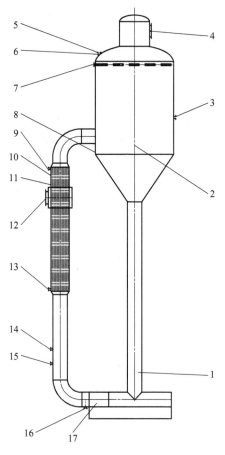

图 7-15　二效连续结晶器简图

1—循环管；2—结晶器蒸发、结晶室；3—上进料管口；4—二次蒸汽出管口；5—真空检测插口；
6—放空管口；7—洗罐水进管口；8—温度检测插口；9—不凝气排管口；10—加热室加热管；
11—结晶器加热室；12—加热蒸汽进管口；13—加热凝结水排管口；14—下进料管口；
15—效间出料管口；16—停车排料管口；17—蒸发循环泵

7.5.2.1　一效连续结晶罐的特点

（1）一效结晶器为内循环结晶器，加热管直径 25～32mm，考虑连续结晶导致的结垢问题，加热罐内物料流速 1～1.7m/s。循环量由加热管总截面面积确定，加热管采用长管。

（2）一效结晶器出料管位置根据所需生产的主结晶粒度，在该结晶富集区的罐壁开口。

（3）一效结晶器加热面积根据所需一效蒸发量确定。

（4）一效结晶器主进料口配置在加热室下面，进料后直接进入加热循环状态，结晶罐上部配置辅助进料口。

（5）由于一效结晶器为连续生产，生产周期很长，防止罐内结垢是结晶器是否可以正常运转的主要因素。装料量根据所需生产主结晶粒度的生长时间确定，结晶液面上需留高度3～4m，蒸发器结晶室内二次蒸汽截面流速0.5～1m/s，根据流速确定蒸发结晶室直径，避免流速过快导致二次蒸汽中的物料夹带，防止物料在罐体上部结垢。

（6）一效结晶器底部设置排料管口。

（7）一效结晶器下循环搅拌轴密封双端面机械密封。

7.5.2.2 二效连续结晶罐的特点

（1）二效连续结晶器采用外循环浓缩结晶器。

（2）加热面积根据所需蒸发量确定。

（3）加热循环管内物料流速1～1.7m/s，循环管直径25～32mm。根据加热循环管总截面积确定外循环量。

（4）二效进料管设置在蒸发室侧壁。

（5）二效结晶器底部设置排料管口。

（6）蒸发室直径确定方法同上。

7.5.3 助晶槽

助晶槽（图7-16）是供由结晶罐放出的结晶液去分离的中间储存设备，为

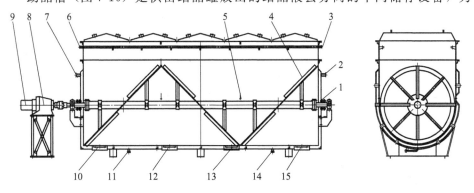

图7-16 助晶槽简图

1—助晶槽双端面机械密封；2,7—保温水排管口；3,6—调浓度水进管口；
4—助晶槽搅拌；5—温度检测插口；8—搅拌减速机；9—搅拌电机；
10,12,13,15—排料管口；11,14—保温水进管口

防止母液浓度过高，分离过程温度降低导致洗出新的小结晶，在助晶槽内需要加入部分整晶水调整母液浓度至适合分离需求，并且助晶槽设置有保温夹层，通入保温热水，防止过程温度降低，导致新结晶析出、母液浓度不可控。

（1）助晶槽配置螺带式搅拌，搅拌与槽体间隙 10～30mm。

（2）助晶槽轴封采用双端面结晶密封，防止填料进入物料。

（3）助晶槽多为 U 形结构，槽体、轴采用不锈钢制造。

（4）助晶槽容积根据间断结晶罐放料体积，考虑整晶加水后配套。

（5）连续结晶助晶槽，通过连续结晶出料至分离间所需停留时间，根据连续结晶出料流量配套。

7.5.4 味精分离机

立式平板下卸料离心机 LGZ，分离机直径 1250～1300mm。分离机根据设置自动进料、分离、洗涤、卸料，根据分离不同粒度结晶，调整确定进料、分离、洗涤时间设置，确保获得合适的分离结晶水分含量。

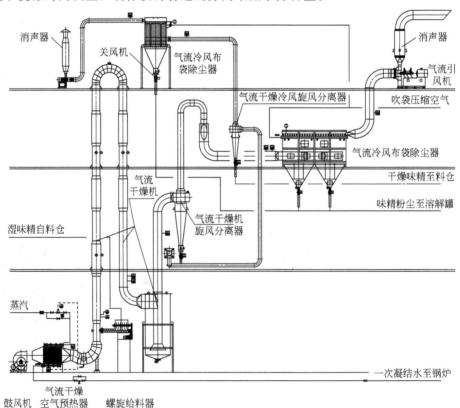

图 7-17 气流干燥机流程

7.5.5 振动流化床干燥机

振动流化床干燥机由进风过滤系统、加热冷却系统、主机、分离除尘系统、出料系统、排风系统、控制系统等组成。工作时，将物料加入振动流化床干燥机干燥室，物料在干燥室中与热风、冷风相遇，形成流化态，进行传热、传质，完成干燥并冷却，少量物料细粉被风夹带，进入布袋除尘器，被捕集被回收，湿空气排空。

振动流化床干燥机用于大颗粒味精的干燥，热风完成结晶干燥过程，干燥后的热味精通过冷风降温后重力排出干燥机，进入筛分机。干燥机产量 3～4t/h，干燥机宽度 2.2～2.5m。

7.5.6 气流干燥机

气流干燥机（图 7-17）用于小颗粒连续结晶味精的干燥。干燥机出料采用旋风除尘器沉降出料，干燥剂除尘器后配有冷风冷却旋风除尘系统，热结晶通过

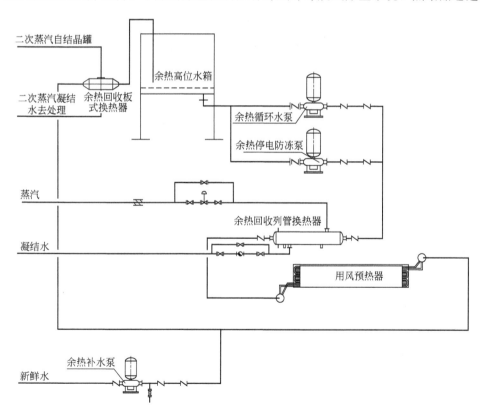

图 7-18 结晶罐余热回收流程图

冷风冷却后，经冷风除尘器沉降分离至料仓。进入干燥、冷却尾风中的粉体味精采用旋风除尘、布袋除尘收集粉尘后进入溶解罐返至脱色回用。

7.5.7 结晶罐余热回收系统

采用板式换热器通过水循环回收结晶罐二次蒸汽热量，即结晶罐余热回收系统（图 7-18）。所得热水通过循环泵循环预热振动流化床干燥机进风，降低干燥蒸汽消耗，减少结晶过程冷却循环水循环量。降低干燥蒸汽消耗 20％～30％。

7.6 菌体蛋白关键设备

菌体蛋白的干燥采用旋转闪蒸干燥机（图 7-19）完成。板框过滤后的湿菌体进入干燥机干燥。干燥机系统由加热系统、破碎系统、加料系统、主机干燥分级系统、收料系统、控制系统和风机等组成。工作时，湿物料由螺旋加料器送入干燥室，物料在干燥室中与高速旋转的热风相遇，细粉状物料被热风带着向干燥室上端移动，不能带走的物料落在干燥室底部，被底部的粉碎装置打碎，物料被迅速分散，物料与热风的接触面积迅速增大。在离心力的作用下（顶部有分级装置），达到干燥程度和一定细度的产品被吹出分级装置，物料在此过程中得到快速干燥。然后进入旋风分离器。在离心力的作用下，物料沿筒壁沉降，直至下端的出料口。未被旋风分离器分离的细粉进入脉冲布袋除尘器，由风机风送至料仓，进入包装。味精行业常用的闪蒸干燥机直径 1600～1800mm，干燥能力 1～2t/h。

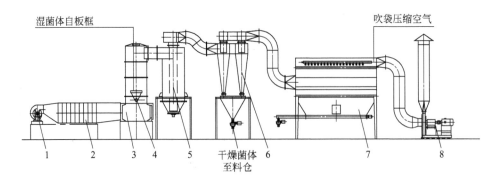

图 7-19 闪蒸干燥流程

1—鼓风机；2—干燥机空气加热器；3—主干燥机；4—螺旋加料器；5—旋流干燥器；

6—旋风分离器；7—布袋除尘器；8—引风机

7.7 复合肥关键设备

7.7.1 复合肥生产工艺流程

复合肥生产工艺流程见图 7-20。

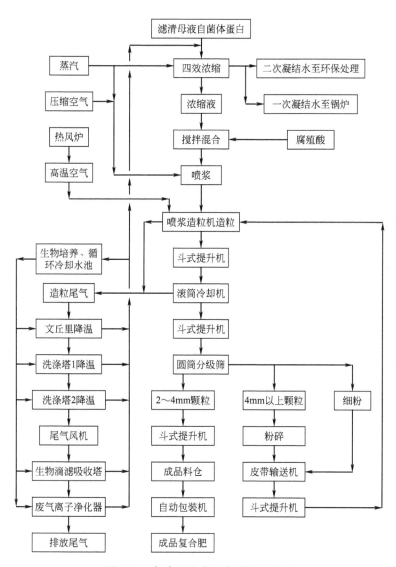

图 7-20 复合肥生产工艺流程示意图

7.7.2　尾气处理系统

谷氨酸提取母液中含有大量的硫酸铵，且 COD 很高，环保直接处理困难。母液处理需要采用浓缩（图 7-21），浓缩液喷浆造粒生产有机复合肥（图 7-22），浓缩二次凝结水，干燥尾气经处理后达标排放。

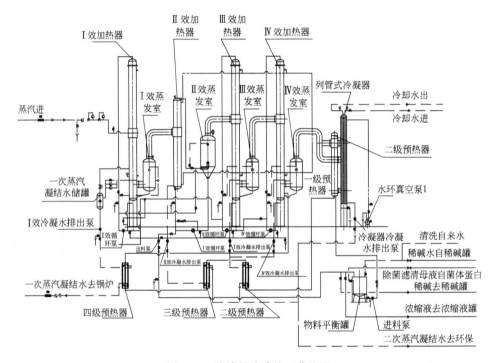

图 7-21　滤清母液浓缩工艺流程

喷浆造粒过程中，谷氨酸尾液经浓缩后喷入转窑经过高温气体干燥成型产出产品。该工艺生产过程废液中的大量水分在高温、热风作用下蒸发而形成水蒸气，并伴随着物料中其他物质产生了一种具有气溶胶性质的异味气体。主要成分为：烷烃类化合物 31 个，烯烃类化合物 3 个，芳香族类化合物 19 个，酯类化合物 9 个，酮类化合物 1 个，醛类化合物 1 个，醇类化合物 2 个，有机酸类化合物 1 个。根据化学性质，以上组分大多具有气味。

由于气溶胶颗粒表现油滴性质，常规物理化学方法（水洗）不能将其去除，大量的异味胶凝气体随烟囱排入大气中形成了一条难以消散的烟带。

为处理造粒尾气采用了"生物滴滤吸收、转化分解；离子分离除胶；电晕活化除湿技术"。即尾气通过离子分离除胶、电晕活化除湿捕集的 COD 200000～300000mg/L 的高浓度呈异味废液通过微生物、生物降解，最终转化为无毒、无害的 CO_2 和 H_2O 等，达到净化的目的。

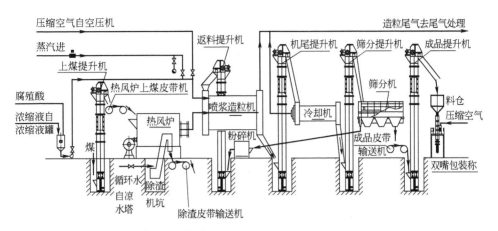

图 7-22　复合肥喷浆造粒工艺流程简图

7.7.3　尾气处理基本工艺流程

尾气治理方案整套工艺核心为 3 大部分：冷却降温塔、生物滴滤塔、离子净化器。废气离子净化器是徐风环保公司的特有技术，是一种新型的气体净化设备，属电除雾器改进型，该系统可以有效地转化气体中的有害成分，通过特种电源，电晕、电离尾气中悬浮分子使它们迅速沉积在电极的另一侧，释放电荷后捕集下来，生物滴滤塔在原有的生物洗涤塔的基础上改进，利用筛选的高效复合除臭菌种，将有害气体及离子净化器捕集液转化为无害的 CO_2 和 H_2O。

喷浆造粒机尾气，首先进入一级喷淋除尘文氏管洗涤器，气体自上而下高速进入，60℃ 原浆洗涤液通过喷嘴自上而下在洗涤器中与烟气相碰撞，进行传热传质过程，从而达到除尘和降温的目的，将尾气中大量的粉尘捕集下来并将尾气冷却到 70℃；除尘后的尾气进入二级空塔洗涤器利用 56℃ 原浆冷却液将尾气中的潜热交换出来并将尾气冷却到 68℃（此液经喷淋冷却后循环使用）；经二级空塔洗涤器处理后的尾气再次进入三级喷淋系统，50℃ 原浆冷却液将尾气冷却到 55℃ 以下（此液经一段时间循环后补充低温液并送一部分到调液工段使用），气体经过三次洗涤降温和吸收，部分二氧化硫和溶于水的气态污染物去除。较干净的气体通过风机送入生物塔生物降温洗涤段用 40℃ 低浓度生物液将尾气冷却到 45℃ 以下（此段生物液经喷淋冷却塔冷却后循环使用）；然后进入生物滴滤吸收段与塔内附着高效除臭菌的填料层进行多级交换，吸收分解尾气中的有害物质，除掉气体中大部分 VOCs，消除或减轻气体异味除去后进入废气离子净化器，除去尾气中的气凝胶经液气分离后排放。单套工业工程工艺流程见图 7-23。

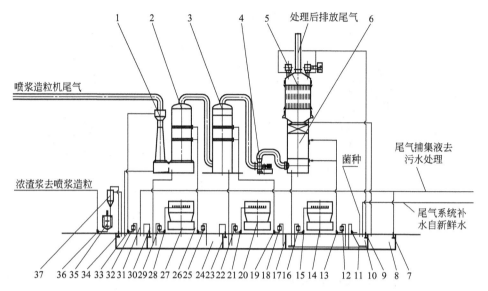

图 7-23　降温喷淋除尘-生物除味-离子净化组合工艺流程

1—文丘里降温洗涤器；2—降温洗涤塔 1；3—降温洗涤塔 2；4—尾气风机；5—废气离子净化器；
6—生物滴滤吸收塔；7—捕集冷凝液排水泵；8—冷凝液回收池；9—清洗液下泵；10—生物液
供给池；11—曝气风机；12,16,18,22,25,29,32—真空罐；13—生物液循环泵；14—喷雾
冷却塔 3；15—喷雾冷却塔 3 循环泵；17—降温洗涤塔 2 循环液池；19—降温洗涤塔 2
循环泵；20—喷雾冷却塔 2；21—喷雾冷却塔 2 循环泵；23,30,34—排渣泵；
24—降温洗涤塔 1 循环液池；26—降温洗涤塔 1 循环泵；27—喷雾冷却塔 1；
28—喷雾冷却塔 1 循环泵；31—文丘里降温洗涤器循环液池；33—文丘里
循环泵；35—渣浆罐；36—渣浆泵；37—沉降器

7.7.4　造粒机尾气参数

烟气主要成分：	SO_2、烟尘、水蒸气、空气和少量有气味的有机物
烟气温度：	110～130℃
水蒸气含量：	40%～50%
烟气冷凝液 pH 值：	4.7～5.5
烟气尘浓度：	100g/m³（烘干炉出口）
NH_3：	20～50mg/m³
VOC：	30～40mg/L 以上
烟气密度：	1.112kg/m³

7.7.5　净化烟气出口指标

净化烟气温度：　　　　　　　约 45℃

VOC 去除率：　　　　　　　85%

粉尘去除率：　　　　　　　90%

7.7.6　主要设备及技术说明

（1）一级文氏管洗涤器

设备名称：　　　　　　　　一级文氏管洗涤器

材质：　　　　　　　　　　不锈钢316L FRP

规格型号：　　　　　　　　$\phi 1400mm/\phi 1100mm/\phi 1800mm \times 11500mm$

用途：　　　　　　　　　　除尘、降温、吸收

进口烟气：　　　　　　　　$90000m^3/h$

进口烟气温度：　　　　　　约130℃

进口压力：　　　　　　　　$-800Pa$

颗粒物进口浓度：　　　　　约$100g/m^3$

颗粒物出口浓度：　　　　　约$15g/m^3$

除尘效率：　　　　　　　　85%

出口烟气温度：　　　　　　约70℃

喷淋液进口温度：　　　　　约55℃

一级文氏管洗涤器喷淋量：　$80m^3/h$

设备压力降：　　　　　　　950Pa

设备说明：该设备为一级喷淋洗涤器，气体自下而上进入洗涤器，洗涤液通过喷嘴自上而下在洗涤器中与烟气相碰撞，进行绝热蒸发迅速将气温冷却到70℃左右（喷淋液独立循环提浓后进入喷浆造粒，缺量适当从三级循环液中补充），从而达到除尘和降温的目的。

（2）一级空心塔

设备名称：　　　　　　　　一级空心塔

材质：　　　　　　　　　　FRP

规格型号：　　　　　　　　$\phi 3400mm$，$H=8800mm$

用途：　　　　　　　　　　烟气除尘、降温

进口烟气：　　　　　　　　约$91857m^3/h$

进口压力：　　　　　　　　$-1800Pa$

烟气进口温度：　　　　　　约70℃

喷淋液进口温度：　　　　　约40℃

喷淋液出口温度：　　　　　约48℃

喷淋量：　　　　　　　　　$160m^3/h$

颗粒物进口浓度：　　　约 15g/m³

颗粒物出口浓度：　　　约 2.25g/m³

烟气出口温度：　　　　约 55℃

设备压力降：　　　　　300Pa

设备说明：该设备为一级空心塔，气体自下而上进入洗涤器利用 40℃冷却液将尾气中的潜热交换出来并将尾气冷却到 55℃（此液经喷淋冷却冷却后循环使用）。

（3）二级空心洗涤塔

设备名称：　　　　　　二级空心洗涤塔

规格型号：　　　　　　$\phi 4200mm \times 12500mm$

用途：　　　　　　　　烟气除尘、降温

进口烟气：　　　　　　约 91857m³/h

进口压力：　　　　　　约 2420Pa

烟气进口温度：　　　　约 55℃

喷淋液进口温度：　　　约 38℃

喷淋液出口温度：　　　约 43℃

喷淋量：　　　　　　　240m³/h

烟气出口温度：　　　　约 45℃

设备压力降：　　　　　500Pa

数量：　　　　　　　　1 台

设备说明：该设备为二级喷淋空心洗涤塔，气体自下而上进入洗涤器，38℃冷却液将尾气冷却到 45℃以下（此液经喷淋冷却冷却后循环使用并经一段时间循环后），气体经过三次洗涤降温和吸收，部分二氧化硫和溶于水的气态污染物去除。

（4）生物降温、滴滤吸收塔

设备名称：　　　　　　生物降温、滴滤吸收塔

规格型号：　　　　　　$\phi 7000mm \times 11600mm$

用途：　　　　　　　　烟气降温、除臭、分解有害物

进口烟气：　　　　　　约 70000m³/h

进口压力：　　　　　　－3690Pa

烟气温度：　　　　　　约 45℃（生物喷淋段进口），

　　　　　　　　　　　约 43℃（生物吸收段进口）

出口温度：　　　　　　约 42℃（生物吸收段出口）

喷淋液进口温度：　　　约 35℃

下部生物液喷淋量：　　180m³/h

上部生物液喷淋量：　　　　120m³/h

颗粒物出口浓度　　　　　　约80mg/m³

设备压力降：　　　　　　　1100Pa

设备说明：气体通过风机送入生物塔生物降温洗涤段用35℃低浓度生物液将尾气冷却到42℃以下（此段生物液经喷淋冷却塔冷却后循环使用）；然后进入生物滴滤吸收段与塔内附着高效除臭菌的填料层进行多级交换，吸收分解尾气中的有害物质，除掉气体中大部分VOCs，消除或减轻气体异味除去后进入废气离子净化器。

（5）废气离子净化器

烟气流量：　　　　　　　　约70000m³/h

介质名称：　　　　　　　　空气、水蒸气、粉尘、二氧化碳、二氧化硫、

　　　　　　　　　　　　　有机物等成分

进口操作烟气量：　　　　　70000m³/h

进口压力：　　　　　　　　5190Pa

进口烟气温度：　　　　　　≤42℃

设计压力：　　　　　　　　－6500Pa

设计温度：　　　　　　　　80℃

冲洗液进口温度：　　　　　约35℃

冲洗液量：　　　　　　　　60m³/h（时间15min）

净化效率：　　　　　　　　≥97%

设备压力降：　　　　　　　400Pa

废气离子净化器XFWF-A。极管采用复合材料制作，极管为正六方形，蜂窝状排列，极线采用拆卸式材质为钛合金，方便冲洗。

（6）FRP冷却塔

规格型号：　　　　　　　　YJGWL-500

用途：　　　　　　　　　　一级空心塔喷淋液降温

处理量：　　　　　　　　　约200m³/h

（7）FRP冷却塔

规格型号：　　　　　　　　YJGWL-500

用途：　　　　　　　　　　二级空心塔喷淋液降温

处理量：　　　　　　　　　约300m³/h

（8）FRP冷却塔

规格型号：　　　　　　　　YJGWL-500

用途：　　　　　　　　　　生物循环喷淋液降温

处理量：　　　　　　　　　约300m³/h

（9）曝气风机

设备名称：　　　　　　　罗茨风机

技术参数：　　　　　　　$Q=30\mathrm{m}^3/\mathrm{h}$，$p=33\mathrm{kPa}$

（10）尾气风机

设备名称：　　　　　　　风机

规格型号：　　　　　　　LF-28-12 NO20.5 右旋 200°

技术参数：　　　　　　　$Q=110000\sim130000\mathrm{m}^3/\mathrm{h}$，$p=6500\sim7000\mathrm{Pa}$，

$PN=280\mathrm{kW}$

第 8 章

清洁生产

8.1　清洁生产的起源、概念及其内涵

8.1.1　清洁生产的起源

清洁生产作为创新性的环境保护理念与战略，它摈弃了传统环境管理模式的"先污染后治理"，逐渐由末端治理向全过程控制的源削减转变。清洁生产使原有的被动、事后、补救、消极的环保战略转变为主动、事前、预防、积极的环保战略。纵观工业污染防治的发展历程，清洁生产的起源与其有着密不可分的关联。

工业发展之路伴随着对地球资源的过度消耗和对环境的严重污染。自十八世纪中叶工业革命以来，传统的工业化道路主宰了发达国家几百年的工业化进程，它使社会生产力获得了极大的发展，创造了前所未有的巨大物质财富，但是也付出了过量消耗资源和牺牲生态环境的惨重代价。在二十世纪四五十年代，人们开始从沉痛的代价中觉醒，西方工业国家开始关注环境问题，并进行了大规模的环境治理，环境保护历程也由此拉开序幕。工业化国家的污染防治先后经历了"稀释排放""末端治理""现场回用"直至"清洁生产"的发展历程。

工业化进程中最初的污染防治手段是"稀释排放"，为了降低排污口浓度，达到国家限制性标准，工业企业采用的对策是先对产生的污染物进行人为"稀释"，然后再直接排放到环境中，这种做法被称为"稀释排放"。随着工业的大规模快速发展，人们很快发现单纯的限制性措施和稀释排放的环境治理手段根本无法遏制工业发展带给全球环境的污染问题，因为这些污染物最终仍要自然界来消纳。从20世纪60年代开始，各主要发达国家开始通过各种方式和手段对生产过程中已经产生的废物进行处理，控制措施位于企业生产环节的最末端，因此称为"末端治理"，以"末端治理"为主的环境保护战略在其出现后的30多年里长期主导着各国的工业污染防治工作。随着工业化进程的不断深入，末端治理的弊端也逐渐体现出来，表现在与企业生产过程相脱节、高额的投资与运行费用、资源利用率低、很难从根本上消除污染等，这就促使一些企业尝试着开始寻找新的解决环境污染问题的途径。

清洁生产就是各国在反省传统的以末端治理为主的污染控制措施的种种不足后提出的一种以源削减为主要特征的环境战略。它从源头上削减废弃物的产生，将更多的资源和能源转化为可以给企业带来直接效益的产品，同时减少污染物的产生量和处理量，是解决工业企业环境污染问题的根本之路。清洁生产有效地解决了末端治理等传统的污染防治手段在经济效益和环境效益之间矛

盾，实现了两者的有机统一，从而形成了企业内部实施和推广清洁生产的原动力。

8.1.2 清洁生产的概念及其内涵

清洁生产在不同的发展阶段或不同的国家有不同的提法，如"污染预防""废弃物最小化""源削减""无废工艺"等，但其基本内涵是一致的，即对生产过程、产品及服务采用污染预防的战略来提高资源能源利用效率，从而减少污染物的产生。

8.1.2.1 联合国环境规划署的清洁生产概念及其内涵

1989 年，联合国环境署首次提出清洁生产的定义，并于 1996 年对清洁生产的定义进行了进一步修订："清洁生产是一种新的创造性思想，该思想将整体预防的环境战略持续应用于生产过程、产品和服务中，以增加生态效率和减少人类及环境的风险。对生产过程，要求节约原材料和能源，淘汰有毒原材料，削减所有废弃物的数量和毒性。对产品，要求减少从原材料提炼到产品最终处置的全生命周期的不利影响。对服务，要求将环境因素纳入设计和所提供的服务中。"在这个定义中充分体现了清洁生产的三项主要内容：①清洁的原辅材料与能源；②清洁的生产过程；③清洁的产品与服务。

8.1.2.2 我国的清洁生产

2003 年，我国开始实施的《中华人民共和国清洁生产促进法》中，对清洁生产给出了以下定义："清洁生产，是指不断采取改进设计、使用清洁的能源和原料、采用先进的工艺技术与设备、改善管理、综合利用等措施，从源头削减污染，提高资源利用效率，减少或者避免生产、服务和产品使用过程中污染物的产生和排放，以减轻或者消除对人类健康和环境的危害。"

在这个清洁生产定义中包含了两层含义：①清洁生产的目的。清洁生产的目的是从源头削减污染物的产生量，提高资源利用效率，以减轻或者消除对人类健康和环境的危害。②清洁生产的手段和措施。清洁生产的手段和措施包括"改进设计"、使用"清洁的原料和能源"、采用"先进的工艺技术与设备"、进行"综合利用"和"改善管理"等。除了"改善管理"以外，其他的所有内容都与应用清洁生产技术相关，采用先进的工艺技术即采用清洁生产技术。清洁生产的核心是科学利用资源，提高资源利用效率，让企业采用清洁生产技术改造老装置、建设新装置，使生产可持续地发展，经济发展与环境保护相协调。值得指出的是，把产生的废弃物的场内回收利用和资源化综合利用归入清洁生产的范畴，而不划归末端治理的范围。

8.2　味精行业现状

8.2.1　资源消耗现状

近年来，随着味精企业集约化程度、生产技术水平及自动化程度的不断提高，以及生产菌种改造、生产工艺优化等方面原因，使得味精行业各项生产技术指标都有所提高。2015 年，味精行业的平均产酸率为 15.6%，较 2010 年提高了 18.54%，产酸率较好的企业可达 20%。

2015 年，味精行业吨产品平均成品粮耗为 1.97t，较 2010 年下降 14.7%；平均水耗为 46t，较 2010 年降低 45.9%；平均综合能耗为 1.63t 标煤，较 2010 年下降 6.8%。见表 8-1。

表 8-1　2010~2015 年味精行业消耗指标统计

指标　　　　　　年份/年	2010	2011	2012	2013	2014	2015
粮耗/(t/t 产品)	2.31	2.25	2.2	2.0	1.98	1.97
水耗/(t/t 产品)	85	70	64	60	55	46
能耗/(t/t 产品)	1.75	1.7	1.68	1.65	1.64	1.63
平均产酸率/%	13.16	13.45	13.8	14.5	14.9	15.6

8.2.2　产排污现状

8.2.2.1　产生的主要污染物

（1）废水　味精生产企业产生废水可分为两类。第一类是谷氨酸提取后的母液，COD 浓度为 $(3\sim7)\times10^4$ mg/L，属于高污染源；第二类是在生产过程中产生的其他废水，如淀粉洗水或淘米水、制糖洗水、发酵洗罐水、冲刷地面水、精制洗水等，此类废水属于中、低浓度废水。

（2）废气　味精行业废气产生主要是高浓度废水喷浆造粒制取有机肥时产生的废气与锅炉供汽时燃烧煤所产生的烟气。制取有机肥产生的废气主要污染物为 VOCs/SVOCs，现阶段味精企业采用静电分离技术，去除废气中的 VOCs/SVOCs，使废气达标排放，减少了对环境的危害。锅炉烟气中主要污染物为 SO_2，现阶段味精企业在锅炉上都采用了烟气脱硫除尘设备，烟气达标排放。

（3）固体废弃物　味精生产过程中产生的固体废弃物主要有炉渣、末端废水处理产生污泥、蛋白渣、菌体蛋白、脱色活性炭等。炉渣可作为建材使用；污泥可作为肥料提供给农民；蛋白渣、菌体蛋白经过干燥蛋白质含量很高，已经成为饲料行业的抢手货；脱色活性炭可以通过重新燃烧再生后二次利用，也可以送到复合肥车间，添加到提取菌体蛋白后的废母液中来制取有机肥料。由此可见味精废气及固体废弃物均已得到了较好的治理。

8.2.2.2 主要污染物产排污现状

随着人们对环境保护认识的不断深入和国家政策对环境保护要求越来越严格，味精行业环保投入不断增加，污染防治新技术也在不断研发与应用，产酸水平不断提高，如图 8-1 所示，2010～2015 年吨产品污水产生量和排放量逐年减少。如表 8-2 所示，COD 排放量也大幅度逐年降低。现阶段味精行业废水产排污状况如表 8-3 所示，工业废水的排污量较高。

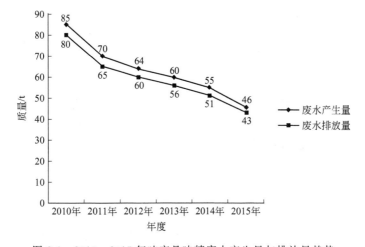

图 8-1　2010～2015 年吨产品味精废水产生量与排放量趋势

表 8-2　2010～2015 年吨产品味精 COD 排放量

年份/年	2010	2011	2012	2013	2014	2015
吨产品味精 COD 排放量/kg	14	10	9.8	9.5	9.2	6.8

表 8-3　味精行业废水产排污现状

工艺名称	污染物指标	单位	产污	排污
等电离交	工业废水量	t/t 产品	70～95	65～90
	化学需氧量	kg/t 产品	500～700	6～13.5
	氨氮	kg/t 产品	80～95	3～5
连续等电	工业废水量	t/t 产品	35～50	35～49
	化学需氧量	kg/t 产品	400～600	5.3～7.4
	氨氮	kg/t 产品	75～90	1.7～2.5

8.3　味精行业污染防治发展趋势

8.3.1　污染防治由末端治理向全过程控制发展

味精行业污染排放标准越来越严格，仅仅以末端排放达标治理污染的方式已不再适应当前形势，也不能从根本上解决污染问题。提高味精生产技术水平，改善管理，从源头减少污染，由末端治理走向全过程减排是污染防治的必然趋势。近年来随着国家产业政策的引导，味精生产企业不断加大对清洁生产与污染物防治的投资，清洁生产技术与污染物治理技术得到较快发展，味精能耗、水耗大幅度降低，污染物产生与排放也大幅度减少。

8.3.2　产业结构进一步优化

我国味精行业发展体系与国外相比仍存在着较大的差距，在未来的一段时期，国家将更进一步约束资源消耗较高、环境污染较重的行业的发展进程，淘汰一批生产工艺落后、生产规模较小的生产企业。因此，味精生产企业将会逐渐改变观念，适应当今的发展形势，着眼于长远利益，加大技术及资金的投入，从生产源头开始进行绿色生产，提高资源的综合利用率，降低成本，提高效益。

8.3.3　技术创新不断进步

随着我国味精工业的发展，对落后的味精提取工艺进行改进，以高效、节能、无污染、低料耗和便于自动化管理的新工艺取而代之已成为当务之急。目前，国内外有许多科研工作者都致力于味精提取工艺的研究，试图用其他的方法如等电浓缩法（即双结晶法）、色谱分离法、膜分离技术等替代传统的等电离交法，解决味精污染问题，降低生产成本。虽上述提及的提取方式中还存在不足之处，但有些分离技术已显现出巨大的优越性和应用前景，现正进行深入研究，未来几年将实现关键技术产业化。

8.3.4　节能减排提高资源利用率

随着国家产业政策的调整与市场因素的不断影响，味精行业只有不断开展节能减排，发展发展循环经济，才能保持行业的健康稳定发展，味精行业在发展循环经济中将重点做到以下几点：①进一步提高原料利用率，力争粮食原料的全部组分得以充分回收利用，化害为利，减轻和消除污染；②采用高新技术，提高产品收率以及过程衍生物的分离利用；③大力推进水源、能源的节约和循环利用。

8.4 味精生产过程中废水治理工艺

8.4.1 味精企业废水的产生

根据味精生产废水水质特点，可将其分为高浓度废水（废母液）、中浓度废水、低浓度废水三种，味精企业产生废水特点及污染负荷如表 8-4 所示。

表 8-4 味精企业产生废水特点及污染负荷

废水类型	产生量 /(t/t 产品)	pH 值	COD /(mg/L)	BOD$_5$ /(mg/L)	NH$_3$-N /(mg/L)
高浓度 （废母液）	8～15	1.7～3.5	30000～70000	20000～42000	7000～20000
中浓度 （淀粉水、洗涤水）	5～15	3.5～4.5	5000～15000	3000～4000	300～1000
低浓度 （冷却水、冷凝水）	30～60	6.5～7.0	500～1500	200～300	50～200
综合废水	50～90	3～4.5	5000～6000	2500～3000	100～1500

8.4.1.1 高浓度废水

高浓度废水是指谷氨酸提之后的母液。该浓度废水 pH 2.8～3.5 之间，COD 浓度 40000mg/L 左右，BOD$_5$ 浓度 25000～30000mg/L，全氮含量为 20000mg/L 左右，NH$_3$-N 浓度约 15000mg/L，硫酸根含量约为 50000mg/L。目前，对高浓度废水的处理主要采用物化方法处理，提取菌体蛋白，喷浆造粒制备有机无机复混肥。

8.4.1.2 中浓度废水

中浓度废水是生产玉米淀粉的废水，COD 为 13000mg/L 左右，NH$_3$-N 为 500mg/mL 左右。这部分废水采用厌氧的生化方法处理，在中浓度废水的处理过程中，产生了大量的甲烷气体，使出水的 COD 下降到 1000mg/L 左右，NH$_3$-N 因脱氨基作用略有上升，随后进入低浓度废水好氧处理系统。

8.4.1.3 低浓度废水

低浓度废水是指生产过程中的糖化废水、冲柱（离交柱、炭柱）废水、冷却水及冲刷地面的废水。一般 COD 为 500～1500mg/L，NH$_3$-N 为 50～200mg/L，COD、NH$_3$-N 值较低，可直接进入好氧处理。

8.4.2　高浓度废水处理技术

谷氨酸提取后的母液占味精生产过程产生 COD 与氨氮比例 80％以上，同时母液中含有较高的硫酸根，影响生化效果。如果母液直接用"常规的生物厌氧＋生物好氧"的方法进行处理，很难达到国家排放标准。目前谷氨酸提取后的母液的处理方法主要采用物化方法。首先对其进行菌体蛋白的提取，提取的菌体蛋白是一种优质蛋白质，营养丰富，蛋白含量超过 55％，可作为饲料原料广泛地应用到饲料养殖行业中。然后，将除菌体后的废水真空蒸发浓缩，浓缩液造粒生产复合肥。至此高浓度废水经处理全部变成经济价值较高的产品。蒸发浓缩后产生的冷凝水与味精生产过程产生的其他废水混合进入污水处理设施处理，工艺流程如图 8-2 所示。

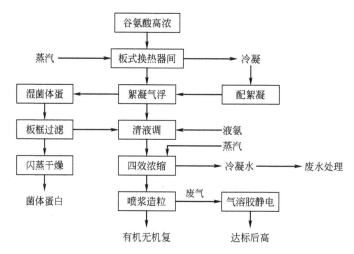

图 8-2　高浓度有机废水处理工艺流程图

8.4.3　中、低浓度废水处理技术

经过多年的生产实践证明，对于第二类中低浓度废水的处理适合采用厌氧＋好氧＋缺氧生物处理相结合的工艺。此组合工艺也是应用较多、相对比较成熟、运行较稳定的工艺，其处理成本受各企业技术水平、执行污水排放标准、当地电价及物价等影响而有较大区别，处理每吨废水成本在 4～10 元。

目前在味精行业应用的厌氧生物处理技术有：上流式厌氧污泥床反应器（UASB）、内循环厌氧处理技术（IC）；应用较多的好氧生物处理技术有：推流式活性污泥法、序列间歇式活性污泥法（SBR）、氧化沟工艺、A/O 工艺、曝气生物滤池技术。

而有些中小型味精生产企业因产量较小，废水产生与排放较少，废水只采用好氧生物处理，此时废水若要长期稳定达标，有以下两种方法：①采用的好氧生物处理方法为曝气生物滤池或 A/O 工艺等脱氮效果较好的污水处理方法，且好氧系统运行稳定，单位容积负荷低。②废水进入好氧处理前，要先进行脱氮处理：如汽提法或吹脱法除氮技术，然后在进入好氧系统处理，且好氧系统运行稳定，单位容积负荷低。

8.5 废水厌氧生物消化除碳技术

8.5.1 废水厌氧生物处理发展历程

在相当长的一段时间内，厌氧消化在理论、技术和应用上远远落后于好氧生物处理的发展。20 世纪 60 年代以来，世界能源短缺问题日益突出，这促使人们对厌氧消化工艺进行重新认识，对处理工艺和反应器结构的设计以及甲烷回收进行了大量研究，使得厌氧消化技术的理论和实践都有了很大进步，并得到广泛应用。厌氧消化具有下列优点：无需搅拌和供氧，动力消耗少；能产生大量含甲烷的沼气，是很好的能源物质，可用于发电和家庭燃气；可高浓度进水，保持高污泥浓度，所以其溶剂有机负荷达到国家标准仍需要进一步处理；初次启动时间长；对温度要求较高；对毒物影响较敏感；遭破坏后，恢复期较长。污水厌氧生物处理工艺按微生物的凝聚形态可分为厌氧活性污泥法和厌氧生物膜法。厌氧活性污泥法包括普通消化池、厌氧接触消化池、升流式厌氧污泥床（upflow anaerobic sludge blanket，UASB）、厌氧颗粒污泥膨胀床（EGSB）等；厌氧生物膜法包括厌氧生物滤池、厌氧流化床和厌氧生物转盘。

8.5.2 厌氧生物消化反应机理

厌氧生物处理技术在水处理行业中一直都受到环保工作者们的青睐，主要原因是由于其具有良好的去除效果、更高的反应速率和对毒性物质更好地适应，更重要的是由于其相对好氧生物处理废水来说不需要为氧的传递提供大量的能耗，使得厌氧生物处理在水处理行业中应用十分广泛。可以根据厌氧反应的原理，加以动力学方程推导出厌氧生物处理低浓度废水尤其在处理生活污水方面的合适条件。

8.5.2.1 厌氧反应的四个阶段

一般来说，废水中复杂有机物物料比较多，通过厌氧分解四个阶段加以降解。

（1）水解阶段　高分子有机物由于其大分子体积，不能直接通过厌氧菌的细胞壁，需要在微生物体外通过胞外酶加以分解成小分子。脂肪的转化是一个相当缓慢的过程，在20℃时脂肪的转化率几乎为零。淀粉物质同样难以被水解。当处理淀粉厂废水时，在废水进入厌氧反应器之前必须首先除去废水中的颗粒物质或使之适当的水解。通过控制足够的水力停留时间和控制废水 pH 值在 6 左右可获得适当的水解度。废水中典型的有机物质如纤维素，淀粉，蛋白质等可被特定酶分解成小分子物质这些小分子能够通过细胞壁进入到细胞的体内进行下一步的分解。

（2）酸化阶段　上述的小分子有机物进入到细胞体内转化成更为简单的化合物并被分配到细胞外，这一阶段的主要产物为挥发性脂肪酸（VFA），同时还有部分的醇类、乳酸、二氧化碳、氢气、氨、硫化氢等产物产生。

（3）产乙酸阶段　在此阶段，上一步的产物被产氢产乙酸菌转化为乙酸盐、碳酸盐，并最终被产甲烷菌转化为氢气和二氧化碳。

（4）产甲烷阶段　在这一阶段，乙酸、氢气、碳酸、甲酸和甲醇都被转化成甲烷、二氧化碳和新的细胞物质。这一阶段也是整个厌氧过程最为重要的阶段和整个厌氧反应过程的限速阶段。产甲烷菌属严格的厌氧菌且与其他大多数厌氧菌相比产甲烷菌的生长需要更低的氧化还原电位（$<-330\text{mV}$）。产甲烷菌属可分为两个主要的种群：乙酸分解菌和氢利用菌（嗜氢菌）。另一小种群既能利用乙酸盐又能利用氢和二氧化碳产生甲烷。一些嗜氢产甲烷菌也能把甲酸盐转化为甲烷。

在厌氧消化复杂的废水中，产酸菌和产乙酸菌协同作用，使产甲烷反应的底物乙酸盐和氢形成的比例相当恒定。所形成的甲烷有 70%～75% 由乙酸盐转化而来其余的则由氢和二氧化碳转化而来。主要的产甲烷反应如表 8-5 所示。

表 8-5　主要产甲烷反应

基质	反应	$\Delta G_0'/(\text{kJ/mol})$
乙酸	$CH_3COOH \longrightarrow CH_4 + CO_2$	-31
氢	$4H_2 + CO_2 \longrightarrow CH_4 + 2H_2O$	-131
甲醇	$4CH_3OH \longrightarrow 3CH_4 + CO_2 + 2H_2O$	-312

在上述四个阶段中，有人认为第二个阶段和第三个阶段可以分为一个阶段，在这两个阶段的反应是在同一类细菌体类完成的。前三个阶段的反应速度很快，如果用莫诺方程来模拟前三个阶段的反应速率的话，K_s（半速率常数）可以在 50mg/L 以下，μ 可以达到 5kg COD/(kg MLSS·d)。而第四个反应阶段通常很慢，同时也是最为重要的反应过程，在前面几个阶段中，废水的中污染物质只是形态上发生变化，COD 几乎没有什么去除，只是在第四个阶段中污染物质变成

甲烷等气体，使废水中 COD 大幅度下降。同时在第四个阶段产生大量的碱度这与前三个阶段产生的有机酸相平衡，维持废水中的 pH 稳定，保证反应的连续进行。

① 水解反应　水解可定义为复杂的非溶解性的聚合物被转化成简单的溶解性单体和二聚体的过程。水解反应针对不同的废水类型差别很大，这要取决于胞外酶能否有效的接触到底物。

水解速度的可由以下动力学方程加以描述：

$$\rho = \rho_o / (1 + K_h T)$$

式中　ρ——可降解的非溶解性底物浓度，g/L；

　　　ρ_o——非溶解性底物的初始浓度，g/L；

　　　K_h——水解常数，d^{-1}；

　　　T——停留时间，d。

一般来说，影响 K_h 的因素很多，很难确定一个特定的方程来求解 K_h，但我们可以根据一些特定条件的 K_h，反推导出水解反应器的容积和最佳反应条件。在实际工程实施中，最好针对要处理的废水做一些 K_h 的测试工作。通过对国内外一些报道的研究，发现在低温下水解对脂肪和蛋白质的降解速率非常慢，这时可以不考虑厌氧处理方式。对于生活污水来说，在 15℃ 的情况下，$K_h = 0.2d^{-1}$ 左右。但在水解阶段我们不需要过多的 COD 去除效果，而且在一个反应器中很难严格的把厌氧反应的几个阶段区分开来，一旦停留时间过长，对工程的经济性就不太实用。如果就单独的水解反应针对生活污水来说，COD 可以控制到 0.1 的去除效果就可以了。

把这些参数和给定的条件代入到水解动力学方程中，可以得到停留水解停留时间 $T = 13.44h$。这对于水解和后续阶段处于一个反应器中厌氧处理单元来说是一个很短的时间，在实际工程中也完全可以实现。如果有条件的地方我们可以适当提高废水的反应温度，这样反应时间还会大大缩短。而且一般对于城市污水来说，具有长的排水管网和废水中本生的生物多样性，所以当废水流到废水处理厂时，这个过程也在很大程度上完成，到目前为止还没有关于水解作为生活污水厌氧反应的报道。

② 酸化反应　发酵可以被定义为有机化合物既作为电子受体又作为电子供体的生物降解过程，在此过程中有机物被转化成以挥发性脂肪酸为主的末端产物。

酸化过程是由大量的、多种多样的发酵细菌来完成的，在这些细菌中大部分是专性厌氧菌，只有 1% 是兼性厌氧菌，但正是这 1% 的兼性厌氧菌在反应器受到氧气的冲击时，能迅速消耗掉这些氧气，保持废水低的氧化还原电位，同时也保护了产甲烷菌的运行条件。

酸化过程的底物取决于厌氧降解的条件、底物种类和参与酸化的微生物种群。对于一个稳态的反应器来说，乙酸、二氧化碳、氢气则是酸化反应的最主要产物，这些都是产甲烷阶段所需要的底物。

在这个阶段产生两种重要的厌氧反应是否正常的底物就是挥发性脂肪酸（VFA）和氨氮。VFA过高会使废水的pH下降，逐渐影响到产甲烷菌的正常进行，使产气量减小，同时整个反应的自然碱度也会较少，系统平衡pH的能力减弱，整个反应会形成恶性循环，使得整个反应最终失败。氨氮起到一个平衡的作用，一方面，它能够中和一部分VFA，使废水pH具有更大的缓冲能力，同时又给生物体合成自生生长需要的营养物质，但过高的氨氮会给微生物带来毒性，废水中的氨氮主要是由于蛋白质的分解带来的，典型的生活污水中含有 $20 \sim 50mg/L$ 的氨氮，这个范围是厌氧微生物非常理想的范围。

另外一个重要指标就是废水中氢气的浓度，以含碳17的脂肪酸降解为例：

$$CH_3(CH_2)_{15}COO^- + 14H_2O \longrightarrow 7CH_3COO^- + CH_3CH_2COO^- + 7H^+ + 14H_2$$

脂肪酸的降解都会产生大量的氢气，如果要使上述反应得以正常进行，必须在下一反应中消耗掉足够的氢气，来维持这一反应的平衡。如果废水的氢气指标过高，表明废水的产甲烷反应已经受到严重抑制，需要进行修复，一般来说氢气浓度升高是伴随pH指标降低的，所以不难监测到废水中氢气的变化情况，但废水本身有一定的缓冲能力，所以完全通过pH下降来判断氢气浓度的变化有一定的滞后性，所以通过监测废水中氢气浓度的变化是对整个反应器反应状态一个最快捷的表现形式。

③ 产乙酸反应　发酵阶段的产物挥发性脂肪酸VFA在产乙酸阶段进一步降解成乙酸，其常用反应式如以下几种：

$$CH_3CHOHCOO^- + 2H_2O \longrightarrow CH_3COO^- + HCO_3^- + H^+ + 2H_2 \qquad \Delta G_0' = 4.2kJ/mol$$

$$CH_3CH_2OH + H_2O \longrightarrow CH_3COO^- + H^+ + 2H_2O \qquad \Delta G_0' = 9.6kJ/mol$$

$$CH_3CH_2CH_2COO^- + 2H_2O \longrightarrow 2CH_3COO^- + H^+ + 2H_2 \qquad \Delta G_0' = 48.1kJ/mol$$

$$CH_3CH_2COO^- + 3H_2O \longrightarrow CH_3COO^- + HCO_3^- + H^+ + 3H_2 \qquad \Delta G_0' = 76.1kJ/mol$$

$$4CH_3OH + 2CO_2 \longrightarrow 3CH_3COO^- + 2H_2O \qquad \Delta G_0' = -2.9kJ/mol$$

$$2HCO_3^- + 4H_2 + H^+ \longrightarrow CH_3COO^- + 4H_2O \qquad \Delta G_0' = -70.3kJ/mol$$

从上面的反应方程式可以看出，乙醇、丁酸和丙酸不会被降解，但由于后续反应中氢的消耗，使得反应能够向右进行，在一阶段，氢的平衡显得更加重要，同时后续的产甲烷过程为这一阶段的转化提供能量。实际上这一阶段和前面的发酵阶段都是由同一类细菌完成，都在细菌体内进行，并且产物排放到水体中，界限并没有十分清楚，在设计反应器时，没有足够的理由把它们分开。

④ 产甲烷反应　在厌氧反应中，大约有70%的甲烷由乙酸歧化菌产生，这也是这几个阶段中遵循莫诺方程反应的阶段。

另一类产生甲烷的微生物是由氢气和二氧化碳形成的。在正常条件下，他们大约占 30% 左右。其中约有一般的嗜氢细菌也能利用甲酸产生甲烷。最主要的产甲烷过程反应有：

$$CH_3COO^- + H_2O \longrightarrow CH_4 + HCO_3^-   \Delta G_0' = -31.0 \text{kJ/mol}$$

$$HCO_3^- + H^+ + 4H_2 \longrightarrow CH_4 + 3H_2O   \Delta G_0' = -135.6 \text{kJ/mol}$$

$$4CH_3OH \longrightarrow 3CH_4 + CO_2 + 2H_2O   \Delta G_0' = -312 \text{kJ/mol}$$

$$4HCOO^- + 2H^+ \longrightarrow CH_4 + CO_2 + 2HCO_3^-   \Delta G_0' = -32.9 \text{kJ/mol}$$

8.5.2.2　厌氧反应器

厌氧反应器为厌氧处理技术而设置的专门反应器。厌氧过程实质是一系列复杂的生化反应，其中的底物、各类中间产物、最终产物以及各种群的微生物之间相互作用，形成一个复杂的微生态系统，类似于宏观生态中的食物链关系，各类微生物间通过营养底物和代谢产物形成共生关系（symbiotic）或共营养关系（symtrophic）。因此，反应器作为提供微生物生长繁殖的微型生态系统，各类微生物的平稳生长、物质和能量流动的高效顺畅是保持该系统持续稳定的必要条件。如何培养和保持相关类微生物的平衡生长已经成为新型反应器的设计思路，常见的厌氧反应器包括了以下几类。

（1）UASB 反应器　上流式厌氧污泥床反应器（UASB）是传统的厌氧反应器之一。三相分离器是 UASB 反应器的核心部件，它可以再水流湍动的情况下将气体、水和污泥分离。废水经反应器底部的配水系统进入，在反应器内与絮状厌氧污泥充分接触，通过厌氧微生物的讲解，废水中的有机污泥物大部分转化为沼气，小部分转化为污泥，沼气、水、泥混合物通过三相分离器得于分离。技术特点为运行稳定、操作简单、可用絮状污泥、产生沼气、较低的高度、投资省。广泛应用于食品、啤酒饮料、制浆造纸、化工和市政等废水的处理。

（2）EGSB 反应器　EGSB 厌氧反应器是在 UASB 厌氧反应器的基础上发展起来的新型反应器，EGSB 反应器充分利用了厌氧颗粒污泥技术，通过外循环为反应器提供充分的上升流速，保持颗粒污泥床的膨胀和反应器内部的混合。TWT 通过改进和优化 EGSB 的内外部结构，提供了效率，降低了能耗，增强了运行的稳定性，有效防止了颗粒污泥的流失。技术特点为污泥浓度高，高负荷，高去除率，抗冲击负荷能力强，占地面积小与造价低，适用于淀粉废水、酒精废水和其他轻工食品等高浓度有机废水的处理。

（3）TWT-IC 反应器　如图 8-3 所示，MIC 反应器从结构上看是由两个 UASB 反应器的上下重叠串联而成，底部为进水区和回流出水区，下部的第一反应室为高负荷区，上部的第二反应室为低负荷区。每个厌氧反应室的顶部各设一个气、固、液三相分离器和沼气收集器。两反应室之间设有沼气提升管，在第二

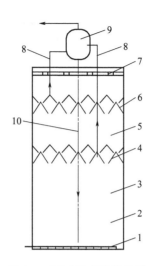

图 8-3　MIC 反应器结构图

1—布水区；2—泥床区；3—污泥膨胀区；4—沼气集气器；5—污泥沉淀区；6—三相分离器；
7—出水堰和超高；8—提升管；9—分离包；10—回流下降管

反应室上部设有三相分离系统，反应器的顶部有三相分离包。两反应室和三相分离包用沼气提升管和回流管相连。在第一反应室的沼气收集器设沼气提升管直通MIC 反应器顶的气、液分离包。分离包的底部设一回流管直通至 MIC 反应器的底部。

混合区：废水从反应器底部进水，与颗粒污泥和气液分离区回流的泥水混合物有效地在此区混合。

第一反应室：混合区形成的泥水混合物进入该区，在高浓度污泥作用下，大部分有机物被降解转化为沼气。混合液上升流速和沼气的剧烈扰动使该反应区内污泥呈完全膨胀和流化状态，加强泥水表面接触，强化了泥水传质效果，污泥由此而保持着高的活性。随着沼气产量的增多，一部分泥水混合物被沼气提升至顶部的气液分离包。

内循环系统：被沼气提升的混合物中的沼气，在气液分离区内与泥水分离并导出处理系统，泥水混合物则沿着回流管返回到最下端的混合区，与反应器底部的污泥和进水充分混合，实现了混合液的内部循环。

第二反应室：经第一反应室厌氧处理后的废水，除一部分被沼气提升外，其余的都通过三相分离器进入第二反应室。该区污泥浓度较低，而且废水中大部分有机物已在第一反应室被降解，因此沼气产生量较少，沼气通过沼气管导入气液分离区，对第二反应室的扰动很小，这为污泥的停留提供了有利条件。

沉淀区：第二反应室的泥水混合物在沉淀区进行固液分离，上清液由出水管排走，沉淀的颗粒污泥返回第二反应室污泥床。

从 MIC 反应器的工作原理中可见，反应器通过二层三相分离器来实现 SRT
＞HRT，使整个反应器获得高浓度的厌氧污泥；并通过大量沼气和内循环泥水
混合物的剧烈扰动，使泥水充分接触，获得良好的传质效果。用下面第一个
"UASB" 反应器产生的沼气作为动力，实现了下部混合液的内循环，使废水获
得强化的预处理，上面的第二个 "UASB" 反应器对废水继续进行后处理，使出
水可达到预期的处理效果

优点：IC 反应器的构造及其工作原理决定了其在控制厌氧处理影响因素方
面比其他反应器更具有优势。

① 容积负荷高：IC 反应器内污泥浓度高，微生物量大，且存在内循环，传
质效果好，进水有机负荷可超过普通厌氧反应器的 3 倍以上。

② 节省投资和占地面积：IC 反应器容积负荷率高出普通 UASB 反应器 3 倍
左右，其体积相当于普通反应器的 1/4～1/3，大大降低了反应器的基建投资；
而且 IC 反应器高径比很大（一般为 4～8），所以占地面积少。

③ 抗冲击负荷能力强：处理低浓度废水（COD＝2000～3000mg/L）时，反
应器内循环流量可达进水量的 2～3 倍；处理高浓度废水（COD＝10000～
15000mg/L）时，内循环流量可达进水量的 10～20 倍。大量的循环水和进水充
分混合，使原水中的有害物质得到充分稀释，大大降低了毒物对厌氧消化过程的
影响。

④ 抗低温能力强：温度对厌氧消化的影响主要是对消化速率的影响。IC 反
应器由于含有大量的微生物，温度对厌氧消化的影响变得不再显著。通常 IC 反
应器厌氧消化可在常温条件（20～25℃）下进行，这样减少了消化保温的难度也
节省了能量。

⑤ 具有缓冲 pH 值的能力：内循环流量相当于第 1 厌氧区的出水回流，可
利用 COD 转化的碱度，对 pH 值起缓冲作用，使反应器内 pH 值保持最佳状态，
同时还可减少进水的投碱量。

⑥ 内部自动循环，不必外加动力：普通厌氧反应器的回流是通过外部加压
实现的，而 IC 反应器以自身产生的沼气作为提升的动力来实现混合液内循环，
不必设泵强制循环，节省了动力消耗。

⑦ 出水稳定性好：利用二级 UASB 串联分级厌氧处理，可以补偿厌氧过程
中 K_s 高产生的不利影响。Van Lier 在 1994 年证明，反应器分级会降低出水
VFA 浓度，延长生物停留时间，使反应进行稳定。

⑧ 启动周期短：IC 反应器内污泥活性高，生物增殖快，为反应器快速启动
提供有利条件。IC 反应器启动周期一般为 1～2 个月，而普通 UASB 启动周期长
达 4～6 个月。

⑨ 沼气利用价值高：反应器产生的生物气纯度高，CH_4 为 70%～80%，

CO_2 为 20％～30％，其他有机物为 1％～5％，可作为燃料加以利用。

适用范围：IC 厌氧反应器是一种高效的多级内循环反应器，为第三代厌氧反应器的代表类型（UASB 为第二代厌氧反应器的代表类型），与第二代厌氧反应器相比，它具有占地少、有机负荷高、抗冲击能力更强，性能更稳定、操作管理更简单。当 COD 为 10000～15000mg/L 时的高浓度有机废水，第二代 UASB 反应器一般容积负荷率为 5～8kg COD/m^3，第三代 IC 厌氧反应器容积负荷率可达 15～30kg COD/m^3。IC 厌氧反应器适用于有机高浓度废水，如玉米淀粉废水、柠檬酸废水、啤酒废水、土豆加工废水、酒精废水。

8.6　废水生物脱氮工艺

8.6.1　生物脱氮原理

污（废）水中的氮一般以氨氮和有机氮的形式存在，通常是只含有少量或不含亚硝酸盐和硝酸盐形态的氮，在未经处理的污水中，氮有可溶性的氮，也有非溶性的氮。可溶性有机氮主要以尿素和氨基酸的形式存在；一部分非溶性有机氮在初沉池中可以去除。在生物处理过程中，大部分的非溶性有机氮转化成氨氮和其他无机氮，却不能有效地去除氮。废水生物脱氮的基本原理就在于，在有机氮转化为氨氮的基础上，通过硝化反应将氨氮转化为亚硝态氮、硝态氮，再通过反硝化反应将硝态氮转化为氮气从水中逸出，从而达到除去氮的目的。

8.6.1.1　氨化反应

污（废）水中有机氮合物在好氧菌和氨化菌作用下，有机碳被降解为 CO_2，而有机氮被分解转化为氨态氮。例如，氨基酸的氨化反应为：

$$RCHNH_2COOH + O_2 \xrightarrow{\text{好氧菌,厌氧菌}} RCOOH + CO_2 + NH_3$$

8.6.1.2　硝化反应

硝化反应是在好氧状态下，将氨氮转化为硝酸盐氮的过程。硝化反应是由一群自养型好氧微生物完成的，它包括两个基本反应步骤，第一阶段是由亚硝酸菌将氨氮转化为亚硝酸盐，称为亚硝化反应，亚硝酸菌中有亚硝酸单胞菌属、亚硝酸螺旋杆菌属和亚硝化球菌属等。第二阶段则由硝酸菌将亚硝酸盐进一步氧化为硝酸盐，称为硝化反应，硝酸菌有硝酸杆菌属、螺菌属和球菌属等。亚硝酸菌和硝酸菌统称为硝化菌，均是化能自养菌。这类菌利用无机碳化合物如 CO_2、CO_3^{2-}、HCO_3^- 等作为碳源，通过与 NH_3、NH_4^+、NO_2 的氧化反应来获得能量。硝化反应中硝化菌的特性如表 8-6 所示。

表 8-6 硝化菌的特性

项目	亚硝酸菌 （椭球或棒状）	硝酸菌 （椭球或棒状）
细胞尺寸/μm	1×1.5	0.5×1.5
革兰氏染色	阴性	阴性
世代期/h	8～36	12～59
自养性	专性	兼性
需氧性	严格好氧	严格好氧
最大比增长速度 μ_m/h^{-1}	0.04～0.08	0.02～0.06
产率系数 Y	0.04～0.013	0.02～0.07
饱和常数 K/(mg/L)	0.6～3.6	0.3～1.7

硝化反应经历氨氮被氧化为亚硝酸盐和亚硝酸盐被氧化为硝酸盐两个阶段。其生化反应如下：

（1）第一阶段

① 生化氧化

$$NH_4^+ +1.5O_2 +2HCO_3^- \xrightarrow{\text{亚硝酸菌}} NO_2^- +2H_2CO_3 \quad +240\sim350kJ/mol$$

② 生化合成

$$13NH_4^+ +23HCO_3^- \xrightarrow{\text{亚硝酸菌}} 10NO_2^- +8H_2CO_3 +3C_5H_7NO_2 +19H_2O$$

则第一阶段的总反应式（包括氧化和合成）为：

$$55NH_4^+ +76O_2 +109HCO_3^- \longrightarrow C_7H_7NO_2 +53NO_3^- +57H_2O +104H_2CO_3^-$$

（2）第二阶段

① 生化氧化

$$NO_2^- +0.5O_2 \xrightarrow{\text{亚硝酸菌}} NO_3^- \quad +65\sim90kJ/mol$$

② 生化合成

$$NH_4^+ +10NO_2 +4H_2CO_3 +HCO_3^- \xrightarrow{\text{亚硝酸菌}} 10NO_3^- +3H_2O +C_5H_7NO_2$$

则第二阶段的总反应式为：

$$400NO_2^- +NH_4^+ +4H_2CO_3 +195O_2 \longrightarrow C_5H_7NO_2 +3H_2O +400NO_3^-$$

第一阶段反应放出能量多，该能量供给亚硝酸菌，将 NH_4^+-N 合成 NO_2^-，维持反应的持续进行，第二阶段反应放出的能量较小。硝化过程总反应如下：

$$NH_4^+ +1.83O_2 +1.98HCO_3^- \longrightarrow 0.021C_5H_7NO_2 +1.041H_2O +1.88H_2CO_3 +0.98NO_3^-$$

该式包括了第一阶段、第二阶段的合成及氧化，由总反应式可知，反应物中的 N 大部分被硝化为 NO_3^-，只有 2.1% 的 N 合成为生物体，硝化菌的产量很低，且主要在第一阶段产生（占 1/55）。若不考虑分子态以外的氧合成细胞本身，光从分子态氧来计量，只有 1.1% 的分子态氧进入细胞体内，因此细胞的合成几乎不需要分子态的氧。硝化过程总氧化式为：

$$NH_4^+ + 2O_2 \xrightarrow{\text{亚硝酸菌}} NO_3^- + 2H^+ + H_2O \quad +305 \sim 440\text{kJ/mol}$$

由上式可知在硝化过程中，1g NH_4^+-N 完成硝化反应，需 4.57g 氧。此称硝化需氧量（NOD）。同时硝化反应使 pH 值下降，因其对 pH 值变化十分敏感，为保持适宜的 pH 值，污水中应有足够的碱度。

8.6.1.3 反硝化反应

反硝化反应是由一群异养性微生物完成的生物化学过程。它的主要作用是在缺氧（无分子态氧）的条件下，将硝化过程中产生的亚硝酸盐和硝酸盐还原成气态氮（N_2）。反硝化细菌包括假单胞菌属、反硝化杆菌属、螺旋菌属和无色杆菌属等。它们多数是兼性细菌，有分子态氧存在时，反硝化菌氧化分解有机物，利用分子氧作为最终电子受体。在无分子态氧条件下，反硝化菌利用硝酸盐和亚硝酸盐中的 N^{5+} 和 N^{3+} 作为电子受体。O^{2-} 作为受氢体生成 H_2O 和 OH^- 碱度，有机物则作为碳源及电子供体提供能量，并得到稳定的氧化物。

反硝化过程中亚硝酸盐和硝酸盐的转化是通过反硝化细菌的同化作用和异化作用来完成的。异化作用就是将 NO_2^- 和 NO_3^- 还原为 NO、N_2O、N_2 等气体物质，主要是 N_2。而同化作用是反硝化菌将 NO_2^- 和 NO_3^- 还原成为 NH_3-N 供新细胞合成之用，氮成为细胞质的成分，此过程可称为同化反硝化，反硝化反应式为：

$$6NO_3^- + 5CH_3OH \xrightarrow{\text{反硝化菌}} 5CO_2 + 3N_2 \uparrow + 7H_2O + 6OH^-$$

在 DO≤0.5mg/L 情况下，兼性反硝化菌利用污水中的有机碳源（污水中的 BOD 成分）作为氢供给体，将来自好氧池混合液中的硝酸盐和亚硝酸盐还原成氮气排入大气，同时有机物得到降解。其反应为：

$$2NO_2^- + 6H^+（氢供给体）\xrightarrow{\text{反硝化菌}} N_2 + 2H_2O + 2OH^-$$

$$2NO_3^- + 10H^+（氢供给体）\xrightarrow{\text{反硝化菌}} N_2 + 4H_2O + 2OH^-$$

该反应的实质是反硝化菌在缺氧环境中，利用硝酸态盐的氧作为电子受体，将污水中的有机物作为碳源及电子供体，提供能量并得到氧化稳定。在反硝化过程中，硝酸氮通过反硝化菌的代谢活动有同化反硝化和异化反硝化两种转化途径，其最终产物分别是有机氮化合物和气态氮，前者成为菌体组成部分，后者排入大气。

8.6.2 生物脱氮过程的影响因素

生物脱氮的硝化过程是在硝化菌的作用下，将氨态氮转化为硝酸氮。硝化菌是化能自养菌，其生理活动不需要有机性营养物质，它从 CO_2 获取碳源，从无机物的氧化中获取能量而生物脱氮的反硝化过程是在反硝化菌的作用下，将硝酸氮和亚硝酸氮还原为气态氮。反硝化菌是异养兼性厌氧菌，它只能在无分子态氧的情况下，利用硝酸和亚硝酸盐离子中的氧进行呼吸，使硝酸还原，所以，环境因素对硝化和反硝化的影响并不相同。

8.6.2.1　硝化反应的影响因素

（1）有机碳源　硝化菌是自养型细菌，有机物浓度不是它的生长限制因素，故在混合液中的有机碳浓度不应过高，一般 BOD 值应在 20mg/L 以下。如果 BOD 浓度过高，就会使增殖速度较高的异养型细菌迅速繁殖，从而使自养型的硝化菌得不到优势而不能成为优势种属，严重影响硝化反应的进行。

（2）污泥龄　为保证连续流反应器中存活并维持一定数量和性能稳定的硝化菌，微生物在反应器的停留时间。即污泥龄应大于硝化菌的最小世代时间，硝化菌的最小世代时间是其最大比增长速率的倒数。脱氮工艺的污泥龄主要由亚硝酸菌的世代时间控制，因此污泥龄应根据亚硝酸菌的世代来确定。实际运行中，一般应取系统的污泥龄为硝化菌最小世代时间的三倍以上，并不得小于 3～5d，为保证硝化反应的充分进行，污泥龄应大于 10d。

（3）溶解氧　氧是硝化反应过程中的电子受体，所以反应器内溶解氧的高低必将影响硝化的过程。大部分硝化菌将处于生物絮体的内部。在这种情况下，溶解氧浓度的增加将会提高溶解氧对生物絮体的穿透力，从而提高硝化反应速率。因此，在污泥龄短时，由于含碳有机物氧化速率的增加，致使耗氧速率增加，减少了溶解氧对生物絮体的穿透力，进而降低了硝化反应速率。一般应维持混合液的溶解氧浓度为 2～3mg/L，溶解氧浓度为 0.5～0.7mg/L 是硝化菌可以忍受的极限。有关研究表明，当 DO<2mg/L，氨氮有可能完全硝化，但需要过长的污泥龄，因此，硝化反应设计的溶解氧浓度≥2mg/L。

（4）温度　温度不但影响硝化菌的比增长速率，而且影响硝化菌的活性。硝化反应的适宜温度范围是 20～30℃。在 5～35℃的范围内，硝化的反应速率随温度的升高而加快。但达到 30℃时增加幅度减少，因为当温度超过 30℃时，蛋白质的变性降低了硝化菌的活性。当温低于 5℃时，硝化细菌的生命活动几乎停止。

（5）pH 值　硝化菌对 pH 值的变化非常敏感，最佳 pH 值范围内为 7.5～8.5，当 pH 值低于 7 时，硝化速率明显降低，pH 低于 6 和高于 9.6 时，硝化反应将停止进行。一般地，污水对于硝化反应来说，碱度往往是不够的，因此应投加必要的碱量，以维持适宜的 pH 值，保证硝化反应的正常进行。

（6）C/N　在活性污泥系统中，硝化菌只占活性污泥微生物的 5%左右，这是因为与异养型细菌相比硝化菌的产率低、比增长速率小。而 BOD_5/TKN 值的不同，将会影响到活性污泥系统中异养菌与硝化菌对底物和溶解氧的竞争，从而影响脱氧效果。一般认为，处理系统的 BOD 负荷低于 $0.15BOD_5/(g\ MLSS\cdot d)$，处理系统的硝化反应才能正常进行。

（7）有害物质　对硝化反应产生抑制作用的有害物质主要有重金属、高浓度的 NH_4^+-N、NO_x^--N 络合阳离子和某些有机物。有害物质对硝化反应的抑制作用主要有两个方面：一是干扰细胞的新陈代谢，这种影响需长时间才能显示出来；二是破坏细菌最初的氧化能力，这在短时间里即会显示出来。一般来说，同样的毒物对亚硝酸菌的影响比对硝酸菌的影响强烈。对硝化菌有抑制作用的重金属有 Ag、Hg、Ni、Cr、Zn 等，毒性作用由强到弱，当 pH 值由较高到低时，毒性由弱到强。而一些含氮、硫元素的物质也具有毒性，如硫脲、氰化物、苯胺等，其他物质如酚、氟化物、K_2CrO_4、三价砷等也具有毒性。一般情况下，有毒物质主要抑制亚硝酸菌的生长，个别物质主要抑制硝酸菌的生长。

8.6.2.2　反硝化反应的影响因素

（1）有机碳源　反硝化菌为异养型兼性厌氧菌，所以反硝化过程需要提供充足的有机碳源，通常以污水中的有机物作为反硝化菌的有机碳源，因为它具有经济、方便的优点，一般认为，当污水中 BOD_5/TN 值 $>3\sim5$ 时，即可认为碳源是充足的，不需外加碳源，否则应投加甲醇（CH_3OH）作为有机碳源。它的反硝化速率高，被分解后的产物为 CO_2 和 H_2O，不留任何难于降解的中间产物。

（2）pH 值　pH 值是反硝化反应的重要影响因素，反硝过程最适宜的 pH 值范围 $6.5\sim7.5$，不适宜的 pH 值会影响反硝化菌的生长速率和反硝化酶的活性。当 pH 值低于 6.0 或高于 8.0 时，反硝化反应将受到强烈抑制。由于反硝化反应会产生碱度，这有助于将 pH 值保持在所需范围内，并可补充在硝化过程中消耗的一部分碱度。

（3）温度　反硝化反应的适宜温度为 $20\sim40℃$，低于 15℃ 时，反硝化菌的增殖速率降低，代谢速率也降低，从而降低了反硝化速率。

（4）溶解氧　反硝化菌是兼性菌，既能进行有氧呼吸，也能进行无氧呼吸。含碳有机物好氧生物氧化时所产生的能量高于厌氧硝化时所产生的能量，这表明当同时存在分子态氧和硝酸盐时，优先进行有氧呼吸，反硝化菌降解含碳有机物而抑制了硝酸盐的还原。所以，为了保证反硝化过程的顺利进行，必须保持严格的缺氧状态。微生物从有氧呼吸转变为无氧呼吸的关键是合成无氧呼吸的酶，而分子态氧的存在会抑制这类酶的合成及其活性。由于这两方面的原因，溶解氧化对反硝化过程有很大的抑制作用。一般认为，系统中溶解氧保持在 $0.5mg/L$ 以下时，反硝化反应才能正常进行。但在附着生长系统中，由于生物膜对氧传递的阻力较大，可以容许较高的溶解氧浓度。

8.6.3 缺氧/好氧脱氮工艺

根据生物脱氮的原理，在 20 世纪 80 年代初开创了缺氧/好氧（A/O）工艺流程如图 8-4 所示，生物脱氮工艺将反硝化反应器放置在系统之前，所以又称为前置反硝化生物脱氮系统。在反硝化缺氧池中，回流污泥中的反硝化菌利用原污水中的有机物作为碳源，将回流混合液中的大量硝态氮（$NO_x^- -N$）还原成 N_2，而达到脱氮目的。然后再在后续的好氧池中进行有机物的生物氧化、有机氮的氨化和氨氮的硝化等生化反应，所以，A/O 工艺具有以下主要优点：

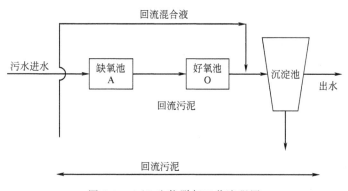

图 8-4 A/O 生物脱氮工艺流程图

① 流程简单，构筑物少，只有一个污泥回流系统和混合液回流系统，基建费用可大大节省。

② 反硝化池不需外加碳源，降低了运行费用。

③ A/O 工艺的好氧池在缺氧池之后，可以使反硝化残留的有机污染物得到进一步去除，提高出水水质。

④ 缺氧池在前，污水中的有机碳被反硝化菌所利用，可减轻其后好氧池的有机负荷。同时缺氧池中进行的反硝化反应产生的碱度可以补偿好氧池中进行硝化反应对碱度的需求的一半左右。

A/O 工艺的主要缺点是脱氮效率不高，一般为 70%～80%。此外，如果沉淀池运行不当，则会在沉淀池内发生反硝化反应，造成污泥上浮，使处理水水质恶化。尽管如此，A/O 工艺仍以它的突出特点而受到重视，该工艺是目前采用比较广泛的脱氮工艺。该工艺可以将缺氧池与好氧池建成合建式曝气池，中间隔以挡板，前段为缺氧反硝化，后段为好氧硝化。该形式特别便于对现有推流式曝气池进行改造。

8.7　废水生物除磷工艺

8.7.1　废水生物除磷原理

根据试验研究发现，好氧处理中的活性污泥在厌氧—好氧过程中，原生动物等生物相不发生变化，只有异养型生物相中的小型革兰氏阴性储短杆菌--俗称为聚磷菌会大量繁殖，它虽是好氧菌，但竞争能力很差，然而却能在细胞内贮存聚 β-羟基丁酸（PHB）和聚合磷酸盐（Poly-p）。在厌氧—好氧过程中，聚磷菌在厌氧池中为优势菌种，构成了活性污泥絮体的主体，它吸收低分子的有机物（如脂肪酸），同时将贮存在细胞中聚合磷酸盐（Poly-p）中的磷通过水解而释放出来，并提供必需的能量。而在随后的好氧池中，聚磷菌所吸收的有机物将被氧化分解，并提供能量，同时能从污水中变本加厉地、过量地摄取磷，在数量上远远超过其细胞合成所需的磷量，将磷以聚合磷酸盐的形式储藏在菌体内而形成高磷污泥，并且通过剩余污泥系统排出，因而可获得相当好的除磷效果。

在厌氧池，在没有溶解氧和硝态氧存在的厌氧条件下，兼性细菌将溶解性BOD通过发酵作用转化为低分子可生物降解的挥发性有机酸（VFA），聚磷菌吸收这些 VFA 或来自原污水的 VFA，并将其运送到细胞内，同化成细胞内碳能源储存物聚 β-羟基丁酸（PHB），所需的能量来源于聚磷的水解以及细胞内糖的酵解，并导致磷酸盐的释放。

在好氧池，聚磷菌的活力得到恢复，从污水中大量吸收磷，并以聚合磷酸盐的形式存储在细胞内，其量大大超出生长需要的磷量，通过 PHB 的氧化代谢产生能量，用于磷的吸收和聚磷的合成，能量以聚磷酸高能键的形式存储，磷酸盐便从污水中去除。值得指出的是，聚磷菌在厌氧—好氧交替运行的系统中有释磷和摄磷的作用，使得它在与其他微生物的竞争中取得优势，从而使磷得到有效去除。因为聚磷菌在厌氧条件下能够将其体内储存的聚磷酸盐分解，以提供能量摄取废水中的溶解性有机基质，合成并储存 PHB，这样使之在与其他微生物竞争中，其他微生物可利用的基质减少，从而不能很好地生长。而在好氧阶段，由于聚磷菌的高能过量摄磷作用，使得活性污泥中的其他非聚磷微生物得不到足够的有机基质及磷酸盐，也会使聚磷菌在与其他微生物的竞争中获得优势。并有效地抑制丝状菌的增殖，避免了由于丝状菌大量繁殖引起的污泥膨胀。

关于污水生物除磷工艺中的聚磷菌，经研究发现，除了小型革兰氏阴性短杆菌外，还有假单胞菌属和气单胞菌属，它们占聚磷菌数量的 15%～20%，而杆菌仅占 1%～10%，但它储存聚磷的能力最强。

Tracy 提出在好氧区聚磷的累积可用下式表达：

$$C_2H_4O_2+0.16NH_4^++1.2O_2+0.2PO_4^{3-} \longrightarrow$$

$$0.16C_5H_7NO_2+1.2CO_2+0.2(HPO_3)(聚磷)+0.44OH^-+1.44H_2O$$

而厌氧区，聚磷酸盐的降解也可表示如下：

$$2C_2H_4O_2+(HPO_3)(聚磷)+H_2O \longrightarrow (C_2H_4O_2)_2(储存的有机物)+PO_4^{3-}+3H^+$$

8.7.2 生物除磷的环境影响因素

8.7.2.1 BOD 负荷和有机物性质

废水生物除磷工艺中，厌氧段有机基质的种类、含量及其与总磷浓度的比值（BOD_5/TP）是影响除磷效果的重要因素。不同的有机物为基质时，磷的厌氧释放和好氧摄取是不同的。分子量较小的易降解的有机物，如低级脂肪酸类物质易于被聚磷菌利用，将其体内储存的聚合磷酸盐分解释放出磷，其诱导磷释放的能力较强，而高分子难降解的有机物诱导释磷的能力较弱。厌氧阶段磷的释放越充分，好氧阶段磷的摄取量就越大。另外，聚磷菌在厌氧段释放磷所产生的能量，主要用于其吸收进水中低分子有机基质合成 PHB 储存在体内，以作为其在厌氧压抑环境下生存的基础。因此，进水中是否含有足够的有机基质提供给聚磷菌合成 PHB，是关系到聚磷菌在厌氧条件下能否顺利生存的重要因素。一般认为，进水中 BOD_5/TP 要大于 $20\sim30$，才能保证聚磷菌有着足够的基质需求而获得良好的除磷效果。为此，有时可以采用部分进水和省去初沉池的方法来获得除磷所需要的 BOD 负荷。

8.7.2.2 溶解氧

在厌氧条件下，溶解氧直接影响聚磷菌的生长、释磷能力和利用有机基质合成 PHB 的能力。因为 DO 的存在，一方面 DO 将作为最终电子受体而抑制厌氧菌的发酵产酸作用，妨碍磷的释放；另一方面 DO 会耗尽能快速降解的有机基质，从而减少了聚磷菌所需的脂肪酸的产生量，造成生物除磷效果差。所以厌氧区的 DO 须严格控制在 0.2mg/L 以下。

而在好氧区中要供给足够的溶解氧，以满足聚磷菌对其储存的 PHB 进行降解，释放足够的能量供其过量摄磷，有效地吸收废水中的磷。所以，好氧区的 DO 控制在 2.0mg/L 左右。

8.7.2.3 污泥龄

由于生物脱磷系统主要是通过排除剩余污泥去除磷的，所以污泥龄的长短对污泥的摄磷作用及剩余污泥的排放量有着直接的影响。一般来说，污泥龄越短，污泥含磷量越高，排放的剩余污泥量也越多，越可以取得较好的脱磷效果。短的污泥龄还有利于好氧段控制硝化作用的发生，而有利于厌氧段的充分释磷，因此，仅以除磷为目的的污水处理系统中，一般宜采用较短的污泥龄。但过短的泥龄会使出水的 BOD_5 和 COD 达不到要求。所以，以除磷为目的的生物处理工艺，污泥龄一般控制在 3.5～7d。

8.7.2.4　厌氧区硝态氮

硝态氮包括硝酸盐氮和亚硝酸盐氮，其存在同样也会消耗有机基质而抑制聚磷菌对磷的释放，从而影响在好氧条件下聚磷菌对磷的吸收。另一方面，硝态氮的存在会被部分生物聚磷菌（气单胞菌）利用作为电子受体进行反硝化，从而影响其以发酵中间产物作为电子受体进行发酵产酸，从而抑制了聚磷菌的释磷和摄磷能力，以及 PHB 的合成能力。

8.7.2.5　pH 值和温度

研究证明，pH 值在 6～8 的范围内时，磷的厌氧释放比较稳定；pH 值低于 6.5 时，生物除磷的效果会大大下降。温度对除磷效果的影响不如对生物脱氮过程的影响那么明显，因为在高温、中温、低温条件下，不同的菌群都具有生物脱磷的能力，但低温运行时厌氧区的停留时间要长一些，以保证发酵作用的完成及基质的吸收。研究表明，在 5～30℃的范围内，可以得到很好的除磷效果。

8.8　污水臭气处理工艺

在污水处理过程中，由于各种生化反应，调节池、缺氧池、曝气池等会散发出难闻的恶臭气体，对大气造成二次污染并严重影响周围居民生活。随着环保意识的增强，很多污水处理厂已经采用封闭式设计，对于散发出的二次气体进行吸收分解后再外排。目前比较先进的臭气处理工艺是吸收和低温等离子电离（或者光催化氧化）组合技术。

8.8.1　水吸收

常用喷淋塔做吸收器，水或者低浓度碱液作为吸收液，由排风机把污水系统产生的二次气体送入吸收塔，气体在塔内由下向上升，吸收液由循环泵输入吸收塔顶部，通过喷淋装置喷入塔内，在填料层上与吸收液逆向接触而发作化学反应，绝大部分气体被吸收。经吸收处置后的废气再经过气液别离器分离后进入等离子体或者光催化氧化装置，恶臭气体被彻底分解成 CO_2 和 H_2O。

8.8.2　低温等离子电离除臭

低温等离子体是继固态、液态、气态之后的物质第四态，当外加电压达到气体的着火电压时，气体被击穿，产生包括电子、各种离子、原子和自由基在内的混合体。低温等离子体降解污染物是利用这些高能电子、自由基等活性粒子和废气中的污染物作用，使污染物分子在极短的时间内发生分解，并发生后续的各种反应以达到降解污染物的目的。低温等离子处理有机废气的原理是将普通的220V/380V 交流电通过变压器，变频器转换为高频高压的电压，产生足以击穿气体的电压，释放出高能电子，高能电子破坏有机废气中的气体分子之间的化学键，断开这些化学键从而产生了各种碳原子、氧原子、氢原子、氢氧自由基、臭氧等混合体，等离子体中的氧原子和碳原子重新结合形成二氧化碳，氧原子和氢原子重新结合形成水分子，最终产生排放到大气中的气体为无污染的二氧化碳（CO_2）和水（H_2O）。

低温组合等离子体技术具有以下优点：放电产生的低温等离子体中，电子能量高，几乎可以和所有的恶臭气体分子作用；反应快，不受气速限制；采用防腐蚀材料；只需用电，操作极为简单；设备启动、停止十分迅速，随用随开，常温常压下即能使用；气阻小，适用于大风量的废气处理。

8.8.3　光催化氧化除臭

半导体光催化剂大多是 n 型半导体材料（当前以 TiO_2 使用最广泛），都具有区别于金属或绝缘物质的特别的能带结构，即在价带（valence band，VB）和导带（conduction band，CB）之间存在一个禁带（forbidden band，BandGap）。由于半导体的光吸收阈值与带隙具有 $K = 1240/Eg(eV)$ 的关系，因此常用的宽带隙半导体的吸收波长阈值大都在紫外区域。当光子能量高于半导体吸收阈值的光照射半导体时，半导体的价带电子发生带间跃迁，即从价带跃迁到导带，从而产生光生电子（e^-）和空穴（h^+）。此时吸附在纳米颗粒表面的溶解氧俘获电子形成超氧负离子，而空穴将吸附在催化剂表面的氢氧根离子和水氧化成氢氧自由基。而超氧负离子和氢氧自由基具有很强的氧化性，能将绝大多数的有机物氧化至最终产物 CO_2 和 H_2O，甚至对一些无机物也能彻底分解。光催化氧化适合在常温下将废气、臭气等有毒有害有味成分完全氧化净化成无毒无害无味的低分子成分，适合处理高浓度（可用预处理的方式让浓度均匀通过）、气量大（设备可组合式处理）、分子结构稳定性强的有毒有害气体。该技术具有如下优势：

8.8.3.1　高效节能

光催化氧化利用人工紫外线灯管产生的紫外线作为能源来活化光催化剂，驱动氧化-还原反应，而且光催化剂在反应过程中并不消耗，利用废气、臭气表面中的水分和氧气作为氧化剂，有效地降解有毒有机废气，成为光催化高效净化、节约能源的最大特点。

8.8.3.2 氧化性强

半导体光催化具有氧化性强的特点，对臭氧难以氧化的某些有机物如三氯甲烷、四氯化碳、六氯苯都能有效地加以分解，最终还原为二氧化碳（CO_2）、水（H_2O）以及其他无毒无害物质，所以对难以降解的有机物具有特别意义。光催化的有效氧化剂是羟基自由基和超氧离子自由基，其氧化性高于常见的臭氧、双氧水、高锰酸钾、次氯酸等。

8.8.3.3 广谱性

光催化氧化对从烃到羧酸的种类众多有机物都有效，即使对原子有机物如卤代烃、染料、含氮有机物、有机磷杀虫剂也有很好的去除效果，只要达到一定的反应时间和反应环境配比即可达到完全氧化，可以说氢氧自由基的氧化对象几乎没有选择性，能跟任何现有物质反应。

8.8.3.4 使用寿命长

从理论上讲，由于光催化氧化反应中催化剂并未直接参与氧化还原，所以没有损耗，寿命是无限长的，无需更换。

8.9 组合式生物膜废水处理工艺

8.9.1 组合式生物膜废水处理工艺及其优点

随着技术的进步，传统的 A/O 反应系统已被新工艺新技术所取代，其中典型的是 IC 厌氧反应器加生物膜（MBBR）组合脱氮工艺。MBBR 是一种基于特殊结构填料的生物流化床技术，该技术在同一个生物处理单元中将生物膜法与活性污泥法有机结合，提升反应池的处理能力和处理效果，并增强系统抗冲击能力。

8.9.1.1 MBBR 技术降解污染物原理

MBBR 技术污染物降解原理如图 8-5 所示，微生物附着生长于悬浮填料表面，形成一定厚度的微生物膜层。独特设计的填料在鼓风曝气的扰动下在反应池中随水流浮动，带动附着生长的生物菌群与水体中的污染物和氧气充分接触，污染物通过吸附和扩散作用进入生物膜内，被微生物降解。附着生长的微生物可以达到很高的生物量，因此反应池内生物浓度是悬浮生长活性污泥工艺的 2～4 倍，可达 8～12g/L，降解效率也因此成倍提高。

由于微生物为附着生长方式（不同于活性污泥的悬浮生长），流动床载体表

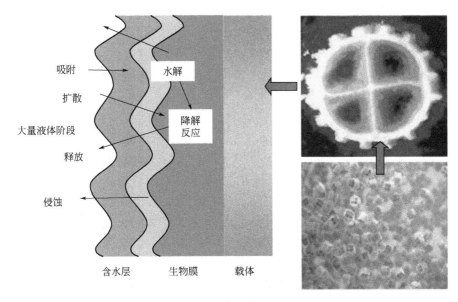

图 8-5　污染物降解原理图

面的微生物具有很长的污泥龄（20～40d），非常有利于生长缓慢的硝化菌等自养型微生物的繁殖，填料表面有大量的硝化菌繁殖，因此系统具有很强的硝化去除氨氮能力。

同时，附着生长方式利于其他特殊菌群的自然选择，而这些特殊菌群可有效地降解废水中的特征污染物，特别是一些难降解的污染物，从而获得更低的出水COD 浓度，提升出水水质。

8.9.1.2　MBBR 技术的优势

MBBR 技术的关键在于采用了独特的悬浮填料，由于该填料独特的结构设计，使 MBBR 较传统流化床工艺具有更高的污泥浓度、更均匀的流化态，从而获得更好的净化效果。悬浮填料通过在出口处增加筛网，可将填料保留在反应池内，填料表面的微生物也只停留在反应池内，反应池内微生物浓度相对稳定，对来水的水质和水量冲击具有更强的抗冲能力。该悬浮填料具有以下显著优点：

（1）独特的结构　填料外部膜更新快活性强，内部膜受到充分保护，生物生长状态良好，改变传统填料只能外部生长的方式，使微生物的降解效率更高。

特殊的结构使水中空气气泡和污染物可自由穿过填料内部，增加生物膜氧气和污染物的接触概率，大大提高了系统的传质效率，提高生物的降解活性。

填料内部生物菌群生命周期长，菌种丰富，特别适合硝化菌的生长，并兼有厌氧好氧双重特点，硝化反硝化脱氮效果明显

（2）生物载体表面积大（内部受保护的有效比表面积 $500m^2/m^3$）　足够大

的载体表面积适合微生物的吸附生长，有效生物浓度达 10g/L 以上（传统活性污泥仅为 2～4g/L），处理能力更强，容积负荷是传统活性污泥法的 2～4 倍。高的生物浓度使来水的水质波动得到充分的分散，并迅速被消减，从而提高了系统的抗冲击负荷能力；而且微生物固定于悬浮填料上，不随水流流出反应池，因此不存在生物流失问题。

（3）科学的配比，使填料挂膜后密度接近于 1（挂膜前 0.96） 合适的密度使填料在轻微搅拌下即可获得完全的流态化，最大限度降低能耗；填料自由通畅地旋转，增加对水中气泡的撞击和切割，破碎大的气泡，气泡在水中停留时间、氧的利用率可提高 3～5 个百分点，有效地降低了供氧能耗。

（4）更高效的脱碳能力 MBBR 载体上的高浓度的生物菌群可获得很强的 COD 降解能力，COD 容积负荷最高达到 6～10kgCOD/(m³·d)；同时载体上丰富的生物菌群类型，增加了对难降解有机物的降解性能，因此系统的出水水质更好。

（5）更优越的脱氮效果 MBBR 载体上的生物膜污泥龄长，非常适宜于硝化菌的生长，硝化菌浓度高，因此硝化脱氮能力显著，25℃的硝化效率达 700～1000g NH_4^+-N/(m³·d)，而传统的活性污泥法在污泥浓度 3g/L 的情况下，硝化效率低于 100～200g NH_4^+-N/(m³·d)。通过增加前置反硝化段还能去除系统总氮，脱氮效果达 1100g NO_x^--N/(m³·d)（25℃）。

（6）更稳定的出水水质 MBBR 能够获得稳定的出水水质主要得益于该工艺很强的抗冲击负荷能力。MBBR 反应池内高浓度的生物量以及附着生长的特性使反应池内一直保持着较高的生物浓度，来水水质的波动可被迅速分解，确保出水水质稳定。这一特性非常适用于煤化工、精细化工（如制药）、石油化工废水水质水量波动大的特点。

（7）更简捷的运行管理与较低的运行能耗 载体流动床技术属于生物膜技术，不存在传统活性污泥法的污泥膨胀、污泥上浮以及污泥流失等问题，也不用担心传质问题和供氧问题，因此不必频繁地监控反应池污泥情况和变换运行参数，使日常的运行管理更简捷。

MBBR 特殊载体的引入可提高氧的利用率 3%～5%，因此充氧能耗降低；而紧凑的工艺结构也有利于节能。

（8）更低的建设投资和占地面积 MBBR 处理单元的引入可显著提高 A/O 工艺的容积负荷率，从传统 A/O 工艺的 0.5～1kg COD/(m³·d) 提升到 2～4kg COD/(m³·d)。在获得相同处理能力和处理效果的条件下，MBBR 可减少构筑物容积和占地面积，因此土建投资和征地费用大大减少，整体投资降低约 10%。

（9）更少的维护和检修 MBBR 采用的填料材质坚固稳定，可保证使用 20

年以上不需更换。配套使用的高强度耐腐蚀塑料穿孔管曝气系统长期使用免维护，杜绝了传统橡胶微孔曝气器易破损的问题，从而大大减少了日常维护和检修费用，保证系统的长期连续运行。

（10）更少的剩余污泥产量　普通的好氧生物处理中，每去除 1kg 有机物的污泥产量可高达 0.3kg。MBBR 系统中微生物污泥龄长（20～40d），生物相多而且稳定化，同时微生物自身氧化分解，故系统污泥产生量少，污泥产量降低了30%～90%，相应减少了污泥处理费用。后续的低负荷活性污泥工艺类似于延时曝气工艺，在提供更好水质的同时，降低污泥产量。

（11）更灵活的运行方式　MBBR 可根据不同的来水水质，选择不同的填料填充率，以获得相应的处理能力。通过填料的增加可轻松获得整体处理能力的提升，满足日后污水进一步扩能的需求。

（12）更容易培育耐盐细菌　由于污水含盐密度会增加，活性污泥法运行稍有波动就会造成污泥的上浮和流失，MBBR 工艺能够有效地解决污泥流失上浮问题；最关键的是经过 MBBR 特殊结构培养和驯化出来的耐盐菌胶团，能够维持一定的脱氢酶活性（DHA），有效地发挥降解 COD 作用。

对于废水来说，由于其水质水量的波动较大，水质复杂，废水中难降解的物质较多，氨氮含量较高，需要生物系统的泥龄较长，MBBR 由于同时具备了活性污泥法和生物膜法的特点，非常适于处理本工程中的废水。

8.9.2　组合式生物膜废水处理工艺流程

图 8-6 为某公司日加工 2200t 玉米，日生产淀粉 800t，日产味精 450t 的污水处理工艺。

8.9.2.1　废水预处理

这里预处理指的是废水收集、冷却降温、均质均量等物化预处理。

（1）集水井　生活污水（厨房餐厅内的污水已经过隔油处理）由厂内管网重力流入集水井中以初步收集进水。集水井有效容积为 25m³。

集水井装备有机械格栅以拦截大块杂物，保护后续转动设备。集水井内装有一台液位计监测其液位，可以产生高低液位报警，并可控制集水井提升泵的启停。生活污水经集水井收集后，由集水井提升泵泵至调节预酸化池。

（2）冷却塔　中温厌氧最适宜的生化反应温度在 35～38℃，较低的温度会降低污泥的活性，影响 COD 的去除效率，但温度一旦超过 40℃ 则微生物活性会急剧降低甚至死亡。由于淀粉蒸发冷凝液、味精离交废水及味精复合肥蒸发冷凝液的水温高达 60℃，为获得稳定的生物反应运行效果，需要水温调节装置以保证厌氧反应器内温度位于合适的范围。

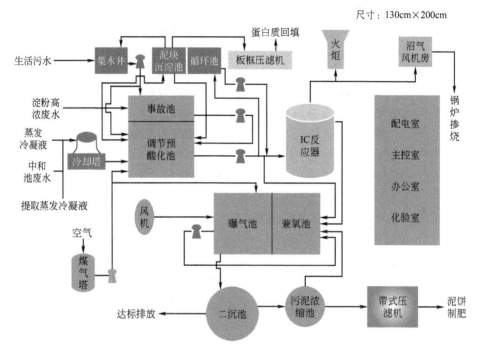

图 8-6　组合式生物膜废水处理工艺流程

　　本方案采用冷却塔作为降温设施。淀粉蒸发冷凝液单独设一台冷却塔，味精离交废水及味精复合肥蒸发冷凝液合用一台冷却塔，冷却后废水直接重力流入调节预酸化池。

　　注：为了补充后续 A/O 系统所需碳源，淀粉蒸发冷凝液废水也可以经过冷却塔冷却后流至缺氧池配水井。

　　(3) 事故池　为了避免异常情况下，淀粉高浓废水事故排放，对整个污水处理系统造成冲击，设置事故池用于该类事故废水的贮存，事故池有效容积为 1863m³。

　　事故池中装有液位计连续监测其液位，可以产生高低液位报警，并控制事故池提升泵的启停。

　　事故池配备双曲面搅拌机以防止固形物沉淀。当事故解决、污水处理车间正常运转后，淀粉高浓废水经事故池提升泵提升至混凝反应器。

8.9.2.2　厌氧处理

　　废水将经过两级厌氧处理。在第一级（调节预酸化池）污水被部分酸化，在第二级（IC 反应器）中，有机污染物被最终转化为沼气。

　　(1) 调节预酸化池　除淀粉蒸发冷凝液和其他废水外的废水一起进入调节预

酸化池，调节预酸化池有效容积为 3036m³，平均停留时间约为 10h。

在调节预酸化池中，废水中的有机污染物将被酸化菌部分酸化为挥发性脂肪酸（VFA），为后续进行的厌氧反应提供良好的条件。调节预酸化池装有连续运行的双曲面搅拌机以维持调节预酸化池内水质的均匀混合及防止固形物沉淀。

调节预酸化池内的 pH 值和温度将连续监控，一个测量循环泵用于精确测量调节预酸化池的 pH 和温度。pH 通过投加 NaOH 来自动调节，温度通过控制冷却塔的启停自动调节。一台液位计用以连续监测其液位，可以产生高低液位报警，并可控制双曲面搅拌机和 IC 反应器供料泵的启停。

废水自调节预酸化池通过三台（两用一备）IC 反应器供料泵提升至 IC 反应器。为了补充颗粒污泥生长必需的 P、Ca 等物质，磷酸氢二钠、氯化钙等通过加药系统投加到调节预酸化池中。

（2）IC 反应器　废水自调节预酸化池泵入 IC 内循环厌氧反应器，反应器有效容积约为 2252m³（直径＝11m，高＝24m）。在 IC 厌氧反应器内废水中大量的 COD 被降解并转化为沼气。IC 反应器的进水流量由电磁流量计和控制阀及 IC 反应器供料泵来控制。

IC 出水的 pH 和温度连续监测。IC 顶部脱气罐装有液位开关，若其液位过高则产生高位报警。

IC 反应器出水处安装一立管，IC 反应器的出水被收集在立管中，其中部分 IC 反应器的出水会从立管的底部返回调节预酸化池，该部分废水的流量由管道上的流量计和阀门调节；其余部分 IC 反应器的出水会从立管中溢流至好氧处理系统。

IC 反应器满负荷启动污泥量为 1250m³。

厌氧污泥泵用于为 IC 反应器装入或取出污泥，厌氧污泥泵为螺杆泵。

8.9.2.3　好氧处理系统

IC 出水进入好氧处理系统以实现 COD、氨氮的进一步降解。好氧系统主要包括缺氧池、曝气池及二沉池。

（1）缺氧池　缺氧池一共是 3 套，其中 1 套是 2000m³，另外 2 套的有效容积是 2700m³/套，总计是 7400m³。来自 IC 反应器的污水在缺氧池中发生反硝化反应，利用调节池出水那个气中的碳源（有机碳化物）作为氢供体，可将硝化混合液中的硝基氮还原为氮气脱除。缺氧池中装有双曲面搅拌机以保证废水的均匀混合。

（2）曝气池　两格缺氧池出水分别重力流入曝气池，曝气池为 3 套，每套的有效容积为 3660m³，有效水深选择为 6.0m。曝气池内填充的生物流化填料规格为 HDPE 型，有效比表面积 500m²/m³，填充数量为 5000m³。

在曝气池中发生实质性的 COD 到 CO_2 和 H_2O 转化，同时，氨氮在这里被氧化成硝酸盐氮。废水中的硝酸盐氮通过回流泵回流至缺氧池，在缺氧池由反硝化细菌还原成氮气。部分有机污染物转化成污泥（生物生长），因此整个系统的污泥量由于生长而增加，曝气池的污泥量将会上升。为保持曝气池的污泥量在预设值，必须将剩余污泥从系统中取出。

（3）二沉池　来自两格曝气池的泥水混合物流入一座直径为 34m 的二沉池（设计表面负荷为 0.5m/h）。在二沉池中活性污泥依靠重力沉降和过滤得以与处理后的废水分离。二沉池底部形成污泥床。来自曝气池的泥水混合物在二沉池中流过该污泥床，因而该污泥床具有过滤功能。通过污泥床的过滤污泥得以与处理后的废水相分离。经处理和过滤过的废水经二沉池溢流堰流入二沉池出水井，液位计连续监测二沉池出水井的液位。

二沉池中沉淀的污泥用二沉池污泥泵部分送回到缺氧池配水井，部分作为剩余污泥送至污泥脱水系统，两部分的污泥流量分别被进行连续监测。

8.9.2.4　沼气处理

IC 反应器中产生沼气，产生的沼气量取决于经过 IC 所降解的 COD 的量。降解 COD 越多，产气越多。沼气在 IC 反应器顶部收集以进一步处理。IC 反应器和沼气处理设施皆为封闭系统，沼气输送至电站来烧锅炉。

8.9.2.5　污泥处理

废水处理厂的剩余污泥需要收集、利用和处理。二沉池的剩余污泥流至污泥浓缩池后，一部分回流至缺氧池，剩余部分进入板框压滤机。由于这些污泥的干固物含量较低，为增加污泥的干固物含量，本工艺采用一台过滤面积为 $60m^2$ 的板框压滤机，通过板框压滤机的脱水作用，使污泥进一步脱水至干物含量约为 25% 后外运。板框压滤机排放的滤液流至集水井。

8.9.3　组合式生物膜废水处理工艺控制

组合式生物膜废水处理工艺控制指标如表 8-7、表 8-8 所示。

表 8-7　生产排水数据

排水种类	排水量 /(m³/d)	COD /(mg/L)	COD 总量/t	氨氮 /(mg/L)	氨氮总量 /t	pH	温度 /℃
淀粉蒸发	2500	2500	6.25	20	0.05	3～4	50
复合肥蒸发	1920	5000	9.6	20	0.04	2.5～3	50
提取蒸发	1920	1000	1.92	1000	1.92	9～10	50

续表

排水种类	排水量 /(m³/d)	COD /(mg/L)	COD 总量/t	氨氮 /(mg/L)	氨氮总量 /t	pH	温度 /℃
糖化蒸发	1440	100	0.144	5	0.01	3～4	50
精制中和池	3840	2500	9.6	260	1	1～13	50
淀粉高浓	900	16000	14.4	1000	0.9	3～4	40
其他废水	1600	1000	1.6	100	0.16	4～5	40
合计	14120	3082	43.51	289	4.08		

表 8-8　处理后外排水指标

水质指标	单位	数量
重铬酸盐值(COD_{Cr})	mg/L	≤100
悬浮性固体(SS)	mg/L	≤70
氨氮	mg/L	≤15
pH 值		6～9

8.9.3.1　操作参数

IC 厌氧反应器：进水温度 33～38℃、pH 值 6.5～7.5、挥发酸小于 3mmol/L、IC 出水碱度 10～15mmol/L、溶解氧小于 0.2mg/L。

MBBR 好氧池：pH 7～8、溶解氧控制在 2～4mg/L、SS 3000～5000mg/L、COD≤100mg/L。

缺氧池：pH 7～8、溶解氧控制在 0.2～0.5mg/L。

8.9.3.2　有机物与氨氮的比值（C/N）

废水中各种有机基质，如苯酚类及苯类物质是硝化和反硝化反应过程中的电子供体，是微生物的营养之一，它与废水中的氮含量的比值，是反硝化的重要条件，通常以 $BOD_5/TN>3$ 为前提或以 $COD_{Cr}/TKN>4$ 的要求来控制进水水质。当废水中的 $BOD_5/TN>3$ 时，即可顺利进行反硝化反应，达到脱氮的目的，无须外加碳源。当 $BOD_5/TN<3$ 时，需另加碳源达到理想的脱氮效果。

8.9.3.3　泥龄与有毒有害物质的控制

为了满足硝化的需要，往往运行时采用了更较长的泥龄，一般通过控制排放剩余污泥的量来控制泥龄，硝化细菌生长缓慢（世代时间约为 31h），产率低，当系统负荷受冲击后恢复缓慢；并且硝化细菌对有毒物存在十分敏感，当有毒有害物质浓度超过一定数量时对硝化细菌生长产生抑制作用。

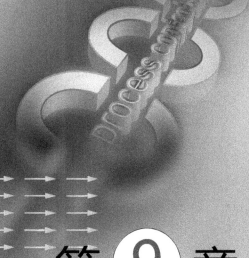

第 9 章

安全生产与食品安全

9.1　安全文化的功能及建设

9.1.1　安全文化的功能

安全文化建设对企业的安全生产具有重要作用，从伤亡事故产生机理来看，安全事故是人与人、人与物、人与环境之间的正常关系失控而产生的后果，即人的不安全行为和物的不安全状态，而物的不安全状态归根结底也是人为因素造成的。安全文化是规范人的思想和行为，加强安全文化建设就抓住了安全生产中的主要矛盾，"安全"与"事故"是对立统一的两个方面，控制了事故，就可以得到一个相对安全的环境。预防事故和意外灾害的发生是技术问题，也是管理问题，从根本上讲是人的安全文化素质问题。因此，加强安全文化建设是做好企业安全工作的基础。

安全文化是无形的，不是行为规范，不是规章制度，而是一种精神状态。如何建立起这样一种状态，是企业在生产过程中应努力探寻的。安全文化应该紧密结合企业特点进行安全生产实践活动，首先应正确地诠释"安全"。安全的概念是"免除了不可接受的风险的状态"，它想说明两件事：一是不可能有绝对安全。"安全是相对的，风险是绝对的"，事实上，总会存在一些风险，因此，只可能有相对安全，"绝对安全"是一种理想状态，因为经济、技术的先进性只能是逐步发展的，不能跨越历史条件。但完全有可能无限趋近"绝对安全""本质安全"。二是所谓安全就是通过把风险降低到可容许的程度来达到安全。"可容许风险"也是一个相对概念，它既要相对法律、法规、社会价值取向的规定，又要相对"对象"的要求的满足，是一种变化中的、动态的平衡，因为法律、社会在变，人的认识水平、要求也在变。这种平衡的最佳平衡点，就是我们寻求的、当下的安全最佳状态、合"理"状态。其特点是需要不断地、反复地进行平衡，才能满足人、机、物、环境等诸要素各自的"安全可靠"与相互的和谐统一。

企业的安全文化不能简单理解为安全宣传教育，安全教育和安全宣传虽然是安全文化重要的一个方面，但仅仅是安全文化的一个部分。安全文化是一个企业在长期生产活动中凝结起来的一种文化氛围，是员工的安全意识、安全态度，是员工对生命安全与健康价值的理解。明确安全文化的这些主要内涵，需要大家取得共识。在建设安全文化过程中，主要按照这个方向进行深化和拓展。对于一个企业，主张安全文化的建设要将企业安全理念和安全价值观落实在决策者和管理者的态度和行动中，落实在企业的管理制度中，将安全管理融入整个管理的实践中，将安全法规、制度落实在决策者、管理者和员工行为方式中，将安全标准落实在生产的技术、工艺和过程中，由此构成一个良好的安全生产氛围。通过安全文化建设，影响企业各级人员和员工的安全生产自觉性，以文化的力量保障企业的安全生产和经济发展。

安全文化建设是一项系统工程，需要企业各方面的共同努力，尤其是领导的重视。安全文化包括文化理念、方针、目标，作为味精生产企业，需要明确的安全文化理念：关爱消费者健康，奉献安全、放心、营养、美味的食品，引领食品消费时尚；追求零伤害，创造安全舒适的工作环境，让每位员工享受体面的劳动；坚持清洁、低碳的生产经营方式，履行社会责任，促进人与自然的和谐。通过建立明确的理念，以文化理念为核心，确立安全方针、目标，建立一套行为规范达到提升员工安全素质的目的。安全文化会表现出强大的力量，首先是影响力，其次是激励力，第三是约束力，第四是导向力。这四种力也可以说是四种功能，对员工会产生深刻的影响，从思想上、内心深处潜移默化改造一个人，能充分发挥员工的积极性、主动性、创造性，进而转化为生产力，为企业长期平稳发展、安全发展贡献力量。

9.1.2 文化建设

9.1.2.1 坚持"以人为本"突出安全文化

安全文化是企业员工的行为方式的选择和行为结果的统一，是一个潜移默化的过程。抓住问题的本质，就可以抛开繁烦的"文化"定义，从中解脱出来。这种良好的行为习惯的培养，对造就优秀的行为结果至关重要。企业安全文化，离不开员工的认知，离不开员工的努力，离不开员工的奋斗。而企业安全文化，既可以肯定员工的价值观念，也可以改变员工的价值观念。因此，建设企业安全文化，必须坚持"以人为本"，只有激发员工自发的主观能动性，把保证生产安全变成自觉行动，才能达到确保生产安全的目标。

9.1.2.2 持续开展宣传教育，提高综合知识和技能

企业安全文化建设的土壤是职工，职工受教育的程度、知识水平的高低、业务能力的强弱等基础文化素养，与安全文化工作的实施密切相关。为使员工具备适应现代化工业大生产的安全意识和技能，企业首先了解各部门培训需求，不断加强培训力度，以外聘专家或内部讲师的形式，采取集中培训与班组培训、观看视频教材与现场教学相结合，通过培训提高管理者及员工的安全生产责任感和自觉性，普及和增强员工的安全技术知识，增强安全操作技能，从而保护自己和他人的安全与健康。

9.1.2.3 完善安全机制和队伍建设

建立切实可行的安全生产责任制，做到行为有规范、考核有依据、奖惩有标

准的制度体系；建立以安全生产委员会为核心的、纵到底、横到边的网络体系，形成部门联动、人人监督。随着企业的发展，安全管理工作不断深入开展，需要一批专业性强、责任心强的安全管理人员，通过鼓励管理人员获得国家注册安全工程师的方法，提高管理人员专业技能。

9.1.2.4 以安全班组建设为载体

班组是企业的细胞，是员工从事活动的基本单元，班组安全是企业安全的基础，班组安全生产工作的好坏，关系到企业安全生产的大局，据大量事故案例分析，90％以上的事故都发生在班组，80％以上的事故是由于违章指挥、违章作业、设备隐患没能及时发现和消除等人为因素造成的，因此加强班组安全建设是企业加强安全生产管理的关键，也是减少事故及人身伤亡最有效的办法。因此，班组安全建设在企业安全管理中占有十分重要的位置，如果说标准化作业可以规范、约束员工个人行为的话，则推行安全班组建设可以规范和约束员工群体行为。

安全文化的推行，必须建立在完善的安全技术措施和良好的安全管理基础之上，安全文化建设不是权宜之计，而是一项长期、复杂的系统工程。人是安全文化的主体，也是安全文化的目的，安全文化建设的过程，就是实现员工价值和企业价值的过程。企业通过安全文化建设夯实安全基础工作，进而实现企业经济、社会效益最大化。

9.2 味精装置人机安全工程

以人为本，追求本质安全，将安全人机工程设计原理纳入味精装置建设中，运用人机工程学的理论和方法，在味精装置的工艺和设备的设计、安装过程中融入"人-机-环境"系统，并使三者在安全的基础上达到最佳匹配，以确保系统高效、经济运行，从而在源头上为员工创造一个安全、舒适的工作环境。

9.2.1 生产过程中存在的不安全因素分析

充分分析机械设备及设施在生产过程中存在的不安全因素，并有针对性地进行可靠性设计、维修性设计、安全装置设计、安全启动和安全操作设计。

9.2.1.1 物料危险、有害因素分析

根据《危险化学品名录》2015版，本装置中使用的化学品有液氨、硫酸、盐酸、液碱、硫酸镁、氯化钾、硫酸锰、磷酸、硫酸亚铁、丁二酸、碳酸钠，其中危险化学品有液氨、硫酸、盐酸、液碱；其中绝干乳、玉米浆干粉、锅炉燃

煤、饲料产品、粉末炭均不属于危险化学品，但它们在生产过程中都易产生粉尘，会对人体的呼吸系统产生危害，当在空气中达到一定浓度后还具有火灾、爆炸危险性。

9.2.1.2 工艺过程中的主要危险有害因素

（1）火灾、触电、灼烫、容器爆炸、中毒和窒息、化学灼伤：味精装置生产过程中存在多种能量物质，在工艺调节、操作中因参数设置、自动化控制及人为因素可能导致以上事故发生。

（2）污水处理厂工艺过程中产生的沼气（甲烷）是易燃气体，爆炸下限低，若遇可激发能源可能发生火灾爆炸事故。

（3）该项目涉及的可燃物质为正己烷、硫黄、轻柴油等在使用过程中，如果发生泄漏，由泄漏液体挥发出的气体与空气混合达到爆炸浓度极限范围时，若遇到点火源会导致火灾、爆炸事故的发生，存在较大的危险与危害性。在生产过程中，设备、管道的跑、冒、滴、漏事故及点火源的产生是场所发生火灾、爆炸事故的主要原因。

9.2.1.3 设备、设施主要危险因素分析

（1）机械伤害：搅拌器、带式过滤机、螺旋输送机、螺旋输送机、卧螺分离机、水解板框过滤机、斗提机、机器人码垛机等设备因防护不当、人为操作失误、违章作业等原因可能导致机械伤害事故。

（2）化学灼伤、灼烫：工艺设备、罐体或管道的设计缺陷、制造缺陷、各种腐蚀、施工缺陷、疲劳应力破坏等都可能导致局部泄漏；在仪器仪表接口处，由于仪器仪表本身的质量缺陷及连接处缺陷，计量装置不可靠等可能导致泄漏；施工安装质量低劣和违章施工等引发事故。

（3）中毒和窒息：味精工艺直接接触物料虽不能造成中毒和窒息，但在设备异常情况下，如物料喷溅；设备检维修过程中，人员进入发酵罐、等电罐等受限空间作业，存在中毒和窒息风险。

9.2.1.4 电气系统危险因素分析

（1）爆炸危险场所分类　如表 9-1 所示。

依据《爆炸和火灾危险环境电气装置设计规范》（GB 50058—92），装置的溶剂油罐区及泵房、液氨罐区及相应的泵房、自备电厂点火油罐区均属于爆炸性气体环境；淀粉干燥、淀粉包装、煤粉输送属于爆炸性粉尘环境。

（2）变压器火灾危险性分析　本项目在各车间设置 SCB-10 型干式变压器。变压器在运行过程中会因内部短路、外部短路或严重过负荷，雷击或外界火源，变压器分接开关位置不对，接触不良，长期发热等原因导致变压器着火。

表 9-1　爆炸危险区域划分表

物料名称	性质	所在车间	火灾危险类别	爆炸危险区划分
溶剂油	低闪点易燃液体	浸出车间、溶剂油罐区	甲类	气体 2 区
硫化氢	易燃气体	污水处理厂	甲类	气体 2 区
甲烷	易燃气体	污水处理厂	甲类	气体 2 区
液氨	极易气化液体	液氨罐区、泵房	乙类	气体 2 区
轻柴油	高闪点易燃液体	点火罐区及泵房	乙类	气体 2 区
硫黄	易燃固体	亚硫酸制备车间	乙类	粉尘 11 区
淀粉	爆炸性粉尘	包装车间	乙类	粉尘 11 区
煤粉	爆炸性粉尘	输煤系统	乙类	粉尘 11 区

变压器超负荷运行，使绝缘加速老化，绝缘老化后变黑，并失去原有弹性而变得焦脆。在绕组稍受振动或略受摩擦时，即可能完全损坏，导致匝间短路或层间短路。

（3）触电危害　本项目玉米浸泡等车间的生产特点导致车间空气潮湿，易造成电器短路、漏电，引发触电事故。同时由于装置中电气设备较多，易发生触电事故。引起触电事故的主要原因，除了设备缺陷、设计不周等技术因素外，大部分是由于违章指挥、违章操作引起的，常见的有：

① 不填写操作票或不执行监护制度，不使用或使用不合格绝缘工具和电气工具。

② 线路检修时不装设或未按规定装设接地线。

③ 线路或电气设备工作完毕，未办理工作票终结手续，就对停电设备恢复送电。

④ 在带电设备附近进行作业，不符合安全距离或无监护措施。

⑤ 开合闸操作不核对设备名称、编号、位置状态。

⑥ 工作人员擅自扩大作业范围，违章作业等。

⑦ 带电设备不定期清理灰尘：带电体由于灰尘堆积使其绝缘水平下降，从而导致人员触电，特别是在有粉尘聚集的场所发生触电的可能性更大。

（4）电气线路火灾　电气火灾往往是由于短路、过载运行、接触不良等原因，引起导线、电缆过热或产生电火花、电弧，从而引起火灾事故。

① 短路　造成短路的原因有以下几个方面：

a. 使用绝缘导线、电缆时，没有按具体环境选用，使导线的绝缘受高温、潮湿或腐蚀等作用的影响而失去绝缘能力。

b. 线路年久失修，绝缘层陈旧老化或受损，使线芯裸露。

c. 电源过电压，使导线绝缘被击穿。

d. 用金属线捆扎绝缘导线或把绝缘导线挂在钉子上，日久磨损和生锈腐蚀，使绝缘受到破坏。

e. 裸导线安装太低，搬运金属物件时不慎碰在电线上；金属构件搭落或小动物跨接在电线上。

f. 安装修理人员接错线路，或带电作业时造成人为碰线短路。

g. 不按规程要求私接乱拉，管理不善，维护不当造成短路。

② 过载　造成过载运行原因主要有：

a. 设计或选择导线截面不当，实际负载超过了导线的安全载流量。

b. 在线路中接入了过多或功率过大的电气设备，超过了电气线路的负载能力。

③ 接触电阻过大　造成接触电阻过大原因主要有以下几个方面：

a. 安装质量差，造成导线与导线，导线与电气设备衔接点连接不牢。

b. 连接点由于热作用或长期震动使接头松动。

c. 在导线连接处有杂质，如锈蚀、产生氧化层（如铜导线出现一铜绿）或渗入尘土如煤粉尘等。

（5）电动机运行过程火灾危险性分析　本项目生产中使用的电动机为异步交流电动机，在火灾爆炸危险环境采用的防爆型或防尘型，电动机在运行过程中存在主要危险表现为：

① 电动机的负载是有一定限度的，若负载超过电动机的额定功率，或者长期电压过低以及电动机单相运行（或称缺相运行），会造成电动机过热、振动、冒火花、声音异常、同步性差等现象，有时甚至烧毁电动机。

② 短时间内重复起动。加之散热不良，均会加速绝缘层的老化，降低绝缘强度。其他如制造、修理时不慎，人为破坏绝缘层，过电压或雷击等都会使绝缘损坏，发生短路起火。

③ 不根据场所环境条件错误选型，也会造成火灾、爆炸事故。

④ 电动机接地点接触不良，会引起局部升温损坏绝缘，产生火花、电弧甚至短路等引燃可燃物，造成火灾。

⑤ 电动机在发生漏电时，人体或其他导体接触带电机壳极易发生触电伤害事故。

⑥ 电动机是高速旋转的设备、若润滑不良或装配不精确，如转轴偏斜在高速旋转中，剧烈的机械摩擦可使轴承磨损并产生巨大热量，进一步加剧旋转阻力，轻则使电动机工作失常，重则使电动机转轴被卡，烧毁电动机，引起火灾。

⑦ 电机在运行时如果风扇与轴松动或脱落将会引起电机温升过高，引起火灾事故。

（6）静电危险因素分析　产生静电的原因主要有摩擦、感应起电、吸附带电等，由于静电的存在，往往会产生一些危害，其火灾危险性也随之加大，主要表现为：

① 固体物质在搬运或生产工序中会受到大面积摩擦和挤压，传动装置中皮带与皮带轮之间的摩擦。

② 一般可燃液体都有较大的电阻，在输送、运输或生产过程中，由于相互碰撞、喷溅与管壁摩擦或受到冲击时，易产生静电。特别是当液体内没有导电颗粒、输送管道内表面粗糙、液体流速过快等，都会产生很强摩擦，如果所产生的静电荷在没良好导除静电装置时，便积聚电压而发生放电现象，从而引发火灾。

③ 压缩气体（液氨、压力容器内的其他可燃气体等）因其中含有杂质，从管道口或破损处高速喷出时，会在强烈摩擦下产生大量的静电，导致燃烧或爆炸事故。

④ 积聚在绝缘的、未接地的部件或粉尘上的电荷，经过空气间隙对地放电，电荷对地电压差越大，危害程度越大。在内衬有塑料层的钢管中输送物料，由于连续冲击绝缘表面的摩擦生成双电层，有可能在板上或出口处发生静电；当非导电粉料注入大容器或筒仓时，可能产生很高的空间荷电密度，沿物料表面从顶到地传播。即静电火花是极易引起粉尘爆炸的危险因素。

如设备、设施无防静电措施或防静电措施效果差时，会使静电逐渐积累，导致静电放电而产生静电火花。当作业人员没有穿防静电服装，同时又穿胶鞋或塑料鞋之类的绝缘鞋时，可由于运动中产生的摩擦使人体带上静电，并可能因静电电击引起精神紧张、摔倒、坠落，造成二次事故。

9.2.2　防范措施

公司应建立完善的安全管理机制，采取了必要的安全措施。

（1）厂房设计，严格按《建筑设计防火规范》（GB 50016—2015）规定进行。危险区域与其生产区域用防火防爆墙隔离，设置足够数量的安全出入口，每个防火分区不少于 2 个出口，保证事故发生时有关人员能及时疏散，并防止波及其他区域。厂房及屋面结构保证安全性和足够的泄压面积，尽量减少意外事故的影响。在工艺生产的过程中，充分合理应用自动控制系统，减少人工操作，使生产更加稳定，装置采用 DCS 集中控制和 PLC 控制。

（2）对设备和管道加强密封、酸碱部分的法兰、阀门和有关紧固件要高于安全压力等级，防止腐蚀性液体外泄。

（3）防范明火的产生，采用不发生火花的地面。管道和设备严格按规定进行静电接地，建筑物设避雷装置，粉尘防爆区的电气和照明按 11 区设防。

（4）停产检修时，检查检修处的粉尘的浓度保持合格后才可动用明火。

（5）加强通风，随时排除淀粉泄漏出来的粉尘，排尘前先用布袋除尘器进行一级除尘。

（6）凡温度超过 60℃ 的管道和设备，在操作人员可能触及范围内都要保温和安全防护。

（7）在控制室内设置紧急报警系统，在装置出现异常情况时，及时通知操作人员。

（8）在压力容器和贮液容器上设有防过载的高压或高液位的控制系统，在压力容器上设置一定数量的安全阀。

（9）装置区噪声控制在 85dB 以下，风机和空气压缩机等振动机械的独立设置，采用防振措施。生活及办公部门和操作区有一定的距离，以减少噪声的干扰。

（10）在酸碱操作区附近设置事故淋浴和洗眼器。

（11）在装置内设置厕所、更衣室、淋浴室及休息室，配置岗位适用的医药箱，培训现场急救人员，满足初始状态下有效急救。

（12）在装置内设置安全牌，鲜明地标出"防火""禁止吸烟""防止腐蚀"等警示。

（13）对装置内可能发生的机械伤害的部位全部安装防护装置。所有管道的管件采用压制管件，如采用焊接管件的情况下，均加工到无锐角、无突出部位及焊瘤；管件均采用对焊连接。

（14）敷设电气线路时宜避开可能受到机械损伤、振动有及可能受热的地方，不能避开时，应采取预防措施。电气线路应在爆炸性较小的环境敷设。

（15）依据《用电安全导则》中提出的电击防护基本措施，在装置带电体附近设置防触电警示标志，在人体可能接触的带电体周围采用屏护装置。

（16）高空作业必须系好安全带。

（17）设立专职安全生产管理机构，建立生产管理制度，定期向职工进行有关教育和经常检查并完善装置内的各类安全设施，杜绝人为事故的发生。

（18）购置足够数量的劳动保护用品，如防腐服装、手套等，供操作人员使用。

（19）所有阀门、仪表的安装应方便操作，操作频繁的 DN≤100 的阀门其阀杆中心线不能高出地面或平台 1.6m，操作频繁的 DN≥125 的阀门其阀杆中心线不能高出地面或平台 1.2m。

（20）蒸汽管线在适当位置设疏水点，并根据热伸长量设置固定点。

（21）液碱和硫酸管道采用伴热。

（22）金属管道根据国家规范要求做静电跨接。

（23）设备和管道操作温度 >60℃ 的需采取保温隔热措施，设备隔热材料采用岩棉板，管道隔热材料采用超细玻璃岩棉管壳。设备隔热的防护层采用 $\delta=$

0.7mm 厚的镀锌铁皮。管道隔热的防护层采用 $\delta=0.5$mm 厚的镀锌铁皮。

9.2.3 人机系统的安全控制

在人机系统中人始终起着核心和主导作用，机器起着安全可靠的保证作用。解决安全问题的根本是实现生产过程的机械化和自动化，让工业机器代替人的部分危险操作，从根本上将人从危险环境中解脱出来，实现安全生产。味精装置按照机械化、自动化设计原则，采用先进技术，通过提高自动控制水平，尽最大可能减少人为操作失误，达到安全生产的目标。

（1）糖化车间　各糖化罐均设有集中温度、液位显示报警。进料、出料管道上均设有气动切断阀门，实现进、出料自动控制。

（2）发酵车间　对空气流量系统、罐压系统、物料及补料系统（含补糖）、PH 控制（含补氨）、称重、溶解氧等实现数字化控制。

（3）提取车间　以等电结晶、离交及离交辅助系统、转晶、拉冷、四效蒸发、水解等为主要控制单元，以温度、物位（液位）、pH 控制、物料的进出批量控制、配料或溶解罐的加溶液批量控制（控制配料浓度）、各相关罐的浓度监测、离交过程的时序控制、拉冷过程的快速冷却控制、四效蒸发的进料流量控制、真空度控制、以出料浓度为核心的串级或前馈控制、各泵、阀（调节阀、开关阀）、液位的关联控制，使整个生产过程实现现场无人操作的控制室内完成的自动化监测、控制。

（4）精制工段　以脱色罐、过滤、过滤液回收、炭柱、炭柱处理、浓缩结晶器、助晶槽等为中心，检测控制温度，物位（液位）、pH 控制，物料的进出计量、物料的进出批量控制、时序控制，炭柱的液位、流量、相关阀门的关联与时序控制，浓缩结晶器的进料控制、温度控制、液位控制，浓缩液的浓度监测控制，结晶器的搅拌转速控制，助晶槽的温度、液位、浓度监测控制，各泵、阀（调节阀、开关阀）、液位的关联控制等，使整个生产过程实现现场无人操作的控制室内完成的自动化监测、控制。

（5）其他工段　其他辅助工段的自动化水平以检测或辅助控制为主，对有的成套设备带有自动化控制的，以数据交换为主，实现自治控制，统一检测，统一报表的原则。

自动化控制水平：各工段车间设有 OCC 控制室。电气测量部分信号包括电流测量、电压测量、频率测量、功率测量、功率因数测量、电度测量等模拟信号及电源进线断路器、低压厂用电断路器、厂用电动机运行状态等开关量信号送到控制室（站）；电动机回路的运行控制可均在控制室（站）中实现。根据工艺要求的电动机及 55kW 以上的电动机在 OCC 系统显示其运行电流信号。单台电机设置现场操作站,应设有"启动、停止、转换开关"等相应装置,转换开关可以选择现场及远动控制的方式,以满足电机有遥控"开"的要求。现场操作站的形式应满足使用场所的环境要求。自控仪表安全检查表如表 9-2 所示。

表 9-2 自控仪表安全检查表

序号	检查项目	检查依据	检查结果	实际情况
1	在生产或使用可燃气体及有毒气体的工艺装置和储运设施区域内,对可能发生可燃气体及有毒气体的泄漏进行检测时,应设置可燃气体检测器和有毒气体检测器	GB 50493—2009 第 3.0.1 条	是	设有可燃、有毒气体报警器
2	可燃气体释放源处于封闭或局部通风不良的半敞开厂房内,每隔 15m 可设一台检(探)测器,且检(探)测器距其所覆盖范围内的任一释放源不宜大于 7.5m,有毒气体检测器距释放源不宜大于 1m	GB 50493—2009 第 4.2.2 条	是	符合要求
3	释放源处于露天的设备区域内,当检(探)测点位于释放源的全年最小频率风向的上风侧时,可燃气体检(探)测点与释放源的距离不宜大于 15m	GB 50493—2009 第 4.2.1 条	是	小于 15m
4	检测比重大于空气的可燃气体检(探)测器,其安装高度应距地坪(或楼地板)0.3~0.6m。检测比重大于空气的有毒气体的检(探)测器,应靠近泄漏点,其安装高度应距地坪(或楼地板)0.3~0.6m	GB 50493—2009 第 6.1.1 条	是	安装高度符合要求
5	报警信号应发送至现场报警器和有人值守的控制室或现场操作室的指示报警设备,并且进行声光报警	GB 50493—2009 第 3.0.4 条	是	声光报警
6	控制方式宜采用集中控制。集中控制方式有机炉电集中控制、机炉集中控制、锅炉集中控制、汽机集中控制方式。运行人员在少量就地操作和巡检人员的配合下,通过设置在集中控制室或控制室的操作员站,实现机组的启动、停止和正常运行工况下的监视和调整,以及异常运行工况下的事故处理和紧急停机	GB 50049—2011 第 16.2.1 条	是	采用集中控制
7	控制室和电子设备间布置位置及面积应符合下列规定: 1)控制室和电子设备间宜位于被控设备的适中位置。 2)便于电缆进入电子设备间。 3)避开大型振动设备的影响。 4)不应坐落在厂房伸缩缝和沉降缝上或不同基座的平台上。 5)控制室操作台前的运行维护操作场地应满足运行监控人员工作方便和交接班的需要。 6)控制室和电子设备间的净空应满足安全、安装、检修、维护以及运行监控人员工作需要。 7)盘柜到墙、盘柜两侧的通道和盘柜之间的通道应满足热控设备最小安全距离、维护、检修、调试、通行、散热的要求	GB 50049—2011 第 16.3.6 条	是	符合要求

序号	检查项目	检查依据	检查结果	实际情况
8	开关量控制的功能应满足机组的启动、停止及正常运行工况的控制要求,并能实现机组在异常运行工况下的事故处理和紧急停机的控制操作,保证机组安全	GB 50049—2011 第16.6.1条	是	紧急停车控制操作
9	联锁控制的具体功能应满足下列要求: 1)实现风机、泵、阀门、挡板的顺序控制。 2)在发生局部设备故障跳闸时,联锁启动和停止相关的设备。 3)实现状态报警、联锁及保护	GB 50049—2011 第16.5.2条	是	符合要求
10	发电机的主要保护项目应包括下列内容: (1)发电机断水保护。 (2)发电机厂家要求的其他保护	GB 50049—2011 第16.8.4条	是	符合要求
11	当机组或主厂房控制系统发生全局性或重大故障时,为确保机组紧急安全停机,应设置独立干控制系统的后备硬接线操作手段	GB 50049—2011 第16.9.6条	是	符合要求
12	机组或主厂房控制系统、汽轮机控制系统、机组保护回路、火焰检测装置等的供电电源应有两路电源供电。其中一路应采用交流不间断电源,一路应采用厂用电。两路电源宜设自动电源切投装置,切投时间应确保不影响控制系统的运行	GB 50049—2011 第16.10.1条	是	两路电源
13	控制盘应有两路电源供电,两路电源分别引自厂用低压母线的不同段。控制盘需要直流电源时,应有两路电源供电,两路电源均引自电气蓄电池组	GB 50049—2011 第16.10.3条	是	两路电源供电
14	仪表和控制回路用的电缆、电线的线芯材质应为铜芯。电缆的敷设应有防火、防高温、防腐、防水、防震等措施	GB 50049—2011 第16.11.1条	是	符合要求
15	就地仪表的安装位置应按设计文件规定施工,当设计文件未具体明确时,应符合下列要求: 1)光线充足,操作和维护方便; 2)仪表的中心距操作地面的高度宜为1.2～1.5m; 3)显示仪表应安装在便于观察示值的位置; 4)仪表不应安装在有振动、潮湿、易受机械损伤、有强电磁场干扰、高温、温度变化剧烈和有腐蚀性气体的位置; 5)检测元件应安装在能真实反映输入变量的位置	GB 50093—2002 第5.1.1条	是	符合要求
16	直接安装在设备或管道上的仪表在安装完毕后,应随同设备或管道系统进行压力试验	GB 50093—2002 第5.1.7条	是	进行压力试验
17	仪表上接线盒的引入口不应朝上,当不可避免时,应采取密封措施	GB 50093—2002 第5.1.8条	是	采取密封措施
18	仪表工程在系统投用前应进行回路试验	GB 50093—2002 第11.1.5条	是	进行了回路试验

9.2.4　人机系统常见的事故及其原因

9.2.4.1　常见事故

（1）卷入和挤压　这种伤害主要来自旋转机械的旋转零部件，即两旋转件之间或旋转件与固定件之间的运动将人体某一部分卷入或挤压。这是造成机械事故的主要原因，其发生的频率最高，约占机械伤害事故的47.7%。

（2）碰撞和撞击　这种伤害主要来自直线运动的零部件和飞来物或坠落物，例如，做往复直线运动的工作台或滑枕等执行件撞击人体，高速旋转的工具、工件及碎片等击中人体；起重作业中起吊物的坠落伤人或人从高层建筑上坠落伤亡等。

（3）接触伤害　接触伤害主要是指人体某一部分接触到运动或静止机械的尖角、棱角、锐边、粗糙表面等发生的划伤或割伤的机械伤害和接触到过冷过热及绝缘不良的导电体而发生冻伤、烫伤及触电等伤害事故。

9.2.4.2　事故原因

（1）机械设备存在在先天性潜在缺陷　属于这一类的潜在安全隐患涉及很广，从设计到制造者诸如零件材料缺陷及材料选择不当、基础设计不当、强度计算不准、结构设计不当、操纵控制机构设计不当、显示装置设置不当、无安全防护装置以及制造中的加工装配不当等。

（2）设备磨损老化　使用过程中由于磨损、老化降低了设备的可靠性而产生潜在的危险因素，如裂纹、腐蚀等缺陷，由于未被发现而带病运转。

（3）人的不安全行为　有的是由于安全意识差而做的有意行为或错误行为，有的则是由于人的大脑对信息处理不当而做的无意行为，如误操作、误动作。人的任何一种不安全行为都可能导致事故发生。

9.2.4.3　事故预防

绝大多数人机事故是可以故障诊断等预先识别技术加以防范的。对于有卷入和挤压风险的设备，如自动下卸料离心机、齿轮泵、搅拌器、螺旋输送机等，在其旋转部位全部加装防护罩，把人与危险机械分离，创造安全环境；电气部分设过流保护，保护设备同时也保护了操作者；有碰撞风险的设备，如机器人码垛机，将作业区域与外部隔离，非作业人员不能进入危险区，并设置警戒光栅和紧急拉线开关，如有人进入，被光栅检测，立即自动停机，同时操作者在设备流水线两侧任意位置均可搜紧急拉线开关停机，尽最大可能保障人员安全。

9.3　重大危险源辨识及管理

9.3.1　重大危险源辨识依据

根据《危险化学品重大危险源辨识》（GB 18218—2009），危险化学品重大危险源定义为：长期地或临时地生产、加工、使用或储存危险化学品，且危险化学品的数量等于或超过临界量的单元。单元是指一个（套）生产装置、设施或场所，或同属一个生产经营单位的且边缘距离小于500m的几个（套）生产装置、设施或场所。临界量是指对于某种或某类危险化学品规定的数量，若单元中的危险化学品数量等于或超过该数量，则该单元定为重大危险源。

9.3.1.1　重大危险源的辨识

（1）根据GB 18218—2009的规定，闪点在23～61℃之间的易燃液体，临界量为5000t，本装置设置1个30m³轻柴油储罐，储量小于5000t，不构成危险化学品重大危险源。

（2）根据GB 18218—2009要求，液氨临界量为10t，本项目拟设3台400m³球罐，储存量约为480t，储存的液氨量远大于10t，故液氨的储量已构成危险化学品重大危险源。

（3）根据GB 18218—2009要求，溶剂油临界量为500t，本项目设1台50m³的地下溶剂油储罐，储存量远小于500t，故不构成危险化学品重大危险源。

（4）根据GB 18218—2009要求，硫黄属易燃固体，临界量为200t，本项目硫黄的最大储存量为9t，小于临界量，故不构成危险化学品重大危险源（重大危险源辨识表如表9-3所示）。

表 9-3　重大危险源辨识表

场所名称	设备名称	介质	容积/m³	危险物质量/t	构成重大危险源临界量/t	是否构成重大危险源
点火油罐	轻柴油储罐	轻柴油	30	20	5000	否
液氨罐区	液氨球罐	液氨	400×3	480	10	是
浸出溶剂油罐	溶剂油罐	溶剂油	50	32	500	否
化学品库	硫黄	硫黄	—	9	200	否

计算过程：

$$q_1/Q_1 + q_2/Q_2 + \cdots + q_n/Q_n$$

$$=20/5000+480/10+32/500+9/200=48.113>1$$

9.3.1.2　对压力容器辨识

根据《关于开展重大危险源监督管理工作的指导意见》（按监管协调字〔2004〕56 号）规定，符合下列条件的压力容器构成重大危险源：

① 介质毒性程度为极度、高度或中度危害的三类压力容器。

② 易燃介质，最高工作压力≥0.1MPa，且 PV≥100MPa·m³ 的压力容器（群）。

③ 味精装置各车间的压力容器较多，主要为液氨球罐等，对压力容器的重大危险辨识如表 9-4 所示。

表 9-4　压力容器构成重大危险源辨识汇总表

设备名称	压力/MPa	临界量	PV 值/MPa·m³	是否构成重大危险源
400m³ 液氨球罐×4	2	易燃介质,最高工作压力≥0.1MPa 且 PV≥100MPa·m³	3200	是

9.3.1.3　压力管道辨识

依据《关于开展重大危险源监督管理工作的指导意见》（按监管协调字〔2004〕56 号）规定，符合下列情况的压力管道构成重大危险源：

长输管道：输送有毒、可燃、易爆气体，且设计压力大于 1.6MPa 的管道；输送有毒、可燃、易爆液体介质，输送距离大于等于 200km 且管道公称直径≥300mm 的管道。

公用管道：中压和高压燃气管道，且公称直径≥200mm。

工业管道：输送 GB 5044 中，毒性程度为极度、高度危害气体、液化气体介质，且公称直径≥100mm 的管道；输送 GB 5044—85 中极度、高度危害液体介质，GB 50160—2008 及 GB 50016—2006 中规定的火灾危险性为甲、乙类可燃气体，或甲类可燃液体介质，且公称直径≥100mm、设计压力≥4MPa 的管道；输送其他可燃、有毒液体介质，且公称直径≥100mm、设计压力≥4MPa、设计温度≥400℃的管道。

本项目使用的液氨为易燃、有毒气体，压力管道最大公称直径为 76mm，设计压力 2.5MPa，公称直径小于 100mm，因此压力管道未构成重大危险源。

9.3.1.4　锅炉

本项目涉及的 130t/h 蒸汽锅炉，其工作压力为 5.4MPa。依据《关于开展重大危险源监督管理工作的指导意见》的规定：蒸汽锅炉额定蒸汽压力大于2.5MPa，且额定蒸发量大于等于10t/h即构成重大危险源。因此本项目锅炉已构成重大危险源（表9-5）。

表9-5　锅炉构成重大危险源辨识汇总表

设备名称	压力/MPa	额定蒸发量	构成重大危险源临界量	是否构成重大危险源
蒸汽锅炉	5.4	130t/h	额定蒸汽压力大于2.5MPa，额定蒸发量大于等于10t/h	是

9.3.2　重大危险源管理

重大危险源是公司安全管理的重点，按照《危险化学品重大危险源辨识》和《关于开展重大危险源监督管理工作的通知》要求，建立重大危险源档案，并按要求到政府安监部门备案。日常监控方法：在确定重大危险源之后，针对公司现状制定应急预案，并组织员工开展演练。安全环保部制定重大危险源巡检表，对确定的重大危险源每周开展检查，查工艺参数、设备状况、防护措施及员工在岗状况，并认真记录，掌握危险源实际运行状态，做到对危险源的可知及可控，重大危险源（重点部位）巡查表如表9-6、表9-7所示。

表9-6　重大危险源（重点部位）巡查表（一）

检查区域	检查项目	检查内容及标准	检查情况	处理意见	被查单位签字
液氨球罐（3×400m³）区	罐体	压力≤1.2MPa，液位≤8m			
	防护器具	防护服无破损、老化；正压式空气呼吸器气瓶压力≥200bar（1bar＝10⁵Pa），外观无破损			
	气体浓度报警仪	完好灵敏、有效			
	阀门、法兰、管道	无泄漏			
	喷淋系统压力	≥0.4MPa			
重大危险源（重点部位）现场管理	安全巡查记录	岗位是否按规定进行巡查，巡查有无漏项，记录是否及时、认真、真实			
	岗位操作	岗位员工是否按规定操作，有无"三违"现象			

表 9-7 重大危险源（重点部位）巡查表（二）

检查区域	检查项目	检查内容及标准	检查情况	处理意见	被查单位签字
锅炉	锅炉蒸汽压力	过热蒸汽压力≤5.29MPa,满足汽机运行要求			
		汽包工作压力 5.819MPa			
		过热蒸汽温度 $430 \leqslant t \leqslant 450℃$			
	安全阀	安全阀在校验期内,铅封完好			
	压力表	压力表在校验期内,完好、有效			
		压力表量程为工作压力的 1.5～3 倍			
		表盘直径不小于 100mm,刻度盘上有最高工作压力红线			
		每半年校验一次			
	水位表	刻度清晰,便于观察,有警示红线			
		至少有两只独立水位计			
	管道、阀门、燃烧室	保温措施好,严密、无泄漏			
	电气联锁	超温报警、高低水位警报和低水位联锁保护装置良好			
	通道、扶梯	通道人无杂物、扶梯完好、照明充足			
	防护器具	完好、有效			
沼气柜区	浮顶高度	<6.3m			
	气罩浮顶	升降灵敏、无卡住现象			
	气柜接地线	完好、无脱落			
	管道、水封	无泄漏、防静电跨接无松动脱落			
	气体浓度报警仪	完好、灵敏有效			
	防护器具	完好、有效			
重大危险源（重点部位）现场管理	安全巡查记录	岗位是否按规定进行巡查,巡查有无漏项,记录是否及时、认真、真实			
	岗位操作	岗位员工是否按规定操作,有无"三违"现象			

巡视人：＿＿＿＿＿＿＿

9.4 应急管理

为贯彻落实国家有关安全生产、应急管理的法律法规，提高公司保障生产安全和处置生产安全事故的能力，最大限度地预防和减少事故造成的伤害，保障员工生命、国家财产和环境安全，企业应制定应急预案。包括综合应急预案、专项应急预案，为保障应急预案充分发挥应对紧急情况的作用，应将预案分解成简单适用的现场处置方案，要求步骤明确，方法简单，叙述清晰，便于操作，同时车间、班组至少针对本岗位接触的危险因素，选择适用现场处置方案进行演练，使每位员工牢固掌握应急技能，关键时刻能够发挥作用。

编制依据如下：

（1）国家法律、法规 《中华人民共和国安全生产法》《中华人民共和国消防法》《中华人民共和国环境保护法》《突发公共卫生事件应急条例》等法律法规。

（2）应急预案体系 公司应急预案体系包括公司综合应急预案、公司专项应急预案和各单位专项应急预案、现场处置方案，如图 9-1 所示。

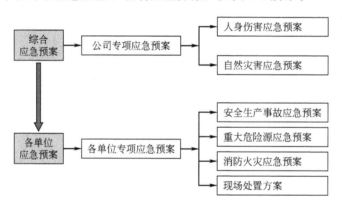

图 9-1 应急预案及综合应急预案

（3）应急工作原则

① 以人为本，减少危害。把保障员工健康和生命财产安全作为首要任务，最大限度地减少安全生产事故及其造成的危害。

② 居安思危，预防为主。高度重视生产安全工作，常抓不懈，防患于未然。增强安全意识，坚持预防与应急相结合，常态与非常态相结合，做好应对安全生产事故的各项准备工作。

③ 统一指挥，分级负责。在公司的统一领导下，建立分级负责，岗位管理为主的应急管理体制。

④ 依法规范，加强管理。依据有关法律法规，加强应急管理，使应对安全

生产事故的工作规范化、制度化、法制化。

⑤ 快速反应，协同应对。加强岗位化管理的专（兼）职应急救援队伍建设，与地方政府和相关方建立预警联动机制，依靠地方力量，提高应急能力。

⑥ 依靠科技，提高素质。加大应急技术的研究，提高监测、预警、应急处置水平；加强应急宣传教育和培训，提高员工预防与应对安全生产事故的意识和能力。

（4）响应程序　各单位应急小组要根据安全生产事故的大小和发展态势，明确应急指挥、应急行动、资源调配、应急避险、扩大应急等响应程序。

① 报警程序　当紧急事故发生后，事故现场的第一发现人应在第一时间将事故汇报给当班负责人，由当班负责人立即将事故情况汇报给当值主任或经理，由当值主任或经理决定是否启动相应的专项应急预案和报警。经理再逐级汇报告给公司应急办公室、应急指挥部，由总指挥通知其他应急组织赶赴现场实施行动。

② 疏散及人员清点　当事故现场情况危急到员工生命安全和无法控制时，由现场应急行动负责人立即通知启动警报装置（每个工段主控室安装一套警报装置，警报喇叭覆盖到各区域），现场人员听到警报声后立即放弃所有工作，撤退路线按建筑的安全通道选择最近的通道撤退。撤退时各单位行动统一由现场应急小组负责人指挥，各单位负责人要组织好本单位人员撤退，并清点现场工作人员数量，不允许有遗漏，撤退时要保持现场秩序，撤退人员要快速行走，不允许慌乱的奔跑，撤退时要关闭事故现场电源和各区域的防火门，防止事故危险扩散和蔓延。

到达集合地点时，各单位立即再次清点本单位的人数，并将清点结果报告现场应急行动负责人，由行动负责人报公司应急指挥部。

应急响应程序的具体流程图如图 9-2 所示。

安全生产事故发生时，现场人员应立即进行应急处理，同时报单位应急小组，由本单位应急小组根据安全生产事故情况确定响应级别，启动应急预案，进入救援程序。

应急救援队伍及时进入安全生产事故现场，积极快速开展人员救助、工程抢险、人群疏散等有关的应急救援工作。

当事态得到有效控制后，进入应急恢复阶段；若事态无法得到有效控制时，现场应急指挥部人员应报总指挥，宣布进入扩大应急响应，在继续进行应急救援（应以人为本，优先保证人员的生命安全）的同时，向上级单位、当地政府部门及有关机构或单位请求支援。

③ 应急扩大　现场应急响应升级后，上级领导到达后，现场应急指挥应转换角色、做好协助和配合工作。

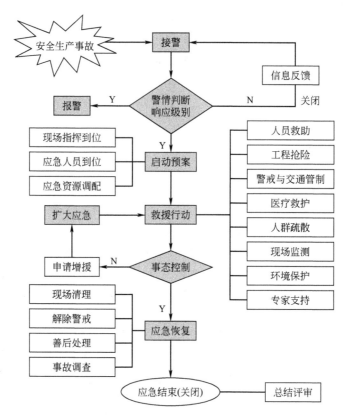

图 9-2　生产安全事故应急响应流程图

a. 向上级应急指挥机构介绍事故现场和应急救援的情况；

b. 做好人员接待（如：政府有关部门、新闻媒体和参与事故应急救援的专业队伍等）；

c. 配合做好现场应急救援的后勤补给工作；

d. 安排部署、调配下属专业救援力量和资源参与应急救援；

e. 准备新闻和有关信息的发布。

（5）现场应急结束　现场应急结束应满足以下条件：

① 事故现场得到控制；

② 环境符合国家有关标准；

③ 次生、衍生生产安全事故的隐患消除后。

9.5　味精生产的食品安全管理

食品安全直接关系到人民群众的健康与安全，近几年，食品安全事故层出不穷，越来越多的媒体曝光，人们生活水平的提高，都促使人们越来越关注食品安全。人们现在不再只关注吃饱，而开始关注健康、关注从农田到餐桌整条食品链的安全。

味精作为一种直接入口可食用的调味品，其生产过程是否满足食品安全要求，是否存在非食品交叉污染，生产现场是否有蓄意的破坏等，这些都成为味精产品的消费者及下游使用者关注的主要内容，作为味精生产企业，需要评估从原料到淀粉乳，到糖化发酵，再到等电结晶、沉淀提取、最后到蒸发、结晶、筛分、包装一系列过程，制造为成品谷氨酸钠晶体。这一系列过程，需要我们用科学的食品安全危害分析方法，识别各工艺过程的危害，并评估危害的严重性和发生的可能性，制定出适用的标准操作方案和预防措施，从而将食品安全危害控制到可接受水平，确保产品质量安全。

9.5.1 有关食品安全的概念

（1）食品安全　指食品无毒、无害，符合应当有的营养要求，对人体健康不造成任何急性、亚急性或者慢性危害。食品在按照预期用途进行制备和（或）食用时，不会对消费者造成伤害的概念。

注：食品安全与食品安全危害的发生有关，但不包括与人类健康相关的其他方面，如营养不良。

（2）食品安全危害　食品中所含有的对健康有潜在不良影响的生物、化学或物理的因素或食品存在的状况。食品安全危害包括生物危害、化学危害（含过敏原）和物理危害。

（3）食品安全风险评估　指对食品、食品添加剂中生物性、化学性和物理性危害对人体健康可能造成的不良影响所进行的科学评估，包括危害识别、危害特征描述、暴露评估、风险特征描述等。

（4）控制措施　能够用于防止或消除食品安全危害或将其降低到可接受水平的行动或活动。

（5）前提方案（prerequisite program，PRP）　在整个食品链中为保持卫生环境所必需的基本条件和活动，以适合生产、处理和提供安全终产品和人类消费的安全食品。

注：前提方案决定于组织在食品链中的位置及类型，等同术语如良好农业操作规范（GAP）、良好兽医操作规范（GVP）、良好操作规范（GMP）、良好卫生操作规范（GHP）、良好生产操作规范（GPP）、良好分销操作规范（GDP）、良好贸易操作规范（GTP）。

（6）操作性前提方案（operational prerequisite program，OPRP）　为控制食品安全危害在产品或产品加工环境中引入和（或）污染或扩散的可能性，通过危害分析确定的必不可少的前提方案。

（7）关键控制点（critical control point，CCP）　能够进行控制，并且该控制对防止、消除某一食品安全危害或将其降低到可接受水平所必需的某一步骤。

（8）关键限值（critical limit，CL）　区分可接收和不可接收的判定值。

注：设定关键限值保证关键控制点（CCP）受控。当超出或违反关键限值时，受影响产品应视为潜在不安全产品进行处理。

（9）危害分析与关键控制点（hazard analysis and critical control point，HACCP）　确保食品在消费的生产、加工、制造、准备和食用等过程中的安全，在危害识别、评价和控制方面是一种科学、合理和系统的方法。但不代表健康方面一种不可接受的威胁。识别食品生产过程中可能发生的环节并采取适当的控制措施防止危害的发生。通过对加工过程的每一步进行监视和控制，从而降低危害发生的概率。

9.5.2　味精工厂曾发生过的食品安全事故与客户期望

由于全球食品安全形势严峻，食品安全关注度提升，客户对产品的质量安全越来越关注。由于味精产品生产过程没有添加任何过敏原成分，生产过程中也不会产生过敏原成分，因此其过敏原危害基本可排除，除非人员操作不慎引入会导致食品安全化学危害。

常见的味精食品安全事故主要是生物性危害事故和物理性危害事故，这两种事故的发生，主要是由于从精制到结晶、再到筛分、包装、运输过程中，由于防护不严、操作不当，或是异物的监测设备不灵敏导致异物引入，从而产生影响较大的食品安全事故，味精工厂曾发生过的食品安全事故如表9-8所示。

表9-8　味精工厂曾发生过的食品安全事故

序号	事故内容	产生原因	解决措施
1	产品中有七星瓢虫	1）车间、设备密封不严，飞虫引入； 2）外袋黏附，在投料前没有清除，导致投入产品中	1）对车间所有的门、窗进行密封，减少外部入侵，在瓢虫多发季节，在车间外围墙做药物滞留，减少内部侵入； 2）产品装运时，做好外包装清洁，避免外包装粘有异物；投料前，脱去外皮后将产品送去车间投料，避免外包装上粘有的异物投入生产线
2	吨袋产品中发现有线头、编织袋丝线	1）包装物中自带线头，没有清理干净，使用前检查也没有发现； 2）生产过程中，对于封口用线头没有防护好，导致黏附在产品外袋中没有发现，客户投料时引入产品中	1）与包材供应商沟通，并到供应商现场审核，帮助供应商查找工艺中不足，并给出改进建议；选择2～3家包材供应商，不同厂家的包材做对比，使用质量好，无异物风险的包装物，降低异物风险； 2）包装过程中做好防护，严格线头的管理，脱落的线头及时清理；产品装运前，对外袋进行吹扫清理，防止异物黏附

续表

序号	事故内容	产生原因	解决措施
3	产品中发现有胶垫	设备胶垫磨损导致进入生产系统	选择耐磨损的胶垫材质,并定期检查
4	产品中混入焊渣	焊渣整粒进入生产线,金检仪故障,没有检测出	避免在精制、包装区域做焊接交叉作业,设备维修时做好防护,防止异物进入生产线
5	产品外包污染,有脚印	员工装卸时没有穿戴鞋套,车体没有清洁干净或做好防护	装卸产品时要穿干净鞋套,集装箱或车辆要做好清洁,保管员确认合格后再装车,以保证外包无污染
6	产品中发现有头发	员工发套没戴严,或衣服上粘有头发没有清理干净,带入洁净区,包装过程中不慎进入产品中	安装风淋机,员工进入洁净区前必须风淋清理身上异物;若没有风淋机,包装间内需配备粘辊刷,在员工进入洁净区前,由专人负责对员工工作服做粘辊处理,防止引入异物。严格发套的穿戴管理,由班长随时监督,不合格的及时纠正,保证头发不外漏
7	产品外包装粘有木棍、土块等杂物	产品储存环境使用木制扫帚,木刺掉落后粘在产品外包装上;放置产品的托盘中有土块,没有清洁干净,粘在产品外包装上	更换木制扫帚为塑料式的,加强对储存环境的清洁,对托盘清洁后使用,不使用木制托盘,减少污染

综上,都可以总结为异物污染的食品安全事故,而异物产生的原因主要就是以下几点:员工行为不符合作业要求、基础设施不符合要求、供应商产品质量不稳定、设备的选择或清洁不符合要求、生产、运输或贮存的卫生不符合要求等。为了减少异物污染食品安全事故的发生,就需要在人员、工作环境、卫生要求等方面严格管理,在基础设施设计和建筑过程中充分考虑其符合性,以降低由于设计制造缺陷引发的食品安全风险。

9.5.3 人力资源要求

9.5.3.1 食品安全小组

对于食品安全管理工作,工厂需成立食品安全小组,食品安全小组的组成应满足味精生产企业的专业覆盖范围的要求,应由多专业的人员组成,包括从事原辅料采购和验收、工艺制定、设备维护、卫生质量控制、生产加工、检验、储运管理、销售等方面的人员,必要时可聘请专家。食品安全小组负责利用食品危害评估的方法,评估生产过程的危害,对于评估出的危害,根据影响的严重程度,建立操作性前提方案(OPRP)或关键控制点(CCP)程序,从而将危害的控制措施文件化,确保生产稳定运行。

9.5.3.2 食品安全管理责任制

公司总经理或董事长是组织质量与食品安全管理第一责任人,对该组织的食品质量安全监督管理负总责，坚决贯彻执行国家有关质量、食品安全的法律法规，确保合法。

主管质量的副总经理，由总经理授权，全面负责公司产品的食品质量安全管理，统一领导、协调本公司区域内食品安全监督管理工作。负责启动产品召回工作。主管生产的副总经理，负责产品生产过程的全面管理，确保产品生产过程质量及安全。

组织根据策划的部门职能分工，分管产品质量安全相关的工作。一般，质量管理部门负责产品、原辅料的质量检验与放行工作，对公司出厂产品质量负责；生产部门负责味精产品生产的全面管理，确保生产任务的完成，组织召开生产会议，协调解决生产过程中出现的问题，确保按时、按质、按量的全面完成各项生产任务；采购部门负责生产用原材料的采购、运输工作，按质量标准进行采购，保证生产的需要，负责选择合格的供应商，实施采购；保管部门负责原辅料、产成品及其他物资的仓储管理工作，对原材料的搬运、储存和防护进行控制，负责仓库环境、设施及安全管理，确保产品质量不会受到损失，负责产品的搬运、防护和交付工作，负责车辆运输、产品储存的安全管理工作；人事管理部门负责组织全公司员工健康体检和培训工作，组织制定并监督实施年度培训计划，对从事与产品质量有关的人员应具有的能力进行评价，对能力不满足要求者，根据其需求进行培训；销售部门负责与顾客沟通，保持与客户的良好合作关系，负责顾客投诉或抱怨的处理，提高顾客满意度。

9.5.3.3　人员能力、意识与培训

影响食品安全的人员应具备相应的能力和技能。食品安全小组应理解HACCP原理和食品安全管理体系的标准；工厂应具有满足需要的熟悉味精生产基本知识及加工工艺的人员；从事味精配方和工艺制定、卫生质量控制、检验工作的人员应具备相关知识和经验。与质量食品安全有关的生产部门每月、职能部门每2月要组织本部门员工接受有关食品安全培训，培训人数不少于部门人数的20%，要求部门内所有员工每年都要接受食品安全教育，培训内容可以是食品安全相关知识，也可以是国内外近期发生的食品安全事故案例等，目的是让员工了解食品安全的重要性。

对于与产品质量和食品安全有关的岗位，新员工上岗前要接受食品安全知识培训，在转岗、调岗至影响食品安全的岗位，也要经过食品安全知识培训，考核合格后再上岗，对于关键岗位员工，要定期组织食品安全知识培训与考核。

9.5.3.4　人员健康和卫生控制要求

从事味精产品生产、质量管理的人员（包括临时工）应接受健康检查，并取

得体检合格证者，方可参加生产。并根据国家相关法律法规相关规定，与产品有接触的生产、检验、维修及质量管理人员每年进行一次健康检查，必要时做临时健康检查，体检合格后方可上岗。直接从事食品生产加工人员，凡患有病毒性肝炎、活动性肺结核、肠道传染病及肠道传染病带菌者、化脓性或渗出性皮肤病、疥疮、手部有外伤者及其他有碍食品卫生疾病的人员应调离食品生产、检验岗位。

从业人员上岗前，要先经过卫生培训教育，方可上岗。上岗时，要做好个人卫生，防止污染食品。进车间前，必须穿戴整洁划一的工作服、帽、靴、鞋，工作服应盖住外衣，头发不得露于帽外，并要把双手洗净、消毒。直接与成品接触的人员不准戴耳环、戒指、手镯、项链、手表，不准浓艳化妆、染指甲、喷洒香水进入车间。手接触脏物、进厕所、吸烟、用餐后，都必须把双手洗净、消毒并穿着工作服、帽、鞋后，才能进行工作。上班前不许酗酒，工作时不准吸烟、饮酒、吃食物及做其他有碍食品卫生的活动。操作人员手部受到外伤，不得接触食品或原料，经过包扎治疗戴上防护手套后，方可参加不直接接触食品的工作。不准穿工作服、鞋进厕所或离开生产加工场所。生产车间不得带入或存放个人生活用品，如衣物、食品、烟酒、药品、化妆品等。

进入生产加工车间的其他人员（包括参观人员）均应按车间规定的要求更换工作鞋、工作服，戴发套、口罩，确认着装符合要求才能进入成品生产间。所有人员离开车间时换下工作服、帽、鞋；工作帽、服应集中管理，统一清洗、消毒，统一发放。不同卫生区域人员不应窜岗。

9.5.4　基础设施及维护

9.5.4.1　选址

工厂应设在不易受到污染的区域，厂区周围不得有粉尘、有害气体、放射性物质及其他扩散性污染物；远离开放式粪池、垃圾堆（场）等污染源。

9.5.4.2　厂房、设施、设备与工艺布局

（1）整体布局　厂区应按生产、生活和辅助等功能区合理布局，不得互相妨碍；生产区位于生活区侧下风向，建筑物、设备布局、工艺流程三者衔接合理，原料区与半成品、成品区分开杜绝交叉污染。不得兼营、生产、存放有碍食品卫生与安全的其他产品；环境整洁，道路应采用混凝土、沥青等便于清洗的硬质材料铺设，便于机动车通行，路面平坦，无积水，裸土应绿化在供给排水较好的情况下，不建议在北方厂区做绿化，将增加虫害污染的风险。

（2）锅炉房　锅炉房应位于生产车间的下风向，不得设在加工间。给排水系

统能够适应生产需要，设施合理有效，保持畅通，有防止污染水源和鼠类、昆虫通过排水管道潜入车间的有效措施。生产用水符合 GB 5749 之规定。污水排放符合国家规定的标准，并有污水处理厂净化设施，污水达标后才排放。

（3）厂房　厂房建筑结构完整，各生产车间按工艺流程合理布局；工序衔接合理，各项生产操作不得互相妨碍，原料处理和成品加工区域应当隔离，防止原料、半成品、成品间的交叉污染；遵循人、物流分离的原则，流向合理；根据生产工艺的需要，设置原料暂存间、液化/糖化/发酵/提取车间、精制车间、包装车间、更衣室等；在合理的区域或位置设置检验室、包装材料贮存间、原辅材料贮存间、成品贮存间、办公用房等。

（4）设备、工具、管道　凡与主物料接触的工艺设备及管道材质最低选用304 不锈钢材质，在精制结晶工段已经是成品，材质选用 316 不锈钢，生产环境洁净度等级为 30 万级，设备及管道表面要求清洁、边角圆滑、无死角，并有清洗剂消毒设施。在工艺配置上配有无菌空气系统进行保护，尽可能降低染菌概率，整个系统中在可能污染的环节设有洗罐设施、CIP 清洗管线、蒸汽灭菌管线。

设备布置应根据工艺要求，布局合理。上、下工序衔接要紧凑。各种管道、管线尽可能集中走向。冷水管不宜在生产线和设备包装台上方通过，防止冷凝水滴入食品。其他管线和阀门也不应设置在暴露原料和成品的上方。设备安装符合工艺卫生要求，与屋顶（天花板）、墙壁等应有足够的距离，设备一般应用混凝土基础预埋螺栓固定，与地面应有一定的距离。传动部分设有防水、防尘罩，以便于清洗和消毒。

管道布置中各类料液输送管道无死角或盲端，设排污阀或排污口，便于清洗、消毒，防止堵塞。

应有相应的（浸泡、碾磨）、液化、糖化、压滤、发酵、提取、浓缩、分离、烘干、球磨（分筛）、包装、日期打印等生产设备。

9.5.5　建筑物和施工

（1）高度　生产厂房的高度应能满足工艺、卫生要求，以及设备安装、维护、保养的需要。生产车间人均占地面积（不包括设备占位）不少于 1.50m^2，高度不低于 3m。

（2）地面　生产车间地面使用不渗水、不吸水、无毒、防滑材料（如耐酸砖、水磨石、混凝土、大理石等）铺砌，并有坡度，在地面最低点设置地漏，以保证不积水。地面平整、无裂隙、略高于道路路面，便于清扫和消毒。

（3）屋顶　屋顶或天花板选用不吸水、表面光洁、耐腐蚀、耐温、浅色材料涂覆或装修，有适当的坡度，在结构上减少凝结水滴落，防止虫害和霉菌孳生，以便于洗刷、消毒。

（4）墙壁 生产车间墙壁用浅色、不吸水、不渗水、无毒材料涂覆，并用白瓷砖或其他防腐蚀材料装修高度不低于 1.50m 的墙裙。墙壁表面平整光滑，其四壁和地面交界面要呈漫弯形，防止污垢积存，并便于清洗。

（5）门窗 门、窗、天窗严密不变形，防护门能两面开，设置位置适当，并便于卫生防护设施的设置。窗台设于地面 1m 以上，内侧下斜 45°。非全年使用空调的车间、门、窗有防蚊蝇、防尘设施，纱门可拆下洗刷，纱窗以 30 目孔径为宜。

（6）通道 通道宽畅，便于运输和卫生防护设施的设置。楼梯、电梯传送设备等处便于维护和清扫、洗刷和消毒。

（7）通风 生产车间、仓库应有良好通风，采用自然通风时通风面积与地面积之比不小于 1∶16；采用机械通风时换气量均不小于每小时换气三次。机械通风管道进风口距地面 2m 以上，并远离污染源和排风口，开口处设防护罩。精制、包装车间应有干湿度温度计，必要时，设置风幕和除湿等设施。

9.5.6 设施、空气、水和能源的管理

在生产施工前，应对各类设施的总管线路和输送至加工和贮存区域及其周围区域的分管线路进行设计，防止洁净与非洁净的线路交叉，减少交叉污染。应监视供应的质量，以减少产品污染。

产品包装应在独立的洁净区域进行，应控制包装区域的空气质量，减少来源于外界空气的微生物污染。应至少每周监测室内空气质量，当不满足洁净级别要求时，需对空气环境进行消毒。

应有充足的饮用水供应，应设计有水的贮存和输送设施，以保证生产用水符合 GB 5749 的要求。每年需寻找有资质的外部检验机构对生产用水进行检验，验证生产用水的卫生，确保满足国家标准要求。企业要建立水污染的食品安全应急处置预案，并定期进行预案演练，保证生产用水出现污染或其他问题时，企业可以迅速启动应急处置方案，将损失降至最低。

作为产品成分或接触产品及产品接触面的水，包括味精生产过程使用的蒸汽，应满足与产品质量和微生物要求。

清洗或其他用途的水，当有间接接触产品的风险时（如热交换器），应满足与用途相关的质量和微生物要求。

当供应的水加氯时，应确保使用处的余氯在相关规定的限值内。

非饮用水应有单独供应系统，有标志，不与饮用水相连接，并有措施防止非

饮用水回流到饮用水中，造成交叉污染。

企业自有锅炉供应能源，使用的锅炉清洗剂应选用食品级添加剂，从而保证生产用水和蒸汽满足产品质量和微生物要求。锅炉清洗剂需在单独区域存放保管，或上锁管理。用于发酵罐杀菌的蒸汽需先经过精过滤器除菌再使用，防止蒸汽染菌导致罐体消毒失败进而导致生产系统染菌。

供发酵培养菌使用的压缩空气，需要先进行除水分、除尘、除油后，再经过精过滤器除菌，以满足无菌空气的供应，保证菌种不染杂菌。

车间和工作地有充足的自然采光或人工照明。车间采光系数不低于标准Ⅳ级；检验场所工作面混合照度不低于540lx；加工场所工作面不低于220lx；其他场所一般不低于110lx。位于工作台、食品和原料上方的照明设备增加防护罩，防止灯具爆碎，造成原料、产品或设备污染。

9.5.7 设备的管理

生产用设备以不锈钢材质为宜，耐腐蚀易清洁，蒸汽管道可使用碳钢，以延长使用寿命。设备管道连接，应尽量避免直角连接，减少死角，管道要易于清洗和排空。

生产设备的管理应建立有预防性维护方案，预防性维护方案应包括全部用于监视和控制食品安全危害的装置，如金属检测仪、纱窗、过滤网、磁力棒等。

执行纠正性维护和临时维修，需要做好防护，避免造成交叉污染。因为直接或间接接触产品的可能，润滑油和热传导液应是食品级的。

维修人员需要经过食品安全相关培训合格后上岗。

9.5.8 化学品的管控

企业需要建立化学品管理制度，专人负责化学品的管理。对于清洗剂、消毒剂、杀虫剂以及其他有毒有害物品，均应有固定包装，并在明显处标示有毒品字样，贮存于专门库房或柜橱内，加锁并由专人负责保管。使用时由经过培训的人员按照使用方法进行，防止污染和人身中毒。各种有毒有害药品的使用品种和范围，须经省卫生监督部门同意。

润滑油、润滑脂等需置于独立库房，并设置好围堰，避免泄漏导致土地受污染。

化学品的储存应有明确标识，避免误用。化学品出入库需做好记录，保证账物卡统一。

9.5.9 虫害控制

企业应明确质量管理部门为虫鼠害管理的职责部门，须建立综合虫鼠害管理组织体系；虫鼠害控制工作应纳入食品安全管理体系进行管理，总体进行策划、实施和核查，并不断总结提升虫鼠害管理绩效。

应每年至少一次对有害生物侵害状况和潜在侵害风险进行评估，准确记录评估结果和纠正措施，并及时更新综合虫鼠害管理计划。一旦出现因虫害引起的产品质量或公司声誉受到危害时，则应立即启动有害生物风险评估。评估范围应包括企业内部和外部所有区域，包括生产区域、生活区域、公共区域以及厂区外围环境。评估内容包括外围环境状况及外围环境虫鼠害密度和数量；室外虫鼠害吸引因素，如室外灯光照明、垃圾房管理等；建筑与管理漏洞如门窗、排水系统、基础设施缺陷和管理不当等；室内卫生环境，包括现场卫生状况及卫生清洁程序和方法等；原辅材料风险，如虫鼠害通过原辅料携带进入、粮食本身携带仓储害虫及虫卵等。

企业应根据综合虫鼠害管理计划，定期组织各有关部门、车间和班组人员进行培训学习，明确目标和要求，并根据实际情况，进行分类指导。检查企业虫鼠害防治管理人员和专业技术人员应根据工作计划对进度、质量进行检查和监督，并及时与企业负责人、卫生、质量、工程和生产管理人员及一线员工交流计划实施进度和存在问题，探讨解决方法等。同时，记录计划执行执行情况以及各类虫鼠害监测的检测结果和数据，化学品使用等情况、监督检查结果、存在问题、纠正措施及落实跟踪情况。

9.5.10　交叉污染的控制措施

企业需要建立防止、控制和发现污染的方案，包括防止物理性污染、化学性污染（含过敏原）和微生物污染的措施。

微生物交叉污染：应识别可能造成微生物污染的区域、设备或行为，实施管控方案。进行危害分析与评估，确定适宜的控制措施，如进入包装区域更换工作鞋、工作服；独立设置人流、物流通道，防止交叉污染；包装洁净区域清洁使用专用工具，防止与其他区域清洁工具混用等。

化学性污染：应保管好化学品，如润滑油、油墨，防止误用污染产品；过敏原污染属于化学性污染。味精生产过程中，不会引入过敏原，但要关注生产操作人员接触过敏原物质后，没有清洁消毒就进入生产线，导致过敏原污染。生产操作人员应接受过敏过意识和相关生产操作的培训。

物理性污染：生产车间应尽量避免使用易碎材料，如玻璃、硬塑料，但无法避免必须使用时，应建立易碎品台账，每天检查，保持易碎品记录。根据危害分析评估结果，建立防止、控制和发现可能污染的措施，如安装纱窗，使用磁铁器、筛网或过滤器；使用金属检测仪探测等。

9.5.11　污水、污物的管理

企业应设计、确定下水道的位置，防止污染产品或原料，下水道不能从生产线上方通过，排水方向不能从非洁净区流向洁净区。污水排放符合国家规定标准，不符合标准的污水经污水处理厂净化，达标后排放。

厂区应设置密闭式或带盖的污物收集设施，该设施应有明显的标识，放在指定区域，由不渗透的材料制成，易于清洗和消毒。明确为废物的带标的原料、产品或印刷包装，应进行损毁，防止商标被再次利用。清运和损毁应由合同方执行，企业需要保留损毁的记录。污物收集后要做到日产日清，防止有害动物集聚孳生。

水污染物排放控制标准见表 9-9，水污染物浓度分析测定方法标准见表 9-10。

表 9-9　味精工业水污染物排放标准值

序号	污染物名称	排放限值	污染物排放监控位置
1	pH	6～9	企业污水处理设施总排放口
2	悬浮物/(kg/t 产品)	15	企业污水处理设施总排放口
	悬浮物/(mg/L)	100	企业污水处理设施总排放口
3	生化需氧量(BOD$_5$)/(kg/t 产品)	12	企业污水处理设施总排放口
	生化需氧量(BOD$_5$)/(mg/L)	80	企业污水处理设施总排放口
4	化学需氧量(COD$_{Cr}$)/(kg/t 产品)	30	企业污水处理设施总排放口
	化学需氧量(COD$_{Cr}$)/(mg/L)	200	企业污水处理设施总排放口
5	氨氮/(kg/t 产品)	7.5	企业污水处理设施总排放口
	氨氮/(mg/L)	50	企业污水处理设施总排放口
6	排水量/(m³/t 产品)	150	企业污水处理设施总排放口

表 9-10　水污染物浓度分析测定方法标准

序号	污染物项目	方法标准名称	方法标准编号
1	pH 值	玻璃电极法	GB/T 6920—1986
2	悬浮物(SS)	重量法	GB/T 11901—1989
3	生化需氧量(BOD$_5$)	稀释与接种法	GB/T 7488—1988
4	化学需氧量(COD$_{Cr}$)	重铬酸钾法	GB/T 11914—1989
5	氨氮	蒸馏和滴定法	GB/T 7478—1987
		纳氏试剂比色法	GB/T 7479—1987

9.5.12　清洗和消毒工作

制订有效的清洗及消毒方法和制度，以确保所有场所清洁卫生，防止污染食品。清洗消毒剂应标识清晰、单独存放，选用食品级化学品，根据生产商的使用说明使用。工具和设备应卫生的设计，减少死角，防止因工具的不正当使用，引入新的异物来源。

组织应建立清洗和消毒方案并确认其有效性。清洗消毒方案应至少包装清洁或消毒的区域、具体的任务分工与职责、清洗或消毒的方法和频率、监视和验证、开机前检查、清洗后的检查等。组织应按规定的频次监视清洗和消毒方案的执行效果，以便及时修正，确保方案的持续适宜性和有效性。

9.5.13　原料的管理

9.5.13.1　采购

（1）采购原材料应按原材料质量卫生标准或卫生要求进行。组成谷氨酸钠最终产品组成成分的原料要选用食品级原料，例如氢氧化钠、碳酸钠、淀粉等；制作加盐味精或增鲜味精时，必须添加符合国家卫生标准要求的食用盐、呈味核苷酸钠食品添加剂；发酵过程用的营养盐可根据其对终产品的质量影响程度进行评估，以选择适宜的质量标准的辅料或加工助剂。

（2）购入的原料，应具有该品种应有的颜色、外形和组织形态特征，不含有毒有害物，也不应受其污染。

（3）采购人员应具有简易鉴别原材料质量、卫生的知识和技能。

（4）盛装原、辅材料的包装物或容器，其材质应无毒无害，不受污染，符合卫生要求。

（5）重复使用的包装物或容器，其结构应便于清洗、消毒。要加强检验，有污染者不得使用。

9.5.13.2　供应商的管理

应建立选择、评价、批准和考核供应商的制度，在评估过程中，可根据原辅料对产品质量影响的严重程度进行区分，评估的内容可进行调整。

（1）评估供应商满足产品质量、食品安全期望、要求及技术规范的能力。

（2）描述如何评价供应商，例如，对供应商的合法性评估、现场管理情况评估、通过第三方认证评估等。

（3）监视供应商的表现，为持续批准为合格供应商提供保证。

9.5.13.3　运输

（1）运输工具（车厢、船舱、大型车辆）等应符合卫生要求，应备有防雨、防尘设施，不应使用运输有毒有害物品，或是煤车的车辆。

（2）运输作业应防止污染，操作要轻拿轻放，不使原料受损伤，不得与有毒、有害物品同时装运。

（3）运输作业管理应建立卫生制度，定期对车辆清洗、消毒，保持洁净卫生。若运输过程进行外包，则要求运输商建立相关的制度，并定期对运输商车辆的卫生管理进行检查确认，以保证清洁卫生。

（4）建立原料入厂验收检查制度，对于到厂原料车辆进行检查，确定车辆卫生，无污染，无有毒有害品混装情况，方可卸车。

（5）原料倒运过程需注意车辆的卫生，定量包装的固体原料倒运过程应使用电瓶叉车，不允许使用柴油叉车，防止漏油造成交叉污染。

9.5.13.4 贮存

（1）应设置与生产能力相适应的原材料场地和仓库。

原料堆场为通风良好的场地，地面平整，有一定坡度，便于清洗、排水，有防鼠、防虫设施，及时剔出腐败、霉烂原料，将其集中到指定地点，按规定方法处理，防止污染其他原料。

（2）原料场地和仓库应设专人管理，建立管理制度，定期检查质量和卫生情况，按时清扫、消毒、通风换气。各种原材料应按品种分类分批贮存，每批原材料均有明显标志，同一库内不得贮存相互影响的原材料。原材料应离地、离墙并与屋顶保持一定距离，垛与垛之间也应有适当间隔。

（3）先进先出，及时剔出不符合质量和卫生标准的原料，防止污染。

9.5.14 成品包装、储运的安全卫生要求

9.5.14.1 包装

成品包装应在独立的洁净空间，空间内安装有空调，或臭氧消毒系统等以使空间洁净，满足生产需求，防止不洁净的空间造成微生物污染。洁净区与非洁净区的清洁工具应分开使用并存放，避免交叉污染。包装间的清洁应建立卫生管理要求，每天有专人对清洁效果检查确认，检验人员应至少每周对包装间内的操作环境、人员的工作服和手、可能接触产品的设备表面做涂抹实验，验证其环境的符合性。

生产加盐味精要注意混合均匀，加盐味精生产工艺为直接混合法。将干燥后的味精（粉状或晶体）与食用盐（粉状或晶体）按照一定的比例进行混合，分为手工和机械混合两种。增鲜味精生产工艺有喷除法和结晶法两种。无论哪种方法，都需要先将呈味核苷酸钠溶解。

9.5.14.2 储存

成品生产结束后，应使用电瓶叉车倒入封闭库房。库房内叉车只允许在库房

内使用，不允许出库房混用，防止造成交叉污染。库房应建立卫生清洁制度，每天保持清洁，确保无积尘。库房内需保持一定的温湿度，温度保持在（0±30）℃，湿度以不大于 75％ 为宜，库房内产品应避免阳光直射，产品需与墙面、地面保持一定距离。经检验合格包装的成品才允许放行，产品出库时要按照"先入先出"原则进行。

9.5.14.3　运输

企业根据实际情况，选择公路、铁路或海上运输。应确保运输设备清洁卫生，未盛装有毒有害物品，不得与有毒有害物品混运。若运输过程外包，则要求外包的运输商应建立运输车辆清洁检查制度，对于运输车辆使用前进行清洁、检查、确认，保证车辆卫生，避免交叉污染。企业负责产品储运管理的部门要做好与运输商的沟通，并检查确认运输商的车辆是否满足装运质量要求，确认合格后方可装货，否则，要求运输商重新清洁，严重时更换车辆。运输倒运过程中，需要使用电瓶叉车，不允许使用柴油叉车，防止漏油造成污染。

运输作业避免强烈震荡、撞击，轻拿轻放，防止损伤成品外形；且不得与有毒有害物品混装、混运，作业终了，搬运人员撤离工作地，防止污染食品。

9.5.15　返工品的管理

返工品的贮藏、处理和使用方式应保证满足相关的法规要求，确保产品安全、可追溯。企业需建立返工品的管理制度，出现返工品时，按制度要求处理。返工品需妥善保存，有清晰的标识，防止误用和保存不善导致微生物、化学或异物污染。

返工品的贮藏与再利用均需做好记录，应记录返工的原因、生产时间、班次、生产线等信息，以保证返工品的可追溯。返工后的产品需再次验证，合格方可放行。

9.5.16　产品追溯与召回

（1）生产企业应建立和实施追溯系统，应包括原辅料的验收使用、半成品和成品入（出）库批次、标志的管理等内容，实现从原辅料验收到产品销售的全过程的标识和记录，使其具有可追溯性。

（2）生产企业应建立记录控制程序，包括法律法规、产品预期用途和顾客要求的记录，各项记录保存期限应不少于 3 年。

（3）生产企业应建立当产品出现不安全产品批次时的撤回方案，应采用模拟撤回、实际撤回或其他方式来验证产品撤回方案的有效性，并不断改进，提高组织的应急响应能力。

（4）生产企业应对产品的批号规则进行规定并形成文件，对于集团下设多个生产企业的组织，还应对不同生产企业进行编码，以区分产品不同的生产厂家，以实现追溯系统的有效性。

（5）味精生产过程的追溯是以每一加工过程的时间间隔为依据，按时间节点实施追溯。

（6）应保持万一发生召回的重要客户清单。当味精因即时性健康危害被撤回时，应评估同样条件上生产的其他产品的安全性，应考虑发出公共警示的需要。

9.5.17　卫生和质量检验的管理

厂内单独设置检验室，并配备经专业培训、考核合格的检验人员，从事卫生、质量的检验工作。卫生和质量检验室具备所需的仪器、设备，并有健全的检验制度和检验方法。原始记录应齐全，并应妥善保存，以备查核。检验程序及方法按国家规定的卫生标准和检验方法进行检验，逐批次对投产前的原材料、半成品和出厂前的成品进行检验，并签发检验结果单。对检验结果如有争议，应由卫生监督机构仲裁。检验用的仪器、设备，应按期检定，及时维修，使经常处于良好状态，以保证检验数据的准确。

委托外部实验室承担检验工作的应签订委托合同，并评审实验室的检测能力。受委托的外部实验室应具有相应的资格，具备完成委托检验项目的检测能力。

（1）必备的检验设备　旋光仪，分光光度计，分析天平（0.1mg），干燥箱，酸度计，紫外分光光度计。

（2）检验项目　味精的发证检验、监督检验、出厂检验分别按照表 9-11 中所列出的相应检验项目进行。出厂检验项目中注有"*"标记的，企业应当每年检验 2 次。

表 9-11　味精质量检验项目表

序号	项目	谷氨酸钠(99%味精)			味精		
		发证	监督	出厂	发证	监督	出厂
1	感官	√	√	√	√	√	√
2	净含量	√	√	√	√	√	√
3	谷氨酸钠(含量)	√	√	√	√	√	√
4	透光率	√		√	√		√
5	比旋光度	√		√			
6	氯化物(食用盐)	√		*	√		√

续表

序号	项目	谷氨酸钠(99%味精)			味精		
		发证	监督	出厂	发证	监督	出厂
7	pH 值	√		√			
8	干燥失重	√		√	√		√
9	铁	√		√	√		√
10	硫酸盐	√		√	√		*
11	重金属				√		*
12	5′-鸟苷酸二钠或呈味核苷酸钠				√特鲜(强力)味精		√特鲜(强力)味精
13	总砷(以 As 计)	√	√	*	√	√	*
14	铅(以 Pb 计)	√	√	*	√	√	*
15	锌			*	√	√	*
16	标签	√	√		√	√	

注：产品标签除应符合 GB 7718 的要求外，还应注明谷氨酸钠含量，味精需在配料表中标出食盐含量，特鲜味精需在配料表中标出食盐、5′-鸟苷酸二钠或呈味核苷酸钠含量。

（3）抽样方法　味精抽样品须为同一批次保质期内的合格产品。抽样时按特鲜味精、加盐味精、谷氨酸钠（99%味精）的次序抽取 1 种检验样品，并优先抽取食盐含量高的特鲜味精或味精。

抽样基数：同一批次的味精不少于 50kg。

抽样数量：不少于 5kg。

抽样方法：从不同部位选取 4 个或 4 个以上的大包装，分别取出相应数量的小包装样品。样品分成 2 份，1 份检验，1 份备查。

样品确认无误后，由抽样人员与被抽查单位在抽样单上签字、盖章，当场封存样品，并加贴封条，封条上应有抽样人员签名、抽样单位盖章及抽样日期。

为了减少成品的污染与破损，建议在味精包装生产线上抽样，根据每批次产品数量确定抽样点数，取样混匀后供检验用。

9.5.18　食品防护

企业应建立食品防护计划，以保证食品的安全供应，防止蓄意破坏或恐怖活动事故的发生。企业应识别生产敏感区域入口，在图纸上标注，实施入口管理，必要时，入口可采用锁、电子钥匙卡等方式限制。食品防护计划应至少包括以下方面内容：外部安全、内部安全、加工安全、储存安全、运输和接收的安全、水和冰的安全、邮件处理的安全和人员的安全等。

企业应建立和保持食品欺诈预防的评估程序，定期组织识别和评估食品欺诈脆弱点，防止蓄意掺假、以次充好、欺骗消费者的事故发生。

企业应成立食品防护小组，防护小组成员要明确职责，并对"食品防护计划"规定的内容做好保密，企业每年要不定期组织演练，验证"食品防护计划"的有效性，发生偏离，及时纠正。

9.5.19　关键过程控制

（1）原辅料验收　生产用原辅料应符合相应标准和卫生要求，避免有毒、有害物质的污染。

原料和辅料中农药残留或霉菌毒素超过有关限量规定的禁止使用。原料的采购需符合采购标准，原辅料投入使用前，应经过严格检验，检验不合格的原料不得使用，应明确标示"检验不合格"并作隔离处理。

严禁使用法规标准不允许使用的添加剂和加工助剂。

（2）清洗　应定期对场地、生产设备、工具、容器、泵、管道及其附件等进行清洗消毒，使用的清洗剂、消毒剂应符合食品卫生要求。车间应设置专用的工器具清洗、消毒场所。

（3）包装　进入包装的产品应通过磁力除铁器，磁力除铁器的表面应由SUS304、SUS316 或 SUS316L 无缝钢管包裹。根据生产系统上的抽屉尺寸，制作适宜的磁棒，磁棒强度以达到 12000Gs❶为宜。磁棒的强度应定期验证，验证过程中，根据磁棒的数量随机取点，保证每根磁棒都要检测，磁棒检测的最低点以不低于 8000Gs 为宜。当检测结果有低于 8000Gs 的点时，需要对磁棒的有效性进行评估，必要时更换新磁棒。

包装后的成品应经过金属检测仪，吨袋包装的产品在吨秤上方下料处安装有喉式金检仪，金检仪的精度根据其产品包装规格，越高越好，以铁不低于1.5mm、非铁不低于 2.0mm、不锈钢不低于 2.0mm 为宜。

包装材料应符合相应标准和进口国的规定。包装材料在进入生产车间前应脱去外包装物及捆绳，再由传递窗送入包装物消毒间，包装物宜使用臭氧发生器消毒，消毒完成后再送入车间使用。

产品标签应符合 GB 7718 和进口国的相关要求。

9.5.20　食品安全建议

食品安全标准"不标准"一直是我国食品安全监管的软肋。食品安全法明确

---

❶ $1Gs = 10^{-4} T$。

规定，国务院卫生行政部门应当对现行的食用农产品质量安全标准、食品卫生标准、食品质量标准和有关食品的行业标准中强制执行的标准予以整合，统一公布为食品安全国家标准。建议联合其他大型生产味精产品的企业与国家卫生部门对本产品的标准予以整合形成一套完善的食品安全国家标准。

9.5.21 有关食品安全的法规、标准

味精工厂生产要严格遵守食品安全法规标准，主要的食品安全法规有：

中华人民共和国食品安全法

中华人民共和国食品安全法实施条例

中华人民共和国计量法

中华人民共和国计量法实施细则

中华人民共和国标准化法

中华人民共和国标准化法实施条例

中华人民共和国工业产品生产许可证管理条例

中华人民共和国工业产品生产许可证管理条例实施办法

中华人民共和国产品质量法

食品标识管理规定（修订版）

食品召回管理办法

食品卫生行政处罚办法

产品质量国家监督抽查管理办法

食品安全风险评估管理规定（试行）

出口食品生产企业备案管理规定

出口食品生产企业安全卫生要求

定量包装商品计量监督管理办法

卫生部食品安全事故应急预案（试行）

中华人民共和国进出口商品检验法

中华人民共和国进出口商品检验法实施条例

中华人民共和国国境卫生检疫法

中华人民共和国国境卫生检疫法实施细则

食品安全信息公布管理办法

进出口食品安全管理办法

食品生产加工企业质量安全监督管理实施细则（试行）

食品生产企业安全生产监督管理暂行规定

味精食品生产许可证审查细则

质量监督检验检疫行政许可实施办法

食品药品违法行为举报奖励办法

预包装食品标签通则

CCAA 0015 食品安全管理体系　味精生产企业要求

食品安全国家标准　食品生产通用卫生规范

危害分析与关键控制点（HACCP）体系——食品生产企业要求

食品安全的前提方案　第 1 部分　食品生产

参 考 文 献

[1] 于令信.味精工业手册 [M].北京:中国轻工业出版社,2009.

[2] 中国认证认可协会.CCAA 0011—2014 食品安全管理体系 味精生产企业要求 [Z].2014.

[3] 国家卫生和计划生育委员会.GB 14881 食品生产通用卫生规范 [S].北京:中国标准出版社,2013.

[4] 中粮生化能源(龙江)有限公司.扩产 5 万吨/年味精改造项目 设计说明书 [Z].2016.

[5] 全国人大常委会.中华人民共和国食品安全法 [S].中国法制出版社,2018.

[6] 全国人大常委会.中华人民共和国产品质量法 [S].法律出版社,2018.

[7] 中华人民共和国国务院.中华人民共和国食品安全法实施条例 [S].中国法制出版社,2018.

[8] 国质检监总局.味精生产许可证审查细则 [Z].2019.

[9] 中国国家标准化管理委员会.GB/T 27776 病媒生物综合管理技术规范食品生产加工企业 [S].北京:中国标准出版社,2011.

[10] 上海市质量技术监督局.DB31/330 鼠害与虫害预防与控制技术规范 [Z].2013.

[11] 中国国家标准化管理委员会.GB/T 22000 食品安全管理体系:食品链中各类组织的要求 [S].北京:中国标准出版社,2006.

[12] BRC.食品安全全球标准 [Z].2018.

[13] 中国认证认可协会.CCAA 0015 食品安全管理体系 味精生产企业要求 [Z].2014.